高等学校微电子类“十三五”规划教材

集成电路 EDA 与验证技术

陈铖颖 张锋 戴澜 张晓波 等 编著

西安电子科技大学出版社

内容简介

本书介绍了集成电路设计的相关知识和主要 EDA 工具的使用方法，即从晶体管的模型开始扩展至集成电路设计中的相关知识，同时对集成电路的主要 EDA 厂商及其主流工具进行了介绍。其中，在模拟集成电路 EDA 工具部分，结合原理图编辑、模拟电路各种功能仿真、版图设计以及验证等各个流程，介绍了电路设计及仿真工具 Cadence Spectre、版图设计工具 Cadence Virtuoso、版图验证及参数提取工具 Mentor Calibre 等；在数字集成电路 EDA 工具方面，先介绍了硬件描述语言 Verilog-HDL，然后介绍了 RTL 仿真工具 Modelsim 和逻辑综合工具 Design Compiler 的使用，对逻辑综合中的主要流程、基本约束等进行了设计示范，最后介绍了数字后端版图工具 IC Compiler 和 Encounter。书中主要设计步骤都配有相应的实例进行说明。

本书可作为微电子与固体电子学专业实验实践教材，也可作为相关专业技术人员的自学参考书。

图书在版编目(CIP)数据

集成电路 EDA 与验证技术 / 陈铖颖等编著. —西安：西安电子科技大学出版社，2019.2
ISBN 978-7-5606-5169-9

Ⅰ. ① 集… Ⅱ. ① 陈… Ⅲ. ① 数字集成电路—电路设计—计算机辅助设计—高等学校—教材
Ⅳ. ① TN431.202

中国版本图书馆 CIP 数据核字(2018)第 274920 号

策划编辑 刘小莉
责任编辑 滕卫红 阎彬
出版发行 西安电子科技大学出版社(西安市太白南路 2 号)
电　　话 (029)88242885 88201467　　邮　　编 710071
网　　址 www.xduph.com　　电子邮箱 xdupfxb001@163.com
经　　销 新华书店
印刷单位 陕西日报社
版　　次 2019 年 2 月第 1 版　2019 年 2 月第 1 次印刷
开　　本 787 毫米×1092 毫米 1/16 印 张 20.5
字　　数 487 千字
印　　数 1～2000 册
定　　价 47.00 元
ISBN 978 - 7 - 5606 - 5169 - 9 / TN

XDUP 5471001-1

前　言

集成电路发展到今天，晶体管的特征尺寸已经达到 10 nm 以下，单一芯片的晶体管数目达到几百亿的数量级，电路设计中的每一步工作完全依靠人工已经变得不切实际。集成电路 EDA(电子设计自动化)技术很好地为设计者减轻了压力，让大规模集成电路设计成为了可能。采用集成电路 EDA 技术不但可以提高集成电路设计的能力，而且在集成电路设计可靠性上也具有一定的保证。

本书介绍了集成电路设计的 EDA 工具及其验证技术，具有较强的实用性。全书内容共分 8 章。

第 1 章主要介绍 MOSFET 晶体管模型，包括基于电荷的 MOSFET 模型、基于电流的 MOSFET 模型、动态晶体管模型和非准静态晶体管模型。最后讨论了几种用于计算机仿真设计的 MOSFET 模型。

第 2 章概述了集成电路 EDA 技术，主要介绍了集成电路设计全定制和半定制流程、集成电路的主要 EDA 厂商及相应工具。

第 3 章介绍了模拟集成电路设计的 Spectre 工具，包括瞬态分析、直流分析和稳定性分析等各种电路分析方法，对配置文件、运行窗口、库文件管理等方面也进行了介绍，最后对原理图编辑方法进行了介绍，并且以一个设计实例对相应功能进行示范。

第 4 章主要介绍模拟集成电路版图设计方法与验证方法，在介绍完版图的基本设计规则后，讨论 Cadence Virtuoso 的使用方法，并详细讨论了模拟版图验证和提取工具 Mentor Calibre 的主要界面和操作，最后用实例进行说明。

第 5 章首先对数字集成电路设计进行概述，包括一些基本语法和规范，并举例说明组合逻辑电路和时序逻辑电路；之后对仿真工具 Modelsim 进行了总体说明，从 Modelsim 的特点应用到基本使用方法，再延伸到一些高级用法，不仅囊括了建立工程、建立仿真环境、启动仿真、观测仿真结果等基本内容，还包含了使用过程中的一些小技巧。

第 6 章主要对逻辑综合及综合工具 Design Compiler 进行了详细说明，包括 TCL 文件的撰写、设计配置、综合工艺库使用和基本的综合流程介绍；对综合后进行静态时序分析的方法进行了讨论，同时关注了各种约束，如输入输出约束、组合逻辑路径约束和设计环境约束等；最后以设计实例介绍整个综合流程。

第 7 章围绕 Synopsys 公司的产品 ICC(IC Compiler)对数字集成电路的各物理实现流程进行介绍，并详细介绍了数据准备、布局布线、电源规划和时钟树综合等。

第 8 章重点介绍了 Mentor 公司的 Encounter 工具。

本书由厦门理工学院副教授陈铖颖主持编纂。北方工业大学戴澜副教授、张晓波高级实验师，中科院微电子所张锋研究员为主要编著者，另外，中科院微电子所的王雷博士、中科院自动化所蒋银坪助理研究员、郭阳博士，华大九天软件有限公司梁曼工程师也参与了本书的编写工作。其中，陈铖颖完成了第 1、3 章的编写；第 2 章由张晓波编写，戴澜完成了第 4、6、7 章的编写，张锋完成了第 5、8 章的编写。

本书得到了国家自然科学基金项目(61704143)、福建省自然科学基金面上项目(2018J01566)、福建省本科高校一般教育教学改革研究项目(FBJG 20180270)、厦门理工学院教材建设基金资助项目的资助。在此表示感谢！

由于本书涉及知识面较广，加之时间仓促，编者水平有限，书中难免存在不足之处，恳请读者批评指正。另外，考虑到大家的使用习惯，书中一些电路图形符号未使用新的国际标准符号，特此说明。

编 者

2018 年 12 月

目　录

第 1 章
MOSFET 晶体管模型

对于模拟集成电路或者数字集成电路的设计者而言，精确的 MOSFET 模型是进行电路仿真的重要条件。一个精确的 MOSFET 模型不仅包括简单的线性晶体管特性，还应该包括复杂的非线性晶体管特性。此外，MOSFET 的分析和设计模型还必须保持高度的一致性，这样才能让设计者在分析和设计时得到一致的结果。自 MOS 晶体管诞生之日起，最有效的晶体管模型仍是基于阈值电压(U_T)公式得到的。当晶体管处于强反型区和弱反型区时，该模型可以有效地近似晶体管实际特性。而当晶体管处于二者过渡带时，该模型近似解的精度就不那么理想了。因此在先进的深亚微米、低电压工艺中，当中等反型区在设计中变得重要时，基于阈值电压的 MOSFET 模型就不再适用。

出于以上原因，本章将详细讨论基于 MOS 晶体管理论的精确模型，以便可以将其应用于所有的工作区域中。在 1.1 节中，首先回顾简单的基于电荷的 MOSFET 模型。之后在 1.2 节中将讨论基于电流的 MOSFET 模型。在 1.3 节中分别分析了动态晶体管模型和非准态静晶体管模型，其中动态晶体管模型包括了四端口晶体管的 9 个线性独立电容系数。最后在 1.4 节中重点讨论了几种用于计算机仿真设计的 MOSFET 模型。

1.1　MOSFET 模型基础

1.1.1　半导体中的电子和空穴

在理想晶体半导体材料的平衡状态中，当掺杂浓度不高(典型值为 $10^{18}\ \text{cm}^{-3}$)时，电子和空穴表现为理想的气化状态。因此，电子和空穴遵循玻尔兹曼分布规律，并且它们的浓度(每单位体积的数量)与式(1.1)成正比：

$$\mathrm{e}^{-\text{Energy}/(kT)} \tag{1.1}$$

式中，玻尔兹曼常数 $k = 1.38 \times 10^{-23}$ J/K，T 为开尔文温度。我们以 n 和 p 分别表示此时平衡态下电子和空穴的浓度，且它们的浓度可以用静电势 ϕ 来表示，则有

$$\frac{p(\phi_1)}{p(\phi_2)} = \mathrm{e}^{-\frac{q(\phi_1-\phi_2)}{kT}} \tag{1.2}$$

$$\frac{n(\phi_1)}{n(\phi_2)} = \mathrm{e}^{-\frac{q(\phi_1-\phi_2)}{kT}} \tag{1.3}$$

式中，电子电荷 $q = 1.6 \times 10^{-19}$ C。因为电子电荷为负电荷，所以电子会向电势高的区域移动，或者说空穴会向电势低的区域移动。从式(1.2)和式(1.3)中可以看出，在热平衡状态下，电子和空穴的浓度乘积 pn 为恒定的常数。当本征半导体中电子和空穴的浓度都为 n_i 时，电子和空穴的浓度乘积，即质量作用定律可以表示为

$$np = n_\mathrm{i}^2 \tag{1.4}$$

通常情况下，半导体的平衡状态只作为一个参考状态来评估。在更多的情况下，我们都认为半导体器件处于一个准平衡状态中。在 MOSFET 模型中，平衡的衬底状态(衬底具有恒定的掺杂浓度)是模型精确的首要条件。在均匀半导体衬底中，当电荷表现为中性时，我们设衬底电势为参考电势，即 $\phi = 0$。再设平衡的电子和空穴浓度分别为 n_0 和 p_0，那么此时的电子和空穴浓度就可以表示为

$$n = n_0 \mathrm{e}^{\frac{q\phi}{kT}} = n_0 \mathrm{e}^{u} \tag{1.5}$$

$$p = p_0 \mathrm{e}^{-\frac{q\phi}{kT}} = p_0 \mathrm{e}^{-u} \tag{1.6}$$

式中，$u = \phi / \phi_\mathrm{t}$，为归一化的静电势，其中 $\phi_\mathrm{t} = kT/q$，为表面势，在室温 $T = 300$ K 时大约为 25.9 mV。

半导体内部的电荷密度是由正电荷和负电荷的不平衡状态产生的。因此，我们必须对电子、空穴、电离受主(带负电荷)、电离施主(带正电荷)进行综合考虑。在这种情况下，电荷密度 ρ 可以表示为

$$\rho = q(p - n + N_\mathrm{D} - N_\mathrm{A}) \tag{1.7}$$

式中，N_D 和 N_A 分别表示电离施主密度和电离受主密度。在均匀掺杂半导体中，电荷保持中性，平衡状态下的载流子浓度可以由电中性条件和质量作用定律 $np = n_i^2$ 得到，即

$$p_0 - n_0 + N_\mathrm{D} - N_\mathrm{A} = 0 \tag{1.8}$$

1.1.2　两端口 MOS 结构

MOS 是由金属-氧化物(SiO_2)-半导体(Si)的三明治结构组成的。在 20 世纪 60 年代，利用该结构制备了第一个实用的表面场效应晶体管。直至今日，该结构仍然是超大规模集成电路(Very Large Scale Integration，VLSI)的核心结构。

以 MOS 结构为基础的一个两端口电容如图 1.1 所示。在该结构中，导电层(金属)与半导体衬底由一个薄的绝缘层(氧化物)进行隔离。理想的半导体结构必须符合以下原则：

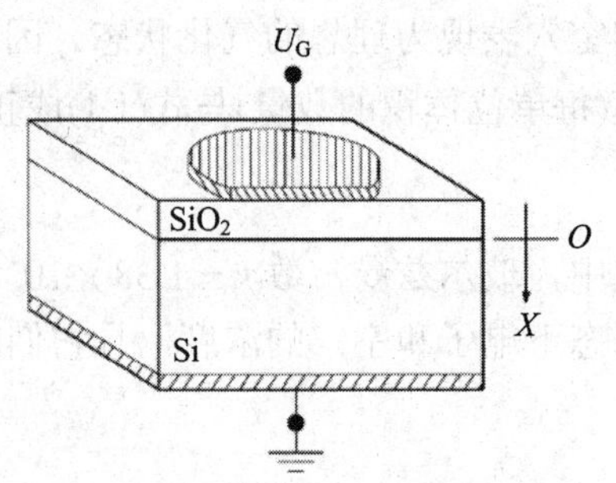

图 1.1　金属-氧化物-半导体电容

(1) 氧化物必须是理想的绝缘体，氧化物的内部和表面不允许存在任何电荷。

(2) 半导体必须均匀掺杂。

(3) 半导体材料必须保持足够的厚度，这样无电

场区域的衬底才能远离表面。

(4) 在金属和半导体之间的电势为零。

对于理想 MOS 结构的分析在建模过程中是十分必要的。除了原则(4)以外，其他三条原则在实际的 MOS 结构中也是符合的。

如果以第二层金属代替半导体材料，那么存储在栅极中的电荷 Q_G 和作用于栅极-衬底之间的电压 U_G 的关系为

$$U_G = \frac{Q_G}{C_{ox}} \tag{1.9}$$

式中，氧化层电容可以以电容面积、氧化层厚度及平行板电容介电常数来表示：

$$C_{ox} = \frac{A\varepsilon_{ox}}{t_{ox}} \tag{1.10}$$

在 MOS 晶体管理论中，单位面积电荷以及单位面积电容通常以变量的形式出现，因此可以将其表示为

$$Q'_G = \frac{Q_G}{A}, \quad C'_{ox} = \frac{C_{ox}}{A} = \frac{\varepsilon_{ox}}{t_{ox}} \tag{1.11}$$

将式(1.11)代入式(1.9)中可以得到

$$U_G = \frac{Q'_G}{C'_{ox}} \tag{1.12}$$

在理想 MOS 电容中，我们设 ϕ_s 为半导体的表面势，进而可以得出

$$U_G - \phi_s = \frac{Q'_G}{C'_{ox}} \tag{1.13}$$

式中，$U_G - \phi_s$ 表示氧化层电容上的电压降。最终我们得到栅极电压 U_G 与表面势 ϕ_s、半导体空间电荷 $Q'_C(=-Q'_G)$ 的关系为

$$U_G = \phi_s - \frac{Q'_C}{C'_{ox}} \tag{1.14}$$

在平衡状态(即 MOS 的两端口都处于短路或者断路)时，在栅极和 MOS 半导体衬底之间的接触电势会产生相应的栅极电荷和衬底电荷，且此时 $U_{GB}=0$。同样，在零偏置电压时，绝缘体中以及半导体-绝缘体界面上的电荷也会产生半导体电荷。在高质量的 Si-SiO_2 界面上，这些电荷可以忽略，但在通常情况下，必须考虑这些电荷的影响。

接触电势和氧化层电荷效应可以通过加入一个栅极-衬底电压来进行抵消，这个栅极-衬底电压就称为平带电压 U_{FB}。所以，对于 $U_{GB}=U_{FB}$ 的情况，栅极、衬底、绝缘体中以及半导体-绝缘体界面上的电荷都为零，且半导体内的电势为恒定常数，该状态称为平带状态。根据式(1.14)，我们可以归纳出平带电压与栅极电压的关系为

$$U_G - U_{FB} = \phi_s - \frac{Q'_C}{C'_{ox}} \tag{1.15}$$

因为恒定电势和氧化层电荷效应可以通过恒定的平带电压进行抵消，正如式(1.15)所示，所以对于理想的 MOS 器件，该效应的影响可以归纳为产生了一个电压漂移。

1.1.3 积累、耗尽、反型(以p型衬底为例)

将式(1.5)代入式(1.8)中，以电势 u 进行归一化，我们可以得到MOS电容内部半导体平板上的电荷密度为

$$\rho = q(p_0 e^{-u} - n_0 e^{u} + n_0 - p_0) \tag{1.16}$$

当 $U_G < U_{FB}$ 时，半导体内部的电势为负($u < 0$)，而半导体内部产生的电荷为正。这是因为在式(1.16)中，正的空穴数量大于平带时的值 p_0，而负的电子数量小于平带时的值 n_0。在p型衬底中，$p_0 \gg n_0$。因此在半导体中，正电荷都是由空穴产生的。同时p型衬底就处于积累区中。

当 $U_G > U_{FB}$ 时，半导体内部的电势为正($u > 0$)，而半导体内部产生的电荷为负。这是因为在式(1.16)中，正的空穴数量小于平带时的值 p_0，而负的电子数量大于平带时的值 n_0。电子和空穴的相对贡献取决于 u 的值。当式(1.17)成立时，局部的空穴浓度大于电子浓度，即

$$p_0 e^{-u} > n_0 e^{u} \tag{1.17}$$

或者采用式(1.4)进行表示：

$$\phi < \frac{\phi_t}{2}\ln\left(\frac{p_0}{n_0}\right) = \frac{\phi_t}{2}\ln\left(\frac{p_0^2}{n_i^2}\right) = \phi_t \ln\left(\frac{p_0}{n_i}\right) = \phi_F \tag{1.18}$$

式中，ϕ_t 为表面势，ϕ_F 称为费米能级。当 $\phi > \phi_F$ 时，少子浓度大于多子浓度，因此载流子的类型出现相反状态，此时半导体就处于反型状态中。

1.1.4 两端口MOS的小信号等效电路(以p型衬底为例)

设 Q'_G 为单位面积的栅电荷，根据电荷守恒定律MOS电容中的总电荷为零，可以得到 $Q'_G + Q'_C = 0$，所以单位面积的小信号电容为

$$C'_{gb} = \frac{dQ'_G}{dU_G} = -\frac{dQ'_C}{dU_G} \tag{1.19}$$

将式(1.15)代入式(1.19)中可以得到

$$C'_{gb} = -\frac{dQ'_C}{d\phi_s - \dfrac{dQ'_C}{C'_{ox}}} = \frac{1}{-\dfrac{d\phi_s}{dQ'_C} + \dfrac{1}{C'_{ox}}} \tag{1.20}$$

或者为

$$\frac{1}{C'_{gb}} = \frac{1}{C'_c} + \frac{1}{C'_{ox}} \tag{1.21}$$

式中，$C'_c = -dQ'_C / d\phi_s$，为半导体中的单位面积电容。因此MOS结构中的电容可以等效为氧化层和半导体电容的串联，如图1.2所示。

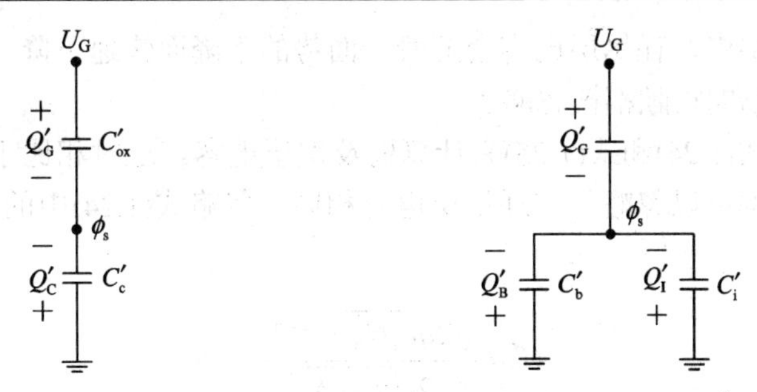

(a) 两个电容串联模型　　(b) 将半导体电容分为电子电容 C'_i 和空穴电容 C'_b

图 1.2 MOS 电容的等效电路

为了计算半导体电容，首先需要计算总电荷密度值。在 p 型半导体中有

$$Q'_C = \int_0^\infty \rho \, dx = q\left[\int_0^\infty (p-p_0)\, dx + \int_0^\infty (n_0-n)\, dx\right] = Q'_B + Q'_I \tag{1.22}$$

在式(1.22)中，下脚标 B 表示多子(在 p 型衬底中多子为空穴)，而下脚标 I 表示少子，在本例中为电子。积分的下限($x=0$)和上限($x\to\infty$)分别表示半导体与氧化物的界面和半导体衬底的距离坐标值。将积分变量从距离值转变为电势ϕ，此时式(1.22)可以变为

$$Q'_C = Q'_B + Q'_I = q\left[\int_0^{\phi_s} \frac{(p-p_0)}{F}\, d\phi + \int_0^{\phi_s} \frac{(n_0-n)}{F}\, d\phi\right] \tag{1.23}$$

式中，$F=-d\phi/dx$，为电场强度。需要注意的是，ϕ_s(表面势)是半导体界面上($x=0$)的电势，而在衬底中($x\to\infty$)的电势我们视为零。因此，可以得到空穴和电子电容对整个半导体电容的贡献分别为

$$C'_b = -\frac{dQ'_B}{d\phi_s} = \frac{q}{F_s}(p_0-p_s), \quad C'_i = -\frac{dQ'_I}{d\phi_s} = \frac{q}{F_s}(n_s-n_0) \tag{1.24}$$

式中，F_s、p_s、n_s 分别为半导体界面处的电场强度、空穴浓度和电子浓度。对于理想 MOS 电容的等效电路，可以将其分解为电子电容 C'_i 和空穴电容 C'_b，如图 1.2(b)所示。在积累区(ϕ_s<0)和耗尽区(0<ϕ_s<ϕ_t)中的衬底电荷可以表示为

$$-Q'_B = \varepsilon_s F_s = \mathrm{sgn}(\phi_s)\sqrt{2q\varepsilon_s N_A}\sqrt{\phi_s + \phi_t(e^{-\phi_s/\phi_t}-1)} \tag{1.25}$$

式中，ϕ_s 和 F_s 分别为半导体界面处的静电势和电场强度。现在我们采用式(1.25)的结果来定义衬底电容，可以得到

$$C'_b = \frac{\sqrt{2q\varepsilon_s N_A}(1-e^{-u_s})}{2\,\mathrm{sgn}(u_s)\sqrt{\phi_s + \phi_t(e^{-u_s}-1)}} \tag{1.26}$$

在耗尽层和反型层中($u_s=\phi_s/\phi_t>3$)，可以忽略式(1.26)中指数项的影响，从而得到耗尽层电容的经典表达式：

$$C'_b = \frac{\sqrt{2q\varepsilon_s N_A}}{2\sqrt{\phi_s - \phi_t}} \tag{1.27}$$

在一些模型中，式(1.27)也可以用于表示强反型层中的电容。但是如果采用式(1.27)进

行计算，在强反型层中，耗尽层电容会随着表面势的下降而快速下降。这是因为在很多模型中，电子对表面场的贡献都被忽略了。

我们可以采用式(1.24)和式(1.25)来计算弱反型层电容。这时相比于耗尽层电荷，弱反型层中的电子电荷都可以忽略。与耗尽层电容相同，忽略式(1.24)中的衬底少子项(n_0)可以得到

$$C_{\mathrm{i}}' = \frac{\sqrt{2q\varepsilon_{\mathrm{s}}N_{\mathrm{A}}}\,\mathrm{e}^{u_{\mathrm{s}}-2u_{\mathrm{F}}}}{2\sqrt{\phi_{\mathrm{s}}-\phi_{\mathrm{t}}}} \tag{1.28}$$

式中，$u_{\mathrm{F}} = \phi_{\mathrm{F}} / \phi_{\mathrm{t}}$。忽略式(1.28)分母中的变量，反型层电容就变成了表面势的指数函数。所以，我们以反型层电荷的形式来表示反型层电容：

$$C_{\mathrm{i}}' = -\frac{\mathrm{d}Q_{\mathrm{I}}'}{\phi_{\mathrm{t}}\mathrm{d}u_{\mathrm{s}}} = -\frac{Q_{\mathrm{I}}'}{\phi_{\mathrm{t}}} \tag{1.29}$$

在强反型层中，C_{i}' 可以写作：

$$C_{\mathrm{i}}' \cong -\frac{Q_{\mathrm{I}}'}{2\phi_{\mathrm{t}}} \tag{1.30}$$

但是，由于在强反型层中 $C_{\mathrm{i}}' \gg C_{\mathrm{ox}}'$，因此图 1.2 中的串联电容可以近似等效为 C_{ox}'，而 C_{i}' 可以不用于计算反型层电荷的密度。

1.1.5　三端口 MOS 结构及统一的电荷控制模型

MOS 晶体管中需要存在一些接触区域来连接反型沟道，而且这些区域必须与衬底类型相反。因此，如图 1.3 所示，在晶体管建模过程中，三端口结构或者栅控制二极管是作为晶体管模型的过渡态出现的。因为 n^+区域(源极)与反型层具有电气连接，而又与 p 型衬底隔离，所以空穴的浓度仍然可以用式(1.6)表示。这时电子的浓度是由 $\phi - U_{\mathrm{C}}$ 来进行控制的，所以此时空穴和电子的浓度分别为

$$p = p_0 \mathrm{e}^{-\frac{q\phi}{kT}} = p_0 \mathrm{e}^{-u} \tag{1.31}$$

$$n = n_0 \mathrm{e}^{\frac{q(\phi-U_{\mathrm{C}})}{kT}} = n_0 \mathrm{e}^{u-u_{\mathrm{C}}} \tag{1.32}$$

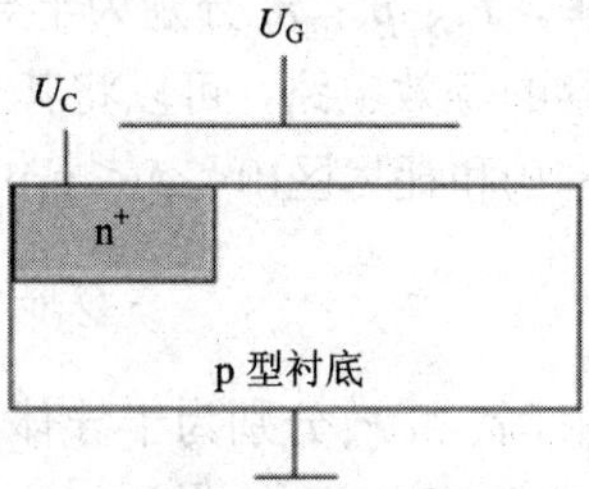

图 1.3　三端口 MOS 晶体管结构

以上的公式可以用于表示三端口 MOS 结构的准平衡模型。在三端口 MOS 结构中，空穴在衬底中处于平衡态，并遵循玻尔兹曼分布。反型沟道中电子与源极、漏极中的电子也处于平衡态中，并符合玻尔兹曼静态分布。它们的能量为 $-q(\phi - U_{\mathrm{C}})$，所以可以得到 pn 的乘积为

$$pn = n_{\mathrm{i}}^2 \mathrm{e}^{-u_{\mathrm{C}}} = n_{\mathrm{i}}^2 \mathrm{e}^{-U_{\mathrm{C}}/\phi_{\mathrm{t}}} \tag{1.33}$$

所以，此时由于节偏置电压 $U_{\mathrm{C}} = u_{\mathrm{C}}\phi_{\mathrm{t}}$ (源-衬底电压)的存在，电子与空穴不再处于平衡态中。

图 1.4 所示为 MOS 的小信号等效电容模型和等效电路。在小信号工作状态时，反型电

荷由 $d(\phi_s - U_C)$ 决定，而少子电荷由 $d\phi_s$ 决定。图 1.4(a)代表了图 1.3 中三端口 MOS 器件的电容模型。图 1.4(b)中的小信号等效电路决定了 MOS 晶体管中反型电荷密度与沟道电压 U_C 的关系。由于反型电荷存储在反型电容、氧化层电容和耗尽层电容的组合中，因此可以得到其表达式为

$$\frac{dQ_I'}{dU_C} = \frac{(C_b' + C_{ox}')C_i'}{C_i' + C_b' + C_{ox}'} \tag{1.34}$$

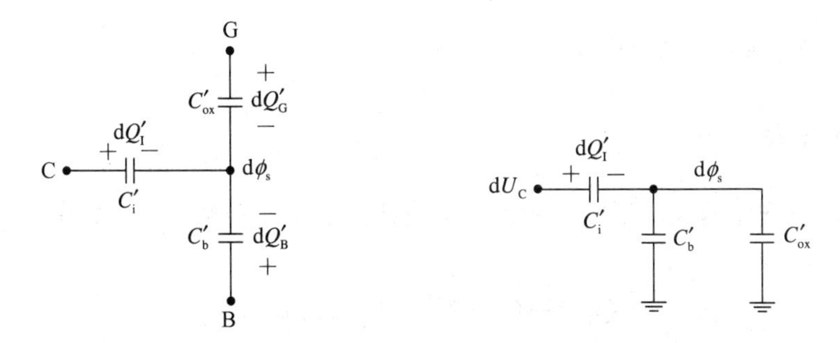

(a) 三端口 MOS 结构的电容模型　　(b) U_G 和 U_B 的小信号等效电路

图 1.4　MOS 的小信号等效电容模型和等效电路

为了以电压的形式更直观地表示反型电荷，我们将式(1.35)表示为

$$\frac{1}{dQ_I'}\left(\frac{1}{C_b' + C_{ox}'} + \frac{1}{C_i'}\right) = dU_C \tag{1.35}$$

为了得到电荷和电压之间关系的简化模型，需要做出如下假设：

(1) 在沟道方向上的单位面积耗尽电容为恒定值，而且在电势平衡公式中进行计算时忽略反型电荷的影响。当 $\phi_s = \phi_{sa}$ 时，我们可以采用式(1.27)来计算 C_b'。而声表面势 ϕ_{sa} 可以从式(1.15)中，以栅-衬底电势 U_G 的形式进行计算得到，但要忽略式(1.15)中反型电荷的影响。从这个观点上看，我们仅仅是在耗尽区和反型区内计算 ϕ_{sa} 和 C_b' 的值。所以我们假设在积累区中，式(1.26)表示的指数关系对于耗尽区和反型区都是可以忽略的。总的来说，单位面积的衬底电容可以表示为

$$C_b' \cong \frac{\sqrt{2q\varepsilon_s N_A}}{2\sqrt{\phi_{sa} - \phi_t}} = \frac{\gamma C_{ox}' / 2}{\sqrt{U_G - U_{FB} - \phi_t + \gamma^2 / 4} - \gamma / 2} = (n-1)C_{ox}' \tag{1.36}$$

式中，$\gamma = \sqrt{2q\varepsilon_s N_A} / C_{ox}'$，为体效应系数，该系数与衬底掺杂、氧化层电容有关，典型值为 0.1～1 $V^{1/2}$。而斜率常数 n 的典型值为 1.1～1.5。

(2) 在包括强反型区在内的反型区内，反型电容近似为 $C_i' = -Q_I' / \phi_t$。基于假设(1)和(2)，我们可以从式(1.35)中得到如下关系：

$$dQ_I'\left(\frac{1}{nC_{ox}'} - \frac{\phi_t}{Q_I'}\right) = dU_C \tag{1.37}$$

式中，

$$n = 1 + \frac{C'_b}{C'_{ox}} \tag{1.38}$$

综合考虑沟道电势 U_C 和参考电势 U_P，可以得到统一的电荷控制模型为

$$U_P - U_C = \phi_t \left[\frac{Q'_{IP} - Q'_I}{nC'_{ox}} + \ln\left(\frac{Q'_I}{Q'_{IP}} \right) \right] \tag{1.39}$$

式中，Q'_{IP} 为当 $U = U_P$ 时的 Q'_I 值。

1.1.6 夹断电压

我们将用响应于有效沟道电容的沟道电荷密度来定义夹断电压。首先，得到归一化电荷为

$$Q'_{IP} = -(C'_{ox} + C'_b)\phi_t = -nC'_{ox}\phi_t \tag{1.40}$$

夹断电压的名称源于历史原因，它意味着沟道电势仅仅由少量沟道中的载流子所产生。当沟道电荷密度等于 Q'_{IP} 的沟道电势(U_C)时，参考电势 U_P 就称为夹断电压。既然已经得到弱反型区内反型电荷的详细表达式，那么就可以用它来定义夹断电压。由式(1.28)可以得到弱反型区电容的表达式为

$$C'_i = \frac{\sqrt{2q\varepsilon_s N_A}\,e^{u_{sa} - 2u_F - u_C}}{2\sqrt{\phi_{sa} - \phi_t}} \tag{1.41}$$

正如之前的讨论，非零沟道电势 U_C 意味着电子电荷密度是由 $\phi - U_C$ 控制的，而不是由 ϕ 控制的。这使得必须在式(1.41)的指数项中包含沟道电势的量。同时，我们还必须将式(1.28)中的 $\phi_s\,(u_s)$ 替换为 $\phi_{sa}\,(u_{sa})$。这是因为在弱反型区中，表面势仅与 U_G 有关，而与 U_C 无关。综合考虑式(1.29)和式(1.41)，我们可以得到

$$-Q'_I = \frac{\sqrt{2q\varepsilon_s N_A}}{2\sqrt{\phi_s - \phi_t}}\phi_t e^{(\phi_{sa} - 2\phi_F)/\phi_t} e^{-U_C/\phi_t} = C'_{ox}(n-1)\phi_t e^{(\phi_{sa} - 2\phi_F)/\phi_t} e^{-U_C/\phi_t} \tag{1.42}$$

在弱反型区中，我们将式(1.39)重新写为

$$Q'_I = Q'_{IP} e^{(U_P - U_C + \phi_t)/\phi_t} = -nC'_{ox}\phi_t e^{(U_P - U_C + \phi_t)/\phi_t} \tag{1.43}$$

因为我们无论使用式(1.42)还是式(1.43)，都具有相同的反型电荷值，所以可以得到 U_P 为

$$U_P = \phi_{sa} - 2\phi_F - \phi_t \left[1 + \ln\left(\frac{n}{n-1} \right) \right] \tag{1.44}$$

1.1.7 Pao-Sah I-V 模型

图 1.5 所示为 MOSFET 的横截面，MOSFET 实际上是一个二维器件。当电压加载在漏

源之间时，输入电压(栅电压)作用在 X 轴方向，并垂直于半导体表面，从而使得靠近表面的反型电荷沿着 Y 轴方向流动。

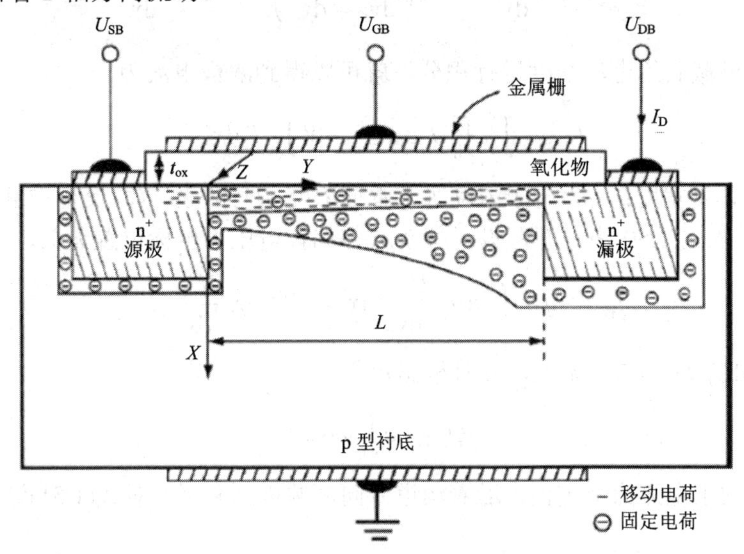

图 1.5　MOSFET 的横截面

为了建立 MOS 模型，首先要将 MOS 的二维问题分解为两个一维问题进行处理。对于长沟道器件，逐次沟道逼近是十分有效的方法，我们认为，Y 轴上的电场强度分量远小于 X 轴上的分量。因此，图 1.4 中的三电容等效电路对于每一个沟道横截面都是有效的。

为了计算从漏极到源极的电流 I_D，我们还必须做出以下假设：

(1) 对于 n 沟道器件，空穴电流可以忽略。当源-衬底、漏-衬底结为反偏或者零偏时，该假设对于所有的工作状态都是成立的。

(2) 电流仅沿着 Y 轴方向流动。考虑漂移和扩散的情况，电子电流密度为

$$J_n = qn\mu_n\left(-\frac{d\phi}{dy}\right) + qD_n\frac{dn}{dy} \tag{1.45}$$

式中，μ_n 为电子的迁移率，而 D_n 为电子的扩散系数。

电子浓度的导数可以从电势中进行推导：

$$n = n_0 e^{\frac{q(\phi - U_C)}{kT}} = n_0 e^{u-u_C} \tag{1.46}$$

沿沟道方向上的沟道电势关系为

$$U_S \leqslant U_C \leqslant U_D \tag{1.47}$$

式中，U_S 和 U_D 分别为源极、漏极电压。从式(1.46)中可以推出：

$$\frac{dn}{dy} = \frac{n}{\phi_t}\left(\frac{d\phi}{dy} - \frac{dU_C}{dy}\right) \tag{1.48}$$

根据电子迁移率μ_n 和扩散系数 D_n 之间的关系($D_n = \mu_n\phi_t$)，再将式(1.48)代入式(1.45)，可以得到

$$J_{\mathrm{n}}=-qn\mu_{\mathrm{n}}\frac{\mathrm{d}\phi}{\mathrm{d}y}+qn\mu_{\mathrm{n}}\left(\frac{\mathrm{d}\phi}{\mathrm{d}y}-\frac{\mathrm{d}U_{\mathrm{C}}}{\mathrm{d}y}\right)=-qn\mu_{\mathrm{n}}\frac{\mathrm{d}U_{\mathrm{C}}}{\mathrm{d}y} \tag{1.49}$$

再将沟道整个横截面的电流密度进行积分，就可以得到漏极电流为

$$I_{\mathrm{D}}=-\int_0^W\int_0^{x_i}J_{\mathrm{n}}\mathrm{d}x\mathrm{d}z=-W\int_0^{x_i}J_{\mathrm{n}}\mathrm{d}x \tag{1.50}$$

式中，W 为晶体管宽度；x_i 为电子浓度等于本征浓度 n_i 时的坐标(即反型沟道底层的坐标)。再将式(1.49)代入式(1.50)中，并假设迁移率 μ_{n} 与偏置电压和坐标位置无关，于是可以得到

$$I_{\mathrm{D}}=-qW\int_0^{x_i}n\mu_{\mathrm{n}}\frac{\mathrm{d}U_{\mathrm{C}}}{\mathrm{d}y}\mathrm{d}x=-W\mu_{\mathrm{n}}Q_{\mathrm{I}}'\frac{\mathrm{d}U_{\mathrm{C}}}{\mathrm{d}y} \tag{1.51}$$

由于 $U_{\mathrm{C}}(\mathrm{d}U_{\mathrm{C}}/\mathrm{d}y)$ 与 x 无关，并且根据定义：

$$Q_{\mathrm{I}}'=-q\int_0^{x_i}n\mathrm{d}x \tag{1.52}$$

因而在沟道方向上电流为恒定值。沿着沟道方向从源极到漏极，对式(1.51)进行积分，可以推出：

$$I_{\mathrm{D}}=-\frac{\mu_{\mathrm{n}}W}{L}\int_{U_{\mathrm{S}}}^{U_{\mathrm{D}}}Q_{\mathrm{I}}'\mathrm{d}U_{\mathrm{C}} \tag{1.53}$$

式中，L 为沟道长度。式(1.53)是一个通用公式，包含了漂移和扩散机制，并且表示了长沟道 MOSFET 的精确模型。

从图 1.4 中，可以得到

$$\mathrm{d}Q_{\mathrm{I}}'=C_{\mathrm{i}}'(\mathrm{d}U_{\mathrm{C}}-\mathrm{d}\phi_{\mathrm{s}}) \tag{1.54}$$

将式(1.29)代入式(1.54)，可推出：

$$\mathrm{d}U_{\mathrm{C}}=\mathrm{d}\phi_{\mathrm{s}}-\phi_{\mathrm{t}}\frac{\mathrm{d}Q_{\mathrm{I}}'}{Q_{\mathrm{I}}'} \tag{1.55}$$

再将式(1.55)代入式(1.51)中，最终推导出电流 I_{D} 的表达式为

$$I_{\mathrm{D}}=I_{\mathrm{drift}}+I_{\mathrm{diff}}=-\mu_{\mathrm{n}}WQ_{\mathrm{I}}'\frac{\mathrm{d}\phi_{\mathrm{s}}}{\mathrm{d}y}+\mu_{\mathrm{n}}W\phi_{\mathrm{t}}\frac{\mathrm{d}Q_{\mathrm{I}}'}{\mathrm{d}y} \tag{1.56}$$

式(1.56)明确表示了载流子漂移和扩散机制产生的电流。

1.1.8 电荷控制模型

观察图 1.4(b)中三端口 MOS 晶体管的等效电容电路，对于恒定值 U_{G}，可以得出

$$\mathrm{d}Q_{\mathrm{I}}'=(C_{\mathrm{ox}}'+C_{\mathrm{b}}')\mathrm{d}\phi_{\mathrm{s}}=nC_{\mathrm{ox}}'\mathrm{d}\phi_{\mathrm{s}} \tag{1.57}$$

C_{b}' 为忽略反型电荷时得到的耗尽层电容，n 为斜率常数，仅和栅极电压有关。反型层电荷密度和沟道方向表面势的线性关系是 MOS 电流控制模型的基础。这是因为将式(1.57)代入式(1.56)时，可以将电流表示为反型电荷密度的函数：

$$I_{\mathrm{D}}=-\frac{\mu_{\mathrm{n}}W}{nC_{\mathrm{ox}}'}(Q_{\mathrm{I}}'-\phi_{\mathrm{t}}nC_{\mathrm{ox}}')\frac{\mathrm{d}Q_{\mathrm{I}}'}{\mathrm{d}y} \tag{1.58}$$

从式(1.58)中可以得出：当局部反型电荷密度等于夹断电荷 $-nC_{\mathrm{ox}}'\phi_{\mathrm{t}}$ 时，I_{D} 中的扩散和

漂移分量是相等的。也可以说，当扩散分量和漂移分量相等时，选择夹断电压作为沟道电压。在阈值(夹断电压)之上时，漂移是导电的主要机制；而在阈值之下时，扩散是导电的主要机制。

最终，将式(1.58)沿着沟道进行积分，得出

$$I_{\mathrm{D}}=\frac{\mu_{\mathrm{n}}W}{L}\left[\frac{Q_{\mathrm{IS}}^{\prime 2}-Q_{\mathrm{ID}}^{\prime 2}}{2nC_{\mathrm{ox}}^{\prime}}-\phi_{\mathrm{t}}(Q_{\mathrm{IS}}^{\prime}-Q_{\mathrm{ID}}^{\prime})\right] \tag{1.59}$$

式(1.59)中的二次项表示漂移电流分量，而一次项表示扩散电流分量。斜率 n 与 ϕ_{sa} 的关系为

$$n=1+\frac{\gamma}{2\sqrt{\phi_{\mathrm{sa}}-\phi_{\mathrm{t}}}} \tag{1.60}$$

ϕ_{sa} 为忽略反型电荷后计算的表面势，可以表示为

$$\sqrt{\phi_{\mathrm{sa}}-\phi_{\mathrm{t}}}=\sqrt{U_{\mathrm{G}}-U_{\mathrm{FB}}-\phi_{\mathrm{t}}+\gamma^{2}/4}-\frac{\gamma}{2} \tag{1.61}$$

源极和漏极的反型电荷密度 $Q_{\mathrm{IS}}^{\prime}$ 和 $Q_{\mathrm{ID}}^{\prime}$ 可以采用式(1.39)进行计算。式(1.59)可以写作：

$$I_{\mathrm{D}}=I_{\mathrm{F}}-I_{\mathrm{R}} \tag{1.62}$$

式中

$$I_{\mathrm{F(R)}}=\frac{W}{L}\mu_{\mathrm{n}}\left(\frac{Q_{\mathrm{IS(D)}}^{\prime 2}}{2nC_{\mathrm{ox}}^{\prime}}-\phi_{\mathrm{t}}Q_{\mathrm{IS(D)}}^{\prime}\right) \tag{1.63}$$

$I_{\mathrm{F(R)}}$称为漏极电流的正向(反向)分量。式(1.62)和式(1.63)强调了 MOSFET 的几何对称性。当 U_{DB} 变大时(正向饱和)，$Q_{\mathrm{ID}}^{\prime}$ 和 I_{R} 趋于零。此时，漏极电流逼近一个恒定值，这个恒定值称为正向饱和电流 I_{F}。同样，当 U_{SB} 变大时(反向饱和)，$Q_{\mathrm{IS}}^{\prime}$ 和 I_{F} 趋于零。因此，漏极电流逼近一个恒定值，这个恒定值等于反向饱和电流 $-I_{\mathrm{R}}$ 。

1.1.9 阈值电压

首先对阈值电压进行定义，即当 $U_{\mathrm{C}}=0$ 时，存在一个平衡阈值电压 U_{T0}，此时沟道电荷密度等于 $Q_{\mathrm{IP}}^{\prime}$ 或者夹断电压 $U_{\mathrm{P}}=0$。采用式(1.44)，可以得到

$$\phi_{\mathrm{sa}}\Big|_{U_{\mathrm{P}}=0,\ U_{\mathrm{G}}=U_{\mathrm{T0}}}=2\phi_{\mathrm{F}}+\phi_{\mathrm{t}}\left[1+\ln\left(\frac{n}{n+1}\right)\right] \tag{1.64}$$

采用式(1.61)，并使得 $U_{\mathrm{G}}=U_{\mathrm{T0}}$，最终得到：

$$U_{\mathrm{T0}}=U_{\mathrm{FB}}+2\phi_{\mathrm{F}}+\phi_{\mathrm{t}}\left[1+\ln\left(\frac{n}{n+1}\right)\right]+\gamma\sqrt{2\phi_{\mathrm{F}}+\phi_{\mathrm{t}}\ln\left(\frac{n}{n-1}\right)}\cong U_{\mathrm{FB}}+2\phi_{\mathrm{F}}+\gamma\sqrt{2\phi_{\mathrm{F}}} \tag{1.65}$$

式(1.65)是对阈值电压的完整定义。对于手动计算夹断电压，可以采用一个简化的表达式，当 $U_{\mathrm{G}}=U_{\mathrm{T0}}$ 时，U_{P} 可以线性近似为

$$U_P \cong \frac{U_G - U_{T0}}{n} \tag{1.66}$$

再采用式(1.44)进行计算，可以得到斜率 $\mathrm{d}U_P / \mathrm{d}U_G$ 为

$$\frac{\mathrm{d}U_P}{\mathrm{d}U_G} \cong \frac{\mathrm{d}\phi_{sa}}{\mathrm{d}U_G} = \frac{C'_{ox}}{C'_b + C'_{ox}} = \frac{1}{n} \tag{1.67}$$

n 由式(1.60)得到，对于漏极电流的近似计算，n 为一个恒定值。

栅-衬底电压 U_{GB} 与夹断电压的函数关系如图 1.6 所示。在反型区，夹断电压与栅电压近似为线性关系。将式(1.66)中 U_P 的一阶近似代入式(1.39)中，可以得到

$$Q'_{IP} - Q'_I + nC'_{ox}\phi_t \ln\left(\frac{Q'_I}{Q'_{IP}}\right) = C'_{ox}(U_G - U_{T0} - nU_C) \tag{1.68}$$

式(1.68)对于手动计算是十分有用的。但是在弱反型区中，Q'_I 与 U_P 的指数关系使得式(1.68)不能成立。因此在精确模型中，必须使用基于夹断电压的近似模型来进行建模。

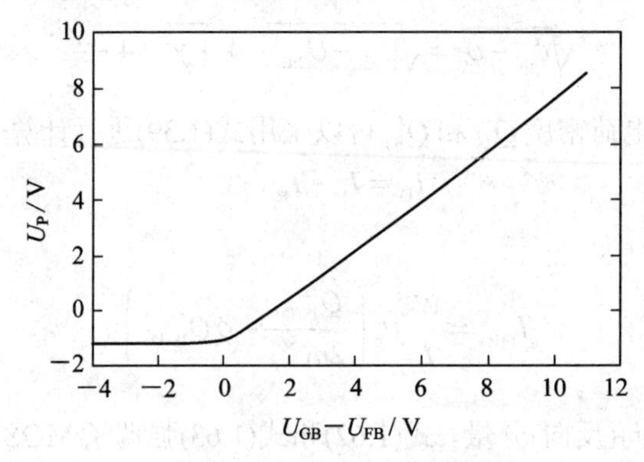

图 1.6　栅-衬底电压 U_{GB} 与夹断电压的函数关系

1.2　面向设计应用的 MOSFET 模型

在本小节中将讨论适用于集成电路设计的 MOS 晶体管模型，以漏极电流的正向分量(I_F)和反向分量(I_R)、斜率系数 n 来描述 MOSFET 的小信号模型。为了分析从弱反型区到强反型区的 MOSFET 工作状态，可以认为 n 为一个恒定值，而且可以以变量 I_F 和 I_R 两个变量来描述晶体管的工作状态。当晶体管处于正向(反向)饱和状态时，晶体管可以用 $I_F(I_R)$来进行描述。因此我们也将面向设计的晶体管模型称为基于电流的晶体管模型。

1.2.1　漏极电流的正向及反向分量

首先将式(1.62)和式(1.63)以漏极电流的形式表示为

$$I_D = I_F - I_R = I(U_G, U_S) - I(U_G, U_D) \tag{1.69}$$

式中，又有

$$I_{F(R)} = \mu_n C'_{ox} n \frac{W}{L} \frac{\phi_t^2}{2} \left[\left(\frac{Q'_{IS(D)}}{nC'_{ox}\phi_t} \right)^2 - 2\frac{Q'_{IS(D)}}{nC'_{ox}\phi_t} \right] \tag{1.70}$$

对于长沟道器件，正向(反向)电流与栅极电压和源极(漏极)电压有直接关系，而独立于漏极(源极)电压。式(1.69)和式(1.70)还反映了 MOSFET 中源-漏极的对称性。

以图 1.7 为例，当 U_S 和 U_G 为恒定电压时，我们从长沟道 NMOS 晶体管输出特性中分析漏极电流的正向分量和反向分量。

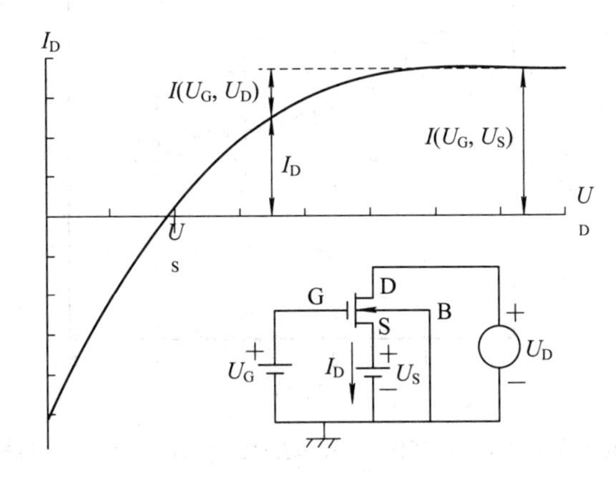

图 1.7　当 U_S 和 U_G 为恒定电压时，长沟道 NMOS 晶体管的输出特性

当 MOSFET 处于饱和区时，漏极电流与 U_D 无关。这意味着在饱和区中，$I(U_G, U_D) \ll I(U_G, U_S)$。所以 $I(U_G, U_D)$可以理解为正向饱和的漏极电流。同样，在反向饱和时，I_D 与源极电压无关。

式(1.70)还可以写作：

$$q'_{IS(D)} = -\frac{Q'_{IS(D)}}{nC'_{ox}\phi_t} = \sqrt{1+i_{f(r)}} - 1 \tag{1.71}$$

式中，$q'_{IS(D)}$ 为源极(漏极)的归一化反型电荷密度；$i_{f(r)}$ 为正向(反向)归一化电流或反型系数，有

$$i_{f(r)} = \frac{I_{F(R)}}{I_S} = \frac{I(U_G, U_{S(D)})}{I_S} \tag{1.72}$$

而源极(漏极)的归一化电流 I_S 表达式为

$$I_S = \mu_n C'_{ox} n \frac{\phi_t^2}{2} \frac{W}{L} \tag{1.73}$$

将系数 $I_{SH} = \mu_n C'_{ox} n\phi_t^2 / 2$ 命名为归一化方块电流，且 I_{SH} 中的 μ_n 和 n 表明 I_{SH} 是一个与工艺有关的参数，并和 U_G 有关。作为一个衡量准则，当 $i_f \geqslant 100$ 时，晶体管处于强反型区；当 $1 < i_f < 100$ 时，晶体管处于中等反型区；而当 $i_f \leqslant 1$ 时，晶体管处于弱反型区。

长沟道 MOS 晶体管归一化电流与栅级电压的关系如图 1.8 所示。当栅电压从 0.6 V 变化到 5 V 时，归一化电流相对于平均值的变化大约有 ±30%。以统一电荷控制模型进行表示：

$$U_{\mathrm{P}} - U_{\mathrm{S(D)}} = \phi_{\mathrm{t}}(q'_{\mathrm{IS(D)}} - 1 + \ln q'_{\mathrm{IS(D)}}) \tag{1.74}$$

我们可以得到归一化电流和电压之间的关系为

$$U_{\mathrm{P}} - U_{\mathrm{S(D)}} = \phi_{\mathrm{t}}[\sqrt{1+i_{f(r)}} - 2 + \ln(\sqrt{1+i_{f(r)}}) - 1)] \tag{1.75}$$

式(1.75)是一个通用公式，对于任何工艺、栅电压以及温度的长沟道晶体管都适用。

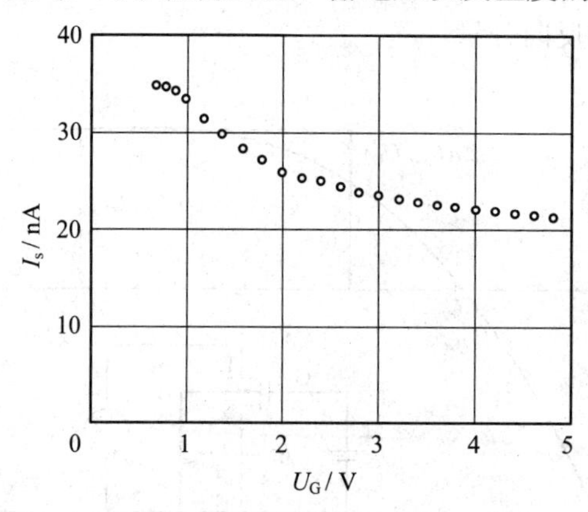

图 1.8　长沟道 MOS 晶体管(t_{ox} = 280 Å，$W = L$ = 25 μm)归一化电流与栅极电压的关系

1.2.2　MOSFET 晶体管直流特性

MOSFET 共栅特性如图 1.9 所示，图中表示的是在恒定电压 U_G 下，饱和区漏电流和 U_S 的关系。图中展现了在低电流区域中电流与源极电压的指数关系。当电流升高时，强反型电流近似为抛物线曲线。图中的曲线拐角处代表了中等反型区域。

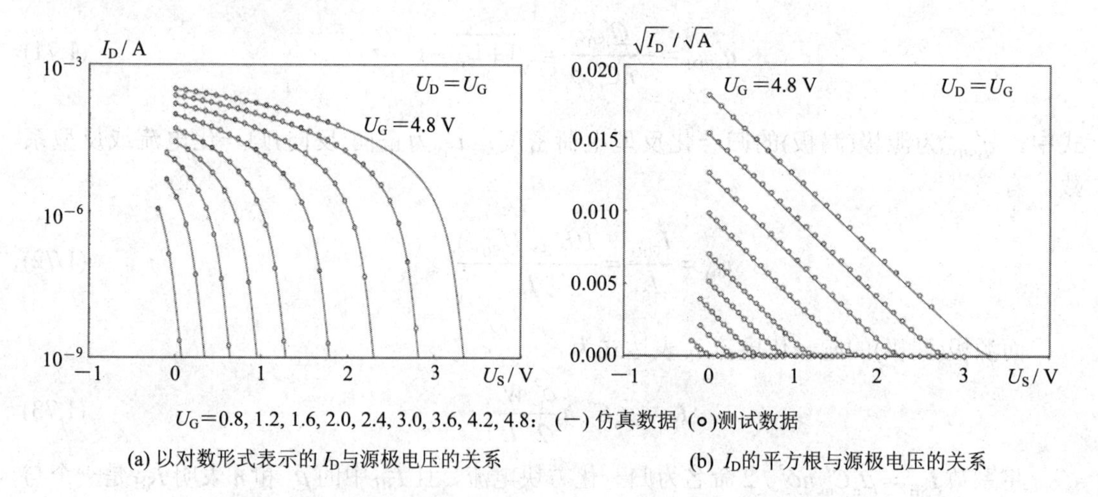

(a) 以对数形式表示的 I_D 与源极电压的关系　　(b) I_D 的平方根与源极电压的关系

图 1.9　MOSFET(t_{ox} = 280 Å，$W = L$ = 25 μm)共栅特性

MOSFET 的共源特性如图 1.10 所示。正如图 1.9 中所示，漏极电流与栅极电压呈指数特性的区域称为弱反型区，而曲线的拐角处代表了中等反型区域。将式(1.74)应用于 MOSFET 的源极和漏极端口，我们可以得到 MOSFET 的输出特性为

$$\frac{U_{\mathrm{DS}}}{\phi_{\mathrm{t}}}=q'_{\mathrm{IS}}-q'_{\mathrm{ID}}+\ln\left(\frac{q'_{\mathrm{IS}}}{q'_{\mathrm{ID}}}\right) \tag{1.76}$$

或者写为

$$\frac{U_{\mathrm{DS}}}{\phi_{\mathrm{t}}}=\sqrt{1+i_{\mathrm{f}}}-\sqrt{1+i_{\mathrm{r}}}+\ln\left(\frac{\sqrt{1+i_{\mathrm{f}}}-1}{\sqrt{1+i_{\mathrm{r}}}-1}\right) \tag{1.77}$$

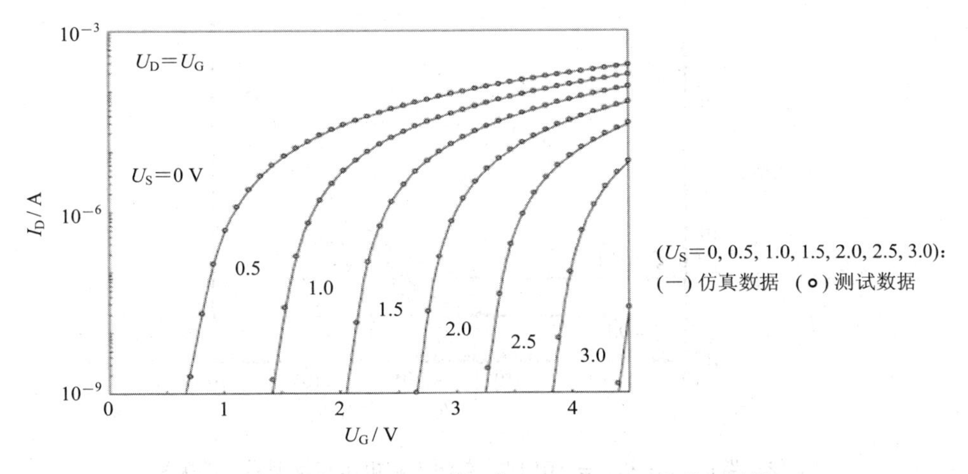

图 1.10　MOSFET(t_{ox} = 280 Å，W = L = 25 μm)共源特性

式(1.77)说明长沟道 MOSFET 的归一化输出特性与工艺和晶体管面积无关。我们采用式(1.77)进行计算，在不同栅极电压条件下，比较了不同输出特性的测试曲线，MOSFET 的归一化输出特性如图 1.11 所示。从图 1.11 中可以看出，测试数据与理论模型十分接近。

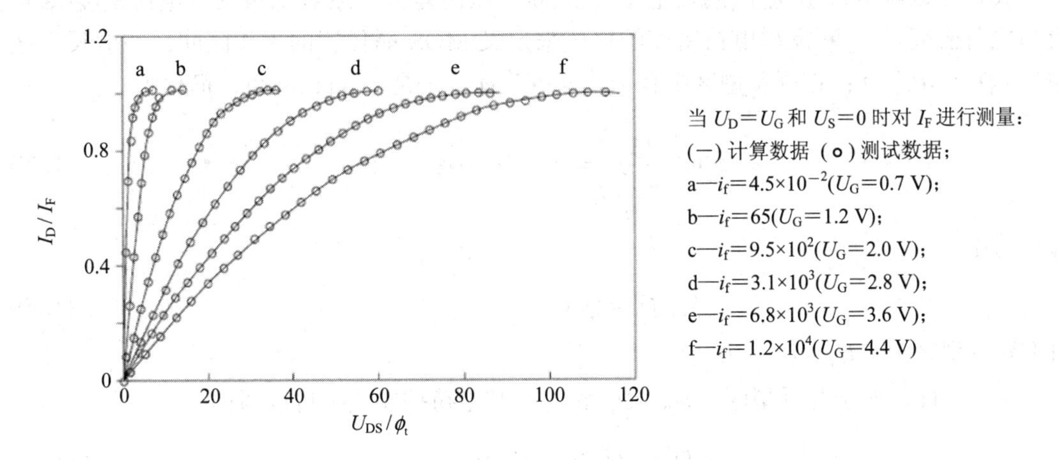

图 1.11　MOSFET(t_{ox} = 280 Å，W = L = 25 μm)的归一化输出特性

现在我们来定义 U_{DSsat} 的概念。U_{DSsat} 为当 $q'_{\mathrm{ID}}/q'_{\mathrm{IS}}=\zeta$ 时的 U_{DS} 值，其中 ζ 为远小于单位 1 的任意值。并且 $1-\zeta$ 表示了 MOSFET 的饱和水平。如果 $\zeta\to1$，晶体管工作在线性区或者此时 U_{DS} 接近于零。如果 $\zeta\to0$，则晶体管处于深度饱和区。根据式(1.76)以及 $q'_{\mathrm{ID}}/q'_{\mathrm{IS}}=\zeta$，我们可以得到

$$U_{\rm DSsat}=\phi_{\rm t}\left[\ln\left(\frac{1}{\zeta}\right)+(1-\zeta)(\sqrt{1+i_{\rm f}}-1)\right] \tag{1.78}$$

式(1.78)对于进行电路设计十分重要，它以反型程度来定义晶体管的线性工作区和饱和区。在图1.12中，展现了两个ζ($\zeta=0.1, \zeta=0.01$时)情况下的理论漏源饱和电压。在弱反型区，$U_{\rm DSsat}$与反型程度无关，而在强反型区，$U_{\rm DSsat}$与反型程度的平方根成反比。

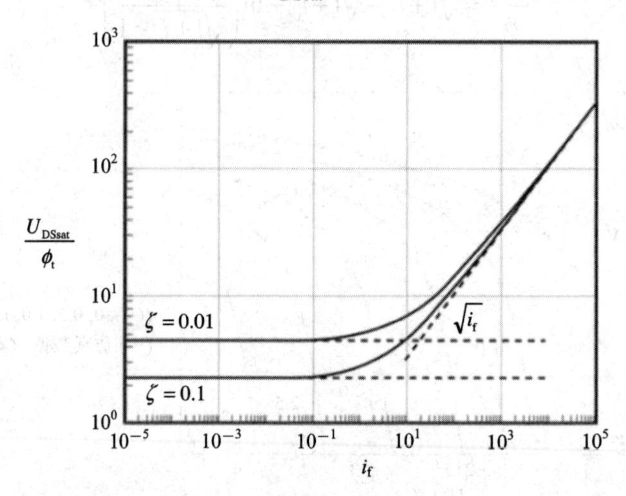

图1.12　当$\zeta=0.1$和$\zeta=0.01$时，漏源饱和电压和反型系数的关系

1.2.3　弱反型区与强反型区的MOSFET

我们可以根据源极电压(漏极电压)和夹断电压的差值，或者源极反型电荷密度(漏极反型电荷密度)与夹断反型电荷密度的比值来定义MOS晶体管的工作区间。在弱反型区中有$-Q_{\rm I}'<nC_{\rm ox}'\phi_{\rm t}$；在强反型区中有$-Q_{\rm I}'\geqslant nC_{\rm ox}'\phi_{\rm t}$。于是，式(1.39)可以简化为

$$\phi_{\rm t}\ln\left(\frac{Q_{\rm I}'}{-Q_{\rm IP}'}\right)=U_{\rm P}-U_{\rm C}+\phi_{\rm t} \tag{1.79}$$

或者写作：

$$Q_{\rm I}'=Q_{\rm IP}'{\rm e}^{(U_{\rm P}-U_{\rm C}+\phi_{\rm t})/\phi_{\rm t}} \tag{1.80}$$

且在弱反型区中有$U_{\rm P}-U_{\rm C}<0$。

另一方面，对于强反型区，$U_{\rm P}-U_{\rm C}\gg\phi_{\rm t}$，则电荷控制模型可以写作：

$$-Q_{\rm I}'=nQ_{\rm ox}'(U_{\rm P}-U_{\rm C}) \tag{1.81}$$

式(1.80)和式(1.81)分别表示了弱反型区的指数电荷，以及强反型区的线性电荷关系。

将式(1.59)的电流公式进行简化，在弱反型区中忽略二次项的影响，从而得到

$$I_{\rm D}=-\frac{\mu_n W}{L}\phi_{\rm t}(Q_{\rm IS}'-Q_{\rm ID}') \tag{1.82}$$

综合式(1.80)和式(1.82)，最终得到

$$I_{\mathrm{D}}=I_0(\mathrm{e}^{(U_{\mathrm{P}}-U_{\mathrm{S}})\phi_{\mathrm{t}}}-\mathrm{e}^{(U_{\mathrm{P}}-U_{\mathrm{D}})\phi_{\mathrm{t}}})=I_0\mathrm{e}^{(U_{\mathrm{P}}-U_{\mathrm{S}})\phi_{\mathrm{t}}}(1-\mathrm{e}^{-U_{\mathrm{DS}}/\phi_{\mathrm{t}}}) \tag{1.83}$$

式中有

$$I_0=\mu_{\mathrm{n}}\frac{W}{L}nC'_{\mathrm{ox}}\phi_{\mathrm{t}}^2 \tag{1.84}$$

当反向电流远小于正向电流时的漏极电压称为漏极饱和电压。在弱反型区，当 U_{G} 和 U_{S} 为恒定值，且 $U_{\mathrm{DS}}>4\phi_{\mathrm{t}}$ 时，漏极电流为

$$I_{\mathrm{D}}=I_0\mathrm{e}^{(U_{\mathrm{P}}-U_{\mathrm{S}})\phi_{\mathrm{t}}}\cong I_0\mathrm{e}^{(U_{\mathrm{G}}-U_{\mathrm{T0}})/n\phi_{\mathrm{t}}}\mathrm{e}^{-U_{\mathrm{S}}/\phi_{\mathrm{t}}} \tag{1.85}$$

长沟道 MOSFET 的弱反型区特性如图 1.13 所示。漏极电流随着栅极电压的变化率为每十倍频程变化 $2.3n\phi_{\mathrm{t}}$，随着源极电压的变化率为每十倍频程变化 $-2.3n\phi_{\mathrm{t}}$(在 20℃时约为 −58 mV)。而输出特性随着漏源电压的变化率约为 $4\phi_{\mathrm{t}}$，即在 20℃时约为 100 mV。

在强反型区，可以忽略式(1.59)中的线性项，在这种情况下，漏极电流可以写作：

$$I_{\mathrm{D}}=\frac{\mu_{\mathrm{n}}W}{L}\left(\frac{Q_{\mathrm{IS}}'^2-Q_{\mathrm{ID}}'^2}{2nC'_{\mathrm{ox}}}\right) \tag{1.86}$$

结合式(1.81)和式(1.86)可以得到

$$I_{\mathrm{D}}=\mu_{\mathrm{n}}C'_{\mathrm{ox}}n\frac{W}{2L}[(U_{\mathrm{P}}-U_{\mathrm{S}})^2-(U_{\mathrm{P}}-U_{\mathrm{D}})^2] \tag{1.87}$$

式(1.87)再次表明了晶体管源极和漏极的对称性。当 NMOS 晶体管处于强反型区时，式(1.87)中的第二项开始变得远小于第一项，即 $U_{\mathrm{D}}\geqslant U_{\mathrm{P}}$，或者等价的认为 $U_{\mathrm{D}}\geqslant(U_{\mathrm{G}}-U_{\mathrm{T0}})/n$，在这种情况下，漏极电流为

$$I_{\mathrm{D}}\cong\mu_{\mathrm{n}}C'_{\mathrm{ox}}n\frac{W}{2L}(U_{\mathrm{P}}-U_{\mathrm{S}})^2\cong\mu_{\mathrm{n}}C'_{\mathrm{ox}}\frac{W}{2nL}(U_{\mathrm{G}}-U_{\mathrm{T0}}-nU_{\mathrm{S}})^2 \tag{1.88}$$

我们再忽略体效应，即认为 $n=1$ 时，式(1.88)可以写为经典的饱和区 MOSFET 漏极电流公式：

$$I_{\mathrm{D}}=\mu_{\mathrm{n}}C'_{\mathrm{ox}}\frac{W}{2L}(U_{\mathrm{G}}-U_{\mathrm{T0}}-U_{\mathrm{S}})^2=\mu_{\mathrm{n}}C'_{\mathrm{ox}}\frac{W}{2L}(U_{\mathrm{GS}}-U_{\mathrm{T0}})^2 \tag{1.89}$$

1.2.4　小信号跨导

在低频段，由于栅极、源极和漏极引起的漏极电流的变化为

$$\Delta I_{\mathrm{D}}=g_{\mathrm{mg}}\Delta U_{\mathrm{G}}-g_{\mathrm{ms}}\Delta U_{\mathrm{S}}+g_{\mathrm{md}}\Delta U_{\mathrm{D}}+g_{\mathrm{mb}}\Delta U_{\mathrm{B}} \tag{1.90}$$

式中，g_{mg}、g_{ms}、g_{md} 和 g_{mb} 分别为栅极、源极、漏极和衬底的跨导，它们的表达式为

$$g_{\mathrm{mg}}=\frac{\partial I_{\mathrm{D}}}{\partial U_{\mathrm{G}}},\quad g_{\mathrm{ms}}=-\frac{\partial I_{\mathrm{D}}}{\partial U_{\mathrm{S}}},\quad g_{\mathrm{md}}=\frac{\partial I_{\mathrm{D}}}{\partial U_{\mathrm{D}}},\quad g_{\mathrm{mb}}=\frac{\partial I_{\mathrm{D}}}{\partial U_{\mathrm{B}}} \tag{1.91}$$

当栅极、源极、漏极和衬底电压的变化相同时，有 $\Delta I_D = 0$。所以可以得到

$$g_{mg} + g_{md} + g_{mb} = g_{ms} \tag{1.92}$$

我们可以采用这三个跨导来描述 MOSFET 的低频小信号特性。将式(1.91)中定义的源极和漏极跨导应用于 Pao-Sah 漏源公式中，可以得到

$$g_{ms(d)} = -\mu_n \frac{W}{L} Q'_{IS(D)} \tag{1.93}$$

式(1.91)和式(1.93)给出了反型电荷和反型程度之间的关系，因此从中我们得到源极和漏极的跨导为

$$g_{ms(d)} = \frac{2I_S}{\phi_t}(\sqrt{1+i_{f(r)}} - 1) \tag{1.94}$$

式(1.94)是一个通用的 MOSFET 公式，式中唯一与工艺相关的参数是归一化电流 I_S。此外，源极跨导、漏极跨导和栅极跨导之间还存在以下关系：

$$g_{mg} = \frac{g_{ms} - g_{md}}{n} \tag{1.95}$$

式(1.95)以源极跨导和漏极跨导的形式来表示栅极跨导。对于饱和区的长沟道 MOSFET 有 $i_r \ll i_f$，所以最终可以得到 $g_{mg} \cong g_{ms} / n$。

饱和区长沟道 NMOS 源极跨导(U_G = 0.8, 1.2, 1.6, 2.0, 2.4, 3.0, 3.6, 4.2, 4.8)和栅极跨导(U_S = 0, 0.5, 1.0, 1.5, 2.0, 2.5, 3.0)的仿真数据、测试数据对比，如图 1.13 所示。值得注意的是，以上计算的跨导值基本近似于 MOSFET 在弱反型区以及强反型区的渐进值。当 MOSFET 处于弱反型区时，$i_f \ll 1$，$\sqrt{1+i_f}$ 近似于 $1 + i_f / 2$。因此，g_{ms} 接近于期望值 I_F / ϕ_t。而在强反型区中，因为 i_f 远大于单位 1，所以 g_{ms} 正比于 $\sqrt{I_F}$。

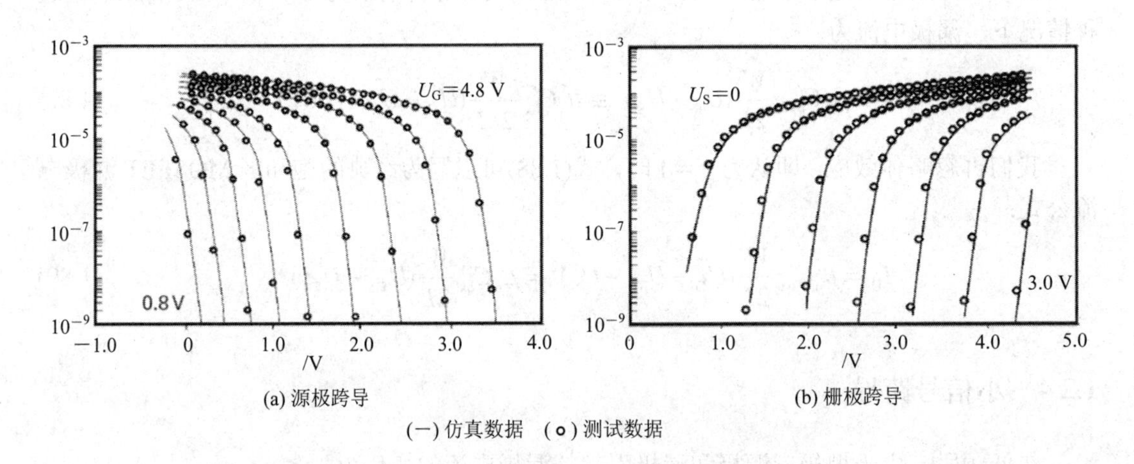

(a) 源极跨导 (b) 栅极跨导

(一) 仿真数据 (o) 测试数据

图 1.13 NMOS 晶体管(t_{ox} = 280 Å，$W = L$ = 25 μm)

在模拟集成电路设计中，跨导和电流比(g_m / I_D)是一个重要的设计参数。该参数表征了电流(功耗)转换为跨导(工作频率)的效率。g_m / I_D 同时也表示了反型的程度，并与电路的性能相关。将式(1.94)中的 I_S 替换为 I_F / i_f，可以将源极(漏极)跨导与正向(反向)饱和电流的比例表示为

$$\frac{g_{\mathrm{ms(d)}}\phi_{\mathrm{t}}}{I_{\mathrm{F(R)}}}=\frac{2}{\sqrt{1+i_{\mathrm{f(r)}}}+1} \tag{1.96}$$

式(1.96)使得设计者可以以反型程度 i_{f} 来表示跨导和电流比。我们采用电流和电压变量来重写式(1.90)，可以得到

$$i_{\mathrm{d}}=g_{\mathrm{mg}}U_{\mathrm{G}}-g_{\mathrm{ms}}U_{\mathrm{S}}+g_{\mathrm{md}}U_{\mathrm{D}}+g_{\mathrm{mb}}U_{\mathrm{B}} \tag{1.97}$$

对应于式(1.97)的MOSFET低频小信号模型如图1.14所示。长沟道MOSFET的跨导 g_{ms} 和 g_{md} 由式(1.96)得出，g_{mg} 由式(1.95)决定。而衬底跨导 g_{mb} 为

$$g_{\mathrm{mb}}=(n-1)g_{\mathrm{mg}} \tag{1.98}$$

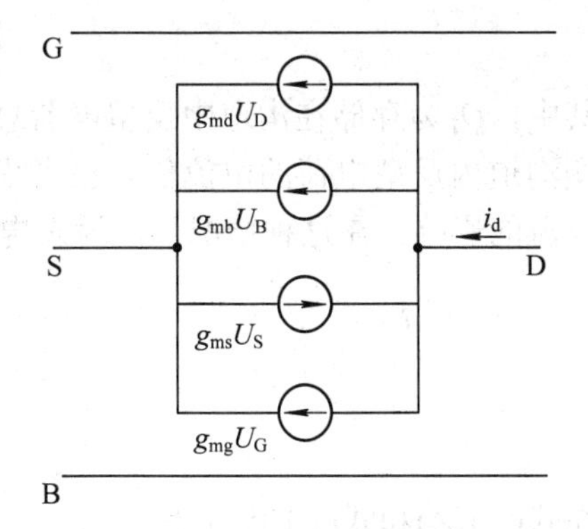

图1.14　MOSFET低频小信号模型

1.3　动态MOSFET模型

MOS晶体管中的电容不能以一系列连接于四个端口之间的电容来表示，这是因为对于四端口器件而言，至少需要9个独立的系数来表示三个独立的电压和电流量。为了得到瞬态电流的精确解，我们将每个端口的电流分解成传输电流项(I_{T})和电容充电项。所以漏极电流可以表示为

$$I_{\mathrm{D}}(t)=I_{\mathrm{T}}(t)+\frac{\mathrm{d}Q_{\mathrm{D}}}{\mathrm{d}t} \tag{1.99}$$

为了计算存储电荷，假设晶体管中的存储电荷仅与瞬态端口电压有关。显然这种近似对于快速变化的端口电压是无效的，这是因为沟道的分布特性使得电荷分布并不能实时反映端口电压的变化。

1.3.1　存储电荷

栅极存储电荷和衬底存储电荷的定义是十分明确的，但是对于源极和漏极存储电荷的定义在一定程度上存在矛盾性。这是因为源极和漏极中的存储电荷并不完全等于进入源极端口和漏极端口的电荷值，基于连续积分的有效性，我们给出源极和漏极的存储电荷如式(1.100)和式(1.101)所示：

$$Q_{\mathrm{S}}=W\int_{0}^{L}\left(1-\frac{y}{L}\right)Q_{\mathrm{I}}'\,\mathrm{d}y \tag{1.100}$$

$$Q_{\mathrm{D}}=W\int_{0}^{L}\frac{y}{L}Q_{\mathrm{I}}'\,\mathrm{d}y \tag{1.101}$$

正如所期望的：

$$I_{\mathrm{D}}(t)-I_{\mathrm{S}}(t)=\frac{\mathrm{d}Q_{\mathrm{D}}}{\mathrm{d}t}+\frac{\mathrm{d}Q_{\mathrm{S}}}{\mathrm{d}t}=\frac{\mathrm{d}Q_{\mathrm{I}}}{\mathrm{d}t} \tag{1.102}$$

式中，$I_{\mathrm{S}}(t)$为源极电流，且有

$$Q_{\mathrm{I}} = W \int_0^L Q_{\mathrm{I}}' \, \mathrm{d}y \tag{1.103}$$

其中，Q_{I}为存储在沟道中反型电荷总和。此时漏极电流和源极电流的差值正是所需用于改变沟道内反型电荷的电流值。在考虑瞬态栅极电荷和衬底电荷时，通常都忽略传输(泄漏)电流的影响。在这种情况下，瞬态电流中只剩下电荷电流项为

$$I_{\mathrm{G}}(t) = \frac{\mathrm{d}Q_D}{\mathrm{d}t} \tag{1.104}$$

$$I_{\mathrm{B}}(t) = \frac{\mathrm{d}Q_{\mathrm{B}}}{\mathrm{d}t} \tag{1.105}$$

在式(1.104)和式(1.105)中有

$$Q_{\mathrm{G}} = W \int_0^L Q_{\mathrm{G}}' \, \mathrm{d}y, \quad Q_{\mathrm{B}} = W \int_0^L Q_{\mathrm{B}}' \, \mathrm{d}y \tag{1.106}$$

由式(1.100)、式(1.101)和式(1.106)表示的存储电荷可以很容易对反型电荷进行积分得到。将式(1.57)代入式(1.56)中，可以得到

$$\mathrm{d}y = -\frac{\mu_n W}{n C_{\mathrm{ox}}' I_{\mathrm{D}}} (Q_{\mathrm{I}}' - n C_{\mathrm{ox}}' \phi_{\mathrm{t}}) \, \mathrm{d}Q_{\mathrm{I}}' \tag{1.107}$$

式(1.107)可以用于计算总电荷的积分值。我们定义一个新的变量Q_{It}'为

$$Q_{\mathrm{It}}' = Q_{\mathrm{I}}' - n C_{\mathrm{ox}}' \phi_{\mathrm{t}} \tag{1.108}$$

在沟道中 n 为恒定常数(n 仅与 U_{GB} 有关)，所以有

$$\mathrm{d}Q_{\mathrm{It}}' = \mathrm{d}Q_{\mathrm{I}}' \tag{1.109}$$

所以式(1.107)可以重写为

$$\mathrm{d}y = -\frac{\mu_n W}{n C_{\mathrm{ox}}' I_{\mathrm{D}}} Q_{\mathrm{It}}' \mathrm{d}Q_{\mathrm{It}}' \tag{1.110}$$

将式(1.108)和式(1.110)代入式(1.103)中，可以得到

$$Q_{\mathrm{I}} = -\frac{\mu_n W}{n C_{\mathrm{ox}}' I_{\mathrm{D}}} \left[\int_{Q_{\mathrm{F}}'}^{Q_{\mathrm{R}}'} (Q_{\mathrm{It}}' + n C_{\mathrm{ox}}' \phi_{\mathrm{t}}) Q_{\mathrm{It}}' \mathrm{d}Q_{\mathrm{It}}' \right] \tag{1.111}$$

式中有

$$Q_{\mathrm{F(R)}}' = Q_{\mathrm{IS(D)}}' - n C_{\mathrm{ox}}' \phi_{\mathrm{t}} \tag{1.112}$$

以Q_{F}'和Q_{R}'的形式来计算式(1.111)的积分值，可以得到

$$Q_{\mathrm{I}} = WL \left(\frac{2}{3} \frac{Q_{\mathrm{F}}'^2 + Q_{\mathrm{F}}' Q_{\mathrm{R}}' + Q_{\mathrm{R}}'^2}{Q_{\mathrm{F}}' + Q_{\mathrm{R}}'} + n C_{\mathrm{ox}}' \phi_{\mathrm{t}} \right) \tag{1.113}$$

式(1.113)与强反型区中的传统电荷表达式基本相同。再将式(1.113)改写成漏极和源极反型层电荷密度的函数：

$$Q_{\mathrm{I}} = WL \frac{(2/3)(Q_{\mathrm{IS}}'^2 + Q_{\mathrm{IS}}' Q_{\mathrm{ID}}' + Q_{\mathrm{ID}}'^2) - n C_{\mathrm{ox}}' \phi_{\mathrm{t}} (Q_{\mathrm{IS}}' + Q_{\mathrm{ID}}')}{Q_{\mathrm{IS}}' + Q_{\mathrm{ID}}' - 2n C_{\mathrm{ox}}' \phi_{\mathrm{t}}} \tag{1.114}$$

式(1.113)和式(1.114)表示了所有反型区中的总电荷。在深反型区中，热电荷 $nC'_{ox}\phi_t$ 可以忽略，且有 $Q'_{ID}\cong 0$。因此可以得到 $Q_I=(2/3)WLQ'_{IS}$，这也是强反型区中的电荷表达式；而在弱反型区中，由于 $|Q'_I|\ll nC'_{ox}\phi_t$，因而式(1.114)中的二次项可以被忽略，于是式(1.114)可以写作：

$$Q_I = WL\frac{Q'_{IS}+Q'_{ID}}{2} \tag{1.115}$$

在弱反型区中的情况则要简单得多：总电荷正比于沟道中的平均电荷密度。实际上，对于扩散电流，沟道中的电荷梯度始终为恒定值。

1.3.2　电容系数

我们以各端口瞬态电压值的形式来表示电荷值，最终得到的电容系数表达式见表 1.1。同时可以得到充电电流，参见式(1.116)。

表 1.1　本征 MOSFET 的电容系数

C_{gs}	$\frac{2}{3}C_{ox}\frac{1+2\alpha}{(1+\alpha)^2}\frac{q'_{IS}}{1+q'_{IS}}$
C_{gd}	$\frac{2}{3}C_{ox}\frac{\alpha^2+2\alpha}{(1+\alpha)^2}\frac{q'_{ID}}{1+q'_{ID}}$
$C_{bs(d)}$	$(n-1)C_{gs(d)}$
C_{gb}，C_{bg}	$\frac{(n-1)}{n}(C_{ox}-C_{gs}-C_{gd})$
C_{sd}	$-\frac{4}{15}nC_{ox}\frac{\alpha+3\alpha^2+\alpha^3}{(1+\alpha)^3}\frac{q'_{ID}}{1+q'_{ID}}$
C_{ds}	$-\frac{4}{15}nC_{ox}\frac{1+3\alpha+\alpha^2}{(1+\alpha)^3}\frac{q'_{IS}}{1+q'_{IS}}$
$C_m=C_{dg}-C_{gd}$	$\frac{C_{sd}-C_{ds}}{n}$

$$\frac{dQ_j}{dt}=\frac{\partial Q_j}{\partial U_G}\frac{\partial U_G}{dt}+\frac{\partial Q_j}{\partial U_S}\frac{\partial U_S}{dt}+\frac{\partial Q_j}{\partial U_D}\frac{\partial U_D}{dt}+\frac{\partial Q_j}{\partial U_B}\frac{\partial U_B}{dt} \tag{1.116}$$

对于准静态 MOSFET 本征电容的 4×4 矩阵可以定义为

$$C_{jk}=-\left.\frac{\partial Q_j}{\partial U_k}\right|_0,\quad j\neq k \tag{1.117}$$

$$C_{jj}=\left.\frac{\partial Q_j}{\partial U_j}\right|_0 \tag{1.118}$$

式中，Q_j 表示 Q_S、Q_D、Q_B 和 Q_G 中的任一项；而 U_j 和 U_k 表示电压 U_S、U_D、U_B 和 U_G。下标“0”表示导数值需要通过偏置点来进行计算。电容 C_{jk} 可以理解为相互感应电容。C_{jk}

重要的原因在于它决定了流出节点 j 的传输电流，因此此时只有节点 k 的电压发生了变化，而其他节点电压仍旧保持原值不变。

MOSFET 作为有源器件，当 $j \neq k$ 时，电容 $C_{jk} \neq C_{kj}$。在全部 16 个电容系数中只有 9 个系数是线性独立的。同时根据电荷守恒定律，在四个端口中，只有三个端口的电压差可以相互独立。

从 MOSFET 电荷的表达式中，可以归纳出式(1.117)和式(1.118)中的电容系数。最终我们采用归一化反型电荷 $q'_{\mathrm{IS(D)}} = Q'_{\mathrm{IS(D)}} / (-nC'_{\mathrm{ox}}\phi_{\mathrm{t}})$ 以及线性系数 $\alpha = Q'_{\mathrm{R}} / Q'_{\mathrm{F}}$ 可以得到电容系数的表达式(如表 1.1 所示)。

从表 1.1 中可以看出漏极和源极的对称性。在源极和漏极端口的互换中，只需要用α和 $q'_{\mathrm{IS(D)}}$ 分别替换 $1/\alpha$和 $q'_{\mathrm{ID(S)}}$。当 $U_{\mathrm{DS}} = 0$ 时，有 $q'_{\mathrm{IS}} = q'_{\mathrm{ID}}$ 和$\alpha = 1$，同时也有 $C_{jk} = C_{kj}$。然而，在大部分情况中，电容系数是不能进行对换的。从表 1.1 中还可以得到 MOSFET 从强反型区到弱反型区的过渡情况。在强反型区，$q'_{\mathrm{IS(D)}} \gg 1$，因此有 $q'_{\mathrm{IS(D)}} /(1+ q'_{\mathrm{IS(D)}}) \approx 1$；而在弱反型区 $\alpha \cong 1$，$1+ q'_{\mathrm{IS(D)}} \cong 1$，于是可以得到 $C_{\mathrm{gs(d)}} = C_{\mathrm{ox}} q'_{\mathrm{IS(D)}} / 2$。

MOSFET 晶体管的小信号电路如图 1.15 所示，主要包括 5 个电容，3 个跨容和 3 个跨导。这个小信号模型体现了 MOSFET 的对称性。

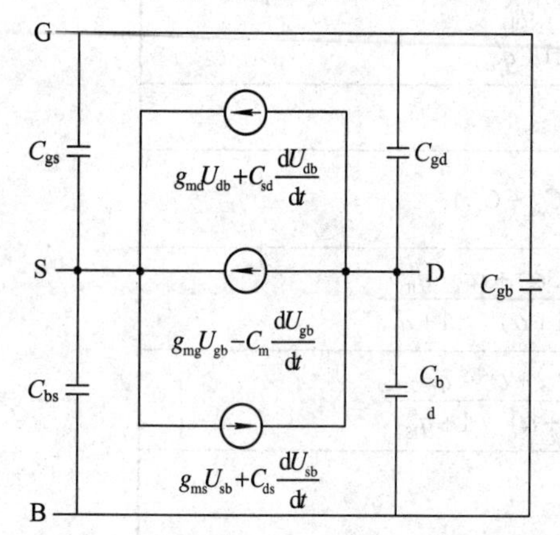

图 1.15　MOSFER 晶体管的小信号电路

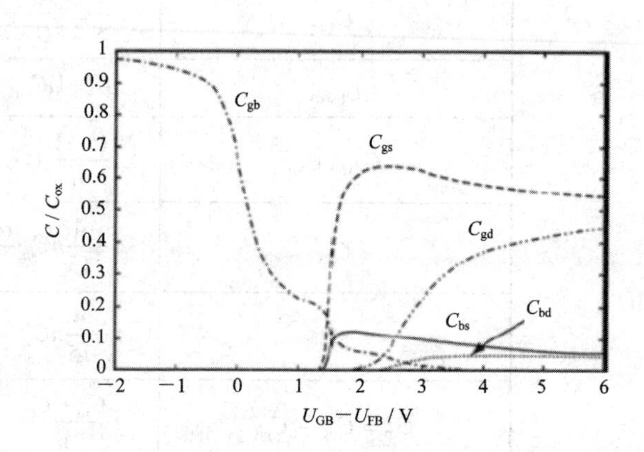

图 1.16　当 $U_{\mathrm{DS}} = 1$ 时，电容 C_{gs}、C_{gd}、C_{gb}、C_{bs}和 C_{bd}的变化趋势

电容曲线与栅-衬底电压的函数关系如图 1.16 所示。当 U_{G} 较小时，此时沟道电荷较少，电容 C_{gs}和 C_{gd} 可以忽略，模型中仅有 C_{gb}起作用。在弱反型区和强反型区的过渡带中，因为沟道电荷随着栅电压的增加而快速增多，因此 C_{gs} 也随之快速增大。因为晶体管工作在饱和区，而漏极电压对于沟道电荷没有显著影响，所以 C_{gd} 仍旧可以忽略。最终随着栅电压达到较大值，晶体管进入线性区，C_{gs}和 C_{gd} 几乎相等，并等于栅电容值的一半。在强反型区中，由于沟道电荷掩盖了衬底对栅电压的影响，因此，C_{gb} 是可以忽略不计的。

1.3.3　非准静态小信号模型

从 MOSFET 晶体管中的连续性公式和传输公式中，我们可以得到一个适用于高频工作状态的准静态模型。其中准静态模型的时间常数见表 1.2。包含主要时间常数的一阶小信号准静态模型如图 1.17 所示。

表 1.2　准静态模型的时间常数

τ	$\dfrac{L^2}{\mu\phi_t}$
$q'_{IS(D)}$	$\dfrac{Q'_{IS(D)}}{nC'_{ox}\phi_t}$
α	$\dfrac{1+q'_{ID}}{1+q'_{IS}}$
τ_1	$\dfrac{\tau}{1+q'_{IS}}\dfrac{4}{15}\dfrac{1+3\alpha+\alpha^2}{(1+\alpha)^3}$
τ_2	$\dfrac{\tau}{1+q'_{IS}}\dfrac{1}{15}\dfrac{2+8\alpha+5\alpha^2}{(1+\alpha)^2(1+2\alpha)}$
τ_3	$\dfrac{\tau}{1+q'_{IS}}\dfrac{1}{15}\dfrac{5+8\alpha+2\alpha^2}{(1+\alpha)^2(2+\alpha)}$

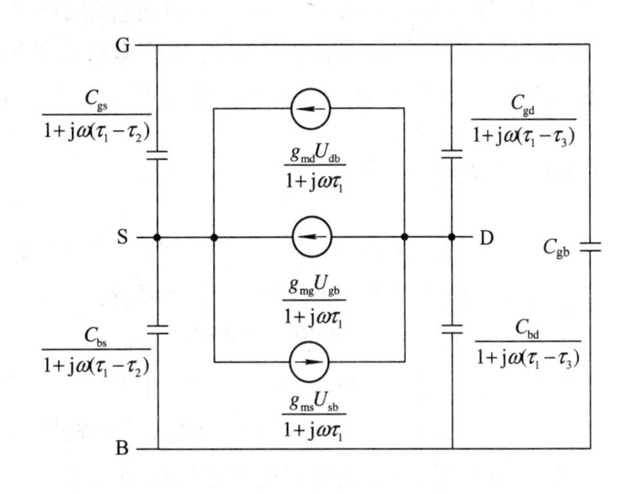

图 1.17　高频 MOSFET 模型

从表 1.1 和表 1.2 的表达式中，我们可以得到

$$C_{sd(ds)} = -g_{md(s)}\tau_1\text{；}\quad C_m = C_{dg} - C_{gd} = C_{gs} - C_{sg} = g_{mg}\tau_1 \tag{1.119}$$

在图 1.17 中的准静态模型小信号模型中，还应该注意以下情况：

(1) 在低频工作状态下($\omega\tau_1 \ll 1$)，图 1.17 中的电路可以简化为 3 个跨导、5 个电容的模型，如图 1.18 所示。

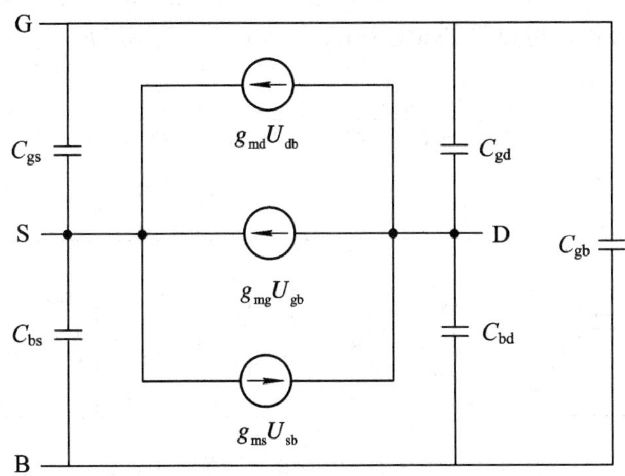

图 1.18　准静态模型小信号模型

(2) 当工作频率$(\omega\tau_1)^2 \ll 1$，压控电流源不仅可以用跨导表示，还可以用图 1.15 中的跨容来表示。同时，容性分量也等价于电容和电阻的串联。我们以计算导纳 $y_{gs} = -i_g / U_s$ 为例：

$$y_{gs} = -\frac{j\omega C_{gs}}{1+j\omega(\tau_1-\tau_2)} \to -\frac{1}{y_{gs}} = \frac{1}{j\omega C_{gs}} + \frac{(\tau_1-\tau_2)}{C_{gs}} \tag{1.120}$$

所以，栅和源极之间等价于电容 C_{gs} 和一个等效电阻 $(\tau_1-\tau_2)/C_{gs}$ 的并联。但在低频和高频工作状态中，等效电阻值并不相同。等效电阻在高频时发挥更大的作用。

(3) 当频率 $\omega\tau_1\geqslant 1$ 时，图 1.17 中的模型不再有效。此时，为了进行快速的小信号变量仿真，设计者需要将晶体管看作是 N 个串联的晶体管沟道集合，并且每个晶体管的沟道长度都能保证不等式 $\omega\tau_1\ll 1$ 成立。这意味着每个单位仅仅包含自身的本征分量。

1.3.4　准静态小信号模型

当晶体管工作频率满足 $\omega\tau_1\ll 1$ 时，同时有 $\omega\tau_{2(3)}\ll 1$，则图 1.17 中的非准静态小信号模型可以简化为图 1.18 中的五个电容模型。考虑到正弦稳态工作状态，图 1.18 中的电路框图可以从图 1.15 中完整的电容模型中导出。

实际上，对于 $\omega\tau_1\ll 1$ 时，从式(1.119)中可以看出，漏电流分量中 $\omega C_m U_{GB}$ 的幅度要远小于 $g_m U_{gb}$。同样，$-\omega C_{sd}U_{db}$ 和 $-\omega C_{ds}U_{sb}$ 的幅度也分别远小于 $g_{md}U_{db}$ 和 $g_{ms}U_{sb}$。图 1.18 中的准静态模型的一个重要用途就是可以用其来计算 MOSFET 晶体管电路的频率响应。

1.3.5　本征截止频率

本征截止频率(单位增益频率)是 MOSFET 两个重要的品质因素之一，其定义为在共源放大器中短路电流增益下降为 1 时的工作频率，如图 1.19 所示。采用图 1.18 中的准静态模型，我们可以得到图 1.19 中的三电容模型。实际上，只有 U_G 为变化电压，所以在模型中只需要考虑与栅极和 U_G 控制电流源连接的电容。对于饱和晶体管，本征电容 $C_{gd}=0$。对图 1.19 进行小信号分析，可以得到 MOSFET 的本征截止频率为

$$f_T=\frac{g_{mg}}{2\pi(C_{gs}+C_{gb})}=\frac{g_{ms}}{2\pi n(C_{gs}+C_{gb})} \tag{1.121}$$

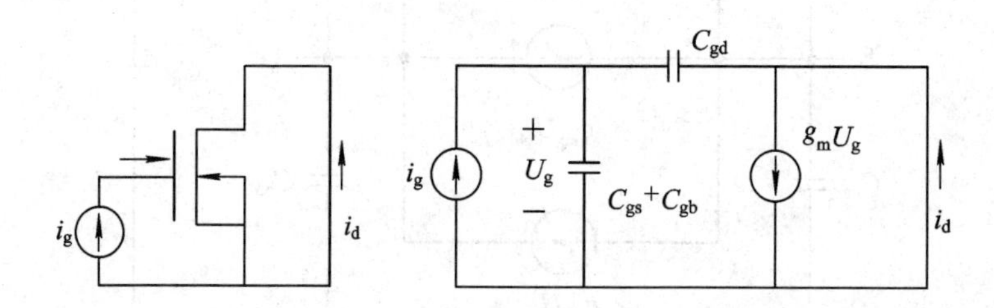

图 1.19　定义本征截止频率的小信号等效电路

为了进行简化，我们假设栅-源电容和栅-衬底电容与偏置电压无关。因为 n 是随着偏置电压缓慢变化的函数，而且在 C_{ox} 中 C_{gs} 的部分几乎可以忽略，所以上述假设是成立的。因此，可以用 $C_{gs}+C_{gb}\approx C_{ox}/2=(1/2)WLC'_{ox}$ 来近似计算，最终得到任意反型区中本征截止频率为

$$f_T=\frac{\mu\phi_t}{2\pi L^2}2(\sqrt{1+i_f}-1) \tag{1.122}$$

1.4　MOSFET 晶体管计算机模型和设计参数提取

简化模型描述了芯片上无源器件和有源器件的电学特性，是电路设计者和晶圆厂之间的基本联系纽带。简化模型使电路可以在流片前进行功能性仿真，从而节省时间和成本。在 CMOS 工艺中，MOSFET 是最主要的器件，所以，它的模型在集成电路设计和分析中起着决定性作用。

早期的简化 MOSFET 模型以特定工作区中近似方程解为基础，通过平滑函数从数学上进行关联。因为强反型区中的晶体管阈值电压 U_T 是这些局部区间模型中的关键参数，所以这类模型也被称为基于阈值电压 U_T 的晶体管模型。然而，这种局部区间建模方式会导致区间之间的不连续性，因此这类模型不足以精确表征中等反型区的晶体管特性。为了克服基于阈值电压 U_T 的 MOSFET 晶体管模型的不足，工程师们提出了一种新的晶体管模型，称为基于反型电荷和表面势的晶体管模型。

本节概述了 MOSFET 晶体管模型开发人员使用的方法。在简单的讨论基于阈值电压 U_T 的 MOSFET 晶体管模型之后，我们对 MOSFET 晶体管高级模型的基本特性进行了总结。

晶体管特性的精确性不仅取决于适当的器件模型，也取决于它的基本参数的精确度。为了分析本节中描述的提取 MOSFET 计算机模型基本参数的方法，我们将特别关注电流、斜率、阈值电压、载流子迁移率和厄利电压等参数的提取方法。其他参数，如栅氧化层厚度、结电容和交叠电容则假设为工艺的常规值。

尽管有很多限制，但是基于阈值电压 U_T 的 MOSFET 晶体管模型已经成功应用在很多电路设计工作中。BSIM3 和 BSIM4(BSIM 代表伯克利短沟道绝缘栅场效应管模型)以及 MOS Model 9 是这一系列模型中的典型代表。基于阈值电压 U_T 的 MOSFET 晶体管模型的局限性主要表现为源极和漏极的不对称性以及导数的不连续性。

为了避免基于阈值电压 U_T 的 MOSFET 晶体管模型的缺点，近年来工程师们提出了两个可选方法，分别称为基于表面势(ϕ_s)和基于反型电荷(Q'_I)模型。在这两个模型中，漏极电流和终端电荷是终端电压的间接函数，是通过表面势或反型电荷密度得到的。基于表面势和基于反型电荷模型具有相同的背景，但是两者之间有一些区别，使得模型开发人员只支持其中一种。在本节中，我们将简要综述一些基于表面势和基于反型电荷模型。因为完整的晶体管模型包括各种复杂的，与先进工艺相关的物理效应，因此，我们将会把讨论范围限制在 MOSFET 晶体管核心模型之内。

1.4.1　基于阈值电压 U_T 的 MOSFET 晶体管模型(BSIM3 和 BSIM4)

下面我们描述 BSIM3 中用到的计算反型电荷密度的方程，这个方程稍作修改也可用于 BSIM4 模型。

首先，在弱反型的情况下运用方块电荷模型可得到源极的反型电荷密度，公式如下：

$$Q'_{I,\,wi} = -(n-1)C'_{ox}\phi_t \exp\left(\frac{U_{GS}-U_T}{n\phi_t}\right) \tag{1.123}$$

另一方面，强反型时的反型电荷密度可以表示为

$$Q'_{I,si}=-C'_{ox}(U_{GS}-U_T) \tag{1.124}$$

在 BSIM3 模型中，在任何反型层中反型电荷密度都可以表示为

$$Q'_I=-C'_{ox}U_{gsteff} \tag{1.125}$$

其中，U_{gsteff} 为插值函数，在 BSIM3 模型中表示为

$$U_{gsteff}=\frac{2n\phi_t\ln\left(1+\exp\dfrac{U_{GS}-U_T}{2n\phi_t}\right)}{1+\dfrac{2n}{n-1}\exp\left(-\dfrac{U_{GS}-U_T}{2n\phi_t}\right)} \tag{1.126}$$

图 1.20 表示 n 值分别为 1.2 和 1.4 时，式(1.126)中插值函数的曲线。

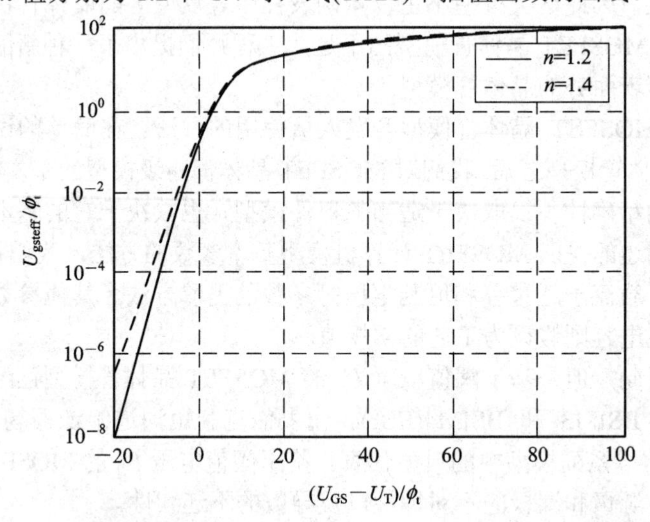

图 1.20　BSIM3 模型式 1.126 中 n 值分别为 1.2 和 1.4 时插值项的曲线

这里很容易证明，将式(1.126)代入式(1.125)可以分别得到式(1.123)中弱反型和式(1.124)中强反型的渐进情况。在 BSIM 模型公式中，当 $U_{BS}=0$ 时长沟道器件斜率因子 n 恒定为

$$n=1+\frac{\gamma}{2\sqrt{2\phi_F}} \tag{1.127}$$

其中，ϕ_F 是 p 衬底中空穴的费米势能。

1.4.2　基于表面势的 MOSFET 晶体管模型(HiSIM、MM11 和 PSP)

由渐变沟道和方块电荷近似得到的表面势隐含关系如下：

$$(U_G-U_{FB}-\phi_s)^2=\gamma^2\phi_t\left[e^{-\phi_s/\phi_t}+\frac{\phi_s}{\phi_t}-1+e^{-(2\phi_F+U_C)/\phi_t}(e^{\phi_s/\phi_t}-e^{-\phi_s/\phi_t}-1)\right] \tag{1.128}$$

式(1.128)曾经很难得到精确的解，由于快速且精确的算法研究取得了相当大的进步，现在计算式(1.128)表面势的解不再是一个难题。在式(1.128)确定了 ϕ_s 的值之后，可以用方

块电荷近似来计算体电荷密度 Q'_{B} 为

$$Q'_{\mathrm{B}} = -\mathrm{sgn}(\phi_{\mathrm{s}})C'_{\mathrm{ox}}\gamma\sqrt{\phi_{\mathrm{s}} + \phi_{\mathrm{t}}\left(\mathrm{e}^{-\phi_{\mathrm{s}}/\phi_{\mathrm{t}}} - 1\right)} \tag{1.129}$$

式(1.129)给出了一个从积累区经过耗尽区到反型区的连续性模型。使用之前推导出的表面电势和耗尽电荷，可以从势能平衡方程计算出反型电荷密度 Q'_{I} 为

$$Q'_{\mathrm{I}} = -C'_{\mathrm{ox}}\left(U_{\mathrm{G}} - U_{\mathrm{FB}} - \phi_{\mathrm{s}} + \frac{Q'_{\mathrm{B}}}{C'_{\mathrm{ox}}}\right) \tag{1.130}$$

从式(1.128)、式(1.129)和式(1.130)中可以得到用来建立(长沟道)表面势模型的主要变量。

从前基于表面势的 MOSFET 模型的缺陷主要表现为电流、总电荷和噪声表达式的复杂性和冗长性。为了简化这类计算，一些基于表面势的 MOSTEF 简化模型使用类似于基于 Q'_{I} 的 MOSFET 模型方法，该方法使用反型电荷密度作为表面势的线性化函数。

1.4.3 HiSIM 模型

HiSIM(广岛大学 STARC IGFET)模型是通过迭代求解源区和漏区的泊松方程来计算电势值。我们通过快速算法能够得到约 10 pV 的计算精度。为了足够精确地求解跨容值，并实现稳定的电路仿真环境，必须进行高精度的表面势计算。

HiSIM 模型与其他表面势模型一样，都是基于方块电荷近似，但它又和 MM11 和 PSP 模型不同，这两种模型都使用反型电荷密度作为 ϕ_{s} 的线性化函数。HiSIM 模型的漏端电流由下式给出：

$$I_{\mathrm{D}} = I_{\mathrm{drift}} + I_{\mathrm{diff}} \tag{1.131}$$

$$I_{\mathrm{drift}} = \mu_n \frac{W}{L} C'_{\mathrm{ox}}\left[U'_{\mathrm{G}}(\phi_{\mathrm{sL}} - \phi_{\mathrm{s0}}) - \frac{1}{2}(\phi_{\mathrm{sL}}^2 - \phi_{\mathrm{s0}}^2) - \frac{2}{3}\gamma\left[(\phi_{\mathrm{sL}} - \phi_{\mathrm{t}})^{3/2} - (\phi_{\mathrm{s0}} - \phi_{\mathrm{t}})^{3/2}\right]\right] \tag{1.132}$$

$$I_{\mathrm{drift}} = \mu_n \frac{W}{L} C'_{\mathrm{ox}}\phi_t\left\{(\phi_{\mathrm{sL}} - \phi_{\mathrm{s0}}) + \gamma\left[(\phi_{\mathrm{sL}} - \phi_{\mathrm{t}})^{1/2} - (\phi_{\mathrm{s0}} - \phi_{\mathrm{t}})^{1/2}\right]\right\} \tag{1.133}$$

如果没有对 ϕ_{s} 函数中的 Q'_{I} 进行线性化近似，尤其是没有对本征电荷进行近似时，该模型方程将会变得非常复杂。

在 HiSIM 模型中，通过使用偏置电压以及与几何相关的横向梯度因子来处理短沟道效应。通过这种方式，横向电场 F_{yy} 梯度决定了栅源电压 U_{gs} 的值:

$$U'_{\mathrm{G}} = U_{\mathrm{gs}} + \Delta U'_{\mathrm{G}} - U_{\mathrm{FB}} \tag{1.134}$$

其中有

$$\Delta U'_{\mathrm{G}} = \frac{\varepsilon_{\mathrm{s}}}{C'_{\mathrm{ox}}}\sqrt{\frac{2\varepsilon_{\mathrm{s}}}{qN_{\mathrm{sub}}}[\phi_{\mathrm{s}}(y) - U_{\mathrm{bs}} - \phi_{\mathrm{t}}]F_{\mathrm{yy}}}\ ,\quad F_{\mathrm{yy}} = \frac{\mathrm{d}F_{\mathrm{y}}}{\mathrm{d}y}$$

由于对沟道中静电电势进行了抛物线近似，因此假定横向电场梯度 F_{yy} 与横向位置无关。F_{yy} 是通过测量阈值电压 U_{th} 与偏置电压的特性而得到的。

1.4.4 MOS 模型 11

MOS 模型 11 (MM11)是 MOS 模型 9(MM9)的延续。为了满足模拟和射频电路模型设计的准确性需求，工程师们发展了 MOS 模型 11，但由于计算复杂性，工程师也允许该模型在数字化设计中进行应用。

为了获得诸如电流、电荷、噪声等输出有效的表达式，我们研究了基于ϕ_s函数反型电荷线性度的近似方法。在 MM11 模型中，将源极和漏极的表面电势在其平均值附近进行线性化，这种方法可以产生简单而又不失精确度的表达式。

MM11 模型中漏极电流表达式为

$$I_{DS}=-\frac{W}{L}u_n(\overline{Q'}_I-n_e C'_{ox}\phi_t)(\phi_{sL}-\phi_{s0}) \tag{1.135}$$

我们通过表面电势的平均值$(\phi_{sL}-\phi_{s0})/2$来计算平均电荷密度$\overline{Q'}_I$和有效电容$n_e C'_{ox}$。需要注意的是，漏电流表达式的第一项与平均电荷密度相关且对应于漂移电流，然而，漏电流表达式的第二项与夹断点处电荷密度相关联且对应于扩散电流。

MM11 模型保证了模型的对称性，因此可以实现源极和漏极的交换。值得注意的是，这类方法类似于在 SP 模型中用到的线性对称，SP 模型是以表面电势为基础的模型，这使得它易于和 MM11 合并成 PSP 模型。

MM11 模型重点强调失真建模。模型对失真准确的描述应包含漏电流与其高阶导数(高达至少三阶)的精确表达。MM11 模型就是专门为此而开发的。MM11 模型包含迁移率降低、速度饱和，以及各种电导效应的表达式。MM11 的失真模型已在多个 MOSFET 工艺中进行了测试，结果证明该模型可以准确的描述先进 CMOS 工艺。MM11 模型还包括几个重要物理现象的精确描述，如多晶硅栅耗尽效应、量子力学效应、栅极隧道电流效应和栅极致漏极泄漏效应。

我们使用反型电荷密度作为关键变量可得到 MM11 模型的源极电荷和漏极电荷表达式，且由于目前基于反型电荷模型和基于表面电势模型都使用相同的基本近似，因此得到 MM11 模型的源极和漏极相关电荷的表达式为

$$Q_D=WL\left[\frac{6Q_R'^3+12Q_F'Q_R'^2+8Q_F'^2Q_R'+4Q_F'^3}{15(Q_F'+Q_R')^2}+\frac{n}{2}C'_{ox}\phi_t\right] \tag{1.136}$$

$$Q_S=WL\left[\frac{6Q_F'^3+12Q_R'Q_F'^2+8Q_R'^2Q_F'+4Q_R'^3}{15(Q_F'+Q_R')^2}+\frac{n}{2}C'_{ox}\phi_t\right] \tag{1.137}$$

1.4.5 PSP 模型

宾夕法尼亚州立大学开发的 SP 模型和飞利浦公司开发的 MM11 模型都是基于表面势模型得到的。在这两种模型基础之上，通过综合和发展它们的优点而建立了 PSP 模型。2005 年国际集成电路模型标准化委员会评选 PSP 模型作为 MOSFET 的工业标准简化模型。用于数字、模拟和射频设计的 PSP 模型，包含目前与未来深亚微米 CMOS 工艺建模所需要的所

有相关的物理效应(迁移率降低、速度饱和、漏致势垒降低、栅极电流增加等)。根据该模型开发者的描述，PSP 模型提供了电流、电荷，以及他们的第一阶和高阶导数的准确描述，同时还准确描述了其产生的电失真行为。PSP 模型同时也准确地描述了 MOSFET 的噪声行为，并有对于非准静态(NQS)效应的解决方法。

在 PSP 模型中，用式(1.128)或其略加修改的形式来计算表面电势。PSP 模型在晶体管衬底处使用对称线性化方法，因此，表面电势是反型电荷密度的线性函数。我们再对表面电势的中值进行线性化，使用表面电势中值处的反型电荷和沿沟道的表面电势“平均”梯度来计算漏电流。正如我们所预期的，通过横向电场效应和速度饱和效应可以有效地改变迁移率。

对称线性化方法也可以产生以沿沟道方向上的表面势为基础的准确表达式，同时也允许我们使用 Ward-Dutton 电荷分区来计算准静态模型中的源极和漏极电荷。PSP 模型中不但包括了量子力学校正和多晶硅耗尽区效应，还描述了栅源和栅漏交叠区内的电流，以及栅极与衬底电流。最后，PSP 模型还包含了模拟和射频电路设计中必不可少的噪声模型。

1.4.6　基于电荷的模型(ACM、EKV)

在基于反型电荷的模型中，可以以沟道两端的反型电荷密度来表示电流、电荷和噪声。研究表明，可以用源极和漏极(Q'_{IS}和Q'_{ID})区域的反型电荷密度来简单表示漏极电流I_D。对于长沟道晶体管，漏极电流的表达式为

$$I_D=\frac{uW}{L}\left[\frac{Q'^2_{IS}-Q'^2_{ID}}{2nC'_{ox}}-\phi_t(Q'_{IS}-Q'_{ID})\right] \tag{1.138}$$

式中，总电荷和小信号参数都是源极和漏极沟道电荷密度的函数。研究者以端口电压的形式提出一个简单的电荷密度表达式，基于此表达式的模型称为统一电荷控制模型(UCCM)。其表示为

$$U_P-U_C=\phi_t\left[\frac{Q'_{IP}-Q'_I}{nC'_{ox}\phi_t}+\ln\left(\frac{Q'_I}{Q'_{IP}}\right)\right] \tag{1.139}$$

基于Q'_I的模型是以沟道渐变近似为基础的。同时，该模型考虑到在固定偏置电压下表面电势的影响，也依赖于衬底和反型电荷的线性化程度。

1.4.7　ACM 模型

20 世纪 80 年代末在数字 CMOS 工艺中出现了模拟设计，这成为了建立 ACM 模型的最初动机。由于在此模型中使用 CMOS 栅极作为线性电容，需要计算 CMOS 弱反型区和强反型区的非线性电容积累。众所周知，经典强反型近似是不恰当的，因此设计者们开发了优越的适用于电荷反型和积累的 MOS 管栅极来改善电容模型。

工程师们通过使用新栅极电容模型，提高了四端 MOS 晶体管在弱反型和中度反型区的精确度。此外，设计者们当时就清楚必须用对称的 MOSFET 模型用来描述晶体管。最终，工程师们实现了一个合适的 MOSFET 模型。此外，工程师们在这类模型中遵循了晶体管的

相对于源极和漏极的对称性。一些文献中描述了夹断电压和阈值电压的定义，严谨的夹断电压和阈值电压的定义对于一致和精确模型是必要的。在一些已开发的直流、交流和非准静态模型中，工程师们给出了以沟道边界反型电荷密度简单函数所表示的所有晶体管参数。自 1997 年以来，这类模型的计算机实现版本已在 SMASH 电路仿真器中加以使用。ACM 模型的层次化结构有利于将各类晶体管效应加入到该模型中。同时，ACM 模型也是第一款涵盖了所有内在电容系数详细表达式的计算机仿真模型。

1.4.8 EKV 模型

工程师们最初设计 EKV 模型的目的是为了能够实现极低功耗模拟集成电路，并且这个简化分析模型可以适应所有工作区域。为此，EKV 模型的设计者们设计了一种适用于从强反型到弱反型渐近情况的内插函数。在将漏电流分解为正向和反向分量的基础上，他们还限定了此函数的正向和反向反型水平。EKV 模型通过使用这种方法率先推导出在弱、中、强电荷反型区，即从线性区到饱和区的电流、跨导、固有电容、非准静态的互导和噪声的有效单个解析表达式。因为所有的小信号参数都是以正偏或者反型的程度来进行表达的，所以对于大多数电流偏置的模拟电路，该方法是切实可行的。

相较于其他 MOSFET 模型，在引入 EKV 模型时，工程师们通过相对于衬底的端口电压来发掘 MOSFET 的固有对称性。当用于表示连续 g_m/I_D 特性的插值函数被基于物理特性(该物理特性表达式涵盖了弱反型区到强反型区的全部范围)的表达式所替代时，可以将 EKV 模型转换为基于电荷的表达式。

值得注意的是，在 EKV 模型中特定电流 I_{spec} 为

$$I_{spec} = 2u_n C'_{ox} n\phi_t^2 \frac{W}{L} \tag{1.140}$$

从式(1.140)中可以看出，EKV 模型中的特定电流 I_{spec} 是 ACM 模型中的 4 倍。

ACM 模型和 EKV 模型中的主要公式是相似的，然而也有一定的差异。这种差异体现在对于夹断电压和对反型电荷建模精度产生影响的斜率因子的定义上。

目前，基于电荷的 EKV 模型已经涵盖了深亚微米 CMOS 工艺中所有产生重要影响的效应，是一种非常完备的 MOSFET 模型。

1.5 小　结

本章主要介绍了 MOSFET 模型基础。首先对 MOSFET 的物理模型中电荷模型、夹断电压、阈值电压等物理参数进行了讨论。之后分析了面向设计的 MOSFET 模型、动态模型，使读者能够在不同的工作区域内了解 MOSFET 的电压、电流特性，以此作为电路分析的物理基础。本章最后讨论了用于计算机仿真的 MOSFET 晶体管模型，对主流的三大类模型：基于阈值电压的 MOSFET 晶体管模型、基于表面势的 MOSFET 晶体管模型和基于电荷的模型进行了详细分析，作为使用 EDA 工具进行设计的模型知识储备。

第 2 章 集成电路 EDA 技术概述

现代集成电路(IC)非常复杂，有时包含数十亿个元器件。如果没有软件帮助，这些 IC 的设计将是不可能的。在整个设计过程的每个阶段，用于此任务的工具和方法统称为电子设计自动化(EDA)。

从电路的设计和功能验证到用于生产制造的物理版图的设计、验证，EDA 工具涵盖的范围非常广泛。EDA 方法可以将多个工具组合到 EDA 设计流程中，为优化设计选择最适当的软件包。现代 EDA 方法可以重用现有的设计模块，并开发新的模块，从而集成整个系统。他们不仅使电路工程师的工作自动化，而且处理大量的异构设计数据，能够进行更准确的分析和更强大的优化。

本书重点关注 EDA 技术在集成电路领域的应用和方法，依据设计流程详细介绍了模拟、数字集成电路设计中使用的各类关键 EDA 工具，为初学集成电路设计的高等院校学生和工程师提供参考。

2.1 EDA 技术概述

EDA 是电子设计自动化(Electronic Design Automation)的缩写，该术语囊括了电子工程领域中的计算机辅助工程(CAE)、计算机辅助设计(CAD)、计算机辅助制造(CAM)等领域。该用法可能源于 IEEE 设计自动化技术委员会。在集成电路领域，EDA 是指利用计算机辅助设计(CAD)软件，来完成超大规模集成电路(VLSI)芯片的功能设计、综合、验证、物理设计(包括布局、布线、版图、设计规则检查等)等流程的设计方式。

迄今为止，用于集成电路设计的 EDA 工具的发展上大体可分为以下四个阶段：

第一阶段：在电子设计自动化出现之前，设计人员必须手工完成集成电路的设计、布线等工作，这是因为当时所谓集成电路的复杂程度远不及现在。在 20 世纪 60 年代至 70 年代的集成电路产业发展初期，工业界开始使用几何学方法来制造用于电路光绘的胶带。同时，使用计算机辅助进行集成电路设计和版图设计中的交互式图形编辑和设计规则检查，取代了以往的手工设计操作，由此产生了计算机辅助设计的概念。在这个阶段，设计工作是分段进行的，设计工具彼此独立，只能适应某一阶段的工作。该阶段称为 CAD(计算机辅助设计，Computer Aided Design)阶段。

第二阶段：20 世纪 70 年代中期到 80 年代，开发人员尝试将整个设计过程自动化，而不仅仅满足于自动完成掩模草图。第一个电路布局、布线工具在这个阶段中研发成功，出现了以 Mentor、Daisy、Valid 为代表的 CAE(计算机辅助工程，Computer Aided Engineering)

系统，为工程师提供了较为便捷的电路原理图输入、功能模拟、分析验证功能。这一时期的设计是分层次进行的，每个层次又包含若干个阶段。在这个时期设计者使用的各种EDA工具的数据格式不一致成为主要矛盾。EDA系统需要考虑能够协调管理好各种EDA工具及其共享数据，并实现各设计阶段的自动衔接。因此出现了基于共享数据库制定的一些标准数据交换格式，如CIF格式和EDIF格式。集成电路EDA工具发展进入正轨，成为集成电路产业链中重要的一环。

旨在促进电子设计自动化发展的设计自动化会议(Design Automation Conference)在这一时期创立。1980年美国加州理工学院的Carver Mead和Lynn Conway出版了《超大规模集成电路系统导论》(Introduction to VLSI Systems)。这一篇具有重大意义的论文提出了通过编程语言来进行芯片设计的新思想。如果这一想法得到实现，芯片设计的复杂程度可以得到显著提升。这主要得益于用来进行集成电路逻辑仿真、功能验证工具的性能得到相当的改善。随着计算机仿真技术的发展，设计项目可以在构建实际硬件电路之前进行仿真，芯片布局、布线对人工设计的要求降低，而且软件错误率不断降低。直至今日，尽管所用的语言和工具仍然在不断发展，但是通过编程语言来设计、验证电路预期行为，利用工具软件综合得到低抽象级(或称“后端”)物理设计的这种途径，仍然是数字集成电路设计的基础。

从1981年开始，电子设计自动化逐渐开始商业化。1984年的设计自动化会议(Design Automation Conference)上还举办了第一个以电子设计自动化为主题的销售展览。Gateway设计自动化公司(该公司在1990年被Cadence公司收购)在1986年推出了一种硬件描述语言Verilog，这种语言在现在是最流行的高级抽象设计语言。1987年，在美国国防部的资助下，另一种硬件描述语言VHDL被创造出来。根据这些语言规范产生的各种仿真系统迅速被推出，使得设计人员可对设计的芯片进行直接仿真。后来，技术的发展更侧重于逻辑综合。

第三阶段：20世纪80年代末到90年代初进入ESDA(电子系统设计自动化，Electronic System Design Automation)阶段，尽管CAD/CAE技术取得了巨大的成功，但并没有把工程师从繁重的设计工作中彻底解放出来。面对越来越复杂的芯片，需要从电子产品的设计、分析、工艺、测量、制造五个过程全面综合平衡。随着自顶向下设计方法(Top-Down Design)的提出和DSP(数字信号处理)技术的发展；逻辑综合工具和DSP设计工具的应用；数字和模拟混合信号电子系统的仿真设计，PCB制版前的系统硬件电路仿真分析与试验(FPCB)技术的进展；缩短电子系统设计周期的竞争促使EDA/ESDA技术及CE(并行设计工程)、DM(设计管理系统)的应用得到迅速发展。其中具代表性的是Cadence，Synopsys，Avanti等公司推出的EDA工具。

第四阶段：进入21世纪以来，以软硬件协同设计(Software/Hardware Co-Design)、具有知识产权的内核(Intellectual Property Core，IP核)复用和超深亚微米(Very Deep Sub-Micron，VDSM)技术为支撑的SOC是国际超大规模集成电路(VLSI)的发展趋势和新世纪集成电路的主流。第四代EAD工具是面向VDSM + SOC + IP的新一代系统。正在发展和研制中的面向超深亚微米的SOC(System On Chip)，它是把一个完整的系统集成在一个芯片上，或用一个芯片实现一个功能完整的系统。随着集成电路制造工艺以及EDA设计方法的改进，SOC已经走向实用。SOC是微电子设计领域的一场革命。SOC是从整个系统的角度出发，把处理机制、模型算法、软件(特别是芯片上的操作系统——嵌入式的操作系统)、芯片结构、各层次电路直至器件的设计紧密结合起来，在单个芯片上完成整个系统的功能。它的设计必须从系统行为级开始自顶向下。很多研究表明，与由 IC 组成的系统相比，由于 SOC 设计能够综合并全盘考虑整个系统的各种情况，可以在同样的工艺技术条件下实现更高性能的系统指标。

在电子产业中，由于半导体产业的规模日益扩大，EDA 扮演了越来越重要的角色。使用这项技术的厂商多是从事半导体器件制造的代工制造商，以及使用 EDA 模拟软件以评估生产情况的设计服务公司。EDA 工具也应用在现场可编程逻辑门阵列的程序设计上。

图 2.1 为超大规模集成电路产品设计主要流程，其中的各个环节都有 EDA 技术的身影。

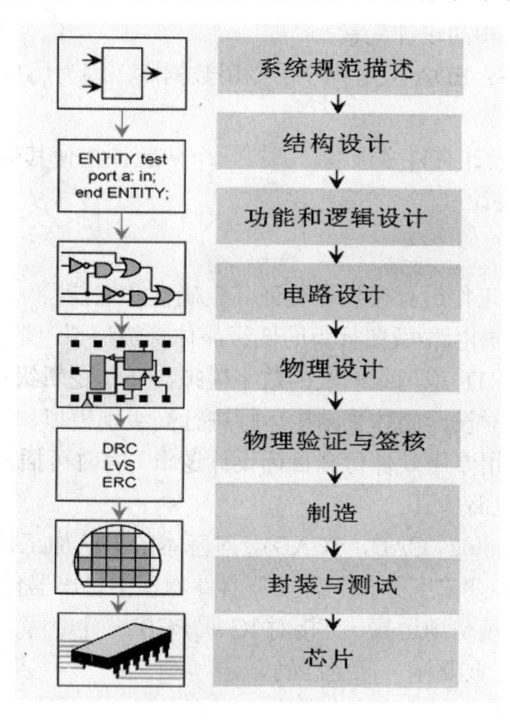

图 2.1　超大规模集成电路产品设计主要流程

EDA 技术涉及许多领域，覆盖了集成电路从设计到掩模生成的整个过程，下述领域适用于芯片、专用集成电路、FPGA 的构建，印刷电路板(PCB)设计也有类似特点。

1. 设计领域

(1) 行为级综合，高级综合或算法：具有更高的抽象级别，并允许自动进行体系结构的探索处理。它涉及将所设计的抽象行为级描述转换为可综合的 RTL 描述。输入的规格可以是行为级的 VHDL、SystemC 算法、C++ 等，经过综合后生成 VHDL/Verilog RTL 级描述语言。

(2) 逻辑综合(Synthesis)：对芯片抽象逻辑的翻译，将逻辑的寄存器传输(Register Transfer Level，RTL)级描述(通常通过一个指定的硬件描述语言，如 Verilog 或 VHDL)转换成由独立逻辑门组成的网表。

(3) 原理图设计输入：设计芯片的电路图，输出 Verilog、VHDL、SPICE 及其他格式。

(4) 布图规划(Floorplan)：将逻辑门、电源和地平面、I/O 引脚、及硬件宏单元摆放到希望的位置。(这类似于一个城市规划师对住宅、商业和工业区域的划分处理。)

(5) 布局(Place)和布线(route)：(对于数字器件)利用工具自动对综合后的门级网表进行逻辑门和其他经工艺映射后的元件进行布局，紧接着进行设计布线，将各元件的信号线和电源终端用导线连接起来。

(6) 晶体管版图设计：在模拟/混合信号器件中将原理图转换成布局示意图，包含器件的所有图层。

(7) 协同设计：两个或更多的电子系统的并行设计、分析或优化。通常这些电子系统属于不同的衬底，如多块 PCB 板或多芯片封装。

(8) IP 核：提供预编程的设计元素。

(9) EDA 技术数据库：EDA 应用程序的专用数据库。因为历史上一般用途的数据库在性能上无法满足要求。

(10) 设计收敛：IC 设计有许多限制，解决一个问题往往使其他方面出现问题。设计收敛就是满足所有约束的设计过程。

2. 模拟仿真领域

(1) 模拟：对电路的工作进行模拟以验证其正确性和性能。

① 晶体管级模拟——电路/版图行为的低级晶体管级模拟，器件级精度。

② 逻辑级模拟——RTL 或门级网表的数字模拟，布尔逻辑级精度。

③ 行为级模拟——对设计的体系结构运行进行高级别模拟，环路级或接口级精度。

④ 硬件仿真——使用专用硬件仿真目标设计逻辑。有时可插入系统，代替尚未完成的芯片；这就是所谓的在电路仿真。

(2) 工艺 CAD(Technology CAD，TCAD)，对基本的工艺加工技术进行模拟和分析。半导体工艺模拟可以得到掺杂浓度分布，直接从器件物理推导出器件的电学特性。

(3) 电磁场运算，或仅是场运算，直接对 IC 或 PCB 设计中感兴趣的问题求解麦克斯韦方程组，比全局的版图提取要慢，但更准确。

3. 分析和验证领域

(1) 功能验证。

(2) 跨时钟域(Clock Domain Crossing，CDC)验证：类似于 lint 代码语法检查工具，但这些检查工具专门从事检测和报告潜在的问题，如数据丢失，且存在稳定性问题的多时钟域设计中使用。

(3) 形式验证(Formal verification)，也称模型检验：尝试通过数学方法证明系统具有某些所需的特性，并且不会发生某些不希望的效应(如死锁)。

(4) 等效性检查：对芯片的 RTL 级描述和综合后的门级网表进行算法比较，以确保在逻辑层功能的等效。

(5) 静态时序分析(Static timing analysis，STA)：在不依赖于输入激励的方式下对电路进行时序分析，从而发现在所有可能输入时的最坏情况。

(6) 物理验证：检查是否一个设计在物理上是可制造的，并且所得到的芯片将不具有任何功能性的物理缺陷，能满足原始规格要求。

① 设计规则检查(Design rule check，DRC)。对制造所需的大量的布局和连接规则进行

检查。

② 版图电路图一致性检查(Layout versus schematic，LVS)。检查设计的芯片版图是否与原理图匹配。

③ 版图提取(RCX)。从版图提取网表，其中包括寄生电阻(Parasitic Resistors Extraction，PRE)，有时也包括电容(RCX)，有时还包括电感，这些是芯片版图所固有的。

(7) 功耗分析和优化：在不影响功能的前提下优化电路以减少工作损耗。

(8) 衬底耦合分析。

(9) 电源网络设计与分析。

4．制造准备领域

(1) 掩模数据准备(Mask Data Preparation，MDP)：生成用于制造芯片的实际光刻掩模。

① 分辨率增强技术(Resolution Enhancement Techniques，RET)。增加最终光刻掩模的质量的方法。

② 光学邻近校正(Optical Proximity Correction，OPC)。对掩模所造成的衍射和干涉影响进行前期补偿。

(2) 掩模生成：从层次化设计中生成平板掩模图像。

(3) 可制造性设计(Design for Manufacturability，DFM)：用于优化设计，使其更容易和廉价地制造。

(4) 制造测试。

① 自动测试向量生成(Automatic Test Pattern Generation，ATPG)。为尽可能多的逻辑门和其他部件系统工作生成向量数据。

② 内建自测试(Built-in Self-Test，BIST)。对设计中的逻辑或存储器结构安排独立的测试控制器进行自动测试。

③ 可测试性设计(Design For Test，DFT)。对门级网表添加逻辑结构，以方便加工后芯片的缺陷测试。

集成电路 EDA 技术为现代集成电路理论和设计的表达与应用提供了可行性，它已不是某一学科的分支，而是一门综合性学科。它打破了计算机软件与硬件间的壁垒，使计算机的软件技术与硬件实现、设计效率和产品性能合二为一，代表了集成电路设计技术和应用技术的发展方向。

2.2　集成电路设计方法和设计流程简介

对不同类型的集成电路产品，集成电路设计方法的选择是截然不同的。集成电路从应用角度可划分为二类：一类是通用集成电路；另一类是专用集成电路。通用集成电路也叫标准集成电路(Standard Integrated Circuit)，这些电路并不针对任何用户的要求设计，产品具有通用性，因而可以大批量生产。例如，通用的存储器芯片，微处理器以及大量的中、小规模的逻辑电路，这些都属于通用集成电路。专用集成电路(Application Specific Integrated Circuit，ASIC)是针对某种整机或电子系统的需求而专门设计的集成电路。ASIC 的发展是随着集成电路工艺的成熟及设计工具的不断完善而发展起来的。由于超大规模集成电路

(Very Large Scale Integration，VLSI)工艺技术的发展，使得制造成本不断下降。一些整机用户原来用一些中、小规模的标准电路组成的系统或子系统可以用一块 ASIC 芯片取代，从而使整机体积缩小、性能提高。同时也有利于提高保密性。这些优越性使 ASIC 越来越受到用户的欢迎。

对于集成电路，其设计方法有很多种，按版图结构及制造方法分为半定制(Semi-custom)和全定制(Full-custom)这两种实现方法。

全定制是一种基于晶体管级的、手工设计版图的制造方法，设计者需要使用全定制版图设计工具来完成，必须考虑晶体管版图的尺寸、位置、互连线等技术细节，以使设计芯片的功能、面积、功耗、成本等达到最优。这种设计方法工作量巨大，设计周期长，设计成本高，而且一次设计的成功率也比较低。但是，全定制设计中每个晶体管的尺寸、形状、在芯片中的位置，以及和其他器件的连接等问题都经过设计者的精心考虑，因此可以获得非常紧凑的版图和最好的性能，有利于降低每个芯片的制作成本，紧凑的面积和最佳的性能可以提高产品竞争力。另外，采用全定制设计还有利于设计人员发挥创造性，设计出新的器件结构、电路结构和版图结构。全定制设计花费的大量时间和很高的设计成本可以通过大批量生产来补偿。因此，全定制方法在通用中小规模集成电路、模拟集成电路、射频集成电路的设计，以及有特殊性能要求和功耗要求的电路或处理器中的特殊功能模块电路的设计中被广泛应用。

半定制是一种约束性设计方法，约束的目的是简化设计、缩短设计周期、降低设计成本、提高设计正确率。半定制法按逻辑实现的方法不同，进一步分为门阵列法、标准单元法和可编程逻辑器件法。具体采用哪种方法，其选择基于设计复杂度、时序要求、面积要求、电源要求、项目进度和资源几个方面。

半定制设计是厂商提供一定规格的功能块，如门阵列(Gate Array)、标准单元(Standard Cell)或可编程逻辑器件(Programmable Logic Device，PLD)等，设计者根据产品要求将这些功能块进行必要的连接，设计出所需要的电路。基于门阵列的设计方法，厂商在硅片上预先制作出规则阵列的“门”或元件阵列，设计者只需根据要求设计出金属互连的掩模版。由于极大减少了要设计和制作的掩模版数，从而使芯片成本比全定制设计低。基于标准单元的设计方法中，厂商预先设计了许多不同功能的基本单元电路，设计者只要将所需单元从单元库中调出，排列成行，完成布局布线即可。设计者虽然不需要设计全套掩模版，但最终制造时需要制作全部掩模版，成本比全定制设计减小，但是比门阵列略高。基于 PLD 的设计方法中厂商提供各种系列的 PLD，设计者根据需求对 PLD 进行编程，如熔丝或者反熔丝的编程方法，实现特定的功能。该方法不需要设计和制作掩模版，可以节约大量成本。

专用集成电路产品由于用途专一，产量较小，因此一般采用半定制设计来降低设计成本、缩短设计周期。当然，如果用户对产品性能要求很高时，也可采用全定制设计，但设计成本会有很大增加。

2.2.1　半定制设计流程

半定制设计流程又称为从 RTL 到 GDS II 的设计流程，一般用来设计数字集成电路。粗略地说，数字集成电路设计的基本步骤可以分为：系统定义、寄存器传输级设计、物理设计。而根据逻辑的抽象级别，设计又分为系统行为级、寄存器传输级、逻辑门级。设计人员需要合理地书写功能代码、设置综合工具、验证逻辑时序性能、规划物理设计策略等等。在设计过程中的特定时间点，还需要多次进行逻辑功能、时序约束、设计规则方面的检查、调试，以确保设计的最终成果合乎最初的设计收敛目标。

整个半定制集成电路设计流程如图 2.2 所示。左侧为流程，右侧为用到的相应 EDA 工具。

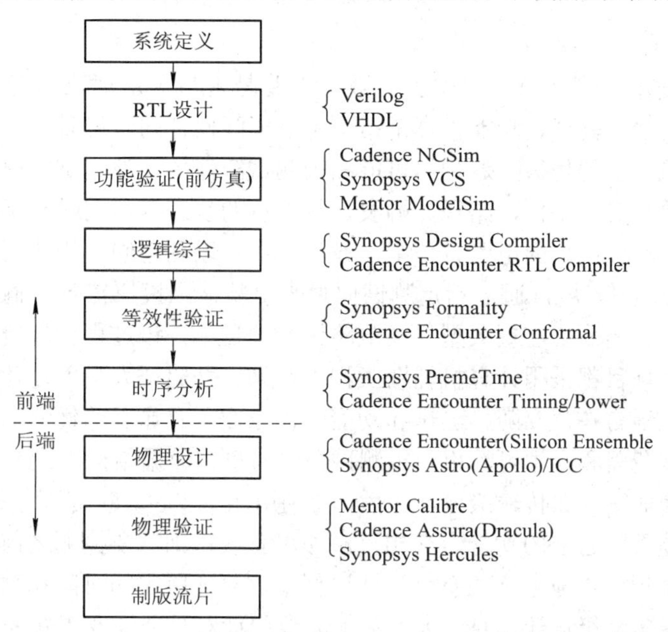

图 2.2　半定制集成电路设计流程

一般整个完整的流程可以分为前端(Front End)和后端(Back End)两部分，前端的主要任务是将 HDL 语言描述的电路进行仿真验证、综合和时序分析，最后转换成基于工艺库的门级网表，即从 RTL 到网表(netlist)的过程。而将物理设计称为后端设计，即从网表到 GDS Ⅱ版图数据的过程。

下面对流程中的各个阶段做个简要介绍。

1. 系统定义

系统定义是集成电路设计的最初规划，主要完成结构和逻辑设计，在此阶段设计人员需要考虑系统的宏观功能。设计人员可能会使用一些高抽象级建模语言和工具来完成硬件的描述，例如，C 语言、C++、SystemC、SystemVerilog等事务级建模语言，以及Simulink和MATLAB等工具对信号进行建模。尽管目前的主流是以寄存器传输级设计为中心，但已有一些直接从系统级描述向低抽象级描述(如逻辑门级结构描述)转化的高级综合(或称行为级综合)、高级验证工具正处于发展阶段。

系统定义阶段，设计人员还对芯片预期的工艺、功耗、时脉频率、工作温度等性能指标进行规划。

2. RTL(寄存器传输级)设计

目前的集成电路设计常常在寄存器传输级上进行，利用硬件描述语言来描述数字集成电路的信号储存，以及信号在寄存器、存储器、组合逻辑和总线等逻辑单元之间传输的情况。在设计寄存器传输级代码时，设计人员会将系统定义转换为寄存器传输级的描述。设计人员在这一抽象层次最常使用的两种硬件描述语言是Verilog和VHDL，二者分别于1995年和1987年由电气电子工程师学会(IEEE)标准化。正是由于有硬件描述语言，设计人员可以把更多的精力放在功能的实现上，这比以往直接设计逻辑门级连线的方法学(使用硬件描述语言仍然可以直接设计门级网表，但是少有人如此工作)具有更高的效率。

3. 功能验证

功能验证是电子设计自动化中验证数字电路是否与预定规范功能相符的一个验证过程，通常所说的功能验证、功能仿真是指不考虑实际器件的延迟时间，只考虑逻辑功能的一个流程。功能验证的目标是达到尽可能高的测试覆盖率，被测试的内容要尽可能覆盖所有的语句、逻辑分支、条件、路径、触发、状态机的状态等，同时在某些阶段还必须包括对时序的检查。在较小型的电路设计中，设计人员可以利用硬件描述语言来建立测试平台(通常这是一个顶层模块)，通过指定测试向量来检验被测模块在各种输入情况下对应的输出是否符合要求。但是，在更大型集成电路设计项目中，该过程会耗费设计人员较多的时间和精力。许多项目都采用计算机辅助工程工具来协助验证人员创建随机测试激励向量。其中，硬件验证语言在建立随机测试和功能覆盖方面具有显著的优势，它们通常提供了专门用来进行功能覆盖和产生可约束随机测试激励向量的数据结构。

设计人员完成寄存器传输级设计之后，会利用测试平台、断言等方式来进行功能验证，检验项目设计是否与之前的功能定义相符，如果有误，则需要检测之前设计文件中存在的漏洞。现代超大规模集成电路的整个设计过程中，验证所需的时间和精力越来越多，甚至都超过了寄存器传输级设计本身，人们设置并专门针对验证开发了新的工具和语言。

当所设计的电路并非简单的几个输入端口、输出端口时，由于验证需要尽可能地考虑到所有的输入情况，因此对于激励信号的定义会变得更加复杂。有时工程师会使用某些脚本语言(如Perl、Tcl)来编写验证程序，借助计算机程序的高速处理来实现更大的测试覆盖率。现代的硬件验证语言可以提供一些专门针对验证的特性，例如，带有约束的随机化变量、覆盖等等。作为硬件设计、验证统一语言，System Verilog是以Verilog为基础发展而来的，因此它同时具备了设计的特性和测试平台的特性，并引入了面向对象程序设计的思想，因此测试平台的编写更加接近软件测试。诸如通用验证方法学的标准化验证平台开发框架也得到了主流电子设计自动化软件厂商的支持。针对高级综合，关于高级验证的电子设计自动化工具也处于研究中。

4. 逻辑综合(Logic synthesis)

设计人员通常使用硬件描述语言来进行电路的高级抽象(通常是数字电路寄存器传输级的数据、行为)描述数字电路的逻辑功能，这样他们可以把更多精力投入功能方面的设计，而避免在一开始就研究可能极其复杂的电路连线。

然而，从电路的高级抽象描述到实际连线网表，并不是一项简单的工作。在以前，这需要设计人员完成逻辑函数的建立、简化、绘制逻辑门网表等诸多步骤。随着电路的集成规模越来越大，人工进行逻辑综合变成了一项十分繁琐的任务。

随着电子设计自动化的发展，逻辑综合这一步骤可以由计算机工具辅助完成。但是，由于自动化逻辑综合工具并不总能产生最优化的逻辑门网表，因此人工的介入仍然不可缺少。

与人工进行逻辑优化需要借助卡诺图等类似，电子设计自动化工具来完成逻辑综合也需要特定的算法来化简设计人员定义的逻辑函数。输入到自动综合工具中的文件包括寄存器传输级硬件描述语言代码、工艺库(可以由第三方晶圆代工服务机构提供)、设计约束文件三大类，这些文件在不同的电子设计自动化工具套件系统中的格式可能不尽相同。逻辑综合工具会产生一个优化后的门级网表，但是这个网表仍然是基于硬件描述语言的，这个网表在半导体芯片中的走线将在物理设计中来完成。

目前，大多数成熟的综合工具是基于寄存器传输级描述的，而基于系统级描述的高级综合工具还处在发展阶段。

5．形式等效性验证

验证问题往往是 IC 产品开发中最耗费时间的过程之一，而且它需要相当多的计算资源。开发一个带有相应的测试向量的测试平台是很费时的工作，它要求开发者必须对设计行为有很好、很深入的理解，而形式验证技术，简单地说就是将两个设计(或者说一个设计的两个不同阶段的版本)进行等效性比较的技术，由于能够很有效地缩短为了解决关键的验证问题所花费的时间，正在逐渐地被更多的人接受和使用。形式等效性验证(formal equivalence checking)就是在集成电路设计中，通过一些数学方法(如二元决策图、布尔可满足性问题)，来对不同电路之间进行形式验证，比较它们在行为上是否等效。

6．时序分析

现代集成电路的时钟频率已经到达了兆赫兹级别，而大量模块内、模块之间的时序关系极其复杂。因此，除了需要验证电路的逻辑功能，还需要进行时序分析，即对信号在传输路径上的延迟进行检查，判断其是否符合时序收敛要求。时序分析所需的逻辑门标准延迟格式信息可以由标准单元库(或从用户自己设计的单元提取的时序信息)提供。随着电路特征尺寸不断减小，互连线延迟在实际的总延时中所占的比例愈加显著，因此在物理设计完成之后，把互连线的延迟纳入考虑，才能够精准地进行时序分析。

传统上，人们常常将工作时钟频率作为高性能集成电路的特性之一。为了测试电路在指定速率下运行的能力，人们需要在设计过程中测量电路在不同工作阶段的延迟。此外，在不同的设计阶段(例如，逻辑综合、布局、布线以及一些后续阶段)需要对时间优化程序内部进行延迟计算(Delay calculation)。

一般来说，要分析或检验一个电路设计的时序方面的特征有两种主要手段：动态时序仿真(Dynamic Timing Simulation)和静态时序分析(Static Timing Analysis，STA)。动态时序仿真的优点是比较精确，而且同后者相比较，它适用于更多的设计类型。但是它也存在着比较明显的缺点：首先是分析的速度比较慢；其次是它需要使用输入矢量，这使得它在分析的过程中有可能会遗漏一些关键路径(critical paths)，因为输入矢量未必是对所有相关的路径都敏感的。静态时序分析(STA)，或称静态时序验证，不需要通过输入激励的方式进行仿真。静态时序分析的分析速度比较快，而且它会对所有可能的路径都进行检查，不存在遗漏关键路径的问题。静态时序分析在最近几十年中，成为了相关设计领域中的主要技术方法。

7．物理设计(Physical design)

物理设计又称为物理综合，在逻辑综合完成之后，利用器件制造公司提供的工艺信息，前面完成的设计将进入布图规划、布局、布线阶段，工程人员需要根据延迟、功耗、面积等方面的约束信息，合理设置物理设计工具的参数，不断调试，以获取最佳的配置，从而决定元件在晶圆上的物理位置。如果是全定制设计，工程师还需要精心绘制单元的集成电路版图，调整晶体管尺寸，从而降低功耗、延时。

电路实现的功能在之前的寄存器传输级设计中就已经确定。在物理设计阶段，工程师不仅不能够让之前设计好的逻辑、时序功能在该阶段的设计中被损坏，还要进一步优化芯片按照正确运行时的延迟时间、功耗、面积等方面的性能。在物理设计产生了初步版图文件之后，工程师需要再次对集成电路进行功能、时序、设计规则、信号完整性等方面的验证，以确保物理设计产生正确的硬件版图文件。

通常后端设计就是指物理设计，其主要任务如下：

(1) 将综合后的电路网表实现成版图(自动布局布线，Auto Place & Route，APR)。

(2) 证明所实现的版图满足时序要求，符合设计规则(DRC)、版图与电路网表一致(LVS)。

(3) 提取版图的延时信息(RC Extract)，供前端做版图后仿真。

图 2.3 为详细的物理设计流程，其中的关键步骤是布图规划、布局和布线。

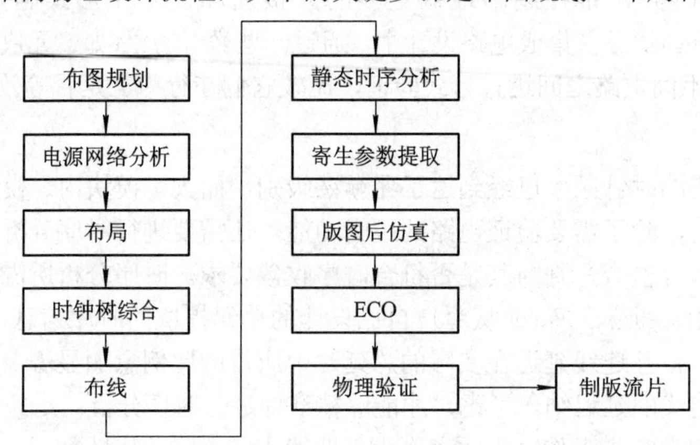

图 2.3　物理设计流程

布图规划(Floorplan)：对于电路主要功能模块在试验性布局中的图形表示。它是精确布线的前提。在此步骤确定各个模块在版图上的位置，包括 I/O 端口的布置、供电网络的分布等。

布局(Placement)：根据时序收敛要求，对单元的布局进行优化调整。如果电路的布局完成地不好，那么集成电路芯片的性能将会下降，而且会因为连线情况不够优化，制造效率也会降低。因此，电路的布局人员必须考虑到对多个参数的优化，以使电路能够符合预定的性能要求。

时钟树综合(Clock Tree Synthesis)：形成全局或局部的时钟分布网络，保证时钟的同步。

布线(Routing)：布线通常在布局完成之后进行，布局已经将各种电路组件安置在芯片上，布线则进行这些组件之间的互连线配置。布线的原则是保证不同组件之间的连接畅通，同时符合一定的设计规则检查。

静态时序分析(Static Timing Analysis)：计算所有路径上的延迟，看时序是否收敛。

寄生参数提取(Parasitic Extraction)：提取版图上内部互连所产生的寄生电阻、寄生电容，转换延迟后供静态时序分析和后仿真使用。

版图后仿真(Post-layout Simulation)：利用布局布线完成后获得的精确延迟参数和网表进行仿真，以验证功能和时序的正确性。

ECO(Engineering Change Order)：发现个别路径有时序或逻辑错误时，对设计进行小范围的修改。

8．物理验证(Physical Verification)

在制版流片以前，要经过一系列的验证步骤，这些验证步骤一般统称签核(sign-off)。这是一个反复进行的迭代过程。一般分为前端签核(Front-end sign-off)和后端签核(Back-end sign-off)。通常形式验证、压降分析、信号完整性分析、静态时序分析属于前端签核。而对版图进行设计规则检查(DRC)和版图电路网表一致性检查(LVS)是后端签核。

9．制版流片(Tape out)

在物理设计最终阶段，将设计转化成工业界标准化的文件格式(如 GDSII)，半导体制造工厂根据此文件制造出实际的物理电路。这个步骤不再属于集成电路设计和计算机工程的范畴，而是直接进入半导体制造工艺领域，关注的重心亦转向具体的材料、器件制作。例如，光刻、刻蚀、物理气相沉积、化学气相沉积等。传统的集成电路公司能够同时完成集成电路设计和集成电路制造。由于集成电路制造所需的设备、原料耗资巨大，因此一般的公司根本无力承受。现在，有些公司逐渐放弃既设计又制造的模式，业务范围缩小至设计、验证本身，而将具体的半导体工艺流程，委托给专门进行集成电路制造的工厂。上述无制造工艺，只进行设计、验证的公司被称为无厂半导体公司(Fabless)，典型的例子包括高通(Qualcomm)、超微半导体(AMD)、英伟达(NVIDIA)等；而专门负责制造的公司则被称为晶圆代工厂(Foundry)，典型的例子包括台积电(TSMC)、格罗方德(Global Foundries，前身为 AMD 的直属工艺厂)等。某些公司在从事设计的同时，还保留了自己的工艺厂，这样的公司包括英特尔、三星电子等。还有一类特殊的无厂半导体公司，它们把设计项目以 IP 核的形式封装起来，作为商品销售给其他无厂半导体公司，典型的例子包括 ARM 公司。

2.2.2　全定制设计流程

全定制设计流程又称为从电路图(Schematic)到 GDSⅡ的设计流程，一般用于设计模拟集成电路和数/模混合集成电路，或者数字集成电路的标准单元的设计。

全定制集成电路设计详细流程如图 2.4 所示，大体上可分为电路设计、模拟仿真、版图设计和版图验证四个部分，一般讲电路设计和模拟称为前端设计，将版图设计和验证称为后端设计。

模拟集成电路主要关注电源集成电路、射频集成电路等。由于现实世界的信号是模拟的，因此，在电子产品中，模/数、数模相互转换的集成电路也有着广泛的应用。模拟集成电路包括运算放大器、线性整流器、锁相环、振荡电路、有源滤波器等。相较数字集成电路设计，模拟集成电路设计与半导体器件的物理性质有着更大的关联，例如其增益、电路匹配、功率耗散以及阻抗等等。模拟信号的放大和滤波要求电路对信号具备一定的保真度，因此模拟集成电路比数字集成电路使用了更多的大面积器件，集成度亦相对较低。

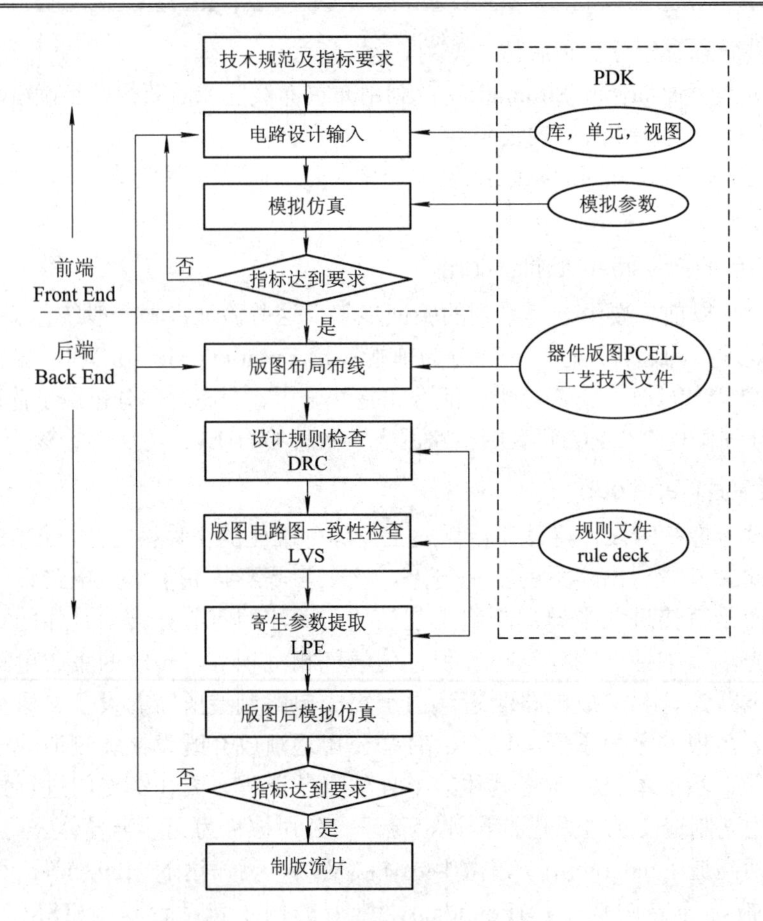

图 2.4　全定制集成电路设计流程

由于模拟集成电路的复杂性和多样性，目前还没有 EDA 厂商能够提供完全解决模拟集成电路设计自动化的工具，因此所有的模拟电路基本上仍然通过手工设计来完成。

在微处理器和计算机辅助设计方法出现前，模拟集成电路完全采用人工设计的方法。由于人处理复杂问题的能力有限，因此当时的模拟集成电路通常是较为基本的电路，运算放大器集成电路就是一个典型的例子。在当时的情况下，这样的集成电路可能会涉及十几个晶体管以及它们之间的互连线。为了使模拟集成电路的设计能达到工业生产的级别，工程师需要采取多次迭代的方法以测试、排除故障。重复利用已经设计、验证的设计，可以进一步构成更加复杂的集成电路。

1970 年之后，计算机的价格逐渐下降，越来越多的工程师可以利用这种现代的工具来辅助设计。例如，他们使用编好的计算机程序进行仿真，便可获得比之前人工计算、设计更高的精确度。SPICE是第一款针对模拟集成电路仿真的软件(事实上，数字集成电路中标准单元本身的设计，也需要用到 SPICE 来进行参数测试)，其字面意思是“以集成电路为重点的仿真程序(Simulation Program with Integrated Circuit Emphasis)”。SPICE 是在 1975 年由加利福尼亚大学伯克莱分校的 Donald Pederson 在电子研究实验室首先建立的。第一版和第二版都是用 Fortran 语言编写的，但是从第三版开始用 C 语言编写。

今日在市面上所能看到的许多 SPICE 同类软件均是以 SPICE2 系列为基础再加改进而

成的商业化产品。成功的商业版本主要有：

(1) SPECTRE，由最初的 SPICE 作者之一 Ken Kundert 和 Jacob White 开始最初的框架，现属于 Cadence 公司，在 SPICE 的基础上对算法进行了改进，使得计算的速度更快，收敛性能更好。

(2) HSPICE，最初由 Meta Software 公司开发，现属于 Synopsys 公司。作为业界标准的电路仿真工具，它所支持的器件模型更广泛。

(3) Eldo，最初由 Anacad 公司开发，现属于 Mentor Graphics 公司。

(4) Silvaco 公司的提供的 Smart Spice，用于设计复杂的高精度模拟电路、模拟混合信号电路、分析关键网路，特性表征单元库等等。Smart Spice 兼容于流行的模拟设计流程和各种器件模型。

其后，由于电路设计规模的级数级增长，旧版本的 SPICE 的仿真速度远远不能满足需要，并且对电路规模大小也有限制，业界发展了快速 SPICE。目前成功的快速 SPICE 商业版本主要有 HSIM(最初由 NASSADA 公司开发，现在 NASSDA 公司被 Synopsys 公司购入)，NANOSIM(Synopsys，但有电路规模大小的限制，对敏感的模拟电路也有精度的缺陷，在数字电路仿真方面很成功)和 ADiT(Evercad，2006 年 1 月被 Mentor Graphics 并购)、ULTRASIM(Cadence 公司的快速 SPICE 工具，属于最新的第三代电路仿真工具)等。目前，这些快速 SPICE 的主要特点是以牺牲准确性换取速度的大幅提高，因此他们的共同问题是如何在快速的同时保持准确性。

模拟集成电路在版图设计时对对称性、匹配性要求更高，需要更多的人工参与，自动化程度不高。但近年来各 EDA 厂商在模拟集成电路版图设计时采用了 SDL(Schematic Driven Layout)技术，即电路图驱动的版图设计。自动根据电路图完成单元的调用，用飞线等图形化方式表示元器件间的连接关系，辅助完成对称性匹配性的单元布局，提高了工作效率，减小了出错几率。

版图实现工具方面目前是 Cadence 公司的 Virtuoso Layout Editor 一家独大的局面，唯有 Synopsys 公司旗下的 Laker 工具具有一定的竞争力。

版图完成后还需经过版图验证。版图物理验证主要包含三部分的工作，即 DRC(Design Rule Check)、LVS(Layout Vs Schematic)和 LPE (Layout Parasitic Extraction)。DRC 主要进行版图设计规则检查，也可以进行部分 DFM(Design For Manufacture)的检查(比如，M 金属密度，天线效应)，确保工艺加工的需求；LVS 主要进行版图和原理图的比较，确保后端设计同前端设计的一致性；LPE 则主要进行寄生参数的提取，由于在前端设计时并没有或者不充分的考虑金属连线及器件的寄生信息，而这些在设计中(特别是对于深亚微米设计) 会严重影响设计的时序、功能，现在要把这些因素考虑进来，用仿真工具进行后仿真，确保设计的成功。

与电路设计及仿真模拟工具类似，在版图物理验证及参数提取后仿真工具也出现了 Cadence、Synopsys 和 Mentor 三家公司分庭抗礼的局面。Assura、Hercules 和 Calibre 分别是 Cadence、Synopsys 和 Mentor 旗下用于版图物理验证和参数反提的模拟集成电路 EDA 工具。在早期工艺中，Cadence 公司还有另一款命令行版图物理验证工具 Dracula，目前已基本淘汰；而且相比 Assura 和 Calibre，Hercules 在 CMOS 模拟集成电路版图验证中的应用没有 Assura 和 Calibre 广泛。

在版图完成之前的电路模拟都是比较理想的仿真，不包含来自版图中的寄生参数，被称为“前仿真”；加入版图中的寄生信息进行的仿真被称为“后仿真”。模拟集成电路相对数字集成电路来说对寄生参数更加敏感，前仿真的结果满足设计要求并不代表后仿真也能满足。在深亚微米阶段，寄生效应愈加明显，后仿真分析将显得尤为重要。与前仿真一样，当结果不满足要求时需要修改晶体管参数，甚至某些地方的结构。对于高性能的设计，这个过程是需要进行多次反复的，直至后仿真满足系统的设计要求。

通过后仿真后，设计的最后一步就是导出版图数据(GDSII)文件，将该文件提交给晶圆厂，就可以进行芯片的制造了。

在全定制集成电路设计流程中，PDK 是不可或缺的。所谓的 PDK，即工艺设计包(Process Design Kit)，是沟通 IC 设计公司、代工厂与 EDA 厂商的桥梁，能够实现 IC 工艺数据/模型与 IC 设计环境/工具的无缝集成，缩短设计周期，并提高设计产能和效率。其包含的内容是和其定制设计流程紧密结合在一起的。该文件集合一般由代工厂提供。

当需要开始采用一个新的半导体工艺时，第一件事就是需要开发一套 PDK，PDK 用代工厂的语言定义了一套反映代工厂工艺的文档资料，是设计公司用来做物理验证的基石，也是流片成败关键的因素。PDK 包含了反映制造工艺基本的“积木块”：晶体管、接触孔、互连线等，除 PDK 的参考手册(Documentation)外，PDK 还包括如下内容：

器件模型(Device Model)：由代工厂提供的仿真模型文件；

符号视图(Symbols & View)：用于原理图设计的符号，参数化的设计单元都通过了 SPICE 仿真的验证；

CDF(Component Description Format，组件描述格式) 和 Callback：器件的属性描述文件，定义了器件类型、器件名称、器件参数及参数调用关系函数集 Callback、器件模型、器件的各种视图格式等；

参数化单元(Parameterized Cell，Pcell)：它由 Cadence 的 SKILL 语言编写，其对应的版图通过了 DRC 和 LVS 验证，方便设计人员进行 Schematic Driven Layout(原理图驱动的版图)设计流程；

技术文件(Technology File)：用于版图设计和验证的工艺文件，包含 GDSII 的设计数据层和工艺层的映射关系定义、设计数据层的属性定义、在线设计规则、电气规则、显示色彩定义和图形格式定义等；

规则文件(Rule Decks)：DRC/LVS/PEX 所用到规则文件。

在开发 PDK 的演进中，有些事情在慢慢变化：一是 Virtuoso 不再是这个领域唯一的玩家，所有主要的 EDA 厂商都纷纷给出了自己的解决方案，但没有一家 EDA 工具能读写 Virtuoso 的 PDK。Virtuoso 的 PDK 是采用 Cadence 的 SKILL 语言开发的，目前没有将其公开化。二是设计规则变得如此复杂，以至于开发一套特定工艺的 PDK 花费巨大。相应的开发针对不同版图编辑器的 PDK 更是需要很多的经验，但此项工作又不能给代工厂或用户带来实际的利益。

由于 Cadence 不愿意公开他的 PDK，iPDK 作为一个 PDK 标准渐渐走入人们的视线。这是由 IPL(Interoperable PDK Libraries Alliance)组织发起，联合 TSMC，采用 Ciranova 的 PyCell(基于 Python 而非 SKILL 语言)开发出的一套新 PDK 标准，目前被各大 EDA 厂商的版图编辑器所支持。尽管 Virtuoso 没在官方表态，实际上也在偷偷地支持这一标准。

2.3　主要的 EDA 厂商及其产品介绍

EDA 技术的一些最新发展往往集中体现在几个高技术 EDA 供应商的产品和发展战略上，因为这些公司集中了世界上最优秀的 EDA 技术和人才，成为事实上的行业领头羊。熟悉并研究这些供应商的产品结构和研发方向不仅有助于选择经济有效的开发平台，也有助于选择合适的 EDA 设计方法。全球比较有影响的 EDA 供应商有数十家，但是最有代表性的只有十几家，其中 Cadence、Synopsys、Mentor Graphics 为业界三强。Cadence 的强项产品为 IC 版图设计和 PCB 设计，Synopsys 的强项产品为逻辑综合，Mentor Graphics 的强项产品为 PCB 设计和深亚微米 1C 设计验证和测试。

2.3.1　Cadence 公司主要产品

Cadence(http://www. Cadence.com)公司成立于 1988 年，公司总部位于美国加利福尼亚州的 San Jose。Cadence 公司具有 EDA 全线产品，包括系统顶层设计与仿真、HW/SW 解决方案、信号处理、电路设计与仿真、PCB 设计与分析、FPGA 及 ASIC 设计以及深亚微米 IC 设计等。该公司先后收购了 Valid、HLDS、CCT、Lucent 公司的贝尔实验室 EDA 部、Ambit、Quicktum、OrCAD、CadMOS、Silicon Perspective 公司。由于收购了 OrCAD 公司，著名的 OrCAD 和 PSpice 软件成为 Cadence 公司的产品，并在性能上不断得到提升。

Cadence 公司的主要产品有：逻辑仿真 NC-Verilog，综合工具 BuildGates，PKS 物理综合工具，自动布局布线工具 SOC Encounter，全定制集成电路版图设计平台 Virtuoso，版图验证工具 Assura 等数十个 IC 设计工具，另外还有 PCB 和系统设计工具 SPB。

1．Spectre

Spectre 是美国 Cadence 公司开发的用于模拟集成电路、混合信号电路设计和仿真的 EDA 软件，功能强大，仿真功能多样，包含有直流仿真(DC Analysis)、瞬态仿真(Transient Analysis)、交流小信号仿真(AC Analysis)、零极点分析(PZ Analysis)、噪声分析(Noise Analysis)、周期稳定性分析(Periodic Steady-state Analysis)和蒙特卡罗分析(MentoCarlo Analysis)等，并可对设计仿真结果进行成品率分析和优化，大大提高了复杂集成电路的设计效率。尤其是其具有图形界面的电路图输入方式，使其成为目前最为常用的 CMOS 模拟集成电路设计工具。

2．Virtuoso Layout Editor

作为 Cadence 公司在物理版图工具方面的重要产品，Virtuoso Layout Editor 是目前应用最为广泛的版图实现工具。它与各大晶圆厂商合作，可以识别不同的工艺层信息，支持定制专用集成电路、单元与模块级数字、混合信号与模拟设计。并采用 Cadence 公司的空间型布线技术，与其他软件组件配合，快速而精确地完成版图设计工作。

Virtuoso Layout Editor 主要具有以下几方面特点：

(1) 在器件、单元及模块级加快定制的模拟集成电路设计版图布局。

(2) 支持约束与电路原理图驱动的物理版图实现。

(3) 在设计者提交原理图或者需要对标准单元进行评估、改动等活动时，快速标准单元功能可以将布局性能提高10倍。

(4) 提供高级节点工艺与设计规则的约束驱动执行。

3. Assura

Assura可以看做是Spectre中自带版图物理验证工具Diva的升级版，通过设定一组规则文件，支持较大规模电路的版图物理验证、交互式和批处理模式。但在进行验证前，设计者需要手动导出电路图和版图的网表文件。新版本的Assura环境可以在同一界面中打开电路图和版图界面，极大地方便了设计者定位、修改版图中的DRC和LVS错误。参数反提支持Spectre、Hspice和Eldo环境中的网表格式，由设计者自行选择仿真工具进行仿真。

4. NC-Verilog

NC-Verilog是Cadence公司原RTL级功能仿真工具Verilog-XL的升级版。相比于后者NC-Verilog的仿真速度、处理庞大设计能力以及存储容量都大为增加。NC-Verilog在编译时，首先将Verilog代码转换为C程序，再将C程序编译到仿真器。它兼容了Verilog-2001的大部分标准，并且得到Cadence公司的不断更新。目前在64位操作系统中，NC-Verilog可以支持超过1亿门的芯片设计。

5. SoC Encounter

严格地说，SoC Encounter不仅仅是一个版图布局布线工具，它还集成了一部分逻辑综合和静态时序分析的功能。作为布局布线工具，SoC Encounter在支持28nm先进工艺的同时，还支持1亿门晶体管的全芯片设计。在低功耗设计中，往往需要大量门控时钟以及动态电压、频率调整所产生的多电压域，SoC Encounter可以在设计过程中自动划分电压域，并插入电压调整器来平衡各个电压值，同时对时钟树综合、布局、布线等流程进行优化。此外，SoC Encounter在RTL转GDSII的过程中还可以执行良率分析，评估多种布局布线机制、时序策略、信号完整性、功耗对良率的影响，最终得到最优的良率设计方案。

2.3.2 Synopsys公司主要产品

Synopsys公司(http：//www. synopsys.com)总部设在美国加利福尼亚州Mountain View，有超过60家分公司分布在北美、欧洲、亚洲。Synopsys的完整的、集成化的产品组合覆盖了系统级设计、IP、设计实现、验证、制造、光学设计、软件开发测试和现场可编程门阵列(FPGA)等解决方案，可帮助设计师解决所面临的各种关键挑战，如功耗和良率管理、系统到芯片验证和实现时间等。这些技术领先的解决方案可帮助Synopsys的客户建立竞争优势，既可以使最好的产品快速地上市，同时降低成本和进度风险。

Synopsys公司为复杂集成电路(IC)、系统芯片(SoC)、电子系统和FPGA提供全线的EDA工具、设计技术和解决方案。它在前端(front-end)的解决方案最为优秀。2002年6月购并Avam!之后，将业界认同的前端工具和后端工具结合在一起，为客户提供一个完整的解决方案。从系统级设计和验证，到RTL代码，再到布局布线，直至GDSII网表的逐步细化、收敛的设计流程。

Synopsys公司的主要产品有功能验证VCS、综合Design Compiler、静态时序分析

PrimeTime、半定制版图设计 ASTRO/ICC、全定制版图设计 Laker、模拟仿真 HSpice/NanoSim。

与 Cadence 的产品相比，Synopsys 的综合工具具有很大的优势，但 Synopsys 的产品不含 PCB 工具。

1. Hspice

Hspice 是原 Meta-Software(现属于 Synopsys 公司)研发的模拟及混合信号集成电路设计工具。与 Cadence 公司的 Spectre 图形界面输入不同，Hspice 通过读取电路网表以及电路控制语句的方式进行仿真，是目前公认仿真精度最高的模拟集成电路设计工具。

与 Spectre 类似，Hspice 也包含有直流仿真、瞬态仿真、交流小信号仿真、零极点分析、噪声分析、傅里叶分析、最坏情况分析和蒙特卡罗分析等功能。早期的 Hspice 存在电路规模较大或比较复杂时，仿真矩阵不收敛的情况，在被 Synopsys 收购后，通过多个版本的升级，这个问题逐渐得到改善。到了 2007sp1 版本后，Hspice 已经有了质的飞跃，仿真收敛问题也基本得到解决。

2. Laker

Laker 是原台湾 SprintSoft 公司开发的新一代版图编辑工具，在 2012 年被 Synopsys 公司收购，如今成为了 Synopsys 旗下的 EDA 版图工具。相比传统的 Virtuoso 版图工具，Laker 最大的亮点在于创造性的引入电路图驱动版图技术(Schematic Driven Layout)，即实现了与印刷电路板 EDA 工具类似的电路图转换版图功能。设计者可以通过电路图直接导入，形成版图，并得到器件之间互连的预拉线，大幅度减少了人为版图连线造成的错误，提高了版图编辑效率。此外，Laker 还具有以下几个特点：

(1) 电路图窗口和版图窗口同时显示，方便设计者实时查看器件和连接关系。

(2) 自动版图布局模式，将电路图中的器件快速布置到较为合适的位置。

(3) 实时的电气规则检查、高亮正在操作的版图元件，避免了常见的短路和断路错误。

3. VCS(Verilog Compiled Simulator)

VCS 是 Synopsys 公司的编译型 Verilog 模拟器，它完全支持 OVI 标准的 Verilog HDL 语言。VCS 具有较高的仿真性能，内存管理能力可以支持千万门级的 ASIC 设计，而其模拟精度也完全满足深亚微米专用集成电路的设计要求。VCS 具有高性能、大规模和高精度的特点，适用于从行为级、RTL 到流片等各个设计阶段。

VCS 可以方便地集成到 Verilog、SystmVerilog、VHDL 和 Openvera 的测试平台中，用于生成总线通信以及协议违反检查。同时自带的监测器提供了综合全面的报告，用于显示对总线通信协议的功能覆盖率。VCS 验证库的验证 IP 也包含在 DesignWare 库中，也可以作为独立的工具套件进行嵌入。

4. DC(Design Compiler)

Synopsys 公司的 DC 目前得到全球 60 多个半导体厂商、380 多个工艺库的支持，占据了近 91%的市场份额。DC 是十多年来工业界标准的逻辑综合工具，也是 Synopsys 最核心的产品。它根据设计描述和约束条件，并针对特定的工艺库自动综合出一个优化的门级电路。它可以接受多种输入格式，如硬件描述语言、原理图和网表等，并产生多种性能报告，在缩短设计时间的同时提高设计性能。

Synopsys公司发布的新版本DC还扩展了拓扑技术，以加速采用先进低功耗和测试技术的设计收敛，帮助设计者提高生产效率和芯片性能。拓扑技术可以帮助设计人员正确评估芯片在综合过程中的功耗，在设计早期解决所有功耗问题。新的DC采用了多项创新综合技术，如自适应retiming和功耗驱动门控时钟，性能较以前版本平均提高8%，面积减少4%，功耗降低5%。此外，DC采用可调至多核处理器的全新可扩展基础架构，在四核平台上可产生两倍提升的综合运行时间。

5．PT(Prime Time)

Prime Time是针对复杂、百万门芯片进行全芯片、门级静态时序分析的工具。Prime Time可以集成于逻辑综合和物理综合的流程，让设计者分析并解决复杂的时序问题，并提高时序收敛的速度。Prime Time是众多半导体厂商认可的、业界标准的静态时序分析工具。Galaxy设计平台中的时序验证核心工具——Prime Time®的最新版本凭借其静态时序分析能力和对数百万门设计进行认可的能力，成为新的时序工具标准。新版的PrimeTime还包括了PrimeTime SI、PrimeTime ADV和PrimeTime PX组件，分别对信号完整性、片上变量变化以及门级功耗进行分析，极大的加速了设计者的流片过程。

6．IC Compiler

IC Compiler是Synopsys公司开发的新一代布局布线工具(用于替代前一代布局布线工具Astro)。Astro解决方案由于布局、时钟树和布线独立运行，有其局限性。IC Compiler的扩展物理综合技术突破了这一局限，将物理综合扩展到了整个布局和布线过程。IC Compiler作为一套完整的布局布线设计工具，它包括了实现下一代设计所必需的一切功能，如物理综合、布局、布线、时序、信号完整性优化、低功耗、可测性设计和良率优化。

相比Astro，IC Compiler运行时间更快、容量更大、多角/多模优化更加智能，而且具有改进的可预测性，可显著提高设计人员的生产效率。同时，IC Compiler还推出了支持32 nm、28 nm技术的物理设计。IC Compiler正成为越来越多市场领先的集成电路设计公司在各种应用中的理想选择。IC Compiler引入了用于快速运行模式的新技术，在保证原有质量的情况下使运行时间缩短了35%。

2.3.3 Mentor Graphics公司主要产品

Mentor Graphics(http://www. mentor.com)公司成立于1981年，总部位于美国俄勒冈州的Wilsonville，是电子设计自动化技术的领导厂商，提供完整的软件和硬件设计解决方案，让客户能在短时间内，以最低的成本，在市场上推出功能强大的电子产品。当今电路板与半导体元件变得更加复杂，并随着深亚微米工艺技术在系统单芯片设计的深入应用，要把一个具有创意的想法转换成市场上的产品，其中的困难度已大幅增加；为此Mentor Graphics提供了技术创新的产品与完整解决方案，让工程师得以克服他们所面临的设计挑战。

Mentor Graphics公司的逻辑仿真工具Modelsim和物理验证工具Calibre在IC设计领域应用较广，另外在PCB设计上，其Expedition系列也比较出色。

1．Eldo

Eldo是Mentor公司开发的模拟集成电路EDA设计工具，Eldo可以使用与Hspice相同的命令行方式进行仿真，也可以集成到电路图编辑工具环境中，比如Mentor的DA_IC，或者 Cadence 的 Spectre 中。Eldo 的输入文件格式可以是标准的 Spice，也可以是 Hspice 的格式。

Eldo 通过基尔霍夫电流约束进行全局检查，对收敛严格控制，保证了与 Hspice 相同的精度。且与早期的 Hspice 相比，仿真速度较快。在仿真收敛性方面，Eldo 采用分割概念，在不收敛时对电路自动进行分割再组合，更改了仿真矩阵，使得电路收敛性大大提升。

Eldo 可以方便地嵌入到目前其他模拟集成电路设计环境中，并可以扩展到混合仿真平台 ADMS，进行数字、模拟混合仿真。Eldo 的输出文件可以被其他多种波形观察工具查看和计算，Eldo 本身提供的 Xelga 和 EZWave 更是功能齐全和强大的两个波形观察和处理工具。

2. Calibre

Calibre 是目前应用最为广泛的深亚微米及纳米设计和半导体生产制造中版图物理验证的 EDA 工具，可以很方便地嵌入到版图实现工具 Virtuoso 和 Laker 中。Calibre 采用图形化的可视界面，并提供了快速准确的设计规则检查(DRC)、电气规则(ERC)以及版图与原理图对照(LVS)功能。

Calibre 中层次化架构有效简化了复杂 ASIC/SoC 设计物理验证的难度。设计者不需要针对芯片设计的类型来进行特殊设置。同时也可以根据直观、方便的物理验证结果浏览环境，迅速而准确地定位错误位置，并且与版图设计工具之间紧密集成，实现交互式修改、验证和查错。Calibre 的并行处理能力支持多核 CPU 运算，能够显著缩短复杂设计验证的时间。

3. ModelSim

在 RTL 级功能仿真领域，Mentor 公司的 ModelSim 是业界应用最为广泛的 HDL 语言仿真软件，它能提供友好的仿真环境，是业界唯一的单内核支持 VHDL 和 Verilog 混合仿真的仿真器。ModelSim 采用直接优化的编译技术和单一内核仿真技术，编译仿真速度快，编译的代码与平台无关，便于保护 IP 核，个性化的图形界面和用户接口，是目前数字集成电路设计者首选的仿真软件。

ModelSim 可以单独或同时进行行为级、RTL 级和门级代码的仿真验证，并集成了性能分析、波形比较、代码覆盖、虚拟对象、Memory 窗口、源码窗口显示信号值、信号条件断点等众多调试功能；同时还加入了对 SystemC 编译语言的直接支持，使其可以和 HDL 硬件语言任意进行混合。

2.4 小　　结

本章首先介绍了集成电路 EDA 技术的基本概况，包括发展历史，特点、现状以及未来趋势，使读者对该领域有一个概括性的了解。其次，分别介绍了集成电路的基本设计方法及设计流程，并对目前主流的 EDA 设计工具进行了简要介绍。

集成电路 EDA 的种类繁多，因为篇幅的原因，本书不可能都予以详细介绍，只是选取集成电路整个设计流程中使用最多、最关键、最不容易掌握的几个 EDA 工具进行讲解，希望读者能从中获益。

第3章 模拟集成电路设计与仿真

时至今日，模拟集成电路设计技术作为集成电路技术中最为经典和传统的艺术形式，仍然是许多复杂电路与系统中不可替代的设计方法。与传统的采用分立元件设计模拟电路不同，模拟集成电路中所有的器件都是制作在同一块硅衬底上，尺寸极其微小，无法使用电路板进行设计验证。因此，设计者必须采用电子设计自动化(Electronic Design Automation，EDA)软件对模拟集成电路进行设计和仿真，以此验证电路的功能及性能。一颗模拟集成电路芯片研发的完整流程如图 3.1 所示。主要包括五个步骤：设计要求描述、电路设计、物理层设计、芯片设计、测试和产品开发。

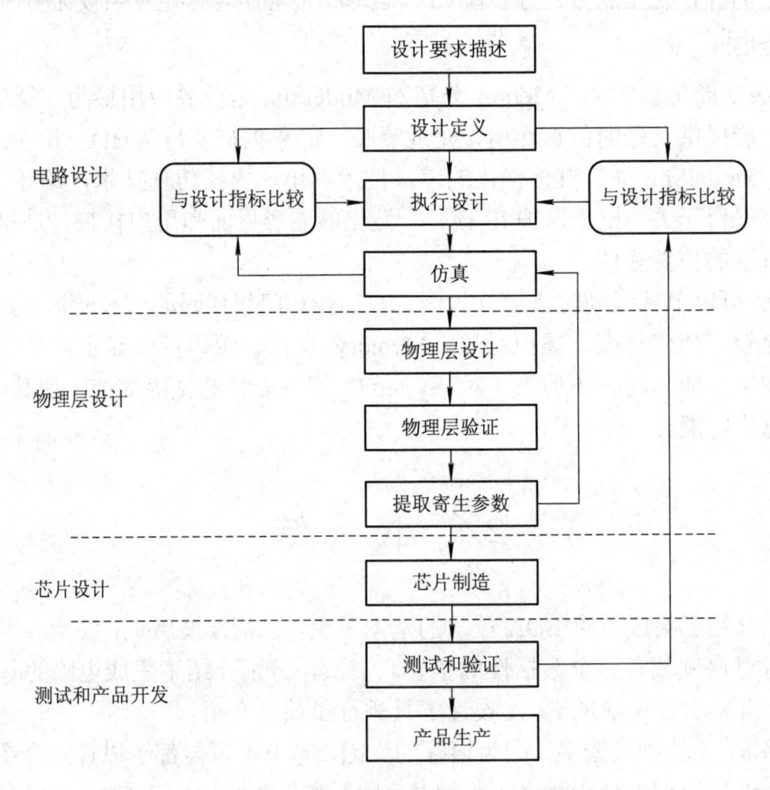

图 3.1 模拟集成电路芯片研发的完整流程

一颗模拟集成电路芯片研发流程的第一步是从设计要求描述开始的，设计者在这个阶段就要明确芯片设计的具体要求和性能参数。第二步就是搭建电路，并对电路采用模拟仿真的方法评估电路功能与性能。一旦电路性能的仿真结果满足设计要求后，就可以进行电路的物理层实现，即电路版图设计与验证。版图完成并经过物理验证后需要将布局、布线形成的寄生效应考虑到所设计的电路中，之后再次进行计算机仿真功能与性能。如果此时的仿真结果也满足设计要求，就可以将芯片数据交由晶圆厂进行芯片制造。待芯片生产完成，设计者还需要对芯片进行测试，直到满足产品生产与应用的要求。

在电路设计阶段，目前应用最为广泛的模拟集成电路仿真软件是 Cadence 公司的 Spectre。Spectre 是美国 Cadence 公司开发的用于模拟集成电路、混合信号电路设计和仿真的EDA软件，其功能强大，仿真功能多样，包含有直流仿真(DC Analysis)、瞬态仿真(Transient Analysis)、交流小信号仿真(AC Analysis)、零极点分析(PZ Analysis)、噪声分析(Noise Analysis)、周期稳定性分析(Periodic Steady-state Analysis)和蒙特卡罗分析(MentoCarlo Analysis)等，并可对设计仿真结果进行成品率分析和优化，大大提高了复杂集成电路的设计效率。尤其是其具有图形界面的电路图输入方式，使其成为目前最为常用的模拟集成电路设计工具。

Cadence 公司还与全球各大半导体晶圆厂家合作建立了工艺设计套件(Process Design Kit，PDK)，设计者可以很方便地使用不同尺寸的 PDK 进行模拟集成电路设计和仿真。除了上述仿真功能外，Spectre 还提供了与其他 EDA 仿真工具，如 Synopsys 公司的 Hspice、安捷伦的 ADS、Mathworks 的 Matlab 等进行协同仿真，再加上自带的丰富的元件应用模型库，大大增加了模拟集成电路设计的便捷性、快速性和精确性。

3.1　Cadence Spectre 概述

1. 简洁易用的仿真环境和界面

Spectre 提供的仿真功能可以让电路设计者快速地完成电路建立与模拟结果分析，基本的环境中包含了 Spectre/RF Circuit Simulator、UltraSim Full-chip Simulator、AMS、Spectre Verilog 和 Ultrasim Verilog 三种混合信号仿真器，如图 3.2 所示。设计者在设计流程中可以快速且容易地透过视觉化的图形界面了解模拟集成电路中特定参数对电路产生的影响，完成电路分析与设计。

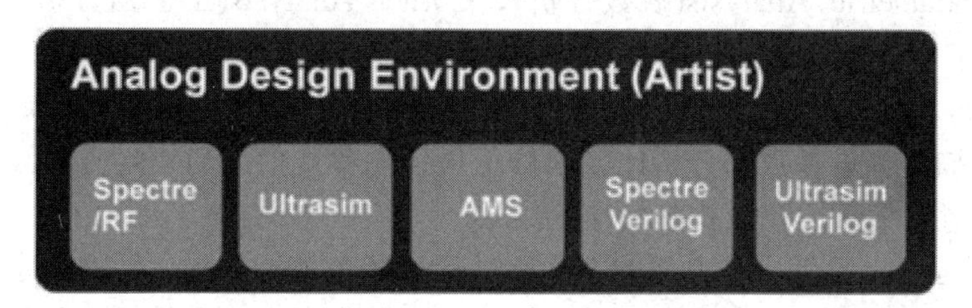

图 3.2　Spectre 中包含的各种仿真器

为了满足快速仿真和更大规模晶体管级的验证，新版本的 Spectre 还集成了 Spectre APS(Accelerated Parallel Simulatior)和 Spectre XPS(eXtensive Partitioning Simulator)仿真器。Spectre APS 旨在调用多核处理器，快速并行的完成高精度的晶体管级电路仿真。而 Spectre XPS 则是下一代的快速 SPICE(Simulation Program with Integrated Circuit Emphasis)仿真器，

可以提供高性能、大容量的全芯片级验证。

2．精确的晶体管模型

Spectre为所有的仿真器提供一致的器件模型，这有利于消除不同模型间的相关性，从而得到快速收敛的仿真结果。模型的一致性也保证了器件模型在升级时可以同时应用于所有的仿真器。

3．高效的程序语言和网表支持

Spectre仿真平台支持多种设计提取方法，并兼容绝大多数SPICE输入平台。Spectre可以读取Spectre、SPICE以及Verilog-A格式的器件模型，并支持标准的Verilog-AMS、VHDL-AMS、Verilog-A、Verilog以及VHDL格式的文本输入。

4．内建的波形显示和信号分析能力

Spectre内建的WaveScan waveform display tool包含波形计算功能，针对各种设计结果如电压、电流、模拟参数、工作点做代数方程式运算，并提供更完善的后仿真分析(post-layout simulation)环境，在模拟和混合信号分析上支持更高阶的波形分析模式，如噪声、工艺角、统计性和射频分析等，同时支持PNG、TIFF、BMP等文本或图形格式，提高了跨平台的可携带性。

5．有力衔接了版图设计平台

对于完整的版图设计平台而言，Spectre是不可或缺的重要环节，它能方便地利用提取的寄生元件参数来快速完成后仿真(post-layout simulation)的模拟，并与前仿真(pre-layout simulation)的模拟结果作比较，紧密的连接了电路(Schematic)和版图(layout)的设计。

6．交互的仿真模式

设计者可以在仿真过程中快速改变参数，并在不断调整参数和模拟之中找到最佳的电路设计结果，减少电路设计者模拟所花费的时间。

7．支持先进的分析工具

Spectre支持跟踪电路分析和模拟，通过简单的界面化电路模拟操作，可以让设计者快速掌握电路设计，节约大量学习和设计仿真参数的时间。Spectre还提供多种高阶的电路模拟工具，如Parametric Analysis(参数分析)、Corner Analysis(工艺角分析)、Monte Carlo Analysis(蒙特卡罗分析)、RF Analysis(射频分析)。

Parametric Analysis可以帮助设计者针对半导体元件或电路参数的特定范围来进行扫描，并可借由扫描多重参数的分析比较来修正最佳的参数值，而搭配内建波形窗口可快速在波形群组间进行搜索比较，找到最佳的结果。

Corner Analysis提供一个方便的方法来进行工艺角模拟分析，针对特定的工艺角组合电压、温度以及其他参数状况，并经过简单的界面操作，可以容易的加入新的工艺角，达到一次设定即可自动完成多重模拟的目标，通过Corner Analysis分析找出问题参数值的范围，提高工艺良率。

Monte Carlo Analysis可以帮助设计者针对多种参数，以概率分布的方式进行随机抽样模拟，并以统计图表的方法呈现。设计者可以利用Monte Carlo Analysis分析结果，以其统计的角度预先做良率分析，优化设计，以提高生产良率。

8. 先进的模拟和射频分析技术

Spectre 采用自适应时间步长控制、稀疏矩阵求解以及多核处理技术，在保持收敛精度的同时，完成高性能的电路仿真。此外，Spectre 为集成电路设计提供了一系列复杂的统计分析工具，有效减少了先进工艺节点设计到面世的时间。在复杂的混合信号 SoC(System-On-Chip)中，Spectre 为不同的设计 IP(Intelligent Property)提供了灵活的设计和验证方法。更重要的是，Spectre 同时兼容多种硬件仿真语言，允许进行自底向上的模拟和自顶向下的数字设计方法，从而完成完整的模拟、混合信号全芯片验证。

3.2　Spectre 的仿真功能

Spectre 可以帮助设计者进行模拟、射频和混合信号等电路的设计和仿真，其仿真方法大致可分为瞬态仿真、直流仿真、稳定性仿真、交流小信号仿真、零极点分析、噪声分析和周期稳定性分析。

1. 瞬态仿真

瞬态仿真是 Spectre 最基本，也是最直观的仿真方法。该仿真功能在一定程度上类似于一个虚拟的“示波器”，设计者通过设定仿真时间，可以对各种线性和非线性电路进行功能和性能模拟，并且在波形输出窗口中观测电路的时域波形，分析电路功能。

2. 直流仿真

直流仿真的主要目的是为了得到电路中各元件以及电路节点的直流工作点。在该仿真中，所有独立和相依的电源都是直流形态，而且将电感短路及电容断路。利用直流仿真中的扫描参数功能，还可实现电路参数与温度、输入信号、工艺参数的扫描分析。

3. 稳定性仿真

稳定性仿真主要针对反馈回路中面临的系统稳定性问题，考察的是反馈回路的频域特性。仿真通过在反馈回路中加入仿真元件，对电路频域内的环路增益和相位裕度进行仿真。稳定性仿真与交流小信号仿真中频域仿真的区别在于二者分别是面向闭环和开环电路应用的。

4. 交流小信号仿真

交流小信号仿真是 Spectre 的另一项重要功能，主要用于计算电路在某一频率范围内的频率响应。交流小信号仿真首先计算出电路的直流工作点，再计算出电路中所有非线性元件的等效小信号电路，进而借助这些线性化的小信号等效电路在某一频率中进行频率响应分析。该仿真的主要目的是要得到电路指定输出端点的幅度或相位变化。因此，交流仿真的输出变量带有正弦波性质。

5. 零极点分析

零极点分析对于网络分析和模拟电路如放大器、滤波器的设计尤其重要。利用该分析可得到网络或系统的零极点分布情况，进而分析系统的稳定性。或者利用分析结果配合电路补偿技术，如改变频宽或增益，从而达到设计的要求。

6. 噪声分析

噪声分析是基于电流直流工作点的条件下，用来计算交流节点电压的复数值。仿真中认为噪声源与其他的电路噪声源相对独立，总输出噪声是各噪声源贡献的均方根之和。利用噪声分析可以对电路的等效输出噪声、等效输入噪声、噪声系数等进行仿真分析。

7. 周期稳定性分析

周期稳定性分析采用大信号分析的仿真方法，来计算电路的周期稳定性响应。在周期稳定性分析中，仿真时间独立于电路的时间常数，因此该分析能快速的计算如高 Q 值滤波器、振荡器等电路的稳定性响应。在应用了周期稳定性分析之后，Spectre 仿真器还可以通过附加其他周期小信号分析来为频率转换效应建立模型，特别是在诸如混频器转换增益、振荡器噪声和开关电容滤波器等电路的仿真中尤其重要。

3.3 Spectre 操作指南

目前 Cadence Spectre 已经发展了 IC5141、IC610 以及 IC615 等多个版本，本节主要以最为常用的 IC5141 版本为例，对 Cadencc Spcctrc 的启动设置、命令行窗口(Command Interpreter Window，CIW)、设计库管理器(Library Manager)、电路图编辑器(Schematic Editor)和模拟设计环境(Analog Design Environment，ADE)进行系统介绍。

3.3.1 Spectre 配置文件

目前 Cadence Spectre 的运行平台主要包括 x86 32-bit 环境下的 Redhat Enterprise V5 或 V6 版本、SUSE Linux 9 或 10 版本，x86 64-bit 环境下的 Redhat Enterprise V4，V5 和 V6 版本、SUSE Linux 9 和 10 版本以及 Sun Solaris 10 环境。

Cadence Spectre 正确地安装在以上环境下后，还需要对下列文件进行配置。

1. 启动配置文件：.cdsinit

.cdsinit 文件是在 Cadence Spectre 中启动时运行的 SKILL 脚本文件。该文件配置了很多 Cadence Spectre 的环境配置，包括使用的文本编辑器、热键设置、仿真器的默认配置等。如果 Cadence Spectre 没有找到 .cdsinit 文件，软件中的快捷键等功能都不能适用。Cadence Spectre 搜索 .cdsinit 文件时，首先会搜索程序的启动路径，然后搜索的是用户的主目录。

默认配置文件路径：

<Cadence 工具目录>/tools/dfII/samples/local/cdsinit

2. 其他配置文件

如果需要，在程序的运行目录建立其他的启动配置文件，如 .cdsenv、.cdsplotinit、display.drf 等。这些配置文件分别有自己的用途：

.cdsenv：用于设置启动时的环境变量；

.cdsplotinit：包含 Cadence Spectre 打印和输出图型的设置；

display.drf：版图编辑器中显示颜色等的配置。

这些配置文件的搜索路径首先是程序启动目录，其次是用户的主目录。这些配置文件的样本位置如下：

.cdsenv：<Cadence　安装目录>/tools/dfII/samples/.cdsenv

.cdsplotint：<Cadence　安装目录>/tools/plot/samples/cdsplotinit.sample

display.drf：<Cadence　安装目录>/share/cdssetup/ dfII/default.drf

3．设置设计库配置文件：cds.lib

设计库(library)配置文件放置在 Cadence Spectre 程序的运行路径下，比如要在 ~/project 目录下运行 Cadence Spectre，则需要在该目录下建立 cds.lib 文件。这个文件设置的是 Cadence Spectre 中的设计库的路径。

常用命令格式：

(1) DEFINE

格式：DEFINE <库名> <库路径>

例：

DEFINE sample /export/cadence/IC615USER5/tools.lnx86/dfII/samples/cdslib/sample

(2) INCLUDE

格式：INCLUDE <另外一个 cds.lib 的全路径>

(3) “#”

行注释符，在行首加入则该行无效。

如果 cds.lib 文件是空文件，则 Cadence Spectre 的设计库中就会是空的。为了添加基本元件库，需要一些基本元件。可以在 cds.lib 文件中加入一行命令：

INCLUDE <Cadence 安装目录>/share/cdssetup/cds.lib

3.3.2　Spectre 运行窗口及其功能

完成相应的文件配置之后，就可以在命令行环境下运行 Cadence Spectre 软件了，通过键盘敲入命令：

icfb &

此时 Cadence Spectre 的命令行窗口(Command Interpreter Window，CIW)就会自动弹出，如图 3.3 所示。

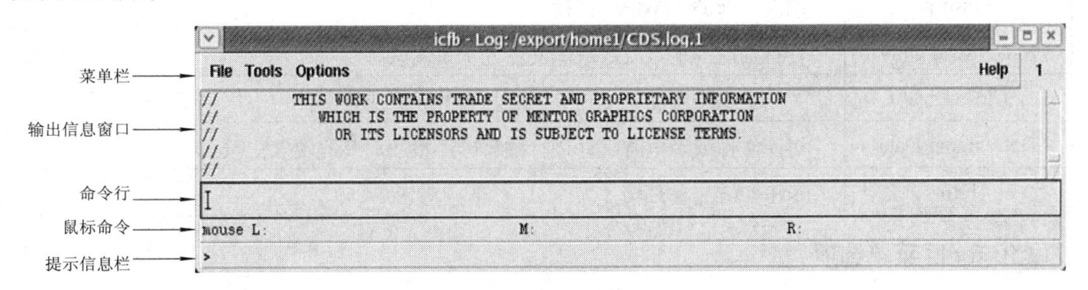

图 3.3　Cadence Spectre 的命令行窗口

该窗口主要包括：菜单栏、输出信息窗口、命令行、鼠标命令、提示信息栏。菜单栏中又包括“File”、“Tools”和“Option”三个主选项，对应每个选项下还有一些子选项，下面对图 3.4 中的一些重要子选项进行了介绍。

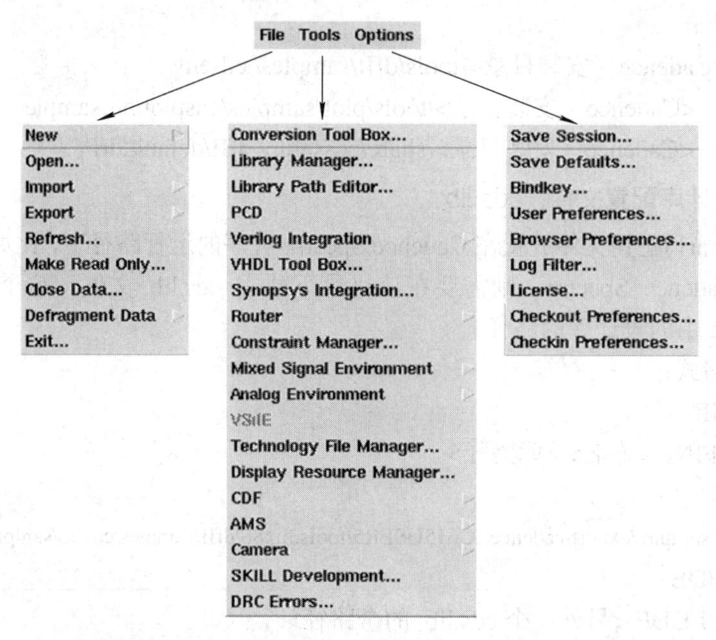

图 3.4　“File”、“Tools”和“Option”三个主选项及相应子选项

1. File 菜单选项

File 菜单选项说明见表 3.1。

表 3.1　File 菜单选项说明

File 菜单选项	功 能 说 明
New	建立新的设计库(Design Library)或者设计的电路单元(CellView)
Open	打开已经建立的设计库(Design Library)或者设计的电路单元(CellView)
Import	导入文件，可以导入包括 GDS 版图、电路图、cdl 网表、模型库、VerilogA 及 Verilog 代码等不同的文件
Export	与导入文件相反，导出文件可以将 Cadence 设计库中的电路或者版图导出成需要的文件类型
Refresh	刷新当前的 CIW 窗口信息
Make Read Only	使得当前的电路或者版图文件处于只读状态
Close Data	关闭电路、版图、文档等已经打开的数据或者文件
Defragment Data	对库文件或者电路文件进行磁盘碎片整理，节约硬盘空间
Exit	退出 icfb 工作环境

2. Tools 菜单选项

(1) Tools→Conversion tool box。还包含了“Merge Display Resource Files”、“Convert Analog CDF Data”、“Check SKILL Code”等子选项，可以完成版图显示文件编译、模拟 CDF 数据转换、SKILL 代码检查等功能。为了与 IC610 以上版本的数据兼容，Conversion tool box 还提供了“CDBA to OpenAccess Translator”命令将 IC5141 中的库文件和设计 DB 数据

转换为 IC610 以上版本可读的 OA 数据格式。

(2) Tools→Library Manager。图形化的设计库浏览器，界面如图 3.5 所示，其中可以看到 cds.lib 文件添加的 Cadence 自带的工艺库和设计库。

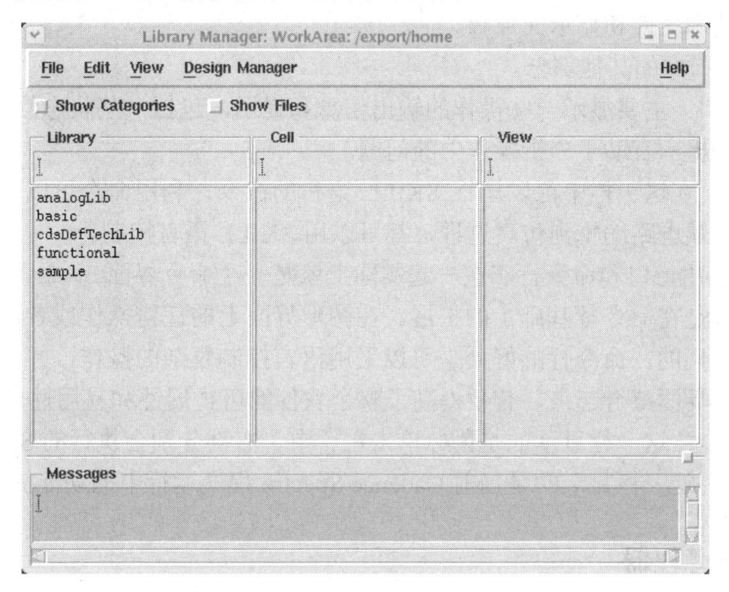

图 3.5　Library Manager 窗口

(3) Tools→Library Path Editor。可以用来修改设计库配置文件(cds.lib)，如图 3.6 所示。在这个界面中可以通过在“Library”框中使用鼠标右键直观地对 cds.lib 文件进行删除和添加。

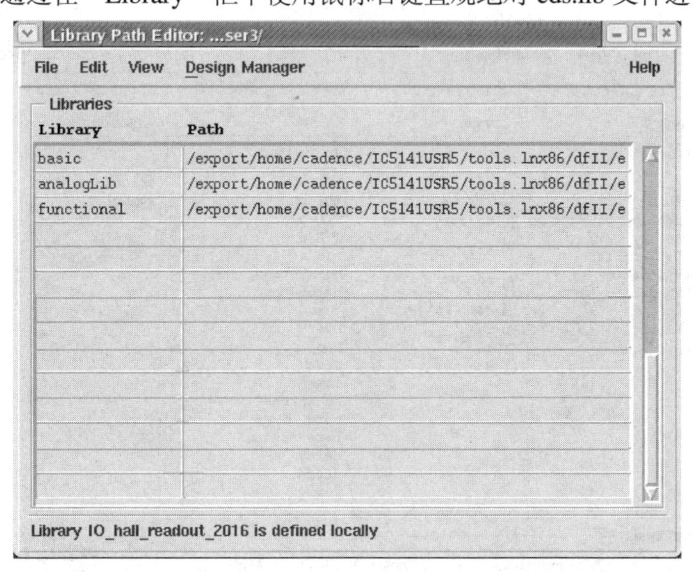

图 3.6　Library Path Editor 窗口

(4) Tools→Analog Environment。用于调用模拟设计环境(ADE)进行模拟电路仿真，里面的选项包括：

① Simulation：打开 Virtuoso® Analog Design Environment (ADE)仿真环境；

② Calculator：用于对仿真结果进行公式计算的计算器工具；

③ Result Browser：仿真结果浏览器；

④ Waveform：仿真结果绘图程序。

(5) Tools→Technology File Manager 用于管理设计库所采用的工艺库文件，包括版图设计时所需要的技术文件和显示文件等。

(6) CIW 窗口中的其他部分。

① 输出窗口：主要显示一些操作的输出信息和提示，包括一些状态信息和警告信息、错误提示。这些提示有助于分析操作中的问题。

② 命令行：在这一栏中可以运行 SKILL 语言的命令，利用命令可以对界面上的任何项目进行控制，从电路编辑到仿真过程，都可以用 SKILL 语言控制。

CIW 中的输出窗口和命令行和在一起实际上就是一个命令界面。命令语言是 SKILL 语言。图形界面只是在命令行基础上的扩展。在图形界面上的任何操作或者快捷键都是通过命令行来最终实现的。命令行的好处是可以采用语言控制复杂的操作，并且可以进行二次开发，将命令与界面整合起来，有效提高了整个软件的可扩展性和易用性。

③ 鼠标命令：这一栏显示的是鼠标单击左、中、右键分别会执行的 SKILL 命令。

④ 提示栏：这一栏显示的是当前 Cadence Spectre 程序运行中的功能提示。

3.3.3 设计库管理器

设计库管理器(Library Manager)窗口如图 3.7 所示，包括“Library”，“Category”，“Cell”，“View”四栏，在平时的应用中“Category”一般收起，不做显示。以下对这四栏的含义做简要介绍。

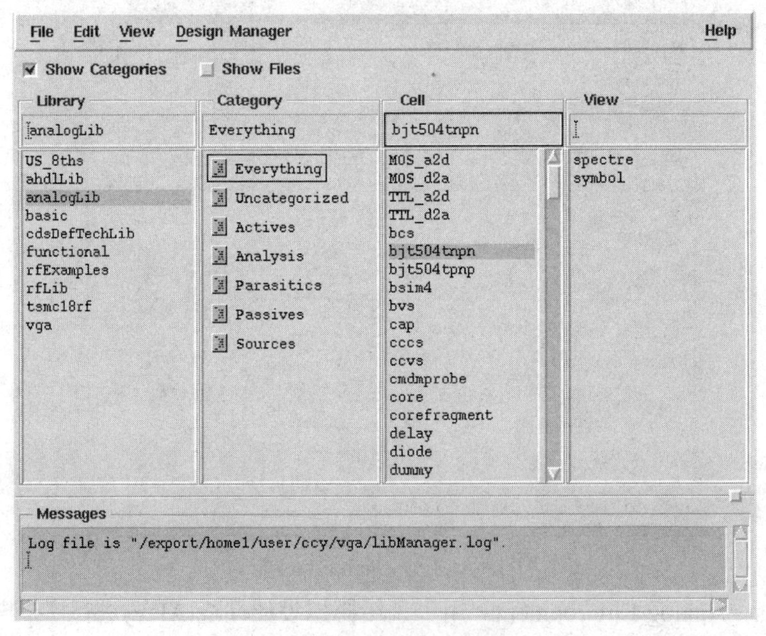

图 3.7 设计库管理器窗口

1. Library

Library 即设计库，该设计库中存在的库是在 cds.lib 文件中定义的，包含我们设计时所需要的工艺厂提供的工艺库，以及我们设计时建立的设计库。一个设计库中可以含有多个子库单元。通常在做不同的设计时，建立不同的设计库，可以有效地对电路进行修改和管理。

2．Category

Category(类别)是将一个设计库中的单元分为更加详细的子类，以便在调用时候进行查找。当一个设计库的规模比较大的时候，可以用分类的方式管理设计库中单元的组织。在小规模的设计中分类往往不必要，这时可以在面板显示选项栏取消显示分类(Show Category)选项，分类就会被跳过。设计库管理窗口如图 3.7 所示，在“analogLib”中就对库中的子单元进行分类，可以看到有“Actives”(有源器件)，“Passives”(无源器件)，“Sources”(激励源)等。

3．Cell

Cell(单元)可以是一个器件，也可以是一个电路模块或者一个组成的系统顶层模块。

4．View

一个“Cell”在电路设计中，我们需要不同的方法进行显示。例如，一个模拟电路模块，在设计内部结构的时候可能需要将它表示为电路图；而在引用该模块的时候则需要将其表示为一个器件符号；在绘制版图的时候可能需要将该模块表示为版图的一个部分。又例如，一个 VerilogA 数字代码生成的电路，又可以显示为代码形式，或者电路符号形式以方便调用。因此一个单元就必须有多种表示方式，称为“Views”。上面模拟模块有电路图(schematic)、器件符号(symbol)、版图(layout)三个 View。而数字模块就有电路符号(symbol)、代码(VerilogA)两个 View。

下面介绍一些在设计库管理器菜单中的命令选项。

(1) Files 菜单。

Files→New→Library/Cell View/Category：该命令与 CIW 中的选项完全相同，可以通过这个命令新建设计库、电路单元或者分类。

Files→Save Defaults/Load Defaults：将设计库中的库信息设置保存在.cdsenv 文件中。

Files→Open Shell Window：打开 Shell 命令行窗口，在命令行中进行文件操作。

(2) Edit 菜单。

Edit→Copy：设计拷贝，Copy 窗口如图 3.8 所示。通过选择来源库和目标库，可以很方便地将子单元电路拷贝到目标库中。选中“Copy Hierarchical”选项，拷贝一个顶层单元时，就将该顶层单元下所有的子电路一起拷贝到目标库中。“Update Instance”选项保证在对来源库中子单元电路进行修改时，目标库中被拷贝的子单元电路也同时被更新。

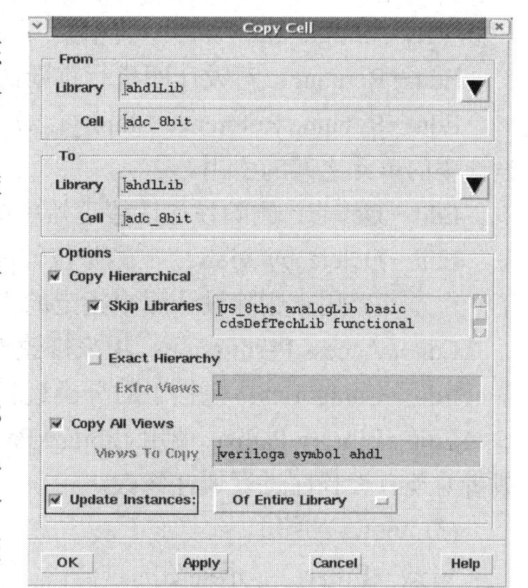

图 3.8　Copy 窗口

Edit→Copy Wizard：高级设计拷贝向导窗口如图 3.9 所示，这个向导支持多个模式，可以在界面第一行的复选框选择简单模式(Simple)。在这个模式上面的“Add To Category”

栏可以指定拷贝过去的单元或设计库被自动加入某个分类。“Destination Library”下拉菜单指定了拷贝的目标设计库。

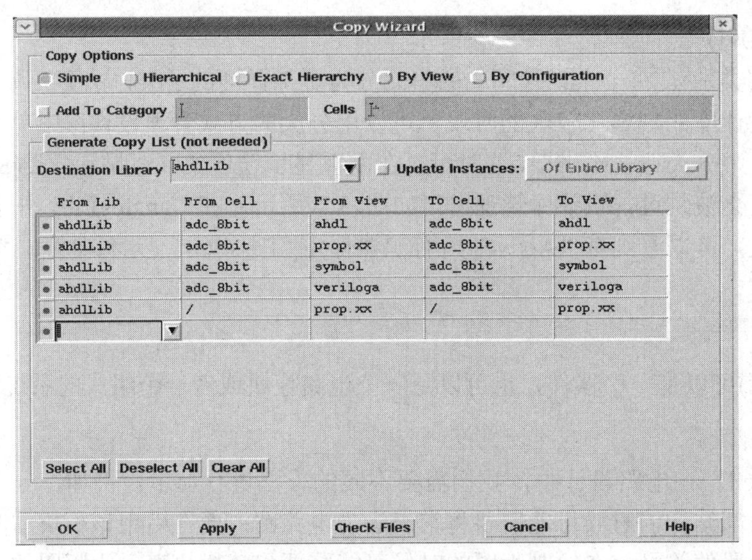

图 3.9　高级设计拷贝向导窗口

层次拷贝“Hierarchical”通过指定顶层单元，将一个顶层文件单元连同其中直接或间接引用的所有单元一起拷贝。精确层次拷贝“Exact Hierarchical”和层次拷贝“Hierarchical”功能基本相同。唯一与不同的是，层次结构拷贝时将包括这些单元中的所有“View”；而精确层次拷贝中只有指定单元的“View”会被拷贝。

“By View”拷贝，将按照指定的过滤(Filter)选项拷贝某些设计单元。

“By Configuration”拷贝，将根据“config view”中的配置来选择需要拷贝的单元和 View。

Edit→Rename：对设计库进行重新命名。

Edit→Rename Reference Library：对设计库进行重新命名的同时，还可以用于批量修改设计中的单元之间的引用。

Edit→Delete：删除设计库管理器中的设计库。

Edit→Delete by view：在删除设计库管理器中的设计库的同时，这个菜单命令还提供了一个过滤器用于删除设计库中指定的“View”。

Edit→Access Permission：用来修改设计单元或者设计库的所有权和权限。

Edit→Catagories：包括了对分类进行建立、修改、删除的命令。

Edit→Library Paths：调用 Library Path Editor，在 Library Path Editor 中可以删除，添加或者对现有设计库进行属性修改。

(3) View 菜单。

View→Filter：显示视图的过滤。

View→Refresh：刷新显示。

3.3.4　电路图编辑器

模拟电路的设计主要是依靠电路图编辑器(Schematic Editor)来完成的。电路图编辑器是一个图形化的界面，设计者可以很方便地在窗口中添加器件、激励源等来完成电路的构建。电路图编辑器可以通过在 CIW 或者设计库管理器中新建或者打开单元的电路图(schematic)“View”打开。电路图编辑器窗口如图 3.10 所示。下面介绍电路图编辑器的使用方法。

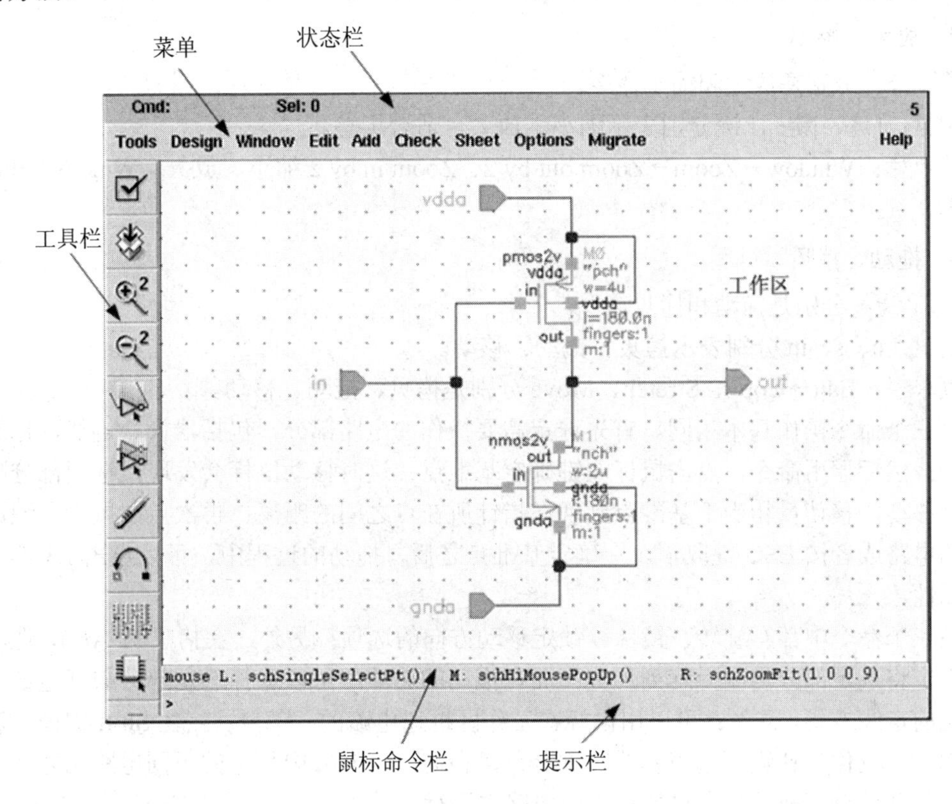

图 3.10　电路图编辑器窗口

电路图编辑器界面主要包括状态栏、菜单、工具栏、工作区、鼠标命令栏、提示栏六个板块。

状态栏：内容包括正在运行的命令、选定的器件数、运行状态、仿真温度和仿真器类型。

菜单栏、工具栏：分别位于状态栏下方和屏幕的左边缘，里面的选项是电路设计中的命令。

工作区：就是图中黑色的部分，是用来绘制电路图的部分，其中有网格显示坐标。

鼠标命令：提示鼠标的左中右键分别对应的命令。

提示：显示的是当前命令的提示信息。

下面重点介绍一下工具栏中的操作，我们在设计中主要通过这些操作来实现电路图的绘制。这些操作也可以通过键盘快捷键来实现，首先要保证快捷键文件已经包含在.cdsinit 文件中。

1. 保存

、 分别是检查完整性并保存(Check & Save)、保存(Save)。

键盘：X和S键分别是保存、检查并保存。

菜单栏：Design→Save、Check and Save来实现保存、检查保存。通常在绘制电路图时，会出现一些连接错误，如短路、断路的情况。这时候就需要依靠电路图编辑器的检查功能查找一些明显的错误，因此，一般应该使用检查并保存选项，而不要强行保存。

2．放大，缩小

、分别是放大和缩小命令。

键盘：[键、]键、f键分别表示缩小、放大、适合屏幕。

菜单栏：Window→Zoom→Zoom out by 2、Zoom in by 2缩小、放大，Window→Fit适合屏幕。

3．拖动、拷贝

、分别是拖动和拷贝命令。

键盘：c、s、m分别表示拷贝、拖动、移动。

菜单栏：Edit→Copy、Stretch、Move分别是拷贝、拖动、移动。

这三个命令操作基本相同。首先选定需要操作的电路部分，包括器件、连线、标签、端口等；然后调用命令，点击鼠标左键确定基准点；这时移动鼠标会发现，选定部分随鼠标指针移动，移动量相当于基准点到现在指针所在点之间的距离；再次点击鼠标左键放下选定的电路或者按ESC键取消。在确定基准点之后，拖动的过程中，可以点击F3键选择详细属性。

在三个命令中都有旋转、镜像、锁定移动方向的选项；另外，在拷贝的Array选项中可以设定将选定部分复制为阵列形式；而在拖动的选项中可以选择选定部分与其他部分的连接线的走线方式。注意：可以用鼠标在工作区框选电路的一部分；按住Shift键框选表示追加部分；按住Ctrl键框选表示排除部分；可在同一个icfb中打开的不同电路图之间使用拷贝和移动命令；拖动命令只能在当前电路中进行。

4．删除、撤销

、分别是删除和撤销命令。

键盘：删除和撤销分别是del键和u键。

菜单栏：Edit→Delete、Edit→Undo。

删除操作顺序是：首先选择电路的一部分后调用删除命令，选定部分将被删除。或者先调用删除命令，然后连续选中要删除的器件，则选中的器件将被连续删除。

5．查看或修改器件属性

键盘：q键。

菜单：Edit→Properties→Objects。

选定电路的一部分，然后调用该命令，则会出现器件属性对话框，如图3.11所示。在应用栏的第一个下拉菜单中可以选择设置应用范围，可以只修改当前器件(only current)、应用于所有选定器件(all selected)或者所有的器件(all)；第二个下拉菜单可以选定需要修改的元素类型为设置器件实例(instance)或连接线(wire segment)。不同的器件有不同的属性特征，在“Model name”以下的器件属性按需要进行修改即可。

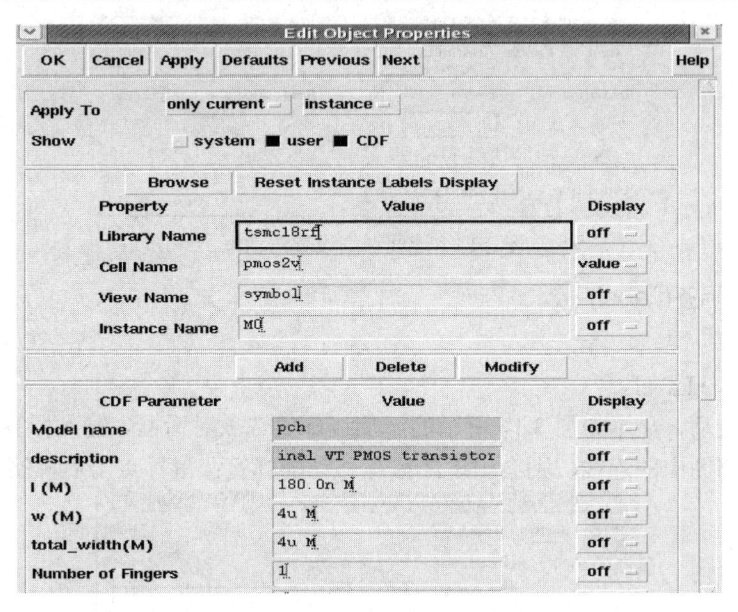

图 3.11　器件属性对话框

6. 调用器件

键盘：i。

菜单栏：Add→Instance。

调用命令之后，显示如图 3.12 所示的调用器件选项对话框。在 Library 和 Cell 栏输入需要引用的单元，也可以点击 Browse 按钮，打开一个设计库浏览器，从中选择希望引用的器件或者单元。输入器件类型之后，窗口中将会出现一些器件的初始参数设置，可以在其中直接输入需要的器件参数。

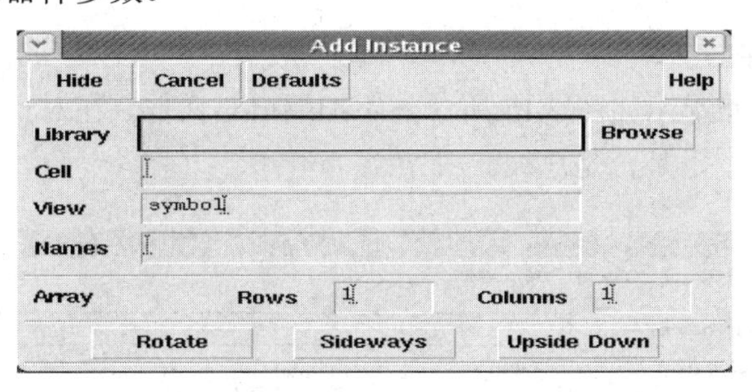

图 3.12　调用器件对话框

7. 添加连接线

、 分别是添加细连线和粗连线命令。

键盘：w、W 分别是细连线、粗连线。

菜单栏：细连线、粗连线分别是 Add→Wire (Narrow)和 Add→Wire (Wide)。

调用命令后，在工作区单击鼠标左键确定连线的第一个端点，然后拖动鼠标，将看到连线的走线方式。此时点击右键，可以在不同的走线方式之间切换；再次点击鼠标左键，确定第二个端点，连接线被确定。在确定第二个端点之前，如果按 F3 键会调出连线详细设置对话框，如图 3.13 所示。其中可以设置走线方式、锁定角度、线宽、颜色、线型这几个选项。

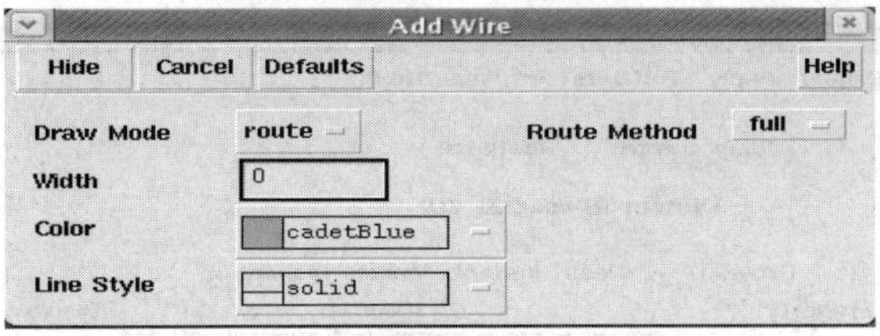

Add Wire
Hide
Cancel
Defaults
Help
Draw Mode
route
Route Method
full
Width
0
Color
cadetBlue
Line Style
solid

图 3.13　连线详细设置对话框

8．添加线标签(Label)

abc

键盘：l。

菜单：Add→Label。

调用命令之后，显示如图 3.14 所示的添加线标签选项对话框。输入标签名字之后，再将鼠标指向电路图中的连线，则会出现随鼠标移动的标签；鼠标点击后标签位置被确定。

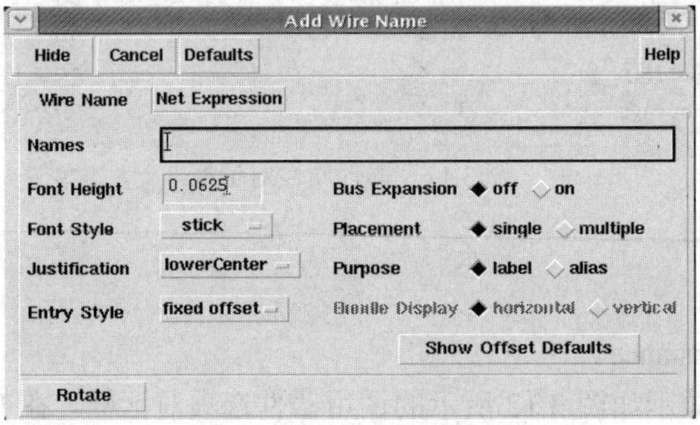

Add Wire Name
Hide
Cancel
Defaults
Help
Wire Name
Net Expression
Names
Font Height
0.0625
Bus Expansion
off
on
Font Style
stick
Placement
single
multiple
Justification
lowerCenter
Purpose
label
alias
Entry Style
fixed offset
Bundle Display
horizontal
vertical
Show Offset Defaults
Rotate

图 3.14　添加线标签对话框

9．添加端口(Pin)

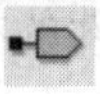

键盘：p。

菜单栏：Add→Pin。

调用该命令后，将显示如图 3.15 所示的添加端口对话框。在对话框中，可以输入端口的名称、输入输出类型、是否是总线。

Add Pin
Hide
Cancel
Defaults
Help
Pin Names
Direction
input
Bus Expansion
off
on
Usage
schematic
Placement
single
multiple
Attach Net Expression:
No
Yes
Property Name
Default Net Name
Font Height
0.0625
Font Style
stick
Rotate
Sideways
Upside Down
Show Sensitivity >>

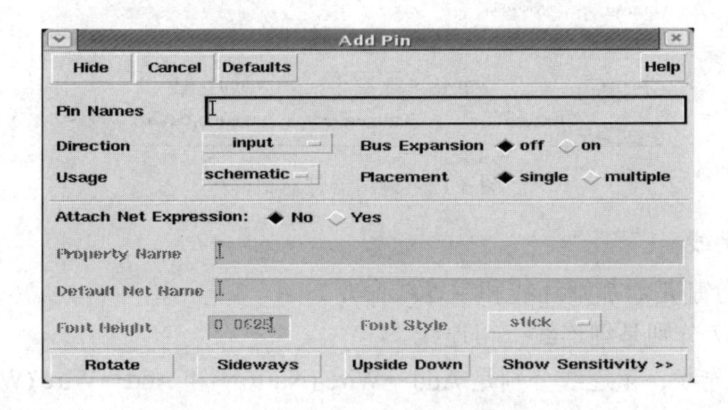

图 3.15　添加端口对话框

10．命令行选项

设置命令行对电路图进行操作。

11. 重做

键盘：U 键。

菜单栏：Edit→Redo 重做最近一次的操作。

3.3.5　模拟设计环境

Analog Design Environment(ADE)是 Cadence Spectre 的图形化仿真环境，电路图完成后，都要通过这个界面进行仿真参数设置，这也是 Cadence Spectre 最重要的功能。我们可以用以下两种方式打开 ADE：在 CIW 窗口中选择菜单[Tools]→[Analog Environment]→[Simulation]，这样打开的 ADE 窗口中没有指定进行仿真的电路；在电路编辑器中选择菜单 Tools→Analog Environment，这时打开的 ADE 窗口中已经设置为仿真调用 ADE 的电路图。采用后一种方式打开的 ADE 仿真界面如图 3.16 所示。

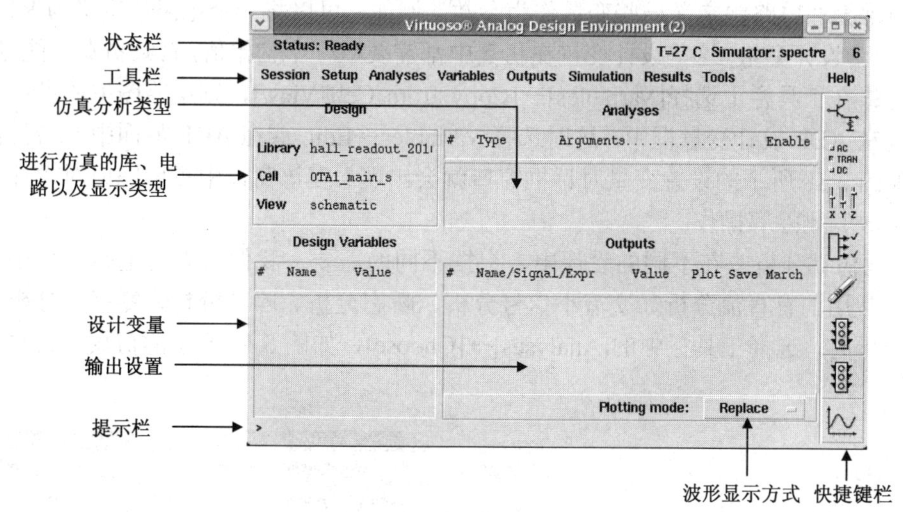

图 3.16　ADE 的仿真界面

下面我们着重介绍一下采用 ADE 仿真的基本流程。

(1) 首先我们设定已经完成了电路图的绘制，并处于电路图编辑器窗口中，在菜单栏中选择[Tools]→[Analog Environment]命令，弹出“Analog Design Environment”对话框如图 3.16 所示。

(2) 设置工艺库模型。在不同的设计时，我们会采用不同特征尺寸的工艺库。而且每个晶圆厂因为制造的工艺各不相同，器件模型参数也各有不同。任何设计都必须首先设置工艺库文件，才能调用相应的器件模型进行仿真分析。设置工艺库模型库，可以在工具栏中选择[Setup]→[Model Librarie]，弹出图 3.17 所示的设置工艺库模型对话框。

在这个窗口中可以在“Model Library File”栏输入需要使用的工艺库文件名，在 Section 栏输入该模型文件中需要的工艺角(Section)，如 TT、SS、FF 等。也可以点击右下角的“Browse”按钮。打开文件浏览器查找需要的工艺库文件。在文件浏览器中选定需要的文件之后点击“OK”按钮，文件的路径就会自动填在 Model Library File 栏，这时点击 Add 按钮，这个库文件就被加入到中间的列表中。这时，可以继续添加新的模型库文件，也可以在模型库文件列表中选择一个或几个对其做禁用、启用、修改或删除操作。

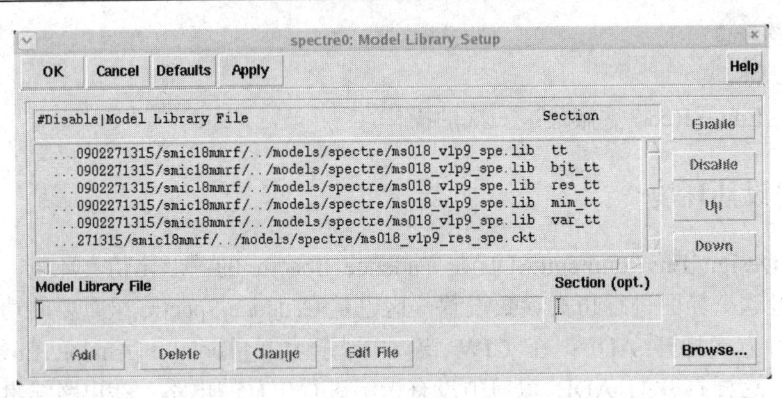

图 3.17　设置工艺库模型对话框

(3) 设置变量。我们在设计中经常会对一些电路参数或者器件进行扫描，以确定最优值。因此经常会在电路中定义一些变量作为参数。例如，可以将一个电阻值定义为 R1，则 R1 就成为一个设计变量。这些设计变量在仿真中都需要赋一个初始值，否则仿真不能进行。设置方法是：在工具栏上选择[Variables]→[Copy from Cell View]，则电路图中的设计变量都自动出现在 ADE 设计变量框中。这时选择 Variables→Edit 或在 ADE 界面中双击任何一个变量，如图 3.18 所示的设置变量对话框窗口就会出现。在该窗口中可以完成对设计变量的添加、修改、删除等操作。

(4) 设置仿真分析。在不同的设计中，根据不同的需要，我们可以对电路进行不同类型的分析。常用的有直流分析、交流小信号分析、瞬态分析、噪声分析、零极点分析等。设置仿真分析时，选择工具栏中的[Analyses]→[Choose]，如图 3.19 所示的仿真分析对话框就会打开。

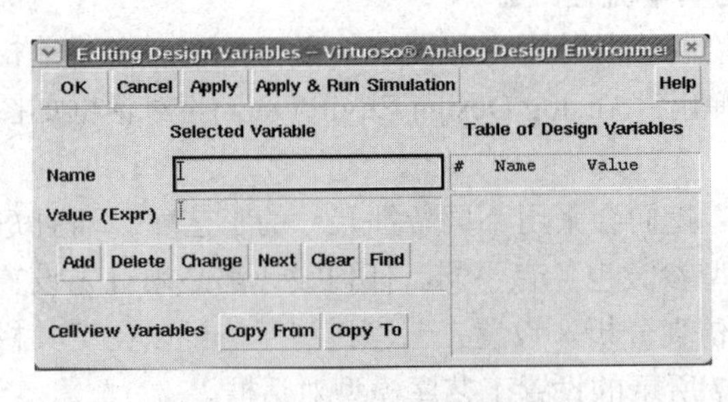

图 3.18　设置变量对话框

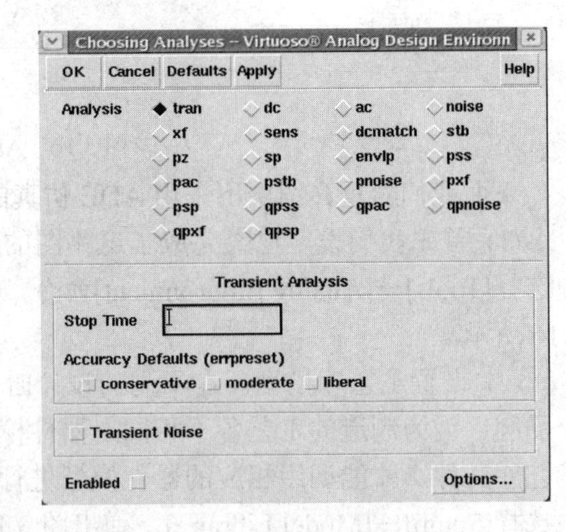

图 3.19　仿真分析对话框

(5) 设置输出。输出控制的是仿真结束后需要用波形或者数值体现出来的结果。主要由以下两种方式进行设置。

① 在工具栏中选择[Output]→[To be ploted]→[Select on the Schematic]，电路图窗口自动弹出，用箭头在电路图中选择连线会在输出中添加该线的电压；选择一个器件的端口则会添加这个端口的电流作为输出；直接选择一个器件则会把该器件的所有端口电流都加入输出。

② 可以手动添加输出。在工具栏中选择[Output]→[Setup]按钮，打开窗口，手动添加输出窗口如图 3.20 所示。

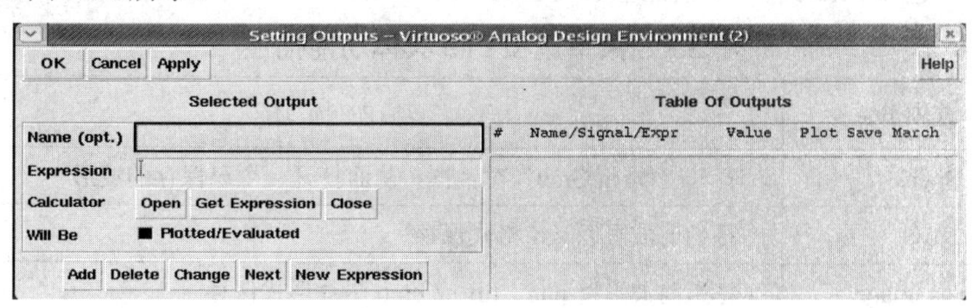

图 3.20 手动添加输出窗口

在该窗口中可以添加需要的输出的表达式。如果表达式比较复杂，还可以点击 Calculator 栏的 open 按钮，打开 Calculator，在其中编辑好表达式后，再在窗口中点击 Calculator 栏的 Get Expression 按钮，表达式就会出现在 Expression 栏中。

(6) 仿真。以上设置完成后，点击工具栏[Simulation]→[Netlist & Run]开始仿真。在仿真过程中，如果需要可以点击工具栏[Simulation]→[Stop] 中断仿真。仿真结束后，设置的输出会自动弹出波形文件，也可以通过选择工具栏[Result]→[Plot Outputs]来选择需要观测的节点或者参数。

(7) 保存和导入仿真状态。选择工具栏[Session]→[Save State]可以保存当前的仿真分析配置。选择工具栏[Session]→[Load State]可以导入之前保存的仿真分析配置。选择工具栏[Session]→[Save Script]可以将现在的仿真分析设置保存成 OCEAN 脚本，利用该脚本，可以在命令行执行仿真分析。

3.3.6 波形显示窗口

仿真结束后，仿真结果的波形都将在波形显示窗口“Waveform”中显示。在“Waveform”窗口中可以完成图形的缩放、坐标轴的调整、数据的读取和比对，还可以调用计算器对仿真结果进行处理，例如进行 FFT 变换等。一个典型的波形显示窗口如图 3.21 所示。

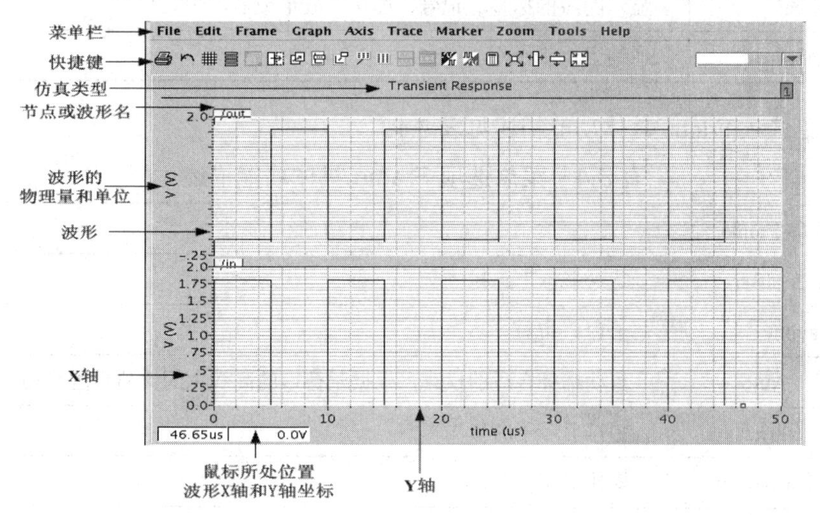

图 3.21 波形显示窗口

以下对菜单栏中的选项功能进行具体说明。

(1) 菜单选项File具体功能描述见表3.2。

表3.2 菜单选项File具体功能描述

菜单选项File	功能描述
Open	打开"Open Grap"对话框，从而打开一个已保存的波形
Save	将当前波形以.grf格式保存
Save as Image	将当前波形以png、tiff或bmp图片形式保存
Reload	重新读取当前窗口中波形的仿真数据
Print	打印当前窗口中的图表
Save Session	保存当前"Waveform"窗口的设置
Close	关闭当前"Waveform"窗口
Exit	关闭所有"Waveform"窗口

(2) 菜单选项Edit具体功能描述见表3.3。

表3.3 菜单选项Edit具体功能描述

菜单选项Edit	功能描述
Move	移动选中的标签或记号
Swap	移动两个波形、相关坐标轴或者图表
Delete	删除选中的标签、记号、图例、波形或者图表
Hide	隐藏选中的标签、记号、图例、波形或者图表
Select Reveal	选择一个波形文件，显示其隐藏的标签、记号、图例、波形或者图表
Reveal	显示隐藏的标签、记号、图例、波形或者图表
Undo	撤销上一步操作。

(3) 菜单选项Frame具体功能描述见表3.4。

表3.4 菜单选项Frame具体功能描述

菜单选项Frame		功能描述
Show ToolBar		是否显示工具栏
Layout		子窗口布局
	Auto	自动选择合适的模式，根据子窗口的高和宽的比值设置布局方式
	Vertical	竖排显示子窗口
	Horizontal	横排显示子窗口
	Card	层叠显示子窗口

续表

菜单选项 Frame		功 能 描 述
Font		字体大小选择，影响标题、子标题和坐标轴
	Small	小字体
	Medium	中等字体
	Large	大字体
	Extra Large	超大字体
Color Schemes		设置背景色
	Default	使用默认背景色，通常为白色
	Black	背景色设为黑色
	White	背景色设为白色
	Gray	背景色设为灰色
Template		模板设置
	Set Default	使用“.cdsenv”中设置的默认模板
	Set Current	将当前窗口设置保存为默认值
	Load	打开一个特定的波形文件作为模板
Edit		打开“Graph Attributes”对话框

(4) 菜单选项 Graph 具体功能描述见表 3.5。

表 3.5　菜单选项 Graph 具体功能描述

菜单选项 Graph		功 能 描 述
Grids On		是否显示网格
Strip Legend		是否显示图例
Display Type		图标类型
	Rectangular	直角坐标系
	Histogram	柱形图
	RealVsImag	实部 VS 虚部
	Polar	极坐标
	Impedance	阻抗圆图
	Admittance	导纳圆图
Font		字体大小选择，影响标题、子标题和坐标轴
	Small	小字体
	Medium	中等字体
	Large	大字体
	Extra Large	超大字体

续表

菜单选项 Graph		功 能 描 述
Lable		标签选项
	Create	打开“Lable Attributes”对话框，创建标签
	Edit	修改选中标签
Freeze On		选中后，“Waveform”窗口中的波形不再因为相应仿真结果改变而改变
Snap Off		选中后，波形上的数据读取框追随系统鼠标
Snap-to-Data		选中后，标记仅仅作用在仿真数据点上
Snap-to-Peaks		选中后，标记仅仅作用在波形峰值上
Edit		打开“Graph Attributes”对话框

(5) 菜单选项 Axis 具体功能描述见表 3.6。

表 3.6　菜单选项 Axis 具体功能描述

菜单选项 Axis	功 能 描 述
Major Grids On	选中后将显示选中坐标轴的主网格。该选项只在坐标轴被选中后才被激活
Minor Grids On	选中后将显示选中坐标轴的次网格。该选项只在坐标轴被选中后才被激活
Log	选中后将选中的坐标轴切换到对数模式。该选项只在坐标轴被选中后才被激活
Strip	将每条波形单独分栏显示
Edit	打开“Axis Atributes”对话框。该选项只在坐标轴被选中后才被激活

(6) 菜单选项 Trace 具体功能描述见表 3.7。

表 3.7　菜单选项 Trace 具体功能描述

菜单选项 Trace		功 能 描 述
Symbols On		选中后将在选中波形的仿真点上显示符号
Assign to Axis		给选中波形赋予一个新的 Y 轴，或者使用波形的 Y 轴。该选项只有在“Waveform”窗口中存在多个波形时才有效
New Graph		创建新波形
	Copy New Window	将选中波形拷贝到一个新建的“Waveform”窗口中
	Move New Windows	将选中波形移动到一个新建的“Waveform”窗口中
	Copy New SubWindow	将选中波形拷贝到一个新建的“Waveform”子窗口中
	Move New SubWindows	将选中波形移动到一个新建的“Waveform”子窗口中
Bus		总线选项
	Create	根据选中的数字波形，创造一条总线
	Expand	将总线中的数据分开显示
Trace Cursor		开启或关闭波形光标
Vert Cursor		开启或关闭垂直光标

续表

菜单选项 Trace	功 能 描 述
Horiz Cursor	开启或关闭水平光标
Delta Cursor	开启或关闭差值光标
Cut	剪切选中的波形
Copy	复制选中的波形
Paste	粘贴剪切或复制的波形
Load	打开“Load”对话框，从而添加新的波形
Save	打开“Save”对话框，从而以 ASCII 格式保存波形
Edit	打开“Trace Attributes”对话框。该选项只有在波形被选中时才有效
Strip by family	按事先进行波形分类进行分离
Select by family	选中事先已进行分类的波形
Select All	当前“Waveform”窗口中的所有波形

(7) 菜单选项 Maker 具体功能描述见表 3.8。

表 3.8　菜单选项 Maker 具体功能描述

菜单选项 Maker	功 能 描 述
Place	
Trace Marker	在波形上添加一个标记，包含该点的横竖坐标
Vert Marker	在波形上添加一个标记，包含该点的横竖坐标，并做一条通过该点的垂直线
Horiz Marker	在波形上添加一个标记，包含该点的横竖坐标，并做一条通过该点的水平线
Add Delta	添加一个标记显示两个点间的横竖坐标差
Display Type	
XY Delta	标记显示 Δx 和 Δy 值
X Delta	标记显示 Δx 值
Y Delta	标记显示 Δy 值
Attach to Trace	标记附着在波形上
Find Max	将标记移动到选中波形的最大值处
Find Min	将标记移动到选中波形的最小值处
Add	打开标记对话框，通过对话框对标记进行描述
Show Table	以表格显示当前标记值
Edit	打开“Marker Attributes”对话框，从而编辑选中的标记
Select All	选中当前“Waveform”窗口中的所有标记

(8) 菜单选项 Zoom 具体功能描述见表 3.9。

表 3.9　菜单选项 Zoom 具体功能描述

菜单选项 Zoom	功 能 描 述
Zoom	缩放图表
X-Zoom	沿 X 轴缩放图表
Y-Zoom	沿 Y 轴缩放图表
Unzoom	撤销上一步的缩放操作
Fit	将图表还原至初始大小
Zoom In	放大图表
Zoom Out	缩小图表
Pan	
Pan Right	将图表右边的部分移至显示区域
Pan Left	将图表左边的部分移至显示区域
Pan Up	将图表上边的部分移至显示区域
Pan Down	将图表下边的部分移至显示区域

(9) 菜单选项 Tools 具体功能描述见表 3.10。

表 3.10　菜单选项 Tools 具体功能描述

菜单选项 Tools	功 能 描 述
Browser	打开波形浏览器对话框
Calculator	打开计算器
Table	显示图表显示对话框

(10) 菜单选项 Help 具体功能描述见表 3.11。

表 3.11　菜单选项 Help 具体功能描述

菜单选项 Help	功 能 描 述
Help	获取帮助文档
Shortctr Keys	显示所有菜单命令中的快捷键
About WaveScan	显示 WaveScan 有关文档

3.3.7　波形计算器

波形计算器“Waveform Calculator”是 Cadence Spectre 中自带的一个科学计算器，通过波形计算器可以实现对输出波形的显示、计算、变换和管理。波形计算器主要具有以下功能：

(1) 可以通过波形计算器以文本或者波形的形式显示仿真输出结果。

(2) 可以在波形计算器中创建、打印和显示包含带表达式的仿真输出数据。

(3) 在缓存中输入包含节点电压、端口电流、直流工作点、模型参数、噪声参数、设计变量、数学公式以及算法控制变量的表达式。

(4) 把缓存中的内容保存在存储器中，并可以把存储器中保存的内容重新读入到缓存中。

(5) 把存储器中的内容保存到文件中，并可以把文件中保存的内容重新读入到存储器中。

典型的波形计算器窗口如图 3.22 所示。

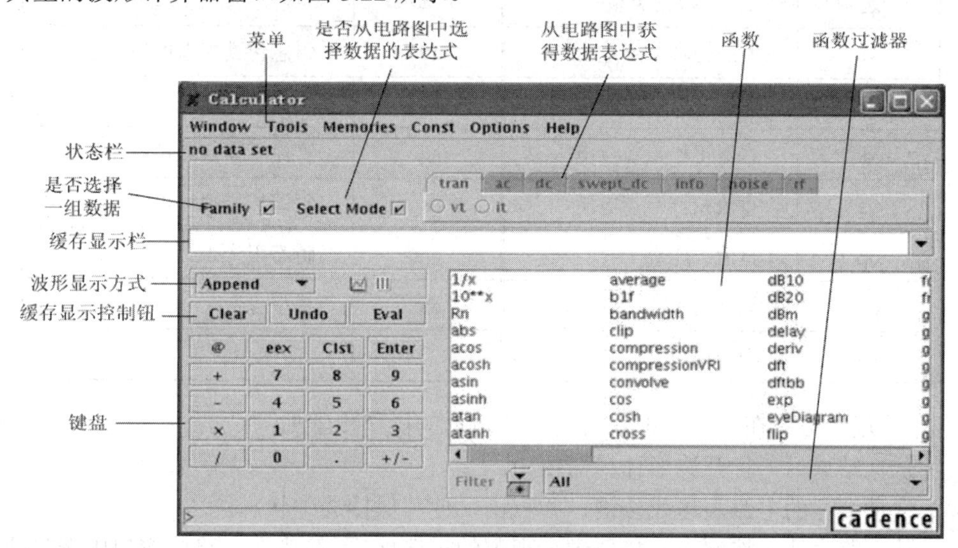

图 3.22　波形计算器窗口

有以下三种方法可以启动波形计算器。

(1) 在波形显示窗口选择“Tools”→“Calculator”。

(2) 在 CIW 窗口中选择“Tools”→“Analog Environment”→“Calculator”。

(3) 在“Analog Design Environment”窗口中选择“Tools”→“Calculator”。

波形计算器的功能介绍：

(1) 波形计算器最基本的功能之一就是可以在多个仿真结束之后，分类显示仿真的输出结果。图 3.23 显示了常用的波形计算器中常用的电路图表达式按键，这些按键已经按照仿真类型进行了分类。例如，在运行了瞬态仿真后，需要从电路图中获得节点电压的仿真数据，则在电路图表达式按键中首先选中“tran”选项，之后从“tran”子选项里选择“vt”，然后在电路图中选择相应的节点，即可获得输出结果波形。表 3.12 为各个表达式按键子选项获取的数据类型。

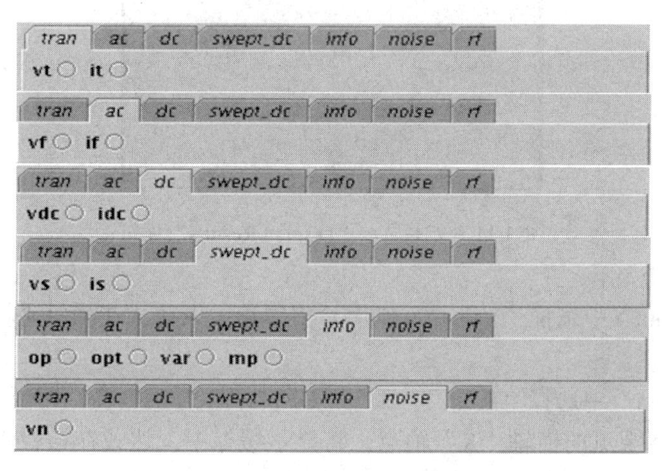

图 3.23　波形计算器中常用的表达式按键

表 3.12　表达式按键子选项获取的数据类型

子选项	数据类型	子选项	数据类型
vt	瞬态仿真节点电压	iv	瞬态仿真端口电流
vf	交流节点电压	if	交流端口电流
vdc	直流工作点节点电压	idc	直流工作点端口电流
vs	直流扫描节点电压	is	直流扫描端口电流
op	直流工作点	opt	瞬态工作点
var	设计变量	mp	模型参数
vn	噪声电压		

利用表达式按键在电路图中获得需要的数据的操作步骤如下：

① 仿真结束后，打开波形计算器窗口。

② 选择合适的电路表达式按键，并点击，使其保持选中状态。

③ 从电路表达式按键中选择要进行观测的子选项，用箭头在电路图窗口中选择要观测的连线、节点或器件，显示仿真结果。

④ 完成数据获得后，在电路图窗口保持激活的状态下，点击“Esc”键，退出数据获取模式。

(2) 波形计算器还可以以文本的形式输出缓存中表达式的值。点击波形计算器中部的“ ”按键，可把缓存中表达式的值以列表的形式输出。

点击“ ”按键后，“Display Results”窗口将弹出，如图 3.24 所示。点击“OK”按钮后将按照“Display Results”窗口中的设置，选择性的将缓存中表达式的值以列表的形式在“Results Display Window”窗口中输出。

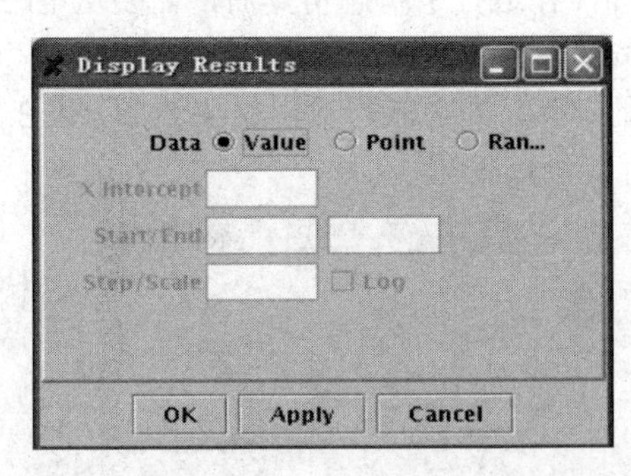

图 3.24　文本显示“Display Results”窗口

Data 选项功能如下：

① 若在“Data”中选择“Value”，则表示将缓存中表达式在横纵坐标轴上所有的值都显示。

② 若在“Data”中选择“Point”，那么“Display Results”窗口中的“X Intercept”栏将被激活，输入要观测的横轴“X”轴点，将显示缓存中表达式在该栏中所填入的坐标点上的数据值。

③ 若在“Data”中选择“Range”，“Display Results”中的“Start/End ”、“Step/Scale”和“Log”窗口被激活。在“Start/End ”中填入坐标轴上的起始点和结束点，从而确定要观测的输出范围。

(3) 波形计算器最重要的一个功能，就是可以通过调用波形计算器中的数学表达式对输出数据进行计算和输出。这里介绍下列表中的一些基本函数。

① 简单函数。简单函数列表见表 3.13。

表 3.13　简单函数列表

函 数	功　能	函 数	功　能
mag	取信号幅度	exp	e^x
phase	取信号相位	10**x	10^x
real	取实部	x**2	x^2
imag	取虚部	abs	取绝对值
ln	取自然对数	int	取整
log10	以 10 为底取对数	1/x	取倒数
dB10	对功率表达式取 dB 值	sqrt	$x^{1/2}$
dB20	对电压电流取 dB 值		

② 三角函数。函数列表中有完整的三角函数，包括 sin、asin、cos、acos、tan、atan、sinh、asinh、cosh、acosh、tanh、atanh。这里不再赘述。

③ 特殊函数。特殊函数对于分析仿真结果有很大的帮助。通过选择特殊函数，我们可以对输出信号进行取平均值、3 dB 带宽等计算，下面对这些函数分别进行介绍。

“average”函数。“average”函数用来计算整个仿真范围内波形的平均值。“average”的定义是在范围 x 内对表达式 $f(x)$ 进行积分，然后除以范围 x。例如，如果 $y=f(x)$，那么

$$\text{average}(y)=\frac{\int_a^b f(x)\mathrm{d}x}{b-a}$$

其中，“b”和“a”是窗口中设置的“to”和“from”，代表仿真范围起始和结束值。

“bandwidth”函数。“bandwidth”函数计算仿真输出信号的带宽。具体操作步骤如下：

• 将要观测的节点电压表达式获取到缓存中。

• 在函数窗口中点击“bandwidth”函数，函数窗口将变为如图 3.25 所示的“bandwidth”对话框。在“bandwidth”对话框中：“Signal”栏中填入的是需要处理的节点电压表达式。“Db”栏填入的是我们要观测增益下降多少 dB 时的电路带宽，数据采用“dB”模式。“Type”下拉菜单中，有如下三个选项：“low”(计算低通模式下的带宽)；“high”(计算高通模式下的带宽)；“band”(计算带通模式下的带宽)。

• 点击“OK”按钮，完成对“bandwidth”函数的设置。

• 点击“ ”，输出带宽值。

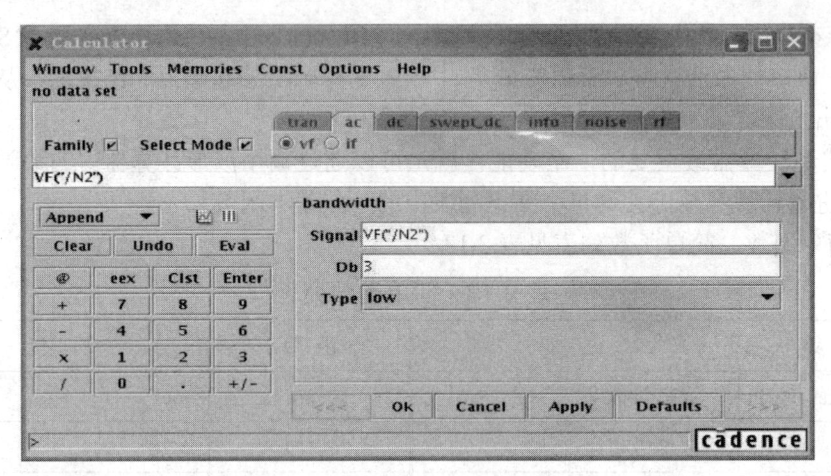

图 3.25　“bandwidth”对话框

“deriv”函数。“deriv”函数用来对缓存中的表达式求微分。在函数窗口中选择“deriv”函数，然后点击波形显示按键“ ”输出微分后的表达式波形。

“gainBwProd”函数。“gainBwProd”函数计算表达式的增益带宽积。它要求“Calculator”缓存中的表达式是一个频率响应，并且拥有足够大的频率扫描范围。增益带宽积通过如下的公式计算：

$$\text{gainBwProd(gain)} = A_0 * f_2$$

其中，A_0 是直流增益，f_2 是增益大小为 $1/(2^{1/2})$ 时的最小频率。

“gainMargin”函数。“gainMargin”函数给出缓存中的频率响应表达式相移为 180 度时的增益大小(dB 值)。

“phaseMargin”函数。“phaseMargin”函数可以计算缓存中表达式的相位裕度。但是要求表达式是一个频率响应。

“integ”函数。“integ”函数对“Calculator”缓存中的表达式对 x 轴上的变量进行定积分。积分结果是波形曲线在规定范围内和 x 轴所包围的范围。在“integ”函数设置对话框中“Initial Value”和“Final Value”中表示定积分的开始和结束值。上述两个值必须同时定义，或者都不定义。当没有限定积分范围时，“integ”函数将自动将积分范围设置为整个扫描范围。

最大值、最小值函数。波形计算器中有求最大值和最小值的函数，分别针对 X 轴 Y 轴上的数据，这些函数为：“xmax”，“xmin”，“ymax”，“ymin”。

3.3.8　模拟器件库

在进行电路图绘制时，会经常用到各种器件和信号源。通常我们在设计中用到的器件模型都是晶圆厂提供的工艺库模型，但在 Cadence Spectre 自带的模拟器件库(analogLib)中也提供了一些理想的器件和激励源。我们可以通过调用这些模型来进行初步的仿真设计，本节就分类介绍 Cadence Spectre 自带库中 analogLib 中的各种器件和信号源。

1．无源器件

无源器件包括电容、电感和电阻(如图 3.26 所示)，进行电路设计时这些器件必不可少，也是非常重要的器件，如果进行简单仿真，analogLib 中的这些器件参数设置中不需要指定模型名称，这时这些器件将表现为理想器件，直接在属性中对其进行赋值。如果需要根据具体工艺详细仿真，则可以在器件参数设置中，根据工艺库中的电阻、电容、电感模型定义这些器件。

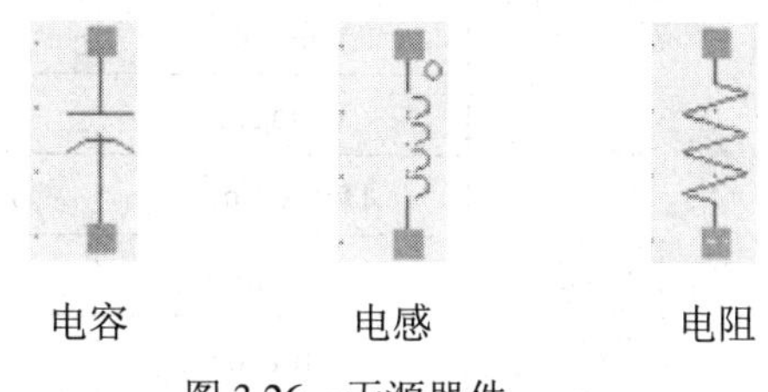

图 3.26 无源器件

2. 有源器件

analogLib 中的有源器件主要包括 NMOS、PMOS 和 PNP 三类(如图 3.27 所示)。这三类有源器件在仿真时需要在模型名称(Model Name)一栏需要根据不同的工艺库模型中的定义来指定模型名称，并输入相应的宽长比。例如，在中芯国际 0.18 μm 工艺时，将 NMOS 模型定名为 n18，PMOS 管模型定名为 p18，PNP 三极管则为 pnp18，电路中模型为空则不能进行仿真。

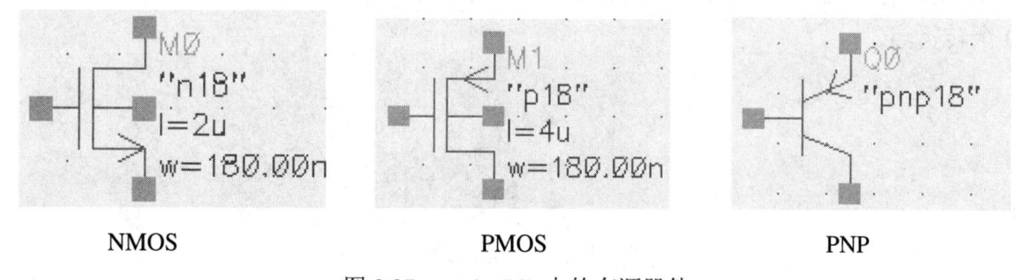

图 3.27 analogLib 中的有源器件

3. 信号源

analogLib 中激励源包括脉冲信号、分段信号、指数信号、正弦信号等。这些信号源都是以电压形式给出的，也可使用电流形式的激励源。

(1) 脉冲源“vpulse”(见图 3.28)。“vpulse”源用于产生周期性方波。在 CMOS 模拟集成电路设计中，可用于 MOS 管开关的控制信号，也可用来表示电源上电或者电源跳变过程等。打开“vpulse”的参数列表，如图 3.29 所示。该参数列表包括两部分“Property”和“CDF Parameter”。其中，“Property”部分在从“analogLib”中选中信号源后由系统自动填写。表 3.14 中给出了脉冲源主要参数的名称、含义和单位。

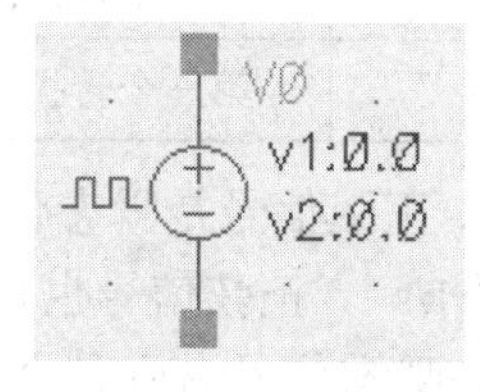

图 3.28 脉冲源

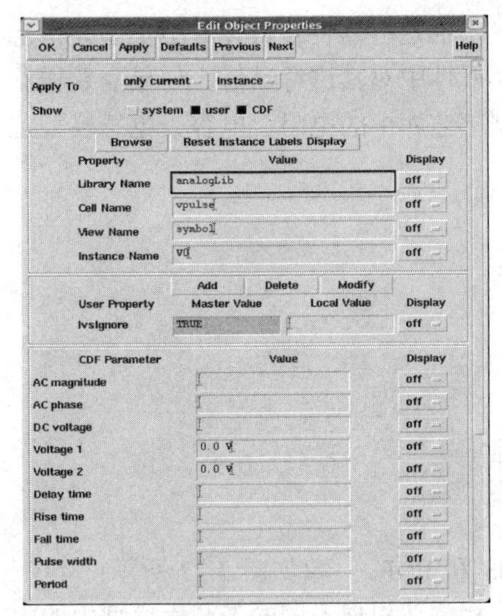

图 3.29　“vpulse ”的参数列表

表 3.14　脉冲源主要参数的名称、含义和单位

参　数	定　义	单位
Voltage1	初始电压	V
Voltage2	脉冲电压	V
Delay time	开始延迟时间	s
Rise time	上升时间	s
Fall time	下降时间	s
Pulse width	脉冲宽度	s
Period	周期	s

(2) 分段源“vpwl”(见图 3.30)。设计者常常需要自己定义线性分段波形，分段源“vpwl”允许设计者能够定义任意分段时刻和该时刻的电压值。该信号源的设置参数和“vpulse”信号基本相同。在表 3.15 中给出了分段源主要参数的名称、定义和单位，“vpwl”最多可设置 50 个转折点。

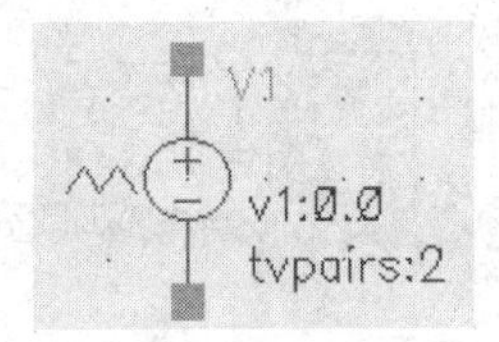

图 3.30　分段源

表 3.15　分段源主要参数的名称、含义和单位

参　数	定　义	单 位
Number of pairs of points	转折点数目	
Time1	第一个转折点时间	s
Voltage1	第一个转折点电压	V
Time2	第二个转折点时间	s
Voltage2	第二个转折点电压	V
Time3	第三个转折点时间	s
Voltage3	第三个转折点电压	V

(3) 正弦源“vsin”(见图 3.31)。正弦信号是瞬态仿真中最常用的信号。在该信号的参数中，“Damping factor”的单位是“1/s”。正弦信号也是在交流小信号分析(AC Analysis)中重要的激励源。设计者需要区别的是瞬态信号激励和交流信号激励不同的含义。表 3.16 中给出了正弦源主要参数的名称、含义和单位。

表 3.16　正弦源主要参数的名称、含义和单位

参　数	定　义	单位
Amplitude	正弦波幅度	V
Frequency	正弦波频率	Hz
Delay time	延迟时间	s
Damping factor	阻尼因子	1/s

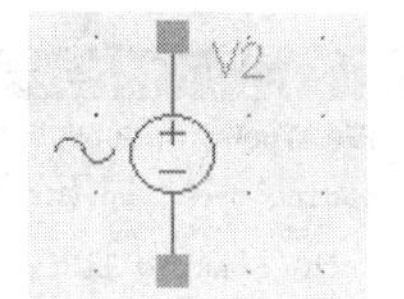

图 3.31　正弦源

(4) 信号源“vsource”(见图 3.32)。

“vsource”激励源是一种通用型电压源，可以用于完成上述所有激励源的功能。在信号源属性中“source type”菜单中选择所需要的激励源类型即可，同时按前述的方式填写各激励源的关键参数。

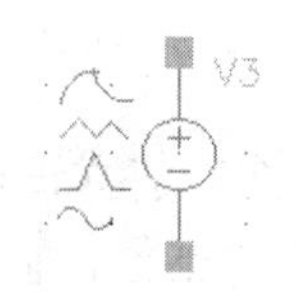

图 3.32　信号源

3.4　低压差线性稳压器的设计与仿真

Cadence Spectre 是一个图形化的模拟集成电路设计工具，在上一节中我们介绍了 Spectre 环境下各个设计窗口的基本功能和菜单选项。基于这些学习内容，本节主要以一个低压差线性稳压器为例，介绍利用 Spectre 进行 CMOS 模拟集成电路设计的流程和方法。

低压差线性稳压器(Low-Dropout Voltage Regulator，LDO)作为基本供电模块，在模拟集成电路中具有非常重要的作用。电路输出负载变化、电源电压本身的波动对集成电路系统性能的影响非常大。因此 LDO 作为线性稳压器件，经常用于对性能要求比较高的系统中。

进行仿真的 LDO 电路如图 3.33 所示，主要分为四个部分，从左至右依次为误差放大器、缓冲器、反馈和补偿网络和调整晶体管。LDO 电路设计时采用 0.13 μm CMOS 工艺，电源电压 Vdd 为 3.3 V，输出端 Vout 产生 3 V 电压。仿真内容包括稳定性仿真和电源抑制比仿真两部分。确定设计使用的工艺和电路目标后，就可以进行电路设计和仿真了。

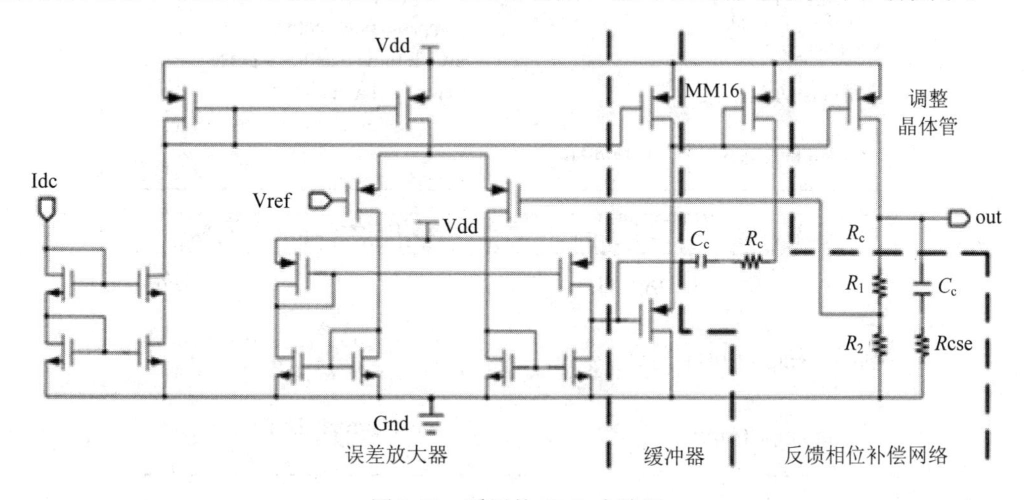

图 3.33　采用的 LDO 电路图

(1) 在命令行输入“icfb &”，运行 Cadence Spectre，弹出 CIW 主窗口，如图 3.34 所示。

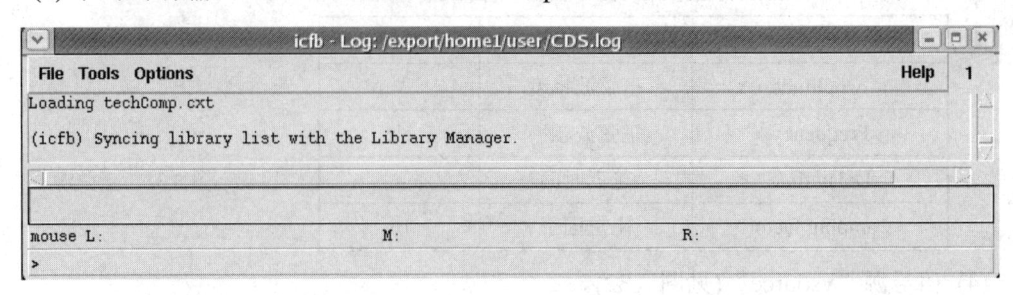

图 3.34　弹出 CIW 主窗口

(2) 接着建立设计库，在 CIW 的工具栏中选择[File]→[New]→[Library]命令，弹出“New Library”对话框，输入“LDO_EDA”，并选择“Attach to an existing techfile”，单击“OK”按钮；在弹出的“Attach Design Library To Technology File”对话框中，选择并关联至 SMIC13 工艺库文件，如图 3.35 所示。

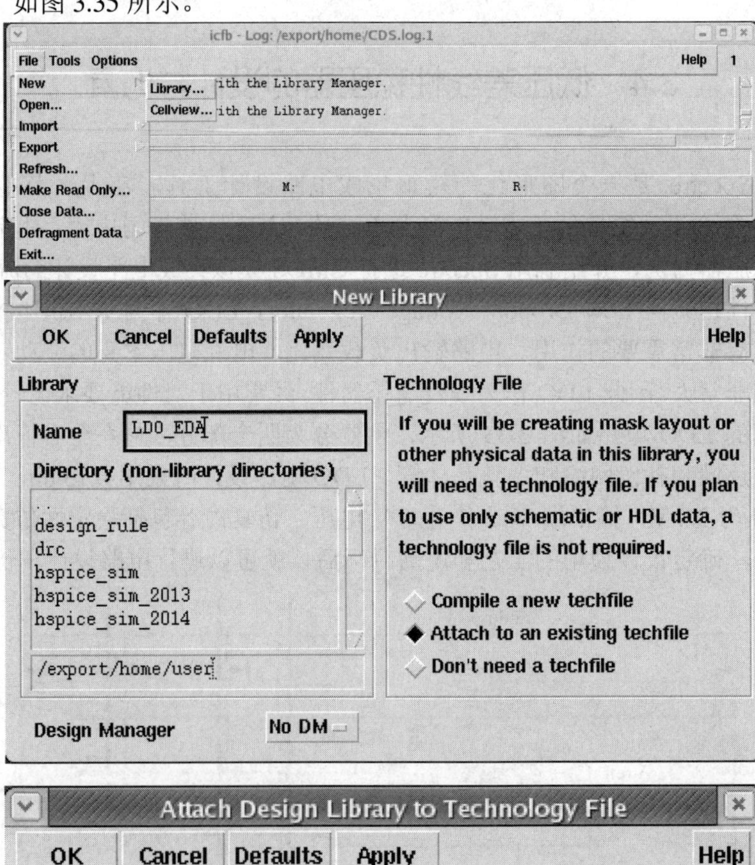

图 3.35　建立设计库并关联至工艺库文件

(3) 选择[File]→[New]→[Cellview]命令，弹出“Create New File”对话框，输入“LDO_EDA”，如图 3.36 所示，单击[OK]按钮，此时原理图设计窗口自动打开。

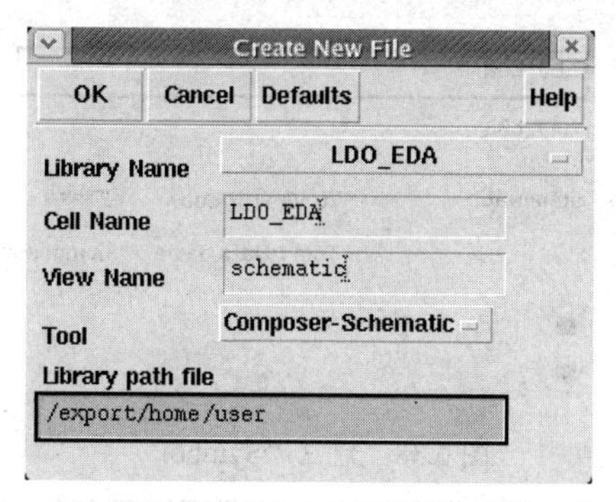

图 3.36　建立原理图单元

(4) 在电路图编辑器窗口，选择左侧工具栏中的[Instance]按键从工艺库“simc13mmrf”中调用 NMOS n33、PMOS p33、电容“MIM”和电阻“rhrpo”，按键盘“Q”键在属性对话框为各个元件设置宽长比，再选择[Pin]和[Wire(narrow)]按键将元件连接起来，如图 3.37 所示，建立 LDO 电路。为了方便进行稳定性仿真，我们先将 LDO 的反馈回路断开，分别设置为节点 fb 和 outfb。在实际工作的电路中，这两个节点需要连接起来才能保证 LDO 正常工作。

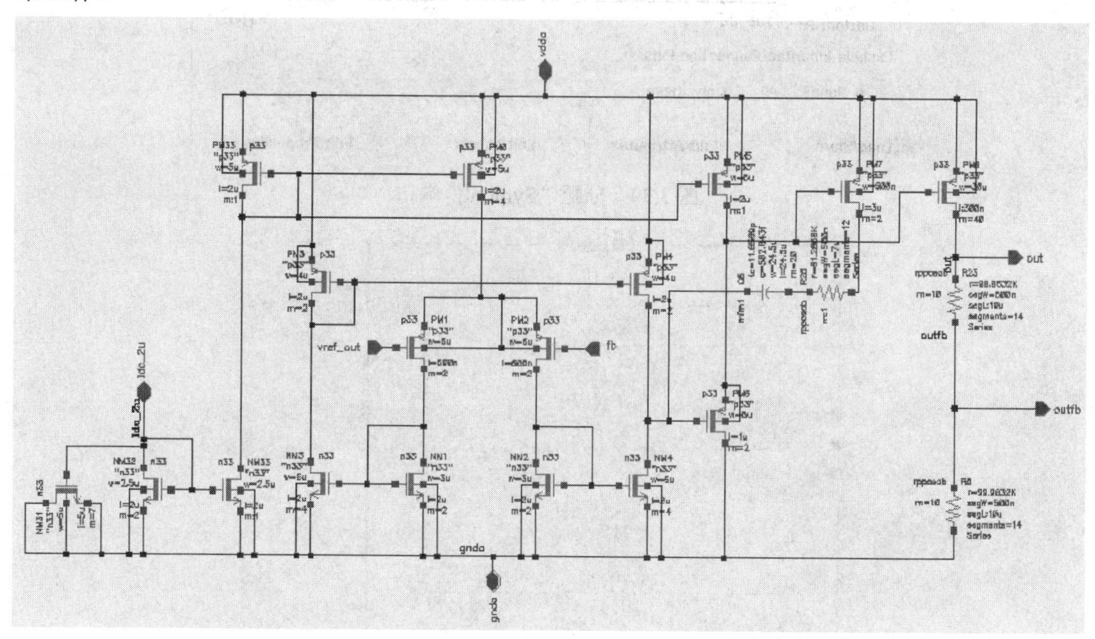

图 3.37　LDO 电路

(5) 为方便对运放进行调用，还需要为 LDO 建立一个 Symbol，从工具栏中选择[Design]→[Create Cellview]→[From Cellview]命令，弹出“Cellview From Cellview”对话框，单击“OK”按钮，如图 3.38 所示；跳出“Symbol Generation Options”窗口，如图 3.39 所示，在各栏中分配端口后，单击[OK]按钮，完成 Symbol 的建立，如图 3.40 所示。这样就完成了 LDO 的电路图建立，下面就可以调用该电路进行相应的电路仿真。

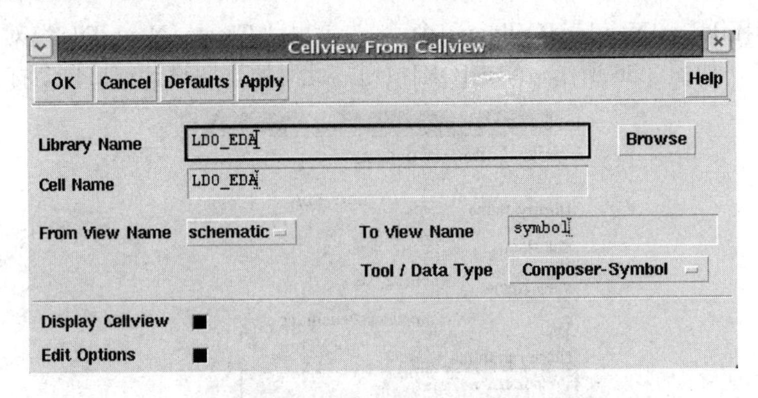

图 3.38　建立“Symbol”

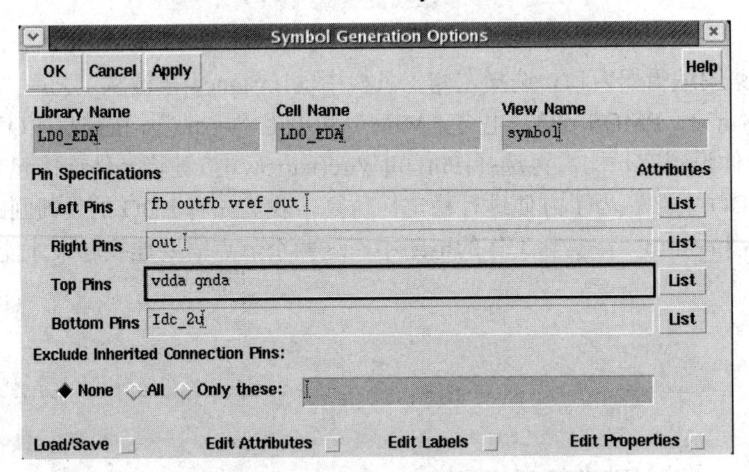

图 3.39　分配“Symbol”端口

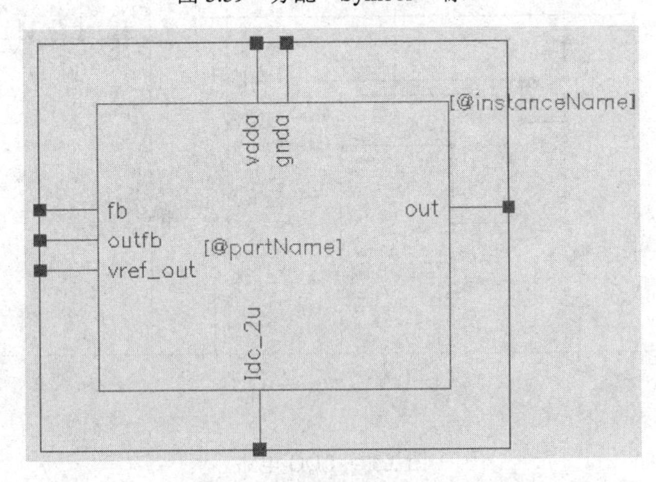

图 3.40　LDO“Symbol”图

① 稳定性仿真。对 LDO 进行稳定性仿真，就是对 LDO 进行相位裕度的仿真，通常要保证 LDO 具有 60 度以上的相位裕度，才能保证其具有稳定的工作状态。

首先我们需要为 LDO 建立一个稳定性仿真电路，在 CIW 工具栏中选择[File]→[New]→[Cellview]命令，弹出“Cellview”对话框，输入“LDO_stb_test”，单击[OK]按钮，此时原理图设计窗口自动打开。选择左侧工具栏中的[Instance]、[Pin]和[Wire(narrow)]建立 LDO 稳定性仿真电路，如图 3.41 所示。其中，理想电压源 vdc 和电容 cap(10 nF)来自 analogLib 库。在原理图中选中理想电压源 vdc，按“Q”键，设置理想电压源“vdc”为交流小信号，在“AC magnitude”栏中输入幅度为“1”，在“AC phase”栏中输入相位为“0”，直流电压“DC voltage”幅度为“0 V”，如图 3.42 所示。

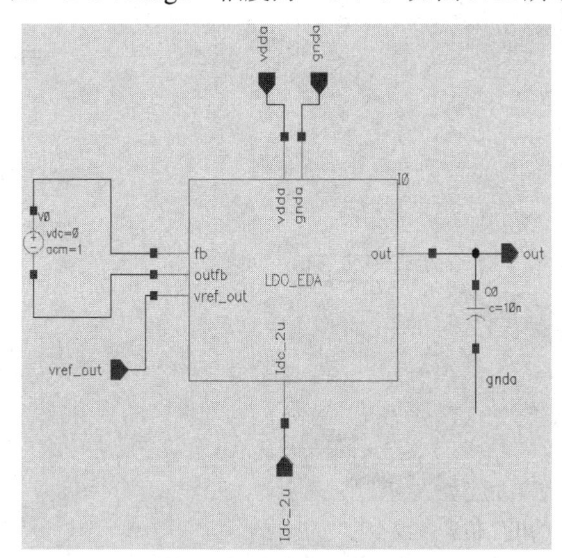

图 3.41　LDO 稳定性仿真电路

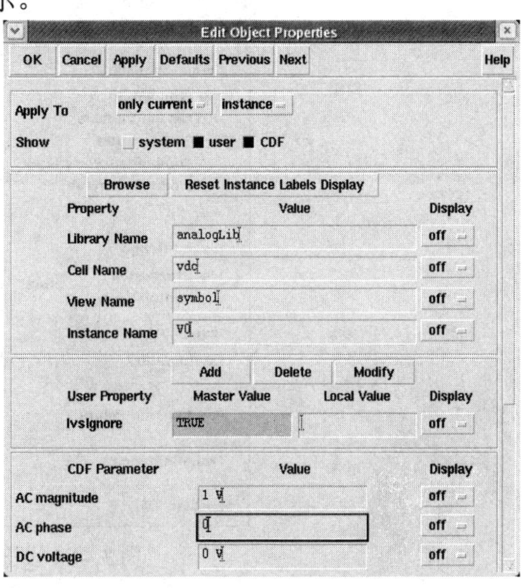

图 3.42　设置理想电压源“vdc”

在完成电路原理图设计后，在原理图工具栏中选择[Check and Save]对电路进行检查和保存，再选择[Tools]→[Analog Environment]命令，弹出“Analog Design Environment”对话框，在工具栏中选择[Setup]→[Stimuli]为该测试电路设置输入激励，设置电源电压“vdda”为“3.3 V”，地“gnda”为“0”，参考电压“vref_out”为“1.27 V”，偏置电流“Idc_2u”为“−2 μA”，其中，负号表示电流是从电源流向节点。之后，在工具栏中选择[Setup]→[Model Librarise]，设置工艺库模型信息和工艺角，如图 3.43 所示。

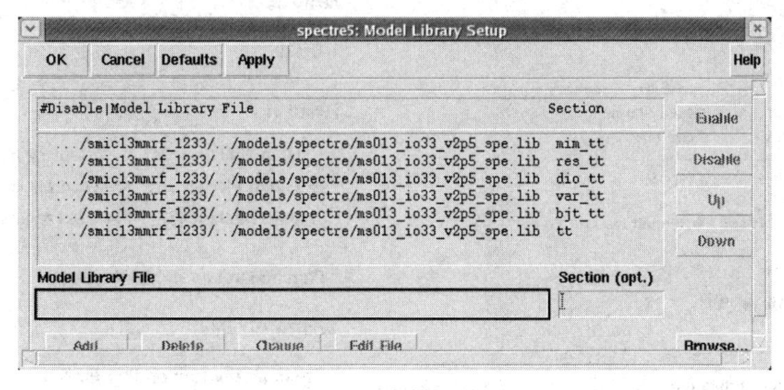

图 3.43　设置工艺库模型信息和工艺角

选择[Analyses]→[Choose]命令，弹出对话框，选择“stb”进行稳定性仿真，在“start”和“stop”栏中分别输入 ac 扫描开始频率“1”和结束频率“20M”，在“Sweep Type”中选择默认的“Automatic”，在“probe Instance”单击“Select”按键，在原理图中选择理想电压源 vdc，如图 3.44 所示，单击“OK”按钮，完成设置“stb”仿真参数。

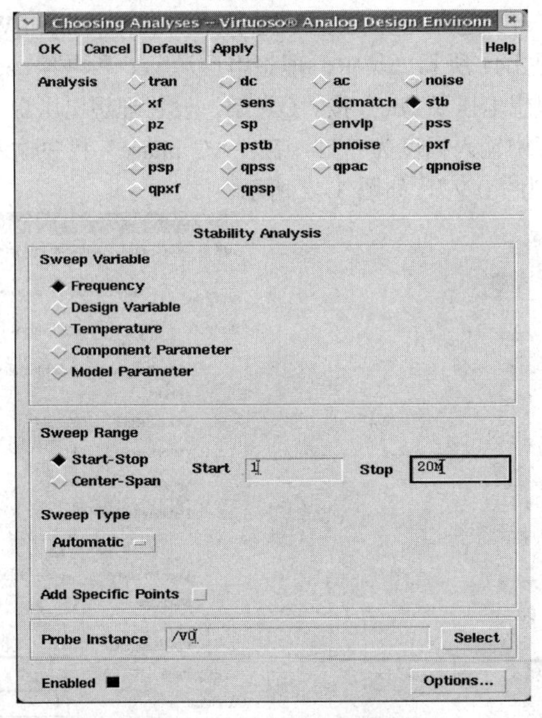

图 3.44 设置“stb”仿真参数

选择[Stimulation]→[Netlist and Run]命令，开始仿真。仿真结束后，选择[Results]→[Direct Plot]→[Main Form]命令，弹出“stb”仿真结果查看对话框(如图 3.45 所示)，在对话框中选择“Phase Margin”，稳定性仿真结果显示如图 3.46 所示，可见相位裕度为 94.5558 度(负号可以忽略)，满足大于 60 度的要求。这样就完成了 LDO 的稳定性仿真。

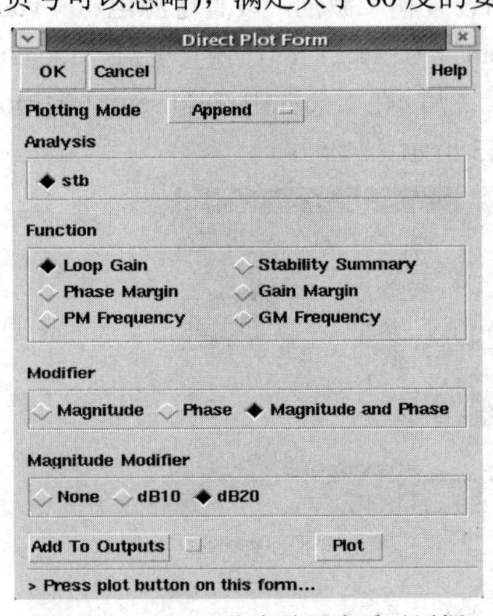

图 3.45 “stb”仿真结果查看对话框

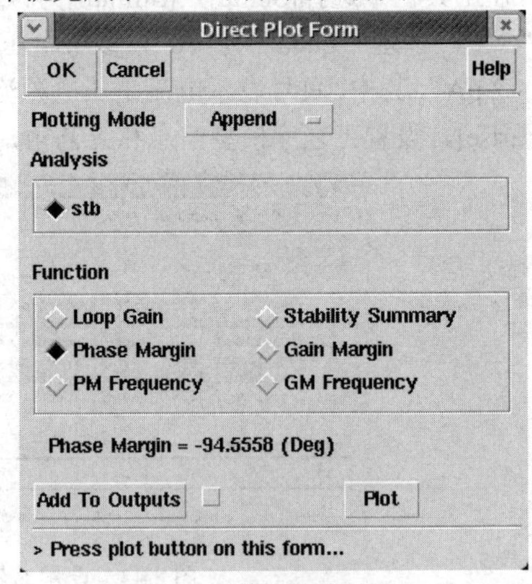

图 3.46 稳定性仿真结果

② 电源抑制比仿真。为了进行 LDO 的电源抑制比仿真，首先在 CIW 工具栏选择[File]→[New]→[Cellview]命令，弹出“Cellview”对话框，输入“LDO_psrr_test”，单击“OK”按钮，此时原理图设计窗口自动打开。选择左侧工具栏中的[Instance]、[Pin]和[Wire(narrow)]，建立 LDO 的电源抑制比仿真电路，如图 3.47 所示。其中要将 fb 和 outfb 两个端口相连。

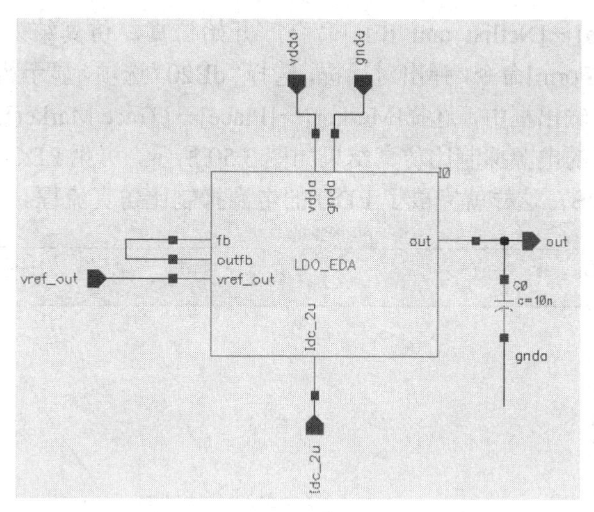

图 3.47　LDO 电源抑制比仿真电路

建立好电路图后，在原理图窗口中，选择[Tools]→[Analog Environment]命令，弹出“Analog Design Environment”对话框，在工具栏中选择[Setup]→[Stimuli]，为该测试电路设置输入激励，设置电源电压“vdda”为交流小信号，在“AC magnitude”栏中输入幅度为“1”，在“AC phase”栏中输入相位为“0”，直流电压“DC voltage”为“3.3 V”，如图 3.48 所示。再设置地“gnda”为“0”，参考电压“vref_out”为“1.27 V”，偏置电流“Idc_2u 为“−2 μA”。之后，在工具栏中选择[Setup]→[Model Librarise]，设置工艺库模型信息和工艺角。

选择[Analyses]→[Choose]命令，弹出对话框，选择“ac”进行交流小信号仿真，如图 3.49 所示，在“start”和“stop”栏中分别输入 ac 扫描开始频率“1”和结束频率“100M”，在“Sweep Type”中选择默认的“Automatic”，单击“OK”按钮，完成设置。

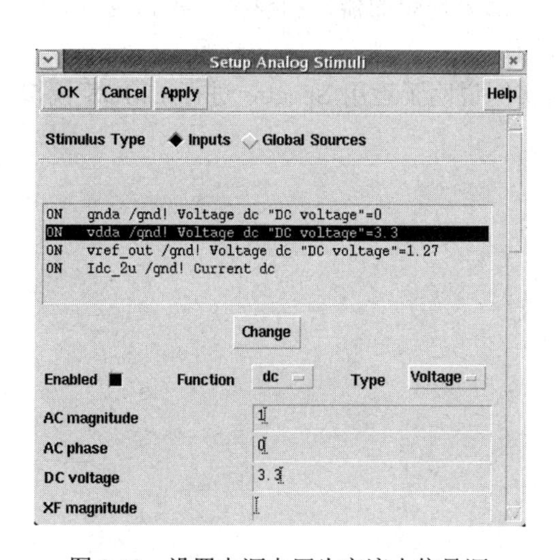

图 3.48　设置电源电压为交流小信号源

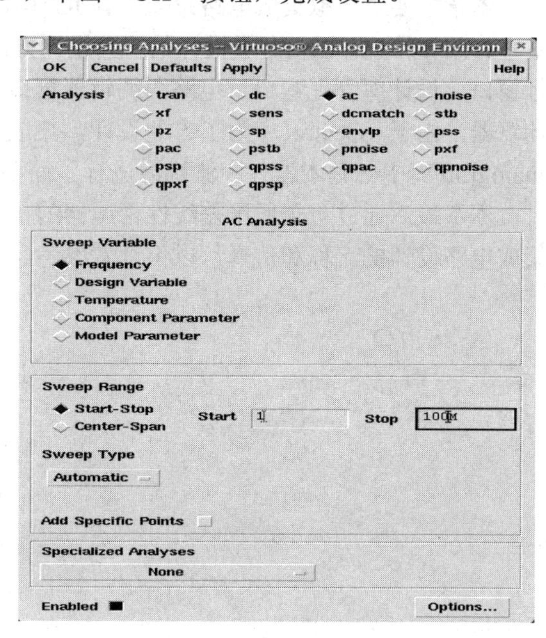

图 3.49　设置交流小信号仿真

选择[Stimulation]→[Netlist and Run]命令，开始仿真。仿真结束后，选择[Results]→[Direct Plot]→[Main Form]命令，弹出对话框，选择“dB20”选项，显示箭头点击输出端“out”的连线，在仿真结果输出框中，选择[Marker]→[Place]→[Trace Marker]命令，可以对输出波形进行标注。标注后的电源抑制比仿真结果如图 3.50 所示，可见 LDO 在 98.99 kHz 时的电源抑制比为 −88.81 dB，这样就完成了 LDO 的电源抑制比仿真流程。

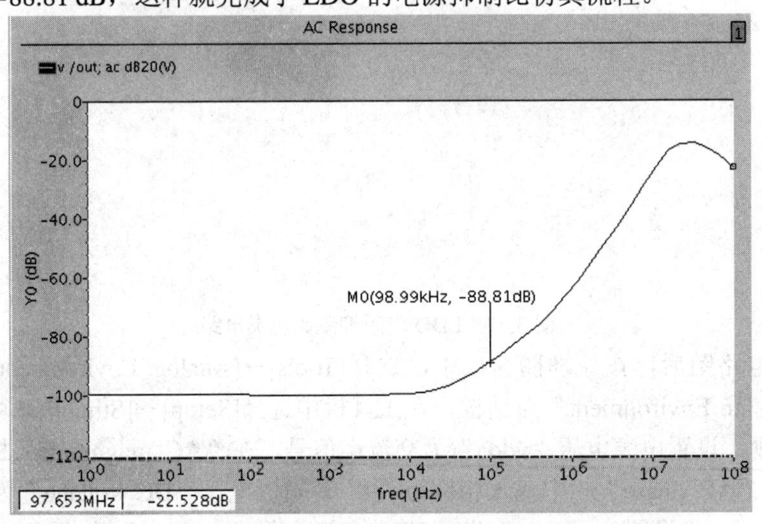

图 3.50　标注后的电源抑制比仿真结果

3.5 小　结

本章主要对模拟集成电路设计工具 IC5141 中的 Spectre 进行了总体说明，包括软件的基本介绍和特点，以及各类设计的仿真设计方法等。同时讨论了 Spectre 启动的配置、命令行窗口、设计库管理窗口、电路图编辑器窗口、模拟设计环境窗口、波形显示窗口和波形计算器。由于 Spectre 中为了方便设计，集成了一部分理想的器件和模型，我们也对其中 analogLib 库中的基本器件和激励源进行了简要介绍。

本章最后通过一个低压差线性稳压器的仿真实例说明了运用 Spectre 进行 CMOS 模拟集成电路设计的流程和仿真，以供读者参考。

第 4 章

模拟集成电路版图设计与验证

模拟集成电路版图设计与验证是对已创建电路网表进行精确物理描述及校验的过程。这一过程必须满足由设计流程、制造工艺以及电路性能仿真验证为可行所产生的约束。模拟集成电路版图设计与验证的通用流程如图 4.1 所示，主要分为版图规划、版图设计、版图验证和版图完成共四个步骤。

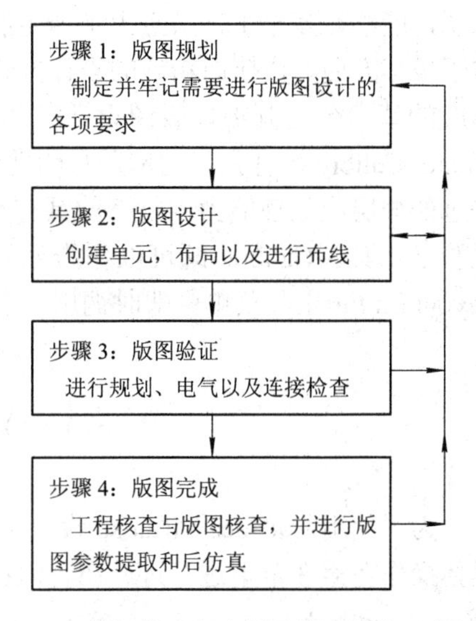

图 4.1　模拟集成电路版图设计与验证流程图

1. 版图规划

版图规划是进行版图设计的第一步，在该步骤中设计者必须尽可能的储备有关版图设计的基本知识，并考虑到后续三个步骤中需要准备的材料以及记录的文档。准备的材料通常包括工艺厂提供的版图设计规则、验证文件，版图设计工具包及软件准备等；需要记录的文档包括模块电路清单、版图布局规划方案、设计规则、验证检查报告等。

2. 版图设计

版图设计是版图设计最为重要的一步，设计者依据电路图对版图进行规划、布局、元件/模块摆放以及连线设计。这一过程又可以细分为“自顶向下规划”和“自底向上实现”两个步骤。概括地说，首先，设计者会对模块位置和布线通道进行规划和考虑；之后，设计者就可以从底层模块开始，将其一一放入规划好的区域内，进行连线设计，从而实现整体版图。相比于顶层规划布局，底层的模块设计任务要容易一些，因为一个合理的规划，会使得底层连线变得轻而易举。

3. 版图验证

版图验证主要包括设计规则检查(Design Rule Check，DRC)、电路与版图一致性检查(Layout Vs Schematic，LVS)、电学规则检查(Electrical Rule Check，ERC)和天线规则检查(Antenna Rule Check)共四个方面，在一些静电敏感电路中还需要进行静电释放(Electro-Static discharge，ESD)规则检查。这些检查主要依靠工艺厂提供的规则文件，在计算机中通过验证工具来完成检查。但在一些匹配性设计检查、虚拟管设计检查等方面还需要设计者人工进行检查。

4. 版图完成

版图完成首先是将版图提取成可供后仿真的电路网表，并进行电路后仿真验证，以保证电路的功能和性能。最后再导出可供工艺厂进行生产的数据文件，同时，设计者还需要提供相应的文档记录和验证检查报告，并最终确定所有的设计要求和文档都没有遗漏。

以上四个步骤并不是按固定顺序进行实现的，就像流程图中右侧向上的箭头，任何一个步骤的修改都需要返回上一步骤重新进行。一个完整的设计往往需要以上步骤的多次反复才能完成。其中，版图设计和版图验证是模拟集成电路版图实现中最为重要的两个步骤。

本章以目前业界广泛采用的 Cadence Virtuoso 和 Mentor Calibre 软件分别介绍版图设计和验证的基本方法和技巧。

Cadence Virtuoso 版图定制设计平台是一套全面的集成电路(Integrated Circuit，IC)设计系统，能够在多个工艺节点上加速定制 IC 的精确设计，为模拟、射频以及混合信号 IC 提供了极其方便、快捷而精确的设计方式。软件内部集成的版图编辑器(Layout Editor)是业界标准的基本全定制物理版图设计工具，可以完成层次化、自顶而下的定制版图设计。而 Mentor Calibre 软件是目前应用最为普遍的深亚微米、纳米集成电路版图验证工具。它具有先进的分层次处理能力，是一款具有在提高验证速率的同时，可优化重复设计层次化的物理验证工具。Calibre 既可以作为独立的工具进行使用，也可以嵌入到 Cadence Virtuoso Layout Editor 工具菜单中即时调用。以下分小节对两种软件进行讨论和介绍。

4.1　Virtuoso 工作窗口

为了使用 Cadence Virtuoso 设计工具，我们首先要启动 Cadence Spectre 的 CIW 窗口。具体操作在第 3 章中进行过介绍，即在命令行下通过键盘敲入命令：

icfb &

此时，Cadence Spectre 的命令行窗口 CIW 就会自动弹出，在 CIW 工具栏中选择[Tools]→[Library Manager]，如图 4.2 所示。

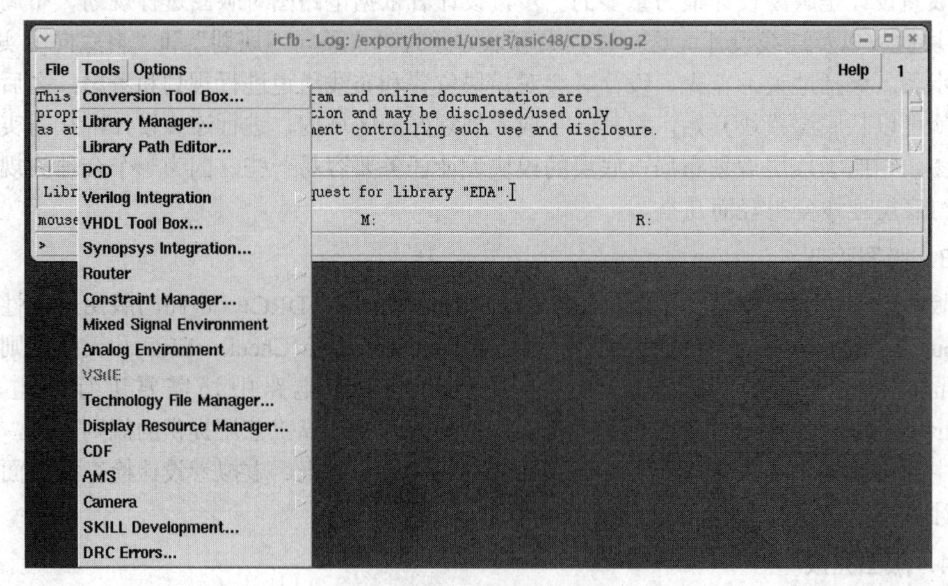

图 4.2　Cadence CIW 窗口

选中[Library Manager]选项后，弹出 Library Manager 窗口，如图 4.3 所示。

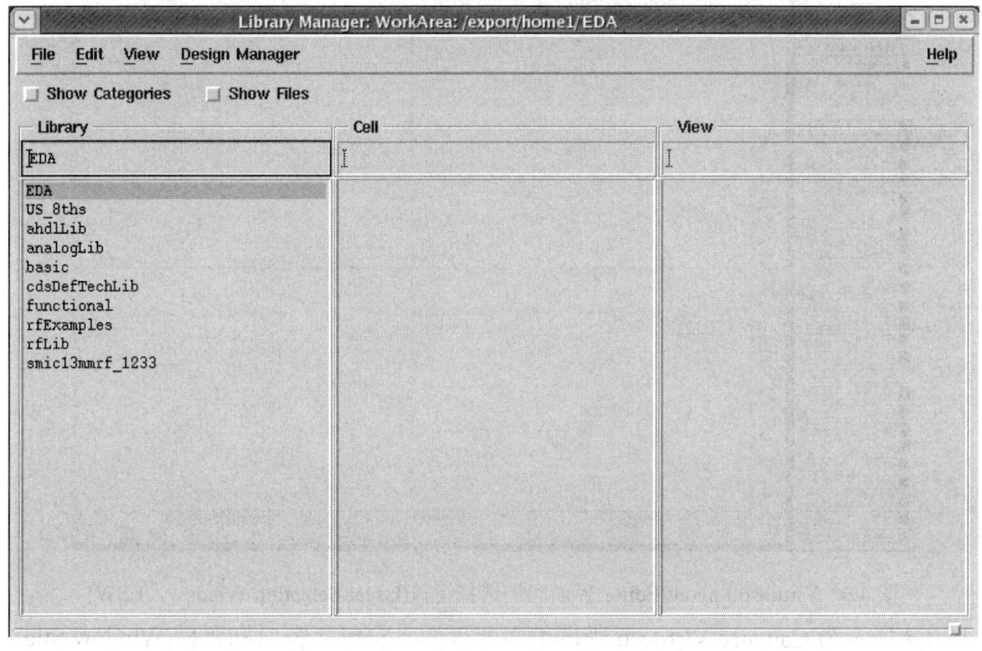

图 4.3　Library Manager 窗口

选中一个建立的设计库(图中设计库为 EDA)，在 Library Manager 窗口的工具栏中选择[File]→[Cell View]，如图 4.4 所示。此时，弹出“Create New File”窗口，在“Cell Name”栏中填入名称(图中为 test)，再选择“Cell”类型为“Virtuoso”，如图 4.5 所示。最后单击“OK”按钮，弹出 Virtuoso Layout Editor 界面和层选择窗口(Layer Selection Window，LSW)，如图 4.6 所示。

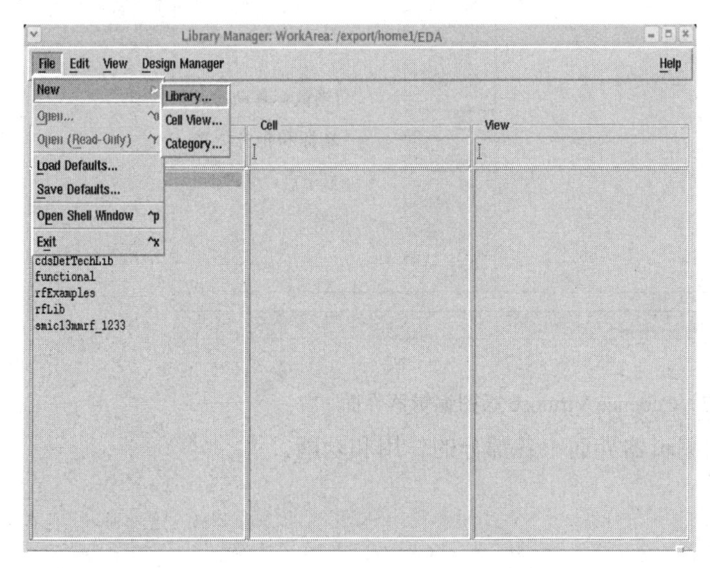

图 4.4　在 Library Manager 窗口的工具栏中选择[File]→[Cell View]

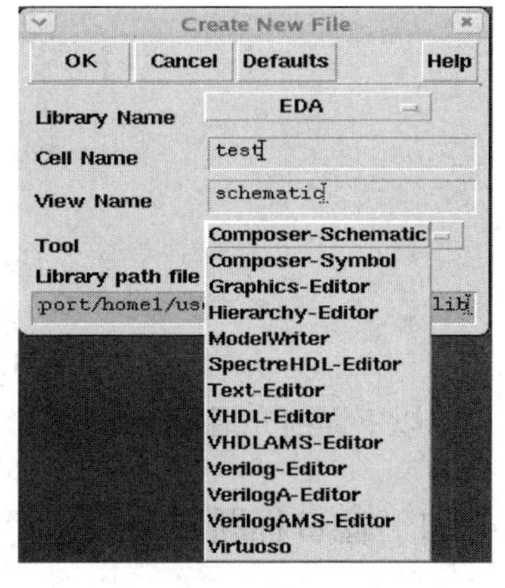

图 4.5　选择“Cell”类型为“Virtuoso”

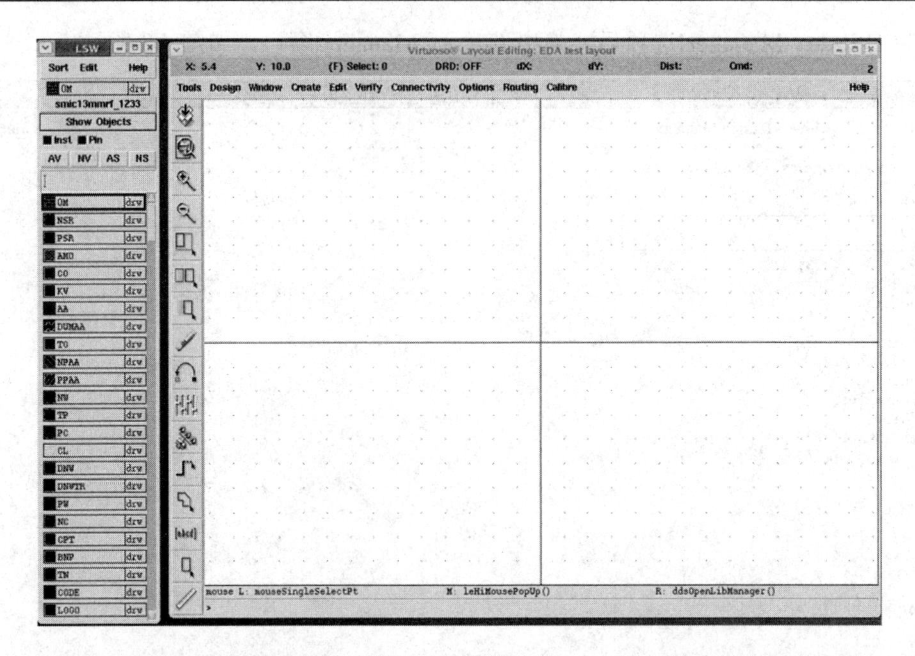

图 4.6 Virtuoso Layout Editor 界面和层选择窗口(Layer Selection Window，LSW)

图 4.7 所示为 Cadence Virtuoso 版图编辑器界面。它包括窗口标题栏(Window title)、状态栏(Status banner)、菜单栏(Menu banner)、图标菜单(Icon menu)、光标(Cursor)、指针(Pointer)、设计区(Design area)、鼠标状态栏(Mouse settings)和提示栏(Prompt line)。

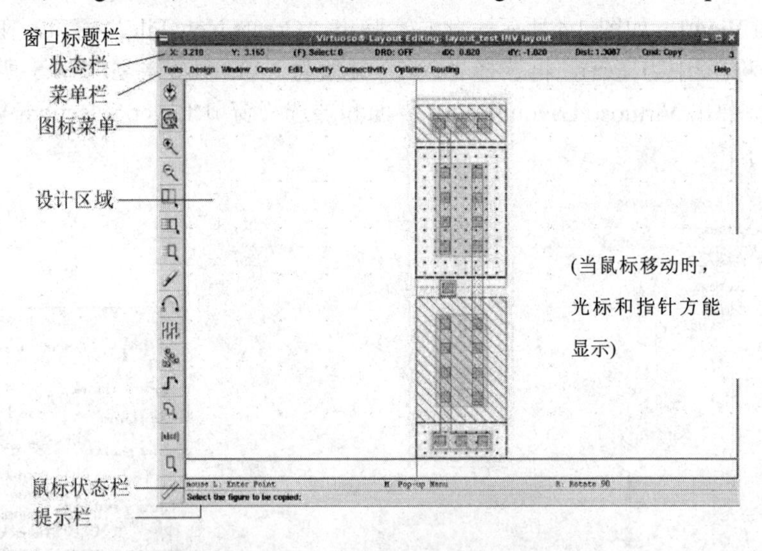

图 4.7 Cadence Virtuoso 版图编辑器界面

以下详细介绍 Virtuoso 版图编辑器界面中各部分的作用和功能。

4.1.1 窗口标题显示栏

窗口标题显示栏(Window Title)位于 Virtuoso 版图编辑器的顶端，如图 4.8 所示，主要提示用户获得以下信息：应用名称(Application name)、库名称(Library name)、单元名称(Cell name)及视图名称(View name)。

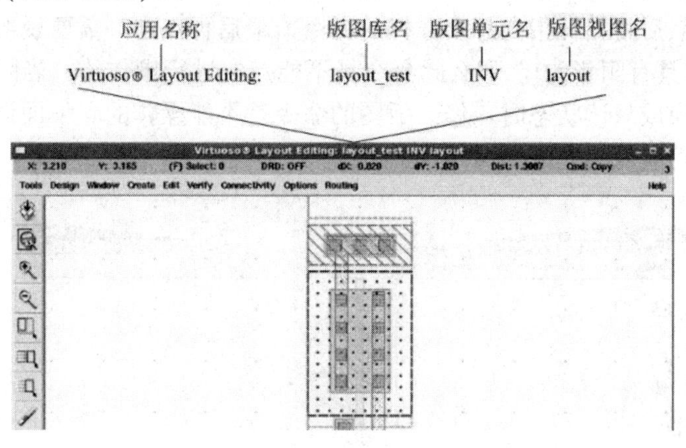

图 4.8　窗口标题显示栏界面示意图

4.1.2　工作状态栏

工作状态栏(Status banner)同样也位于 Virtuoso 版图编辑器的顶端，在窗口标题栏之下，如图 4.9 所示，主要提示版图设计者获得以下信息：光标坐标、选择模式、选择个体个数、光标坐标与参考坐标的差值、光标终点与参考位置的距离以及当前应用的命令。其中，X 和 Y 代表光标坐标；(F)代表选择模式，可以为全选择或者部分选择模式；Select：0 代表选择目标的个数；dX 和 dY 代表光标坐标与参考坐标的差值；Dist 代表光标终点与参考位置的距离；Cmd 代表当前应用的命令。

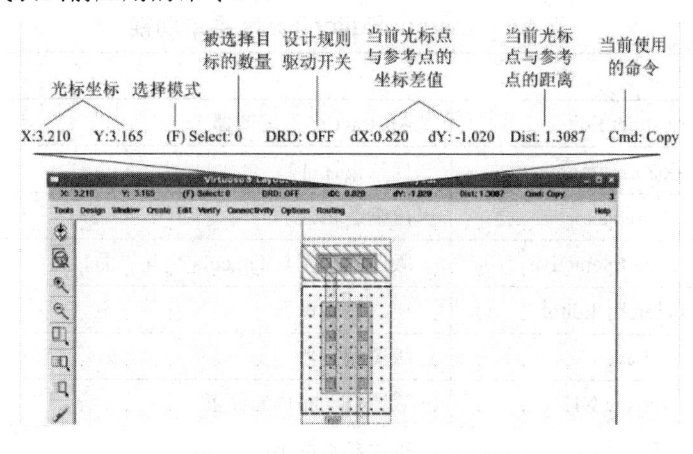

图 4.9　工作状态栏界面示意图

4.1.3　菜单栏

菜单栏(Menu banner)在 Virtuoso 版图编辑器的上端，在状态栏之下，显示版图编辑菜单，版图设计者可以通过鼠标左键来选择菜单命令。菜单栏主要分为工具(Tools)、设计(Design)、窗口(Window)、创建(Create)、编辑(Edit)、验证(Verify)、连接(Connectivity)、选项(Options)和布线(Routing)等九个主菜单，如图 4.10 所示。同时每个主菜单包含若干个子菜单，版图设计者可以通过菜单栏来选择需要的命令及子命令，其主要流程为：首先点击需要的主菜单，然后将指针指向想要选择的命令，最后再点击。需要说明的是，当菜单中某个命令是灰色(具有阴影的)，那么此命令是不能点击进行操作的；当版图打开的状态为只读，或者被转换成只读状态时，修改版图的命令是不能操作的。下面详细说明各主菜单及子菜单的主要功能以及完成的操作。

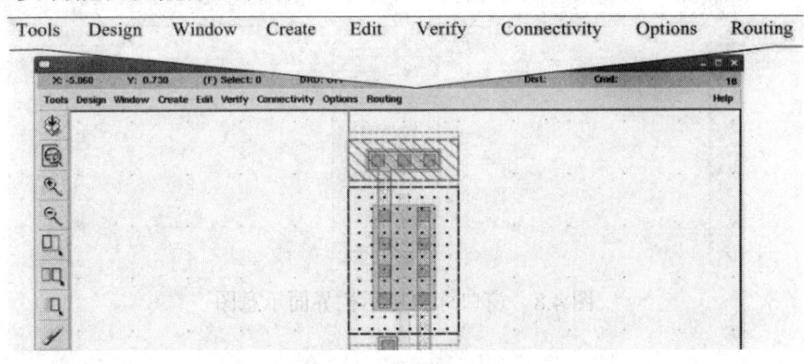

图 4.10　菜单栏界面图

1. 工具菜单

工具菜单 Tools 主要完成内嵌工具的调用以及转换，主要包括 Abstract Editor、Analog Environment、Compactor、Dracula Interactive、Hierarchy Editor、Layout、Layout XL、Parasitics、Pcell、Simulation、Structure Compiler、Verilog XL、Virtuoso Preview 和 Voltage Storm。当选择工具菜单 Tools 下的工具后，返回版图设计工具，选择 Layout 工具选项。Layout Editor Tools 菜单功能见表 4.1。

表 4.1　Layout Editor Tools 菜单功能

Tools	
Abstract Editor	Abstract 产生编辑器
Analog Environment	模拟设计环境
Compactor	压缩编辑器
Dracula Interactive	版图验证工具 Dracula 交互界面
Hierarchy Editor	层次化编译器
Layout	版图编辑器
Layout XL	版图自动布局布线器
Parasitics	寄生参数选项
Pcell	制作参数化单元
Simulation	调用仿真器
Structure Compiler	结构编译器
Verilog-XL	Verilog 代码仿真工具
Virtuoso Preview	与 Abstract 工具一同使用
Voltage Storm	IRDrop 以及电迁移分析

2. 设计菜单

设计菜单 Design 主要完成当前单元视图的命令管理操作，主要包括 Save、Save As、Hierarchy、Open、Discard Edit、Make Read Only / Make Editable、Summary、Properties、Set Default Application、Remaster Instances、Plot 和 Tap，每个菜单包括若干个子菜单。Design 菜单功能见表 4.2。

表 4.2　Design 菜单功能描述

Design			
Save	**f2**		保存版图
Save As			另存版图为
Hierarchy		Descend Edit	以编辑方式向下层
		Descend Read	以只读方式向下层
		Return	返回上一层次
		Return to level	反馈上 N 层次(N 可选)
		Tree	以文本形式显示层次关系
		Edit in Place	就地编辑选项
		Refresh	刷新
Open			打开版图视图
Discard Edit			放弃编辑
Make Read Only/Make Editable			当前版图视图在只读和可编辑之间进行转换
Summary			对当前版图视图的所有信息进行汇总并示出
Properties	**Q**		查看选中单元属性信息
Set Default Application			设置默认应用
Remaster Instances			将其中一版图升级到另外版图
Plot		Submit	提交打印信息
		Queue Status	查看队列状态
Tap	**t**		点击图形后 LSW 窗口自动选择该层

3. 窗口菜单

窗口菜单 Window 主要完成当前单元视图的管理以及单元显示方式，主要包括 Zoom、Pan、Fit All、Fit Edit、Redraw、Area Display、Utilities、Create Ruler、Clear All Ruler、Show Select Set、World View 和 Close，每个菜单包括若干个子菜单。Window 菜单功能描述见表 4.3。

4. 创建菜单

创建菜单 Create 主要完成在当前设计单元视图中插入新单元，此菜单需要单元视图处于可编辑模式，主要包括 Rectangle、Polygon、Path、Label、Instance、Pin、Pin From Labels、Contact、Device、Conics、Microwave、Layer Generation 和 Guard Ring，每个主菜单包括若干个子菜单。Create 菜单功能描述见表 4.4。

表 4.3 Window 菜单功能描述

Window				
Zoom		In	*z*	放大
		In by 2	^*z*	放大 2 倍
		To Grid	^*g*	放大至格点
		To Select Set	^t	对已选择的图形(组)放大
		Out by 2	Z	缩小 2 倍
Pan	tab			以原有视图大小中心显示版图视图
Fit All	f			最佳视图显示整体版图
Fit Edit	^x			显示整体版图
Redraw	^r			重新显示
Area Display		Set		设置显示区域
		Delete		删除设置显示区域
		Delete All		删除所有显示区域
Utilities		Copy Window		复制窗口
		Preview View	w	上一视图
		Next View	W	下一视图
		Save View		保存视图
		Restore View		恢复视图
Create Ruler	k			创建标尺
Clear All Ruler	K			清除标尺
Show Selected Set				显示所有被选中单元的信息
World View	V			全景显示版图
Close	^w			关闭窗口

表 4.4 Create 菜单功能描述

Create			
Rectangle	r		创建矩形
Polygon	P		创建多边形
Path	p		创建路径式连线
Label	l		创建标识
Instance	i		调用器件
Pin	^p		创建端口
Pin From labels			将所有标识信息转换为端口信息

续表

Create			
Contact	o		调用通孔/接触孔
Device			创建器件
Conics		Circle	创建圆形
		Ellipse	创建椭圆形
		Donut	创建环形
Microwave		Trl	创建传输线
		Bend	创建弯曲的连线
		Taper	创建逐渐变窄的连线
Layer Generation			产生新层操作
Guard Ring	G		创建保护环

5. 编辑菜单

编辑菜单 Edit 主要完成当前设计单元视图中单元的改变和删除，此菜单需要单元视图处于可编辑模式，主要包括 Undo、Redo、Move、Copy、Stretch、Reshape、Delete、Properties、Search、Merge、Select、Hierarch 和 Other，每个主菜单包括若干个子菜单。Edit 菜单功能描述见表 4.5。

表 4.5　Edit 菜单功能描述

Edit				
Undo	u			取消上次操作
Redo	U			再次进行上次操作
Move	m			移动
Copy	c			复制
Stretch	s			拉伸图形
Reshape	R			改变层形状
Delete	del			删除
Properties	q			查看属性
Search	S			查找
Merge	M			合并
Select		Select All	^a	全部选择
		Deselect All	^d	全不选择
Hierarch		Make Cell		组合单元
		Flatten		打散单元

续表

Edit			
Other	Chop	C	切割图形
	Modify Corner		按要求改变图形角
	Size		按比例扩大或缩小层
	Split	^s	分割图形
	Attach/Detach	v	关联/解除关联
	Align		对齐
	Convert To Polygon		转换成多边形
	Move Origin		改变坐标原点位置
	Rotate	O	旋转选定图形
	Yank	y	取景
	Paste	Y	粘贴

6．验证菜单

验证菜单 Verify 主要用于检查版图设计的准确性，此菜单的 DRC 菜单功能需要单元视图处于可编辑模式，主要包括 MSPS Check Pins、DRC、Extract、Substrate Coupling Analysis 、ConclCe、ERC、LVS、Shorts、Probe 和 Markers，每个主菜单包括若干个子菜单。Verify 菜单功能描述见表 4.6。

表 4.6 Verify 菜单功能描述

Create		
MSPS Check Pins		检查 Pins 信息
DRC		DRC 对话框
Extract		参数提取对话框
Substrate Coupling Analysis		衬底耦合分析
ConclCe		寄生参数简化工具
ERC		ERC 对话框
LVS		LVS 对话框
Shorts		短路定位软件
Probe		打印方式设定
Markers	Explain	错误标记提示
	Find	查找错误标记
	Delete	删除选中的错误标记
	Delete All	删除所有错误标记

7．连接菜单

连接菜单 Connectivity 主要用于准备版图的自动布线并显示连接错误信息，主要包括

Define Pins、Propagate Nets、Add Shape to Net、Delete Shape from Net、Mark Net 和 Unmark Nets。Connectivity 菜单功能见描述表 4.7。

表 4.7　Connectivity 菜单功能描述

Connectivity	
Define Pins	定义 Pins 信息
Propagate Nets	传导线
Add Shape to Net	在连接线上加入图形
Delete Shape from Net	从连接线上删除图形
Mark Net	高亮连线
Unmark Net	取消高亮连线

8．选项菜单

选项菜单 Options 主要用于控制所在窗口的行为，主要包括 Display、Layout Editor、Selection、DRD Edit、Dynamic Measurements、Turbo Toolbox 和 Layout Optimization，每个主菜单包括若干个子菜单。Options 菜单主要功能描述见表 4.8。

表 4.8　Options 菜单主要功能描述

Options		
Display	**e**	显示选项
Layout Editor	**E**	版图编辑器选项
Selection		选定方式设定
DRD Edit		启动设计规则驱动优化
Dynamic Measurements		动态测量
Turbo Toolbox		加速工具包
Layout Optimization		版图优化

图 4.11 为选项菜单中 Display 功能的对话框，用户可以根据需要对版图显示进行定制，并且可以将定制信息存储在单元、库文件、工艺文件或者指定文件等任一场合下。

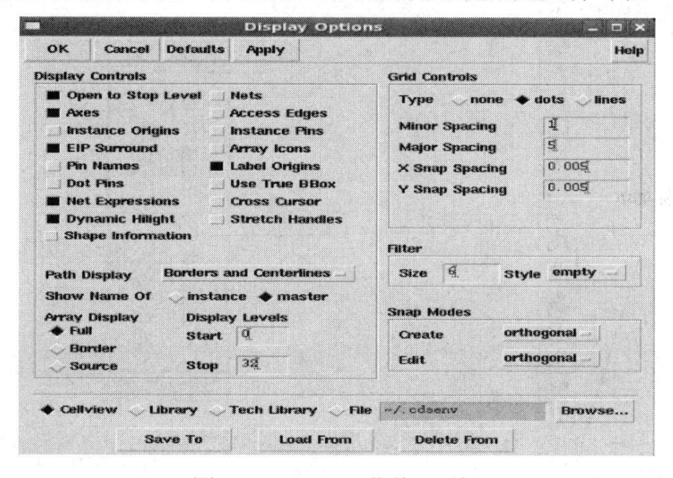

图 4.11　Display 菜单对话框

9．布线菜单

布线菜单 Routing 主要用于与自动布线器的交互，主要包括 Export to Router、Import from Router 和 Rules，每个主菜单包括若干个子菜单。Routing 菜单主要功能描述见表 4.9。

表 4.9　Routing 菜单主要功能描述

Routing		
Export to Router		导出到布线器
Import from Router		导入到布线器
Rules	Open Rules	打开布线规则文件
	New Rules	新建布线规则文件

10．命令窗口

当使用一个命令时，命令窗口就会出现，采用命令窗口可以改变默认的命令设置，通常情况下可以在点击命令或者使用快捷键后，再点击功能键 F3，即会出现相应命令的窗口。如图 4.12 所示，点击“创建多边形”命令或者快捷键(Shift-p)后，点击 F3 所示的命令窗口，默认情况下 Snap Mode 为 orthogonal，如果用户需要，可以将 Snap Mode 修改为 diagonal (45 度角走线)等设置。

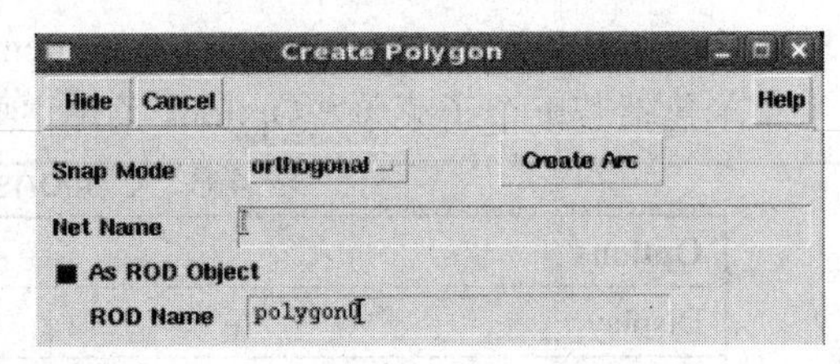

图 4.12　“创建多边形”命令的窗口

4.1.4　图标菜单

图标菜单(Icon Menu)位于 Virtuoso 版图编辑器设计窗口的左侧，如图 4.13 所示，旨在为版图设计者提供常用的版图编辑命令。在当前单元视图处于可读模式，可编辑菜单被阴影覆盖，不可使用。

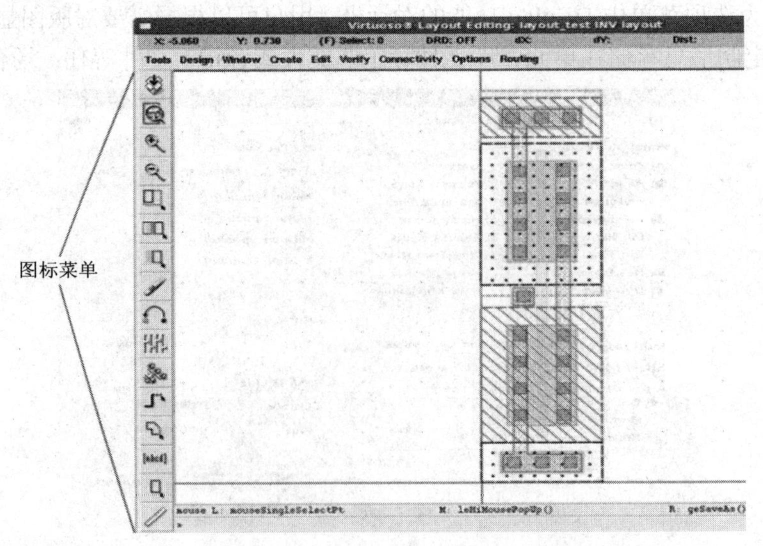

图 4.13　图标菜单示意图

图标菜单从上至下为：Save(保存当前单元)、Fit Edit(全屏显示)、Zoom In(放大 2 倍)、Zoom Out(缩小 2 倍)、Stretch(拉伸)、Copy(复制)、Move(移动)、Delete(删除)、Undo(取消上次操作)、Properties(查看属性)、Instance(调用器件)、Path(采用路径方式走线)、多边形(Polygon)、标记(Label)、矩形(Rectangle)和 Ruler(建立标尺)。图标菜单功能表见表 4.10。

表 4.10　图标菜单功能表

图　标	对应功能	对应主菜单	对应功能
	Save	Design	保存当前单元
	Fit Edit	Window	最适合全屏显示当前设计
	Zoom In	Window	将当前设计的视图放大 2 倍
	Zoom Out	Window	将当前设计的视图缩小 2 倍
	Stretch	Edit	拉伸或者移动单元内图形
	Copy	Edit	复制选定的图形
	Move	Edit	移动选定的图形
	Delete	Edit	删除选定的图形
	Undo	Edit	取消上次的操作
	Properties	Edit	查看选定图形的属性
	Instance	Create	调用单元
	Path	Create	采用路径方法连线
	Polygon	Create	创建多边形图形
[a bcd]	Label	Create	创建标识
	Rectangle	Create	创建矩形
	Ruler	Window	创建标尺

图标菜单的内容以及位置可以根据用户的需要，通过窗口进行修改和编辑，可更改内容为：

(1) 图标菜单出现的位置(左侧或者右侧)。

(2) 图标菜单是否显示。

(3) 图标菜单中图标的名称是否显示等。

用户可以通过点击相应菜单对图标菜单进行管理，选择 Virtuoso 主窗口 CIW，然后点击 User Preferences，出现如图 4.14 所示的对话框。

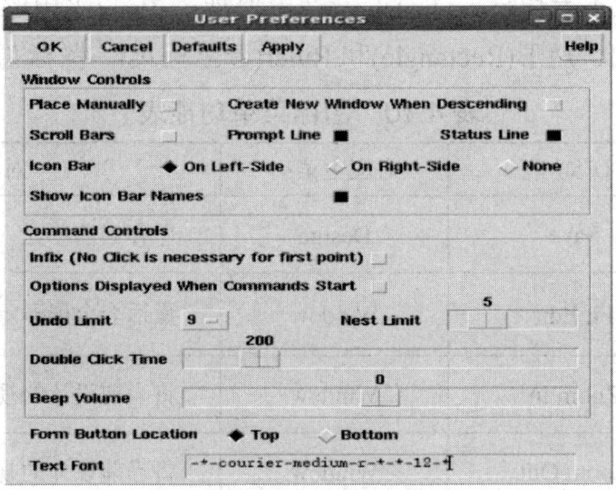

图 4.14　User Preferences 对话框

图 4.14 中 Create New Window When Descending 开启时，表示到版图下层时建立新窗口；关闭时，表示到版图下层时不建立新窗口，而在当前窗口打开。Scroll Bars 表示是否在缩小视图时出现滚动条。Prompt Line 表示是否显示提示栏。Status Line 表示是否显示状态栏。Icon Bar 表示图标菜单是否显示，或者显示在版图设计区域的左侧还是右侧。Show Icon Bar Name 表示鼠标在图标上时是否显示图标名称。

4.1.5　设计区

设计区(Design Area)位于 Virtuoso 版图编辑器设计窗口的中央，如图 4.15 所示，在设计区内可以创建、编辑目标图层：包括多边形、矩形等其他形状。在设计区内可以根据需要将格点开启或者关闭，格点可以帮助创建图形。

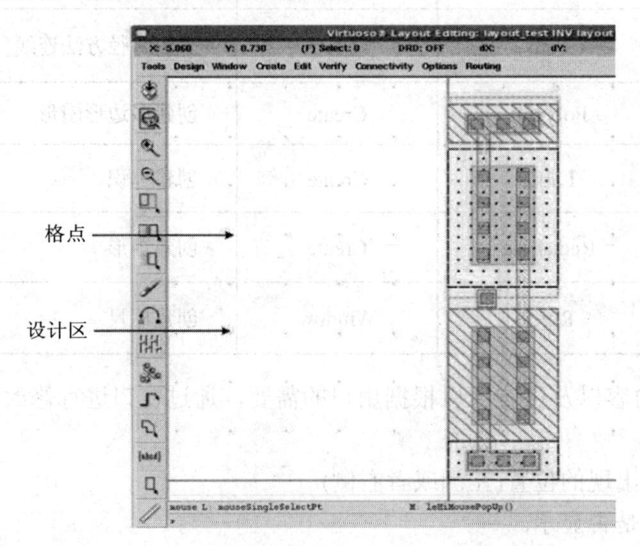

图 4.15　设计区示意图

4.1.6　光标和指针

光标和指针(Cursor and Pointer)是鼠标光标点在设计区域和菜单区域不同的标识方式，如图 4.16 所示，在设计区域鼠标光标变成正方形光标与箭头的组合，而在工具菜单和图标菜单上则为箭头状的指针。光标用于确定设计点和选择设计区域图形，而指针用于选择菜单选项和命令执行。

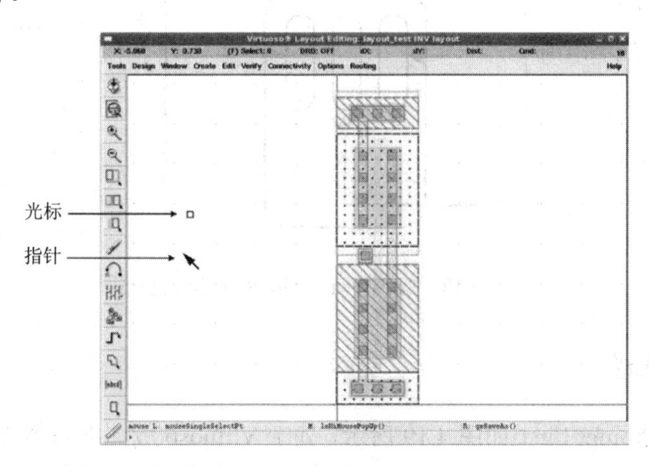

图 4.16　光标和指针示意图

4.1.7　鼠标工作状态

鼠标工作状态(Mouse Setting)如图 4.17 所示，处于 Virtuoso 版图编辑器设计窗口的下部，主要提示版图设计者鼠标的实时工作状态。图 4.17 所示为其中一种状态，mouse L：mouseSingleSelectPt 代表鼠标左键可以键入设计点；M：LeHiMousePopUp()代表鼠标中键可以键入弹起式菜单；R：geSaveAs()代表选中的图形后如果点击鼠标右键，选中的图形逆时针旋转 90 度。

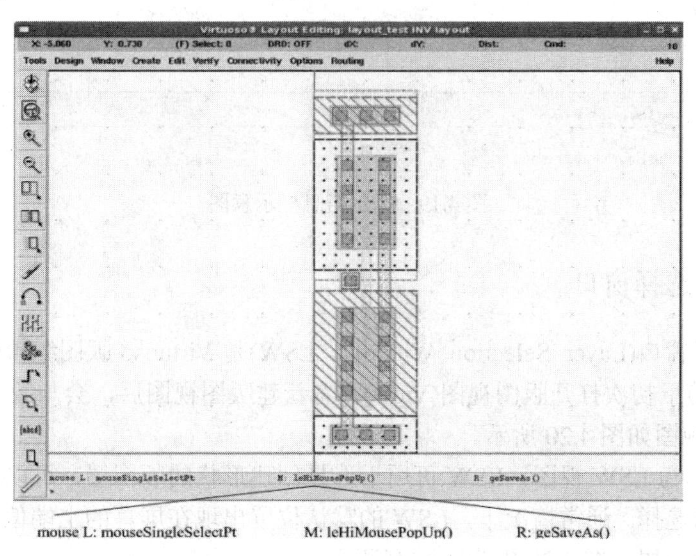

图 4.17　鼠标工作状态示意图

图 4.18 为版图单元下的鼠标按键信息，其中，鼠标左键的功能为选择、创建图形，移动、拉伸已选择图形，选择需要执行的命令；鼠标中键只能键入弹起式菜单；鼠标右键的功能稍多，包括重复上次命令、放大或者缩小视图、当移动或者复制图形时选择或者镜像、当采用路径方式连线时按住 Ctrl 键可以改变图形层次、重叠图形循环选择等。

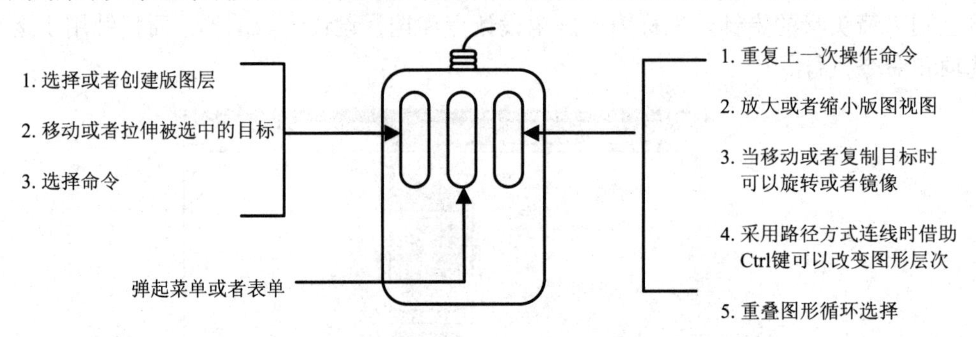

图 4.18　版图单元下的鼠标按键信息

4.1.8　提示信息栏

提示信息栏(Prompt Line)如图 4.19 所示，处于 Virtuoso 版图编辑器设计窗口的最下部，主要提示版图设计者当前使用的命令信息，如果没有任何信息，则表明当前无命令操作。图 4.19 所示的"Select the figure to be copied"表示当前使用的命令为复制"copy"。

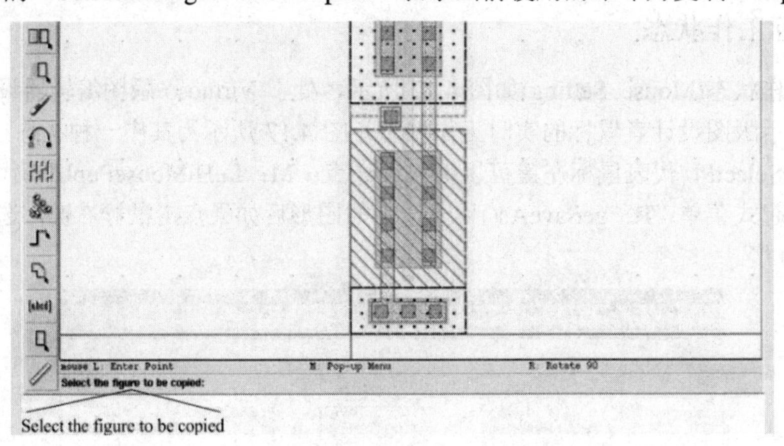

图 4.19　提示信息栏示意图

4.1.9　版图层选择窗口

版图层选择窗口(Layer Selection Window，LSW)是 Virtuoso 版图编辑辅助工具，通常在 Cadence 环境下初次打开版图视图(View)或者新建版图视图后，会与版图(layout)视图一同显示。LSW 视图如图 4.20 所示。

图 4.20 所示为 LSW 视图，LSW 可用于选择创建形状的版图层，可以设定版图层是否可见，是否可以选择。通常情况下，LSW 的默认位置出现在屏幕的上端偏左。而默认的选择层为显示的第一层，图 4.20 中为 AA(有源区)。

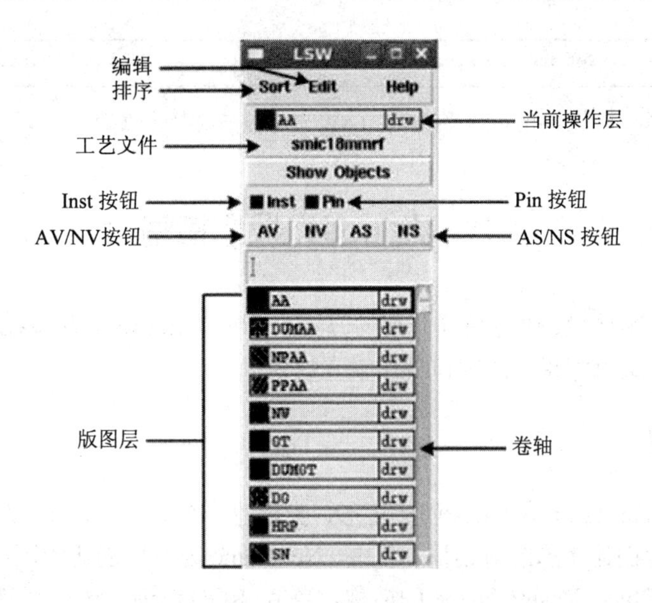

图 4.20　LSW 视图

LSW 视图包括如下信息：Sort(排序)、Edit(编辑)和 Help(帮助)菜单，当前选择的版图层，工艺文件信息，器件按钮，端口按钮，全部显示，全不显示，全部可选择，全部不可选择以及可用版图层。

图 4.21 为鼠标对 LSW 视图的操作信息，其中，鼠标左键用于选择当前操作的版图层，鼠标中键用于选择某一版图层是否在版图视图中可见，鼠标右键用于选择某一版图层在版图视图中是否可以选择。当鼠标键移到 LSW 窗口时，版图提示栏显示的信息有所不同。

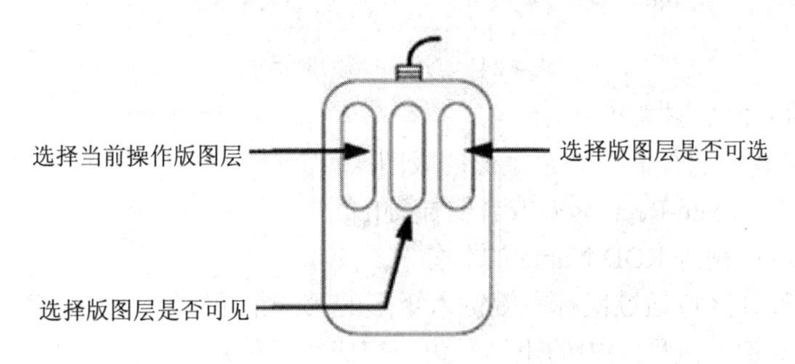

图 4.21　鼠标对 LSW 视图的操作信息

鼠标键的当前状态出现在版图视图的底端，当点击鼠标的左键、中键或右键时，鼠标的当前状态信息会进行操作提示，对于某些命令需要借助 Control 或者 Shift 键时会出现新的鼠标状态信息。当开始进行命令操作时，鼠标状态栏信息会发生改变，例如使用复制(Copy)命令时，鼠标在版图窗口提示状态信息如图 4.22 所示。当将鼠标移至 LSW 窗口时，鼠标的状态会发生变化，如图 4.23 所示。

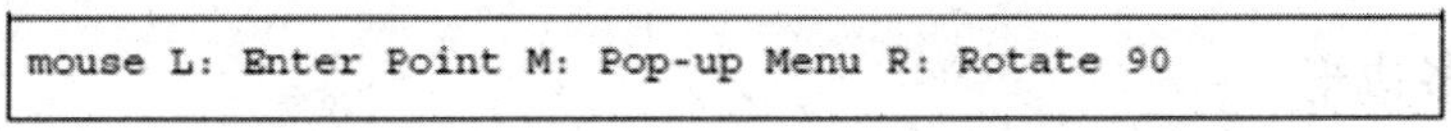

```
mouse L: Enter Point M: Pop-up Menu R: Rotate 90
```

图 4.22　鼠标在版图窗口提示状态信息

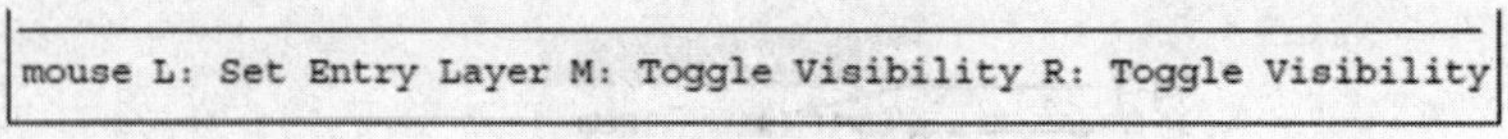

```
mouse L: Set Entry Layer M: Toggle Visibility R: Toggle Visibility
```

图 4.23　鼠标在 LSW 窗口提示状态信息

4.2　Virtuoso 操作指南

本节主要通过菜单栏、快捷键等命令的方式来介绍 Virtuoso 的基本操作。Virtuoso 的基本操作包括创建、编辑和相应的窗口视图设置等。

4.2.1　创建矩形

创建矩形(Create Rect)命令用来创建矩形，当创建一个矩形时，会出现选项来对矩形进行命名。图 4.24 为创建矩形的对话框。其中，Net Name 为对所创建的矩形进行命名，ROD Name 为 Relative Object Design Name 的简称，当 As ROD Object 选项开启时，需要对 ROD Name 进行命名。此名称在单元中必须是唯一的，不能与其他任何图形、组合器件重名。如果 As ROD Object 选项关闭时，系统会自动给所创建的矩形进行命名。

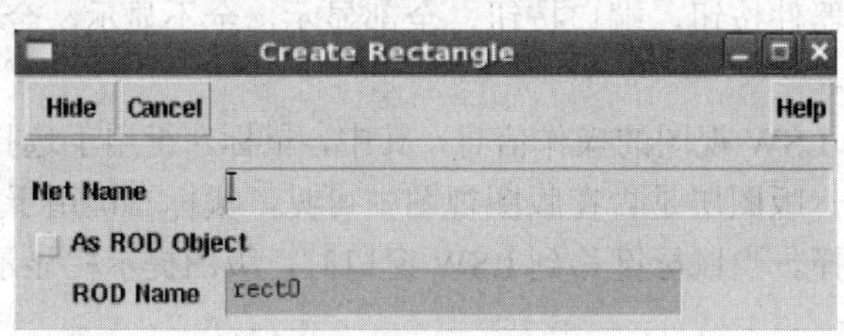

图 4.24　创建矩形的对话框

创建矩形的流程如图 4.25 所示。

(1) 在 LSW 窗口选择需要创建矩形的版图层。

(2) 选择命令 Create-Rectangle 或者快捷键[r]。

(3) 在对话框中键入 ROD Name 的名称等。

(4) 在版图设计区域通过鼠标左键键入矩形的第一个角。

(5) 通过鼠标键入流程(4)中的矩形对角，完成矩形创建。

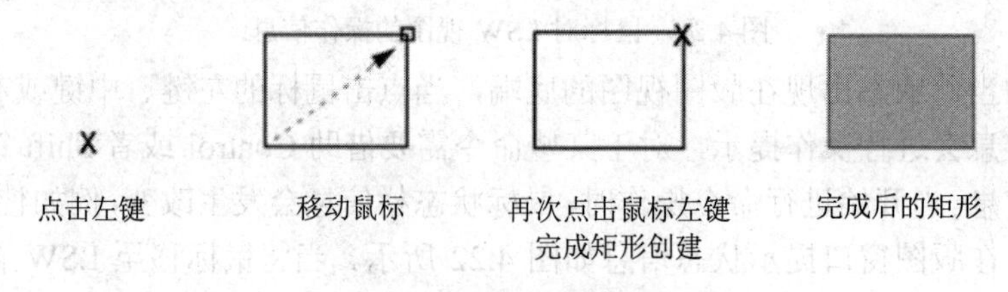

图 4.25　创建矩形的流程

4.2.2　创建多边形

创建多边形(Create Polygon)命令用来创建多边形形状，当创建一个多边形时，会出现选项来对多边形进行命名。图 4.26 为创建多边形的对话框。其中，Snap Mode 用于选择多边形创建选项，Net Name 为对所创建的多边形进行命名，当 As ROD Object 选项开启时，需要对 ROD Name 进行命名。此名在单元中必须是唯一的，不能与其他任何图形、组合器件重名。如果 As ROD Object 选项关闭时，系统会自动给所创建的多边形进行命名。

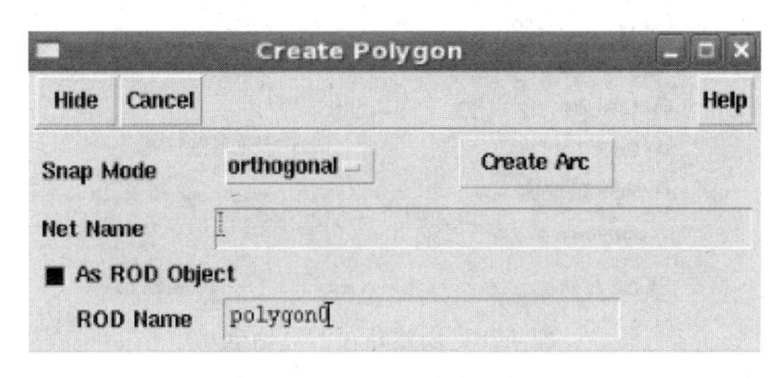

图 4.26　创建多边形的对话框

创建多边形的流程如图 4.27 所示。

(1) 在 LSW 窗口选择需要创建多边形的版图层。

(2) 选择命令 Create-Polygon 或者快捷键[Shift-p]。

(3) 在对话框中键入 ROD Name 的名称等。

(4) 在版图设计区域通过鼠标左键键入多边形的第一个点。

(5) 移动光标并键入另外一个点。

(6) 继续移动光标并键入第三个点，最终将多边形的虚线框闭合。

(7) 双击鼠标，完成多边形的创建。

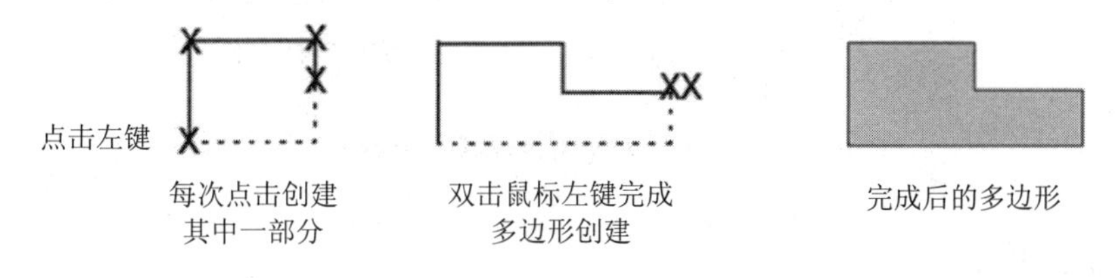

图 4.27　创建多边形的流程

4.2.3　创建路径

创建路径(Create Paths)命令用来创建路径形状，当创建一个路径时，会出现选项来对路径形状进行命名。图 4.28 为创建路径的对话框。其中，Width 为路径宽度，Change To Layer 可以完成当前版图层到相邻版图层的改变，Contact Justification 为改变版图层时与接触孔的连接方式，Net Name 为对所创建的路径形状进行命名，当 As ROD Object 选项开启时，需要对 ROD Name 进行命名。此名在单元中必须是独一的，不能与其他任何图形、组合器件重名。如果 As ROD Object 选项关闭时，系统会自动给所创建的路径形状进行命名。Rotate 为顺时针旋转 90 度接触孔，Sideways 为 Y 轴镜像接触孔，Upside Down 为 X 轴镜像接触孔。

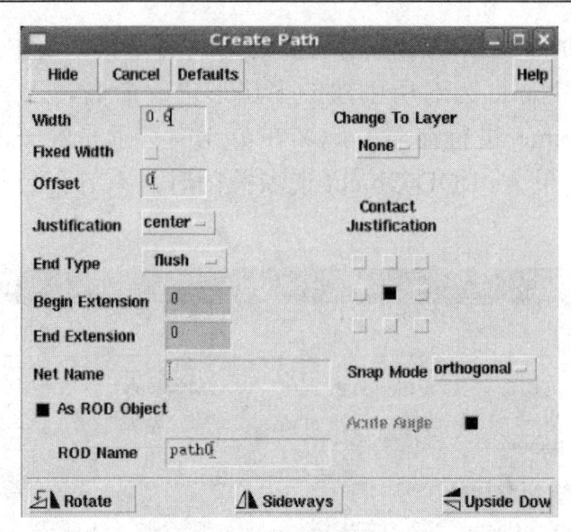

图 4.28　创建路径的对话框

创建路径形状的流程如图 4.29 所示。

(1) 在 LSW 窗口选择需要创建路径的版图层。

(2) 选择命令 Create-Path 或者快捷键[p]。

(3) 在版图设计区域通过鼠标左键键入路径的第一个点。

(4) 移动光标并键入另外一个点。

(5) 继续移动光标并键入第三个点。

(6) 双击鼠标，完成路径的创建。

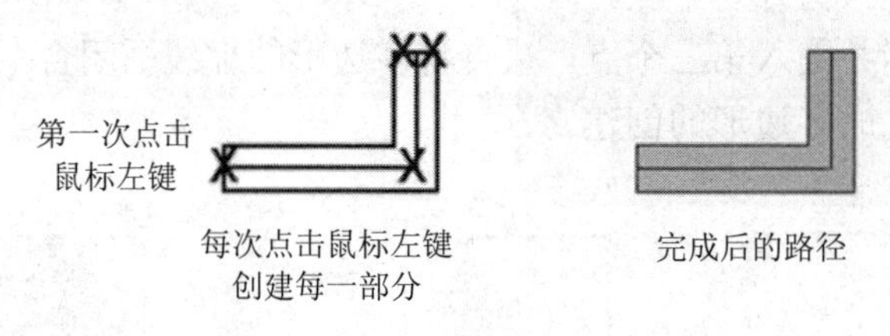

图 4.29　创建路径形状的流程

4.2.4　创建标识名

创建标识名(Create Labels)命令用来在版图单元中创建端口信息文本。图 4.30 为创建标识名的对话框。其中，Label 为需要键入的标识名，Height 设置标识名的高度，Font 设置字体，Justification 设置标识原点位置，Attach 为设置标识名与版图层关联，Rotate 为逆时针旋转 90 度标识名，Sideways 为 Y 轴镜像标识名，Upside Down 为 X 轴镜像标识名。

创建标识名的流程如下：

(1) 选择命令 Create-Label 或者快捷键[l]。

(2) Label 区域填入名称。

(3) 选择字体。

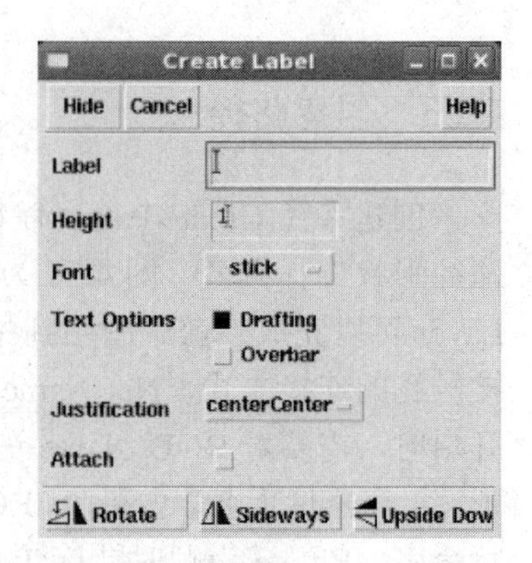

图 4.30　创建标识名的对话框

(4) 设置关联 Attach on。

(5) 在版图设计区域鼠标点击放置位置。

(6) 点击标识，与版图层进行关联。

4.2.5　创建元件

创建元件(Create Instances)命令用来在版图单元中调用独立单元或者单元阵列。图 4.31 为调用器件和阵列的对话框。其中，Library、Cell 和 View 分别为调用单元的库、单元和视图位置，Browse 为通过浏览器形式进行位置选择，Names 用于设置调用器件的名称，Mosaic 中的 Rows 和 Columns 用于设置调用器件阵列的行数和列数，Delta Y 和 Delta X 分别为调用阵列中各单元的 Y 方向和 X 方向的间距，Rotate 为逆时针旋转 90 度标识名，Sideways 为 Y 轴镜像标识名，Upside Down 为 X 轴镜像标识名。

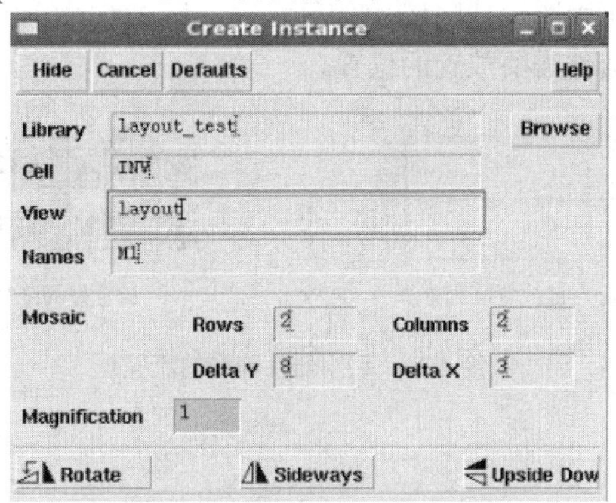

图 4.31　调用器件和阵列的对话框

调用器件的流程如图 4.32 所示。

(1) 选择命令 Create-Instance 或者快捷键[i]。

(2) 填入 Library、Cell 和 View，也可以通过 Browse 来选择。

(3) 将鼠标光标移至版图设计区域。

(4) 点击鼠标，将器件放置需要的位置。

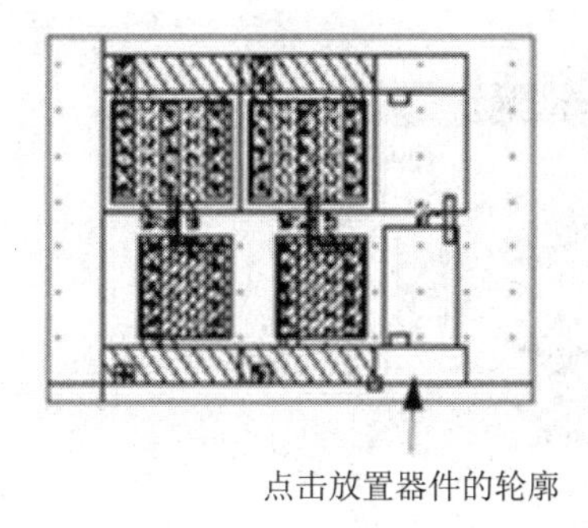

点击放置器件的轮廓　　放置后的器件

图 4.32　调用器件的流程

调用器件阵列的对话框如图 4.33 所示，需要分别键入 Rows、Columns、DeltaX 和 DeltaY 等信息。

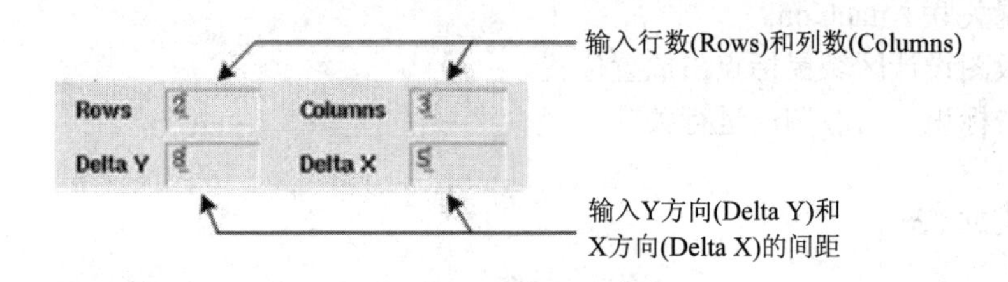

图 4.33　调用器件阵列的对话框

调用器件阵列的流程如图 4.34 所示。

(1) 选择命令 Create-Instance 或者快捷键[i]。

(2) 填入 Library、Cell 和 View，也可以通过 Browse 来选择。

(3) 依次填入 Rows、Columns、DeltaX 和 DeltaY 等信息。

(4) 将鼠标光标移至版图设计区域。

(5) 点击鼠标，将器件需要放置的位置。

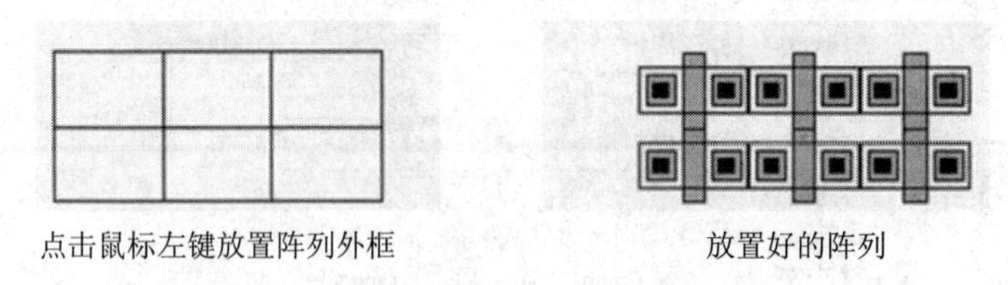

点击鼠标左键放置阵列外框　　放置好的阵列

图 4.34　调用器件阵列的流程

4.2.6　创建接触孔

创建接触孔(Create Contact)命令用来在版图单元中创建各种接触孔，包括接触孔(Contact)和通孔(Via)。图 4.35 为创建接触孔的对话框。其中，Auto Contact 开启时在相邻层交界处自动加入接触孔，Contact Type 设置插入的接触孔类型，Justification 为设置接触孔阵列原点，Width 和 Length 分别设置接触孔的宽度和长度，Rows 和 Columns 分别设置接触孔的行数和列数，DeltaX 和 DeltaY 分别设置接触孔阵列的 X 方向和 Y 方向的间距，Rotate 为逆时针旋转 90 度接触孔，Sideways 为 Y 轴镜像接触孔，Upside Down 为 X 轴镜像接触孔。

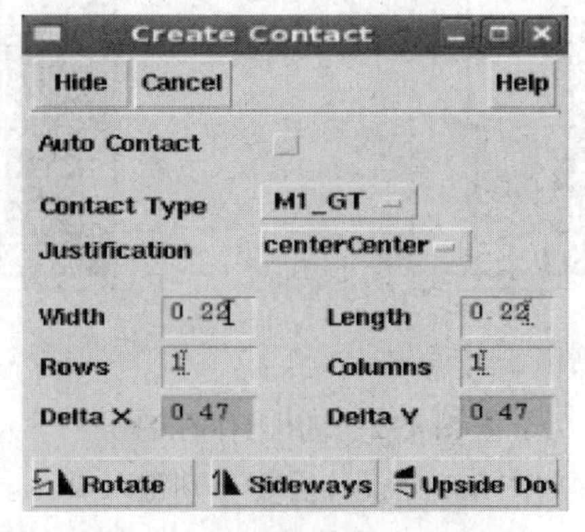

图 4.35　创建接触孔的对话框

创建接触孔的流程如下：

(1) 选择命令 Create-Contact 或者快捷键[o]。

(2) 在 Contact Type 区域选择想要插入的接触孔类型。

(3) 填入需要插入接触孔的行数和列数。

(4) 填入插入接触孔阵列 X 方向和 Y 方向的间距。

(5) 选择对齐方式。

(6) 在版图设计区域放置接触孔，如图 4.36 所示。

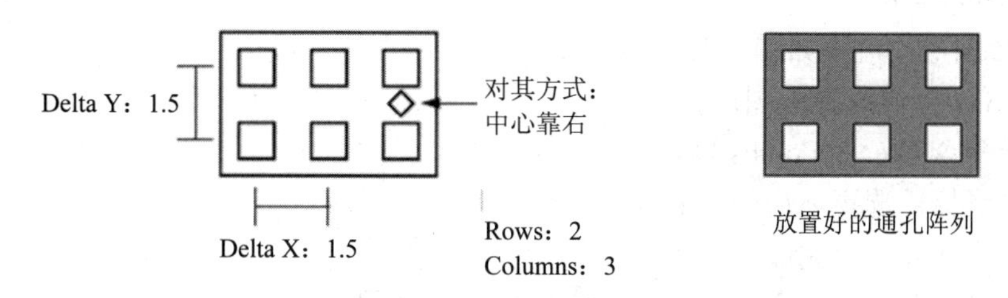

图 4.36　接触孔阵列的放置

4.2.7　创建与圆形相关的图形

创建圆形(Create Conics)命令用来在版图单元中创建与圆形相关的图形，包括圆形、椭圆形和环形。

1．创建圆形图形

创建圆形图形的流程如图 4.37 所示。

(1) 在 LSW 区域选择版图层。

(2) 选择命令 Create-Conics-Circle。

(3) 点击鼠标，选择圆形中心点。

(4) 移动鼠标并点击圆形边缘，完成创建圆形图形。

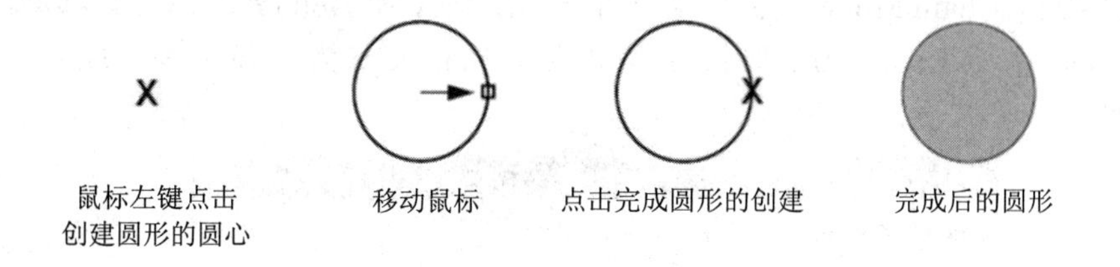

图 4.37　创建圆形图形的流程图

2．创建椭圆形图形

创建椭圆形图形的流程如图 4.38 所示。

(1) 在 LSW 区域选择版图层。

(2) 选择命令 Create-Conics-Ellipse。

(3) 点击鼠标，选择椭圆的第一个角。

(4) 移动鼠标，点击椭圆的对角，完成创建椭圆图形。

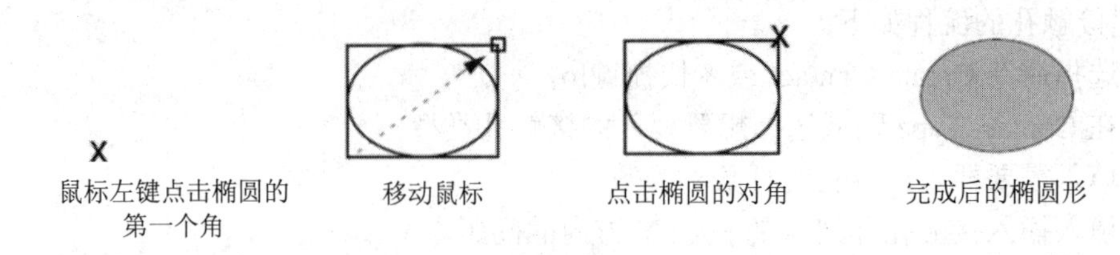

图 4.38　创建椭圆图形的流程图

3. 创建环形图形

创建环形图形的流程如图 4.39 所示。

(1) 在 LSW 区域选择版图层。

(2) 选择命令 Create-Conics-Donut。

(3) 点击鼠标，选择环形的中心点。

(4) 移动鼠标并点击完成环形内沿。

(5) 移动鼠标并点击完成环形外沿，完成创建环形图形。

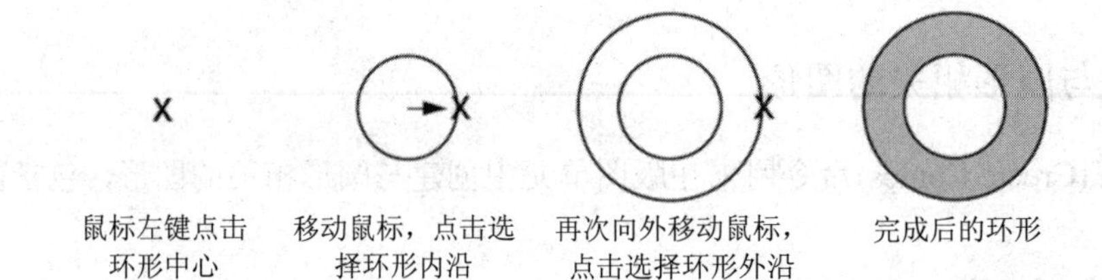

图 4.39　创建环形图形的流程图

4.2.8　移动

移动(Move)命令完成一个或者多个被选中的图形从一个位置到另外一个位置。图 4.40 为移动命令的对话框。其中，Snap Mode 控制图形移动的方向，Change To Layer 设置改变层信息，Chain Mode 设置移动器件链，DeltaX 和 DeltaY 分别设置移动的 X 方向和 Y 方向的距离，Rotate 为顺时针旋转 90 度，Sideways 为 Y 轴镜像，Upside Down 为 X 轴镜像。

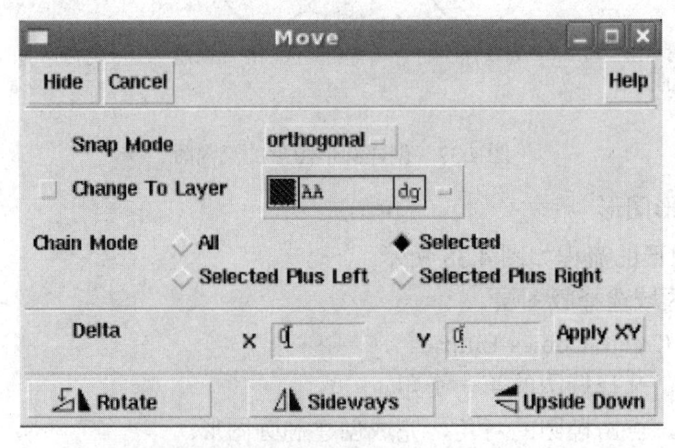

图 4.40　移动命令的对话框

使用移动命令的操作流程如图 4.41 所示。

(1) 选择 Edit-Move 命令或者快捷键[m]。

(2) 选择一个或者多个图形。

(3) 点击鼠标作为移动命令的参考点(移动起点)。

(4) 移动鼠标并将鼠标移至移动命令的终点，完成移动命令操作。

图 4.41　移动命令的操作流程示意图

4.2.9　复制

复制(Copy)命令完成一个或者多个被选中的图形从一个位置复制到另外一个位置。图 4.42 为移动命令的对话框，其中 Snap Mode 控制复制图形的方向，Array-Rows/Columns 设置复制图形的行数和列数，Change To Layer 设置改变层信息，Chain Mode 设置复制器件链，DeltaX 和 DeltaY 分别设置复制的新图形与原图形的 X 方向和 Y 方向的距离，Rotate 为逆时针旋转 90 度复制，Sideways 为 Y 轴镜像复制，Upside Down 为 X 轴镜像复制。

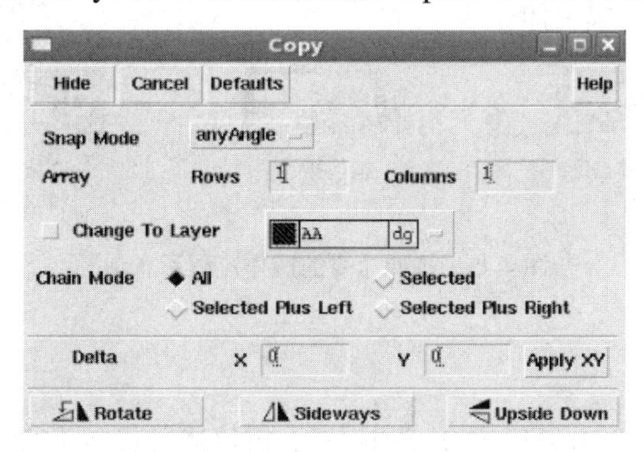

图 4.42　复制命令对话框

使用复制命令的操作流程如图 4.43 所示。

(1) 选择 Edit-Copy 命令或者快捷键[c]。

(2) 选择一个或者多个图形。

(3) 点击鼠标作为复制命令的参考点(复制起点)。

(4) 移动鼠标并将鼠标移至终点，完成新图形复制命令操作。复制命令可将图形复制至另外版图视图中。

图 4.43　复制命令的操作流程示意图

4.2.10　拉伸

拉伸(Stretch)命令可以通过拖动角和边缘缩小或者扩大图形。图 4.44 为拉伸命令的对话框。其中，Snap Mode 控制拉伸图形的方向，Lock Angles 开启时不允许改变拉伸图形的角度，Chain Mode 设置拉伸图形链，DeltaX 和 DeltaY 分别设置拉伸的新图形与原图形的 X 方向和 Y 方向的距离。

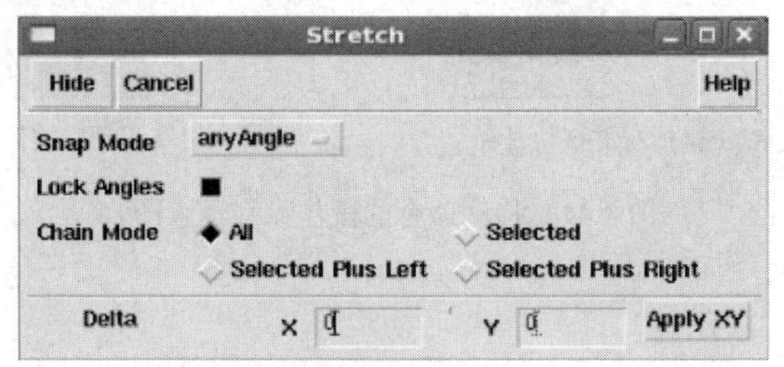

图 4.44　拉伸命令的对话框

使用拉伸命令的操作流程如图 4.45 所示。

(1) 选择 Edit-Stretch 命令或者快捷键[s]。

(2) 选择一个或者多个图形的边缘或者角。

(3) 移动鼠标直到拉伸目标点。

(4) 松开鼠标键，完成拉伸操作。

图 4.45　拉伸命令的操作流程示意图

4.2.11　删除

删除(Delete)命令可以删除图形及图形组合，可以通过以下方式之一完成被选中图形的删除命令：(1) 选择 Edit-Delete；(2) 点击键盘 Delete 键；(3) 点击图标栏上的 Delete 图标。图 4.46 为删除命令的对话框。其中，Net Interconnect 设置删除任何被选中的路径、与连线相关的组合器件以及非端口图形，Chain Mode 设置删除图形链，All 代表删除链上的所有器件，Selected 代表仅删除被选中的器件，Selected Plus Left 代表删除器件，包括被选择及链上所有左侧的器件。Selected Plus Right 代表删除器件，包括被选择及链上所有右侧的器件。

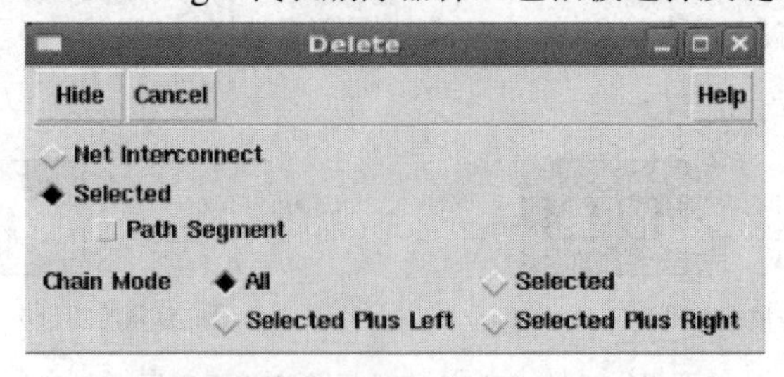

图 4.46　删除命令的对话框

4.2.12　合并

合并(Merge)命令可以将多个相同层上的图形进行合并组成一个图形，如图 4.47 所示。合并命令的流程如下：

(1) 选择命令 Edit-Merge 或者快捷键[Shift-m]。

(2) 选择一个或者多个在同一层上的图形，这些图形必须是互相重叠、毗邻的。

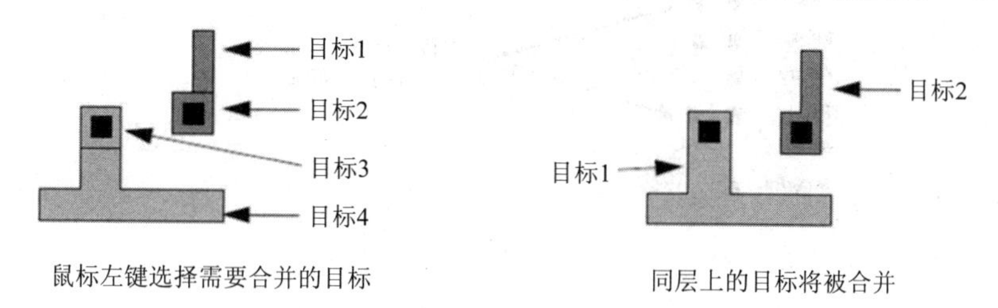

图 4.47　合并命令的流程示意图

4.2.13　选择和取消选择

1．选择(Select)命令的流程

(1) 选择一个图形或者器件，将指针放置在其上方，使得其图形或者器件轮廓为虚线。

(2) 点击虚线框变成实线框，图形或者器件被选择。

(3) 按住 Shift 键，可以选择多个图形或者器件。

通过 LSW 窗口可以设置版图层的图形、器件是否可选，如图 4.48 所示。

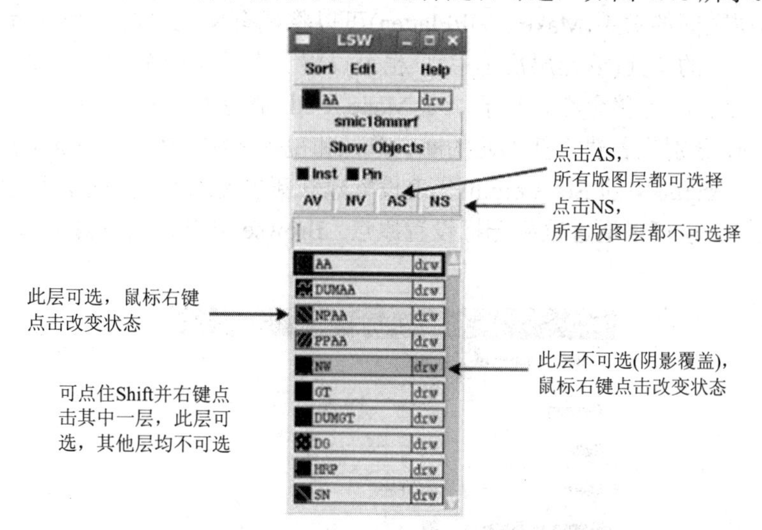

图 4.48　LSW 设置版图层、器件等可选择

图 4.48 中“AS”键用于选择所有层都可以选择，“NS”键选择所有版图层都不可以选择。当需要选择一个版图层不可选时，可以用鼠标右键点击此层。当此层不可选时，LSW 显示的相应版图层呈灰色。当选择器件可选或不可选时，点击图 4.48 中的“Show Objects”按键，如图 4.49 所示。

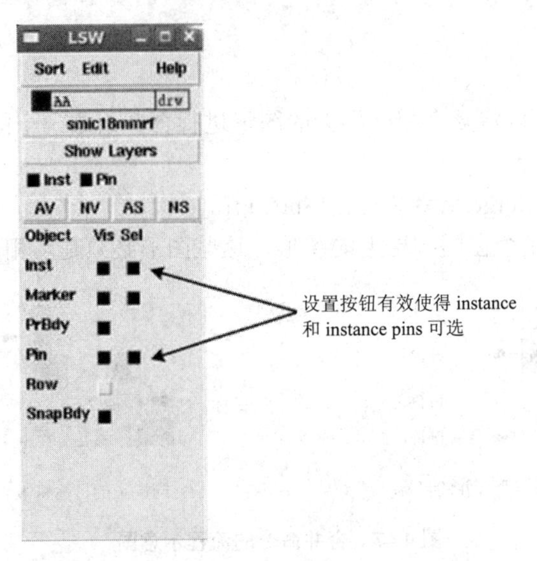

图 4.49　LSW 中“Show Objects”选项

2．取消(Deselect)选择命令的流程

(1) 版图窗口中有版图层或者器件单元被选中，鼠标点击空白区域，则取消选择原版图层或者器件单元。

(2) 也可以选择命令 Edit-Deselect 或者快捷键[Ctrl + d]，完成取消选择命令。

4.2.14　改变版图层之间的关系

改变版图层之间的关系(Make Cell/Flatten)可以将现有单元中的一个或者几个版图层/器件组成一个独立的单元(单元层次上移)，也可以将一个单元分解(单元层次下移)。Make Cell 命令为单元层次上移命令，即合并。Make Cell 命令对话框如图 4.50 所示，其中 Library/Cell/View 分别代表建立新单元的库、单元和视图名称，Replace Figures 代表可替换同名同名单元，Origin 中的 Set Origin 代表设置建立新单元的原点坐标，可以在右侧的 X 和 Y 中进行设置，也可以通过鼠标光标设置原点。Browse 可以在浏览器中选择库、单元和视图位置。

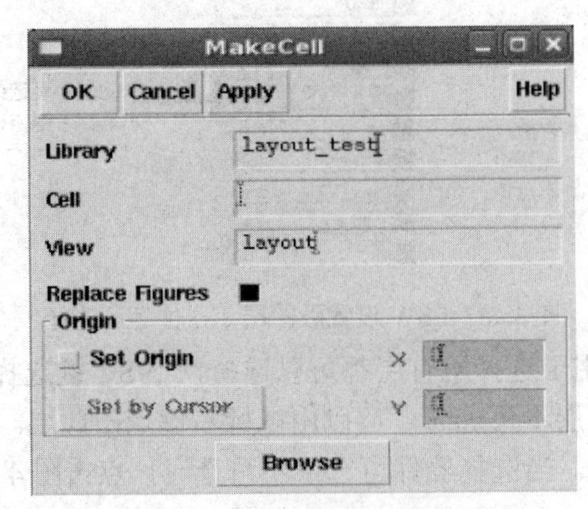

图 4.50　Make Cell 命令对话框

1. Make Cell 命令的操作流程

(1) 选择想要构成新单元的所有图形和器件。

(2) 选择命令 Edit-Hierarchy-Make Cell。

(3) 键入新单元的库名、单元名和视图名。

(4) 点击“OK”键完成 Make Cell 命令，如图 4.51 所示。

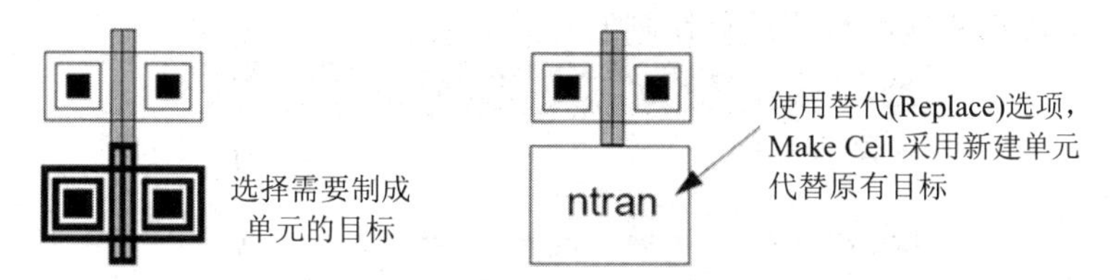

图 4.51　Make Cell 命令的操作示意图

Flatten 命令为单元层次下移命令，即打散。Flatten 命令对话框如图 4.52 所示。其中，Flatten Mode 可以选择打散一层(one level)或打散到可显示层(displayed levels)，Flatten Pcells 代表是否打散参数化单元，Preserve Pins 代表是否打散后端口的连接信息，Preserve ROD Objects 代表是否保留 ROD 的属性，Preserve Selections 代表是否保留所有打散后图形的选择性。

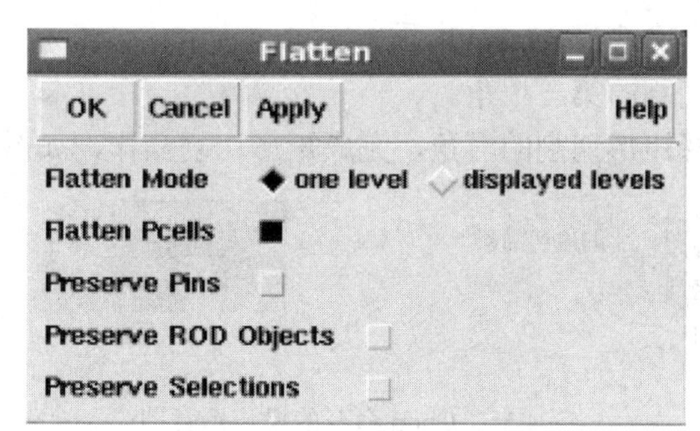

图 4.52　Flatten 命令的对话框

2. Flatten 命令的操作流程

(1) 选择想要打散的所有的器件组合。

(2) 选择命令 Edit-Hierarchy-Flatten。

(3) 选择打散模式。

(4) 点击“OK”键完成 Flatten 命令，如图 4.53 所示。

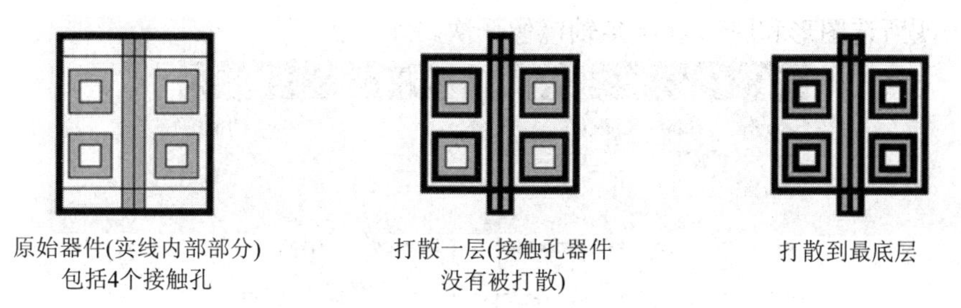

图 4.53　Flatten 命令的操作示意图

4.2.15 切割图形

切割图形(Chop)命令可以将现有图形进行分割或者切除某个部分。Chop 命令的对话框如图 4.54 所示。其中，Chop Shape 可以选择切割的形状，rectangle 代表矩形，polygon 代表多边形，line 代表采用连线方式进行切割；Remove Chop 代表删除切割掉的部分，Snap Mode 代表采用多边形和连线方式进行切割的走线方式。

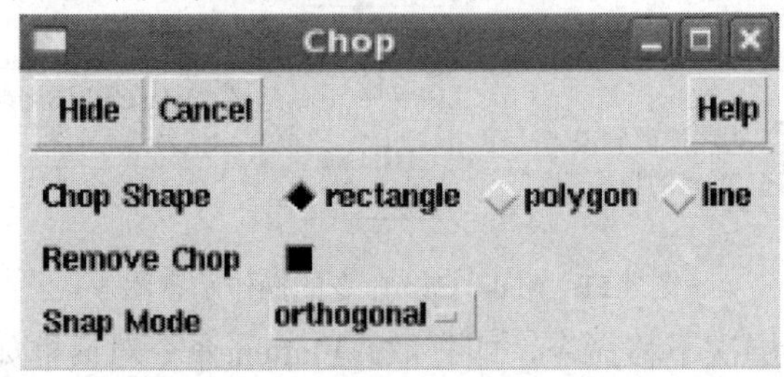

图 4.54　Chop 命令的对话框

切割(Chop)命令的操作流程如下：

(1) 选择命令 Edit-Other-Chop 或者快捷键[Shift-c]。

(2) 选择一个或者多个图形。

(3) 在切割模式选项中选择 rectangle 模式。

(4) 鼠标点击矩形切割的第一个角。

(5) 移动鼠标，选择矩形切割的对角，完成矩形切割操作，如图 4.55 所示。

图 4.55　Chop 命令的操作示意图

4.2.16 旋转图形

旋转图形(Rotate)命令可以改变选择图形和图形组合的方向。Rotate 命令的对话框如图 4.56 所示。其中，Angle 可以输入旋转的角度，当移动光标时，其数值会发生相应的变化；Angle Snap To 可以设置选择角度的精度；Rotate 按键每按一次所选的图形和图形组合逆时针旋转 90 度，Sideways 按键每按一次所选图形和图形组合 Y 轴镜像一次，Upside Down 按键每按一次所选图形和图形组合 X 轴镜像一次。

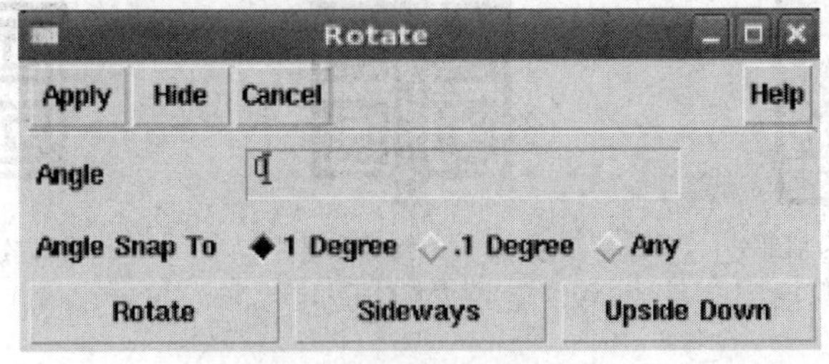

图 4.56　Rotate 命令的对话框

Rotate 旋转命令可以采用对话框，也可以采用鼠标完成。

1．采用对话框完成 Rotate 旋转命令的流程

(1) 选择命令 Edit-Other-Rotate 或者快捷键[Shift-o]。

(2) 选择版图中的图形。

(3) 鼠标在版图中点击参考点，在 Rotate 对话框中填入旋转的角度或者选择 Rotate/Sideways/Upside Down。

(4) 点击 Apply，完成旋转操作。

2．采用鼠标右键完成选择的操作流程

(1) 先进行 Move、Copy 和 Paste 操作。

(2) 逆时针选择 90 度，点击鼠标右键，如图 4.57 所示。

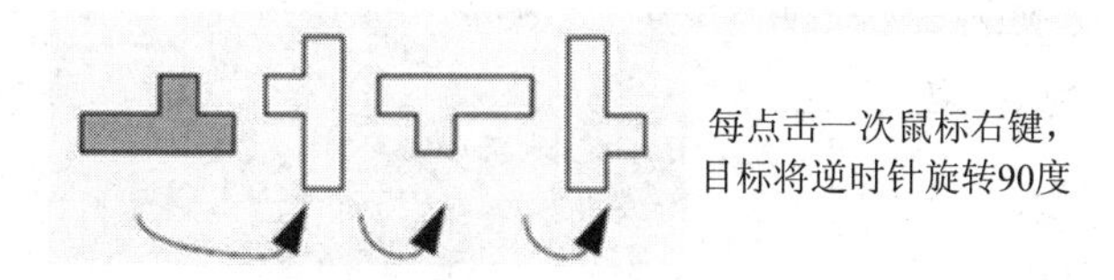

图 4.57　逆时针旋转 90 度的操作示意图

(3) 先 Y 轴镜像再 X 轴镜像，按住 Shift 键并点击鼠标右键(Y 轴镜像)，再点击鼠标右键(X 轴镜像)，如图 4.58 所示。

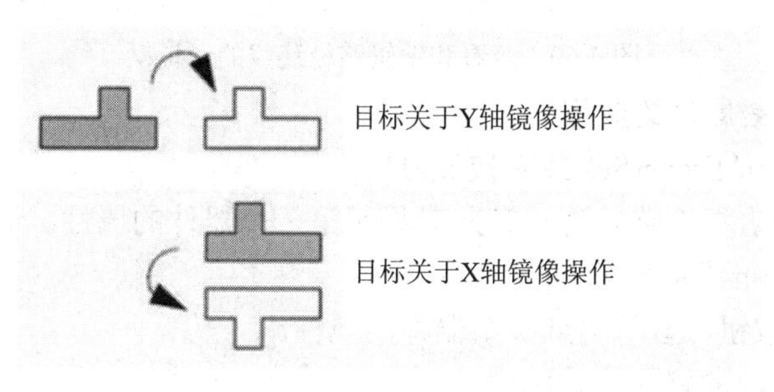

图 4.58　目标关于 Y 轴镜像与 X 轴镜像的操作示意图

4.2.17　属性查看

属性查看(Properties)命令可以查看或者编辑被选中图形及器件的属性。不同的图形结构、图形组合具有不同的属性对话框，下面简单介绍器件属性和路径属性。

图 4.59 为查看和编辑器件属性的对话框。其中，Next 代表所选器件组中下一个器件的属性；Previous 代表所选器件组中上一个器件的属性；Attribute 代表器件的特性，根据器件类型不同其特性也不同；Connectivity 显示所选器件的布线和连线信息；Parameter 显示参数化单元的参数；ROD 代表器件的 ROD 属性；Common 代表选择器件组属性进行批量修改。

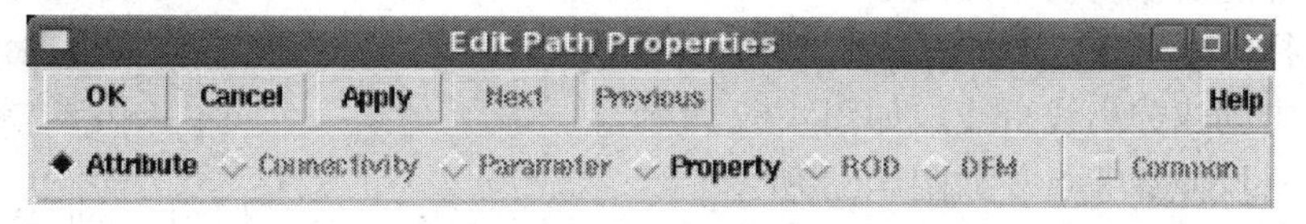

图 4.59　查看和编辑器件属性命令的对话框

1. 查看器件属性命令的流程

(1) 选择命令 Edit-Properties 或者快捷键[q]。
(2) 选择一个或者多个器件，此时显示第一个器件的属性。
(3) 点击合适的按钮，查看属性对话框中的属性信息。
(4) 点击 Common，查看所选器件的共同属性。
(5) 点击 Next 按钮，显示下一个器件的属性。
(6) 点击 Previous 按钮，显示前一个器件的属性。
(7) 点击 Cancel 按钮，关闭对话框。

图 4.60 为查看和编辑路径连线的对话框。其中，Width 为需要编辑路径连线的宽度。

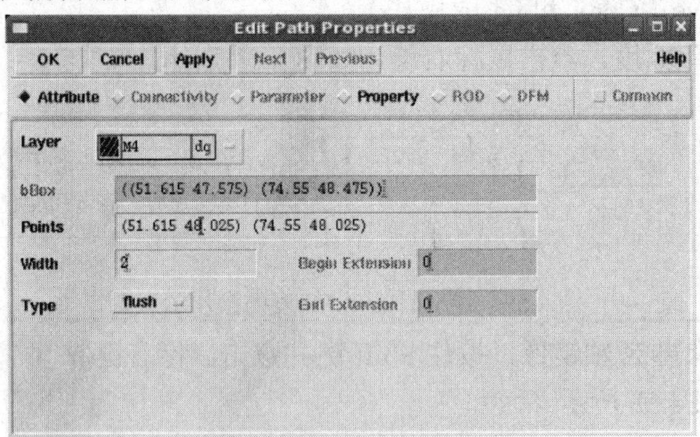

图 4.60　查看和编辑路径连线的对话框

2. 编辑路径连线属性的流程

(1) 选择命令 Edit-Properties 或者快捷键[q]。
(2) 选择一个或者多个路径连线，此时显示第一个器件的属性。
(3) 设置 Common 选项开启。
(4) 点击 Next 按钮，显示另外一个器件的属性。
(5) 键入需要修改的路径连线的宽度。
(6) 点击“OK”按钮，确认并关闭对话框。

4.2.18　分离图形

分离图形(Split)命令可以将单元切分并改变形状。Split 命令的对话框如图 4.61 所示。其中，Lock Angles 选项防止用户改变分离目标的角度，Snap Mode 选项可以选择分离拉伸角度，其中 anyAngle 为任意角度，diagonal 为对角线角度，orthogonal 为互相垂直角度，horizontal 为水平角度，vertical 为竖直角度。

Split 命令的操作流程如下：

(1) 选择想要分离的单元图形。
(2) 选择命令 Edit-Other-Split(快捷键 Control-s)。
(3) 点击创建分离线折线，如图 4.62 所示。
(4) 点击拉伸参考点，如图 4.63 所示。
(5) 点击拉伸的终点完成分离命令，如图 4.64 所示。

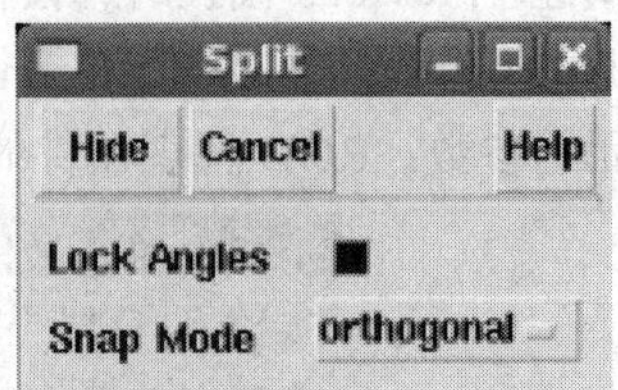

图 4.61　Split 命令的对话框

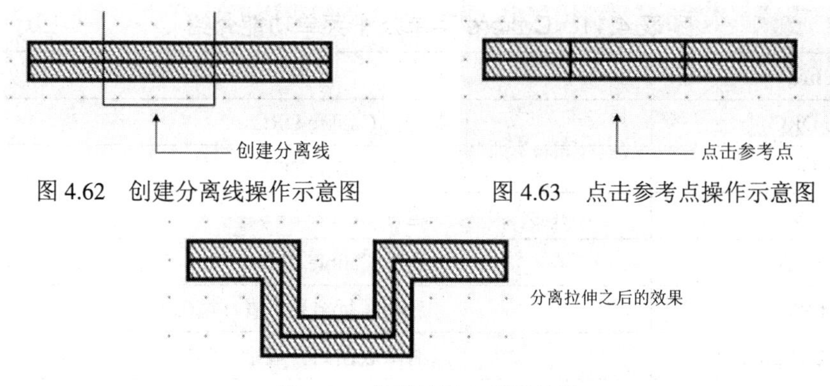

图 4.62　创建分离线操作示意图　　图 4.63　点击参考点操作示意图

图 4.64　分离拉伸之后的效果

4.3　Mentor Calibre 版图验证软件

Mentor Calibre 版图验证软件通常都是内嵌在 Cadence Virtuoso Layout Editor 工具中，在 Virtuoso Layout Editor 的图形界面中进行调用。采用 Cadence Virtuoso Layout Editor 调用 Mentor Calibre 工具需要进行文件设置，在用户的根目录下，找到 .cdsinit 文件，在文件的结尾处添加以下语句即可，其中 calibre.skl 为 calibre 提供的 skill 语言文件。

```
load "/usr/calibre/calibre.skl"
```

加入以上语句之后，存盘并退出文件，进入到工作目录，启动 Cadence Virtuoso 工具 icfb&。在打开存在的版图视图文件或者新建版图视图文件后，在 Layout Editor 的工具菜单栏上新增加了一个名为“Calibre”的新菜单，如图 4.65 所示。利用这个菜单可以对 Mentor Calibre 工具进行很方便的调用。Calibre 菜单分为 Run DRC、Run DFM Run LVS、Run PEX、Start REV、Clear Highlight、Setup 和 About 等 8 个子菜单，表 4.11 为 Calibre 菜单及子菜单功能介绍。

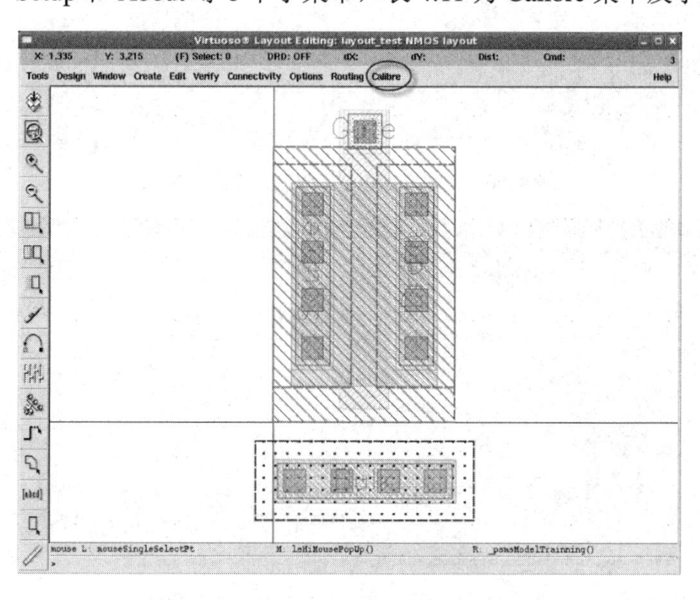

图 4.65　新增的 Calibre 菜单示意图

表 4.11　Calibre 菜单及子菜单功能介绍

Calibre		
Run DRC		运行 Calibre DRC
Run DFM		运行 Calibre DFM
Run LVS		运行 Calibre LVS
Run PEX		运行 Calibre PEX
Start RVE		启动运行结果查看环境(RVE)
Clear Highlight		清除版图高亮显示
Setup	Layout Export	Calibre 版图导出设置
	Netlist Export	Calibre 网表导出设置
	Calibre View	Calibre 反标设置
	RVE	运行结果查看环境
	Socket	设置 RVE 服务器 Socket
About		Calibre Skill 交互接口说明

图 4.66、图 4.67 和图 4.68 分别为运行 Calibre DRC、Calibre LVS 和 Calibre PEX 后出现的主界面(Calibre 以 Calibre 2008 版本为例)。

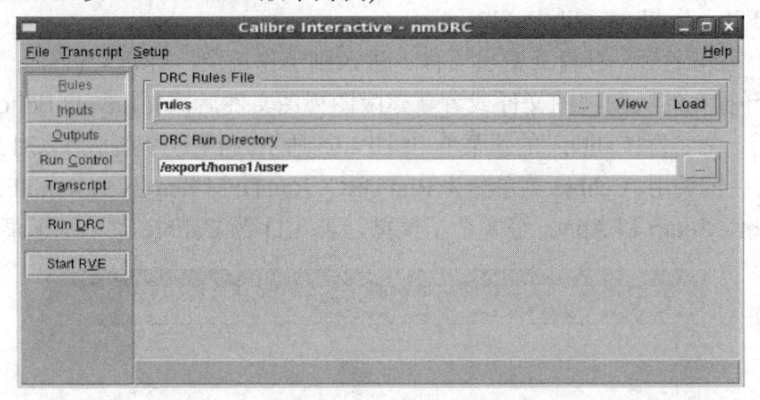

图 4.66　运行 Calibre DRC 出现的主界面

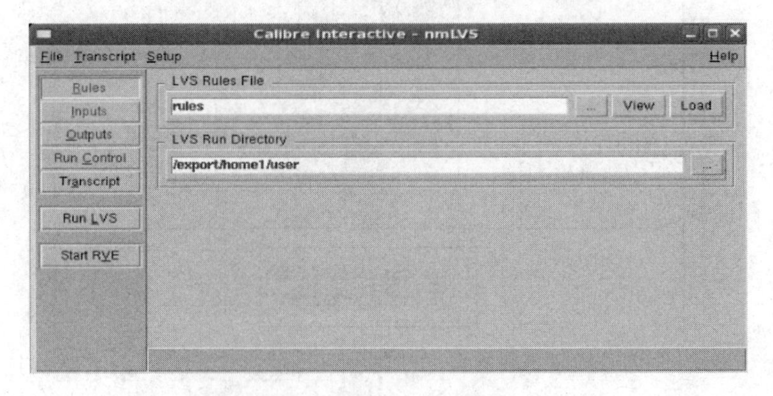

图 4.67　运行 Calibre LVS 出现的主界面

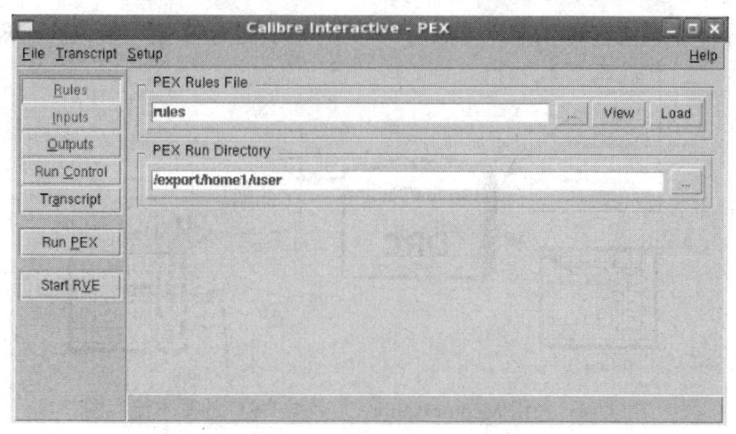

图 4.68　运行 Calibre PEX 出现的主界面

4.3.1　设计规则检查

设计规则检查(Design Rule Check，DRC)主要根据工艺厂商提供的设计规则检查文件，对设计的版图进行检查。其检查内容主要以版图层为主要目标，对相同版图层以及相邻版图层之间的关系以及尺寸进行规则检查。DRC 检查的目的是保证版图满足流片厂家的设计规则。芯片只有满足厂家设计规则的版图才有可能成功制造，并且符合电路设计者的设计初衷。图 4.69 示出不满足流片厂家设计规则的要求，设计的版图与制造出的芯片的差异对比。

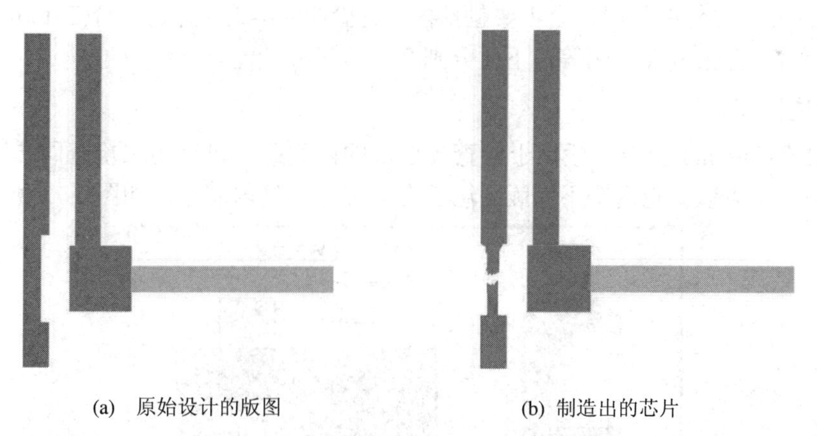

(a) 原始设计的版图　　(b) 制造出的芯片

图 4.69 不满足设计规则版图与芯片对比

从图 4.69(a)中可以看出，最左侧线条在左下角变窄，而变窄部分如不满足设计规则的要求，在芯片制造过程中就可能发生如图 4.69(b)中物理上的断路，造成芯片功能失效。因此，在版图设计完成后必须采用流片厂家的设计规则进行检查。

图 4.70 为采用 Mentor Calibre 工具做 DRC 的基本流程图。如图 4.70 所示，采用 Calibre 对输入版图进行 DRC 检查。其输入主要包括两项：一个是设计者的版图数据(Layout)，该数据可以为打开的版图文件，也可以为导出的 GDSII 格式文件；另一个就是流片厂家提供的设计规则(Rule File)。其中，Rule File 中限制了版图设计的要求以及指导 Calibre 工具进行 DRC 操作的相应规则。Calibre 做完 DRC 后输出处理结果，设计者可以通过一个查看器

(Viewer)来查看，并通过提示信息对版图中出现的错误进行修正，直到无 DRC 错误为止。

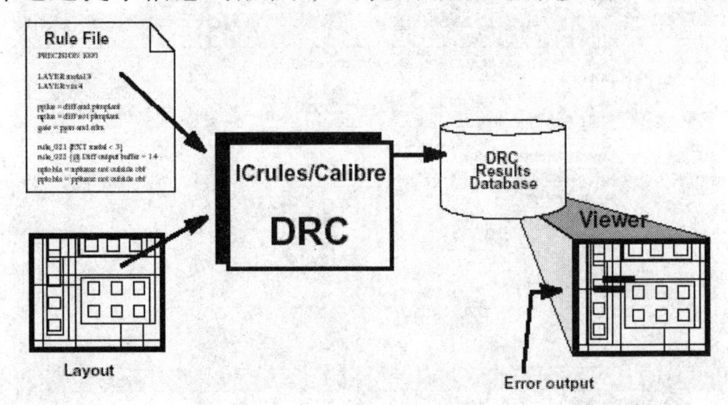

图 4.70　采用 Mentor Calibre 工具做 DRC 的基本流程图

Calibre DRC 是一个基于边缘(EDGE)的版图验证工具，其图形的所有运算都是基于边缘来进行的，这里的 Mentor Calibre 边缘还区分内边和外边，如图 4.71 所示。

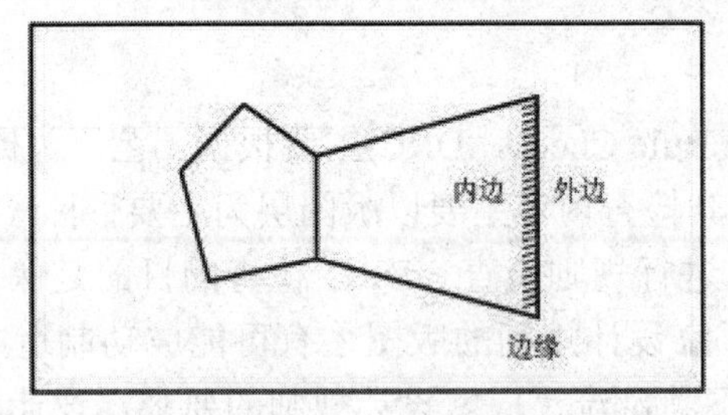

图 4.71　Mentor Calibre 边缘示意图

Calibre DRC 文件的常用指令主要包括内边检查(Internal)、外边检查(External)、尺寸检查(Size)、覆盖检查(Enclosure)等，下面分别介绍这三种功能。

1．内边检查

内边检查(Internal)指令一般用于检查多边形的内间距，可以用来检查同一版图层的多边形内间距，也可以检查两个不同版图层的多边形之间的内间距，如图 4.72 所示。

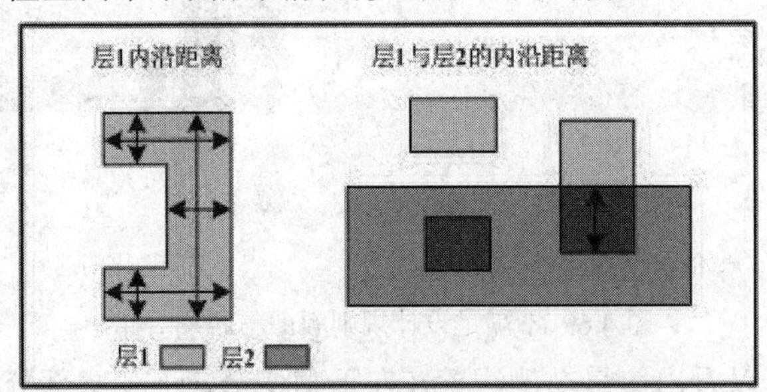

图 4.72　Calibre DRC 内边检查示意图

在图 4.72 中，内边检查的是多边形内边的相对关系，需要注意的是，图 4.72 左侧凹进去的相对两边不做检查，这是因为两边是外边缘的缘故。一般内边检查主要针对的是多边形或者矩形宽度的检查，例如金属最小宽度等。

2．外边检查

外边检查(External)指令一般用于检查多边形外间距，可以用来检查同一版图层多边形的外间距，也可以检查两个不同版图层多边形的外间距，如图 4.73 所示。

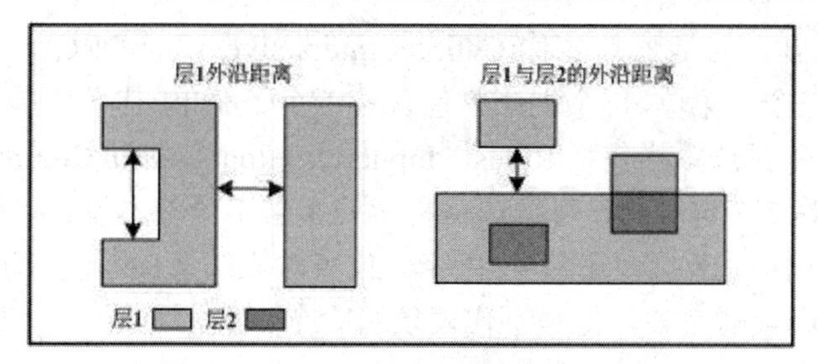

图 4.73　Calibre DRC 外边检查示意图

在图 4.73 中，外边检查的是多边形外边的相对关系，图 4.73 对其左侧凹进去的部分上、下两边做检查。一般外边检查主要针对的是多边形或者矩形与其他图形距离的检查，例如，同层金属、相同版图层允许的最小间距等。

3．覆盖检查

覆盖检查(Enclosure)指令一般用于检查多边形交叠，可以检查两个不同版图层多边形之间的关系，如图 4.74 所示。

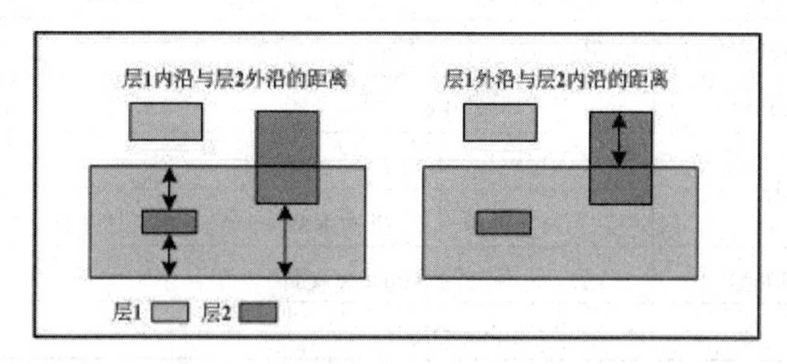

图 4.74　Calibre DRC 覆盖检查示意图

在图 4.74 中，覆盖检查的是被覆盖多边形外边与覆盖多边形内边的关系。一般覆盖检查是对多边形被其他图形覆盖，被覆盖图形的外边与覆盖图形内边的检查。例如，有源区上多晶硅外延最小距离等。

图 4.75 为 Calibre DRC 验证的主界面，同时也为 Rules 选项栏界面。Calibre DRC 验证主界面分为标题栏、菜单栏和工具选项栏。

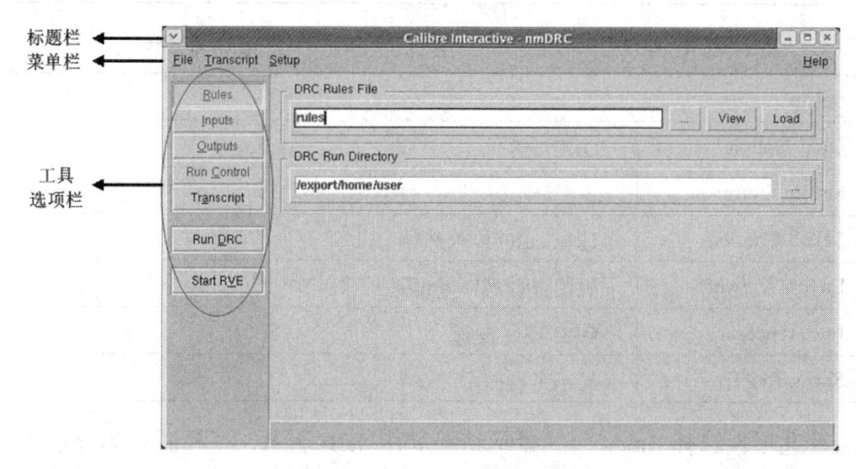

图 4.75　Calibre DRC 主界面

其中，标题栏显示的是工具名称(Calibre Interactive - nmDRC)，菜单栏分为 File、Transcript和Setup三个主菜单，每个主菜单包含若干个子菜单，其子菜单功能介绍见表4.12、表4.13和表4.14。工具选项栏包括Rules、Inputs、Outputs、Run Control、Transcript、Run DRC和Start RVE等7个选项栏，每个选项栏对应了若干个基本设置，将在后面进行介绍。Calibre DRC主界面中的工具选项栏，红色字体代表对应的选项还没有填写完整，绿色字体代表对应的选项已经填写完整，但是不代表填写完全正确，需要用户进行确认填写信息的正确性。

表4.12　Calibre DRC 主界面 File 菜单功能介绍

File		
New Runset	建立新Runset(Runset中存储的是为本次进行验证而设置的所有选项信息)	
Load Runset	加载新Runset	
Save Runset	保存Runset	
Save Runset As	另存Runset	
View Text File	查看文本文件	
Control File	View	查看控制文件
	Save As	将新Runset另存至控制文件
Recent Runsets	最近使用过的Runsets文件	
Exit	退出Calibre DRC	

表4.13　Calibre DRC 主界面 Transcript 菜单功能介绍

Transcript	
Save As	可将副本另存至文件
Echo to File	可将文件加载至Transcript界面
Search	在Transcript界面中进行文本查找

表4.14　Calibre DRC 主界面 Setup 菜单功能介绍

Setup	
DRC Option	DRC选项
Set Environment	设置环境
Select Checks	选择DRC检查选项
Layout Viewer	版图查看器环境设置
Preferences	DRC偏好设置
Show ToolTips	显示工具提示

(1) 工具选项栏选择Rules时的显示结果如图4.76所示，其界面右侧分别为DRC规则文件选择(DRC Rules File)和DRC运行目录选择(DRC Run Directory)。规则文件选择定位

DRC 规则文件的位置，其中[...]为选择规则文件在磁盘中的位置，View 为查看选中的 DRC 规则文件，Load 为加载之前保存过的规则文件；DRC 运行目录为选择 Calibre DRC 执行目录，点击[...]可以选择目录，并在框内进行显示。图 4.76 中的 Rules 已经填写完毕。

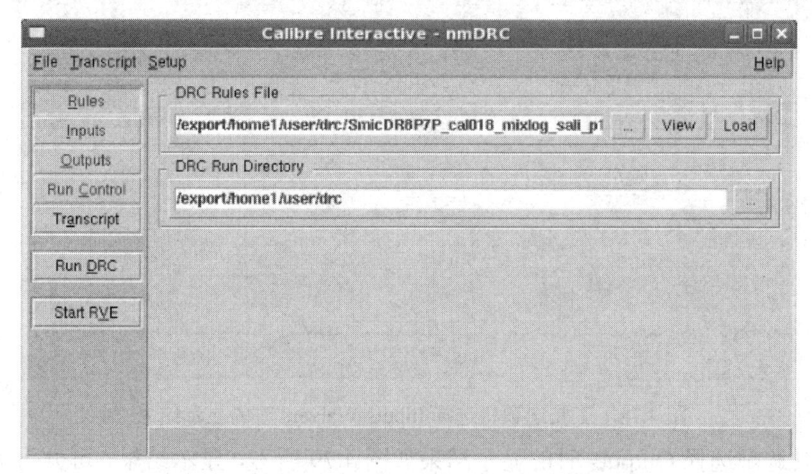

图 4.76　工具选项栏选择 Rules 的显示结果

(2) 工具选项栏选择 Inputs 时的显示结果。

① Layout 选项。图 4.77 所示为工具选项选择 Inputs-Layout 时的显示结果。

Run [Hierarchical/Flat/Calibre CB]：选择 Calibre DRC 运行方式；

File：版图文件名称；

Format [GDSII/OASIS/LEFDEF/MILKYWAY/OPENACCESS]：版图格式；

Export from layout viewer：高亮为从版图查看器中导出文件，否则使用存在的文件；

Top Cell：选择版图顶层单元名称，如图是层次化版图，则会出现选择框；

Area：高亮后，可以选定做 DRC 版图的坐标(左下角和右上角)。

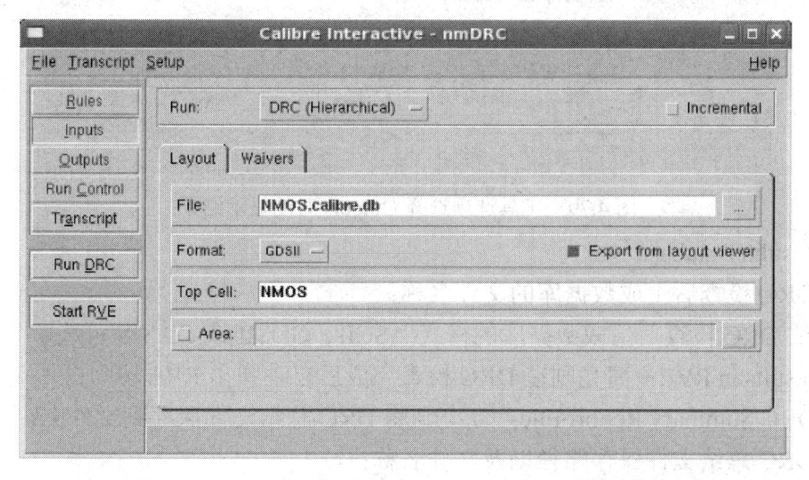

图 4.77　工具选项栏选择 Inputs-Layout 时的显示结果

② Waivers 选项。图 4.78 所示为工具选项栏选择 Inputs-Waivers 时的显示结果。

Run [Hierarchical/Flat/Calibre CB]：选择 Calibre DRC 运行方式；

Preserve cells from waiver file：从舍弃文件中保留填入的单元；

Additional Cells：添加额外需要检查的单元。

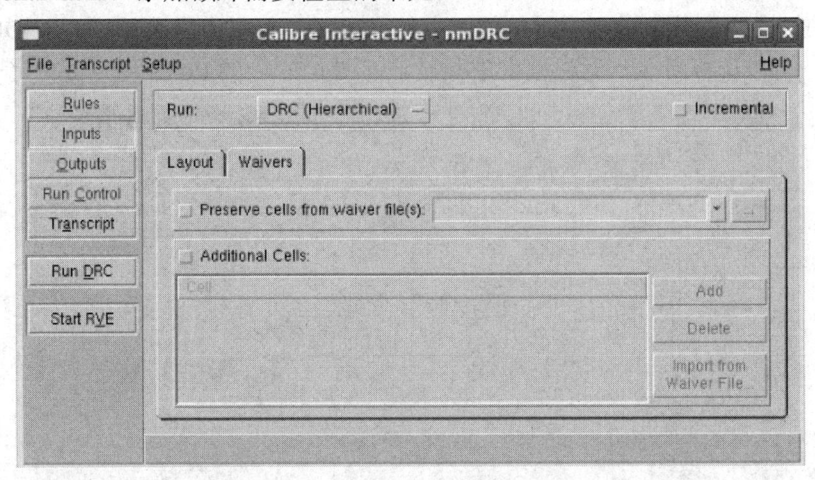

图 4.78　工具选项栏选择 Inputs-Waivers 时的显示结果

(3) 工具选项选择 Outputs 时的显示结果如图 4.79 所示，显示结果，可分为上下两个部分，上面为 DRC 检查后输出结果选项，下面为 DRC 检查后报告选项。

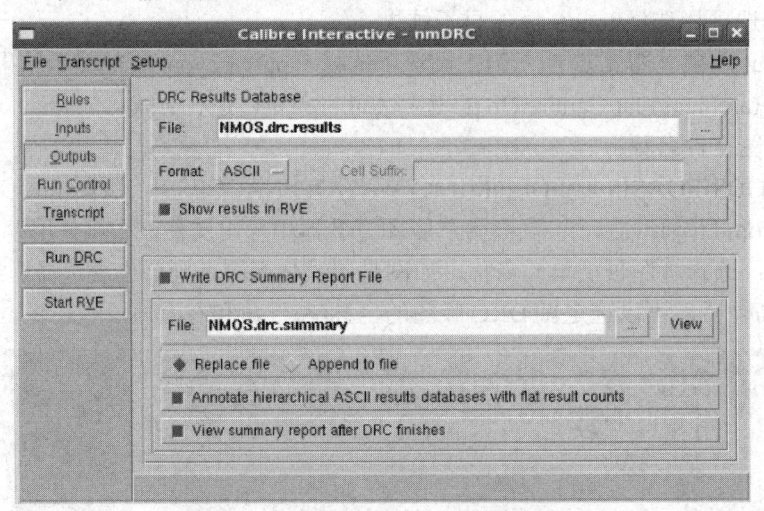

图 4.79　工具选项选择 Outputs 时的显示结果

DRC Results Database

File：DRC 检查后生成数据库的文件名称；

Format：DRC 检查后生成数据库的格式(ASCII、GDSII 或 OASIS 可选)；

Show results in RVE：高亮则在 DRC 检查完成后自动弹出 RVE 窗口；

Write DRC Summary Report File：高亮则将 DRC 总结文件保存到文件中；

File：DRC 总结文件保存路径以及文件名称；

Replace file/Append to file：以替换/追加形式保存文件；

Annotate hierarchical ASCII results databases with flat result counts：以打平方式反标至层次化结果；

View summary report after DRC finishes：高亮则在 DRC 检查后自动弹出总结报告。

(4) 工具选项选择 Run Control 时的显示结果。

图 4.80 为 Run Control 菜单中 Performance 选项卡。

Run 64-bit version of Calibre-RVE：高亮表示运行 Calibre-RVE 64 位版本；

Run Calibre on：[Local Host/Remote Host]：在本地/远程运行 Calibre；

Run Calibre：[Single-Threaded/Multi-Threaded/Distributed]：单进程/多进程/分布式运行 Calibre DRC；

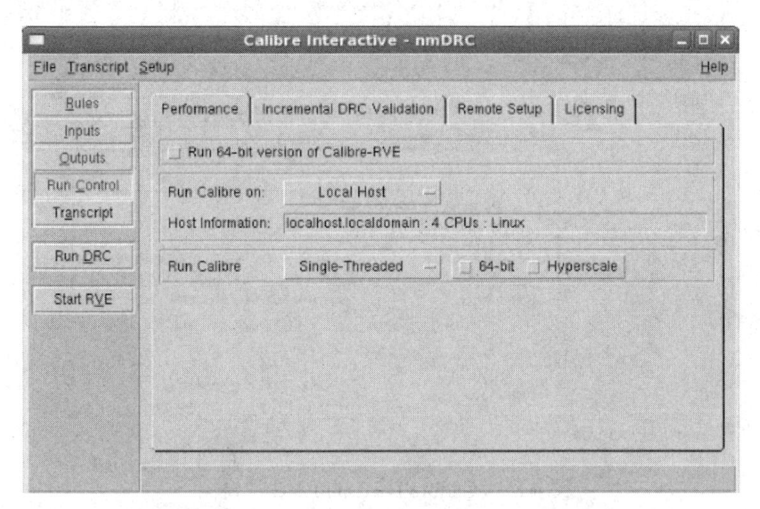

图 4.80　Run Control 菜单中 Performance 选项卡

此外，图 4.80 显示的 Run Control 菜单中除了 Performance 选项卡，另外还包括 Incremental DRC Validation、Remote Execution、Licensing 等三个选项卡。这三个选项卡中的选项一般选择默认即可。

(5) 工具选项选择 Transcript 时的显示结果如图 4.81 所示，显示 Calibre DRC 的启动信息，包括启动时间、启动版本和运行平台等信息。在 Calibre DRC 执行过程中，还显示 Calibre DRC 的运行进程。

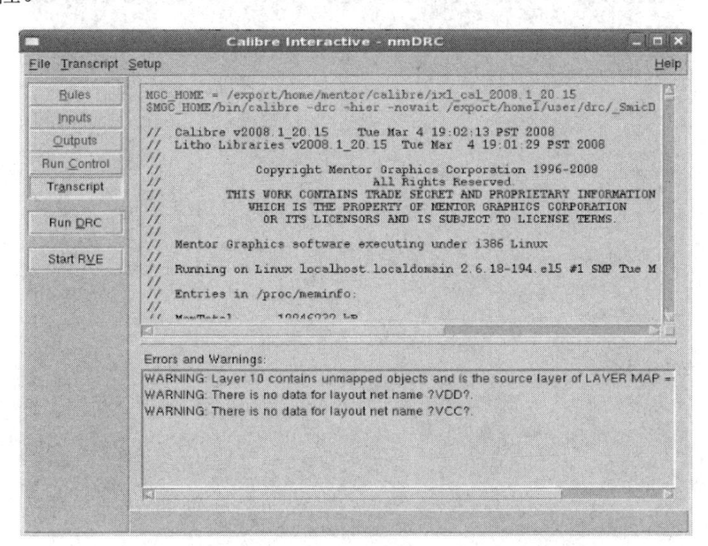

图 4.81　工具选项选择 Transcript 时的显示结果

点击图 4.81 中的[Run DRC]按键，可以立即执行 Calibre DRC 检查。

点击图 4.81 中的[Start RVE]按键，可以手动启动 RVE 视窗，启动后的视窗如图 4.82 所示。

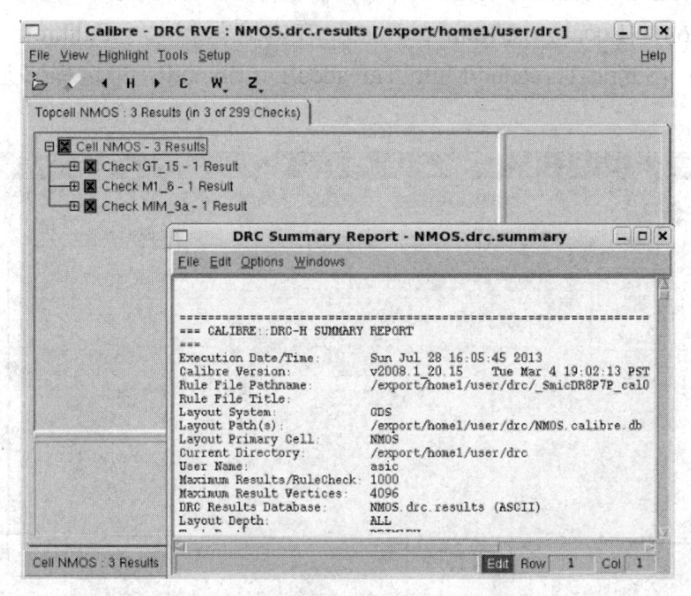

图 4.82 Calibre DRC 的 RVE 视窗图

图 4.82 中的 RVE 窗口，分为左上侧的错误报告窗口、左下侧的错误文本说明显示窗口以及右侧的错误对应坐标显示窗口三个部分。其中，错误报告窗口显示了 Calibre DRC 检查后所有的错误类型以及错误数量，如果存在红色“X”表示版图存在 DRC 错误，如果显示的是绿色的“√”，那么表示没有 DRC 错误；错误文本说明显示窗口显示了在错误报告窗口选中的错误类型对应的文本说明；错误对应坐标显示窗口显示了版图顶层错误的坐标。图 4.83 为无 DRC 错误时的 RVE 视窗图。

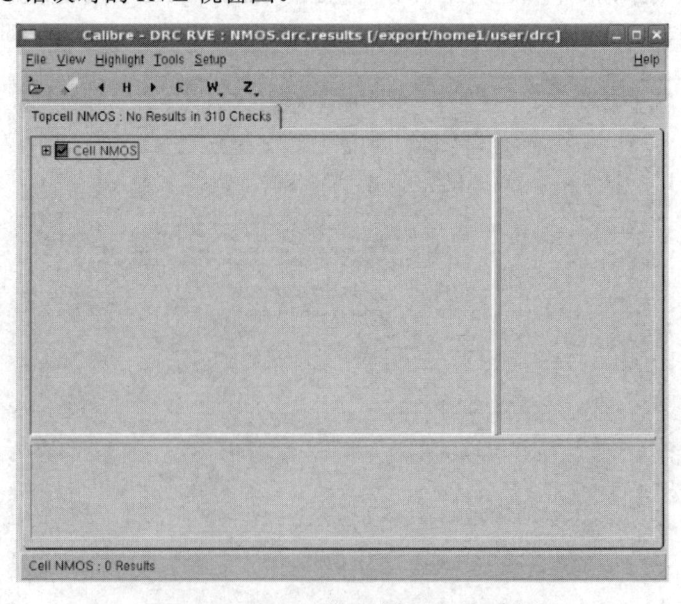

图 4.83 无 DRC 错误时的 RVE 视窗图

4.3.2　版图与电路图一致性检查

版图与电路图一致性检查(Layout Versus Schematic，LVS)，目的在于检查人工绘制的版图是否和电路结构相符。由于电路图在版图设计之初已经经过仿真确定了所采用的晶体管及各种器件的类型和尺寸，人工绘制的版图如果没有经过验证基本上不可能与电路图完全相同，所以对版图与电路图做一致性检查非常必要。

通常情况下，Calibre 工具对版图与电路图做一致性检查时的流程如图 4.84 所示。

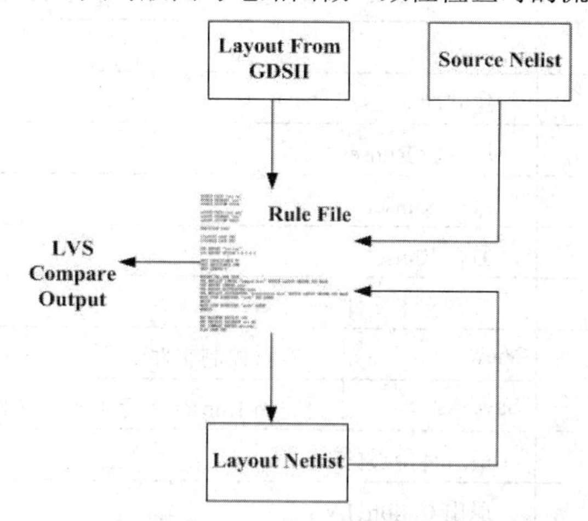

图 4.84　Mentor Calibre LVS 基本流程图

图 4.84 为 Mentor Calibre LVS 的基本流程，首先工具从版图(Layout)根据器件定义规则，对器件以及连接关系提取相应的网表(Layout Netlist)，其次读入电路网表(Source Netlist)，再根据一定的算法对版图提出的网表和电路网表进行比对，最后输出比对结果(LVS Compare Output)。

LVS 检查主要包括器件属性、器件尺寸以及连接关系等一致性比对检查，同时还包括电学规则检查(ERC)等。

图 4.85 为 Calibre LVS 验证主界面，Calibre LVS 的验证主界面分为标题栏、菜单栏和工具选项栏。

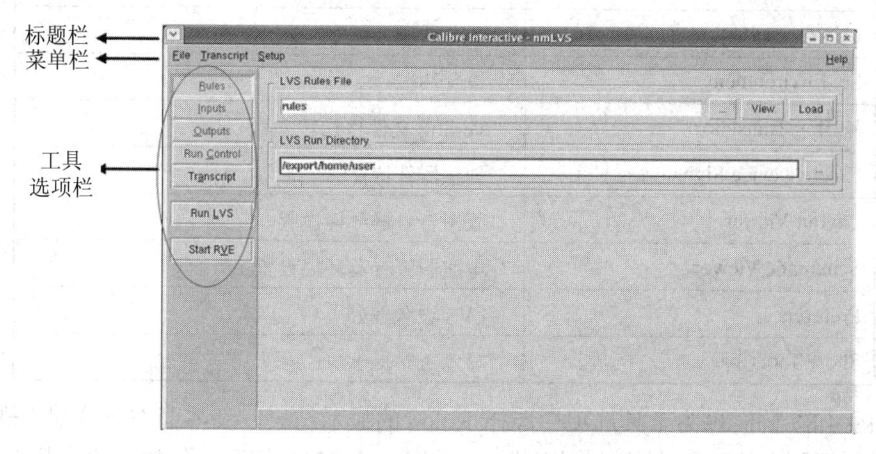

图 4.85　Calibre LVS 验证主界面

其中，标题栏显示的是工具名称(Calibre Interactive-nmLVS)，菜单栏分为 File、Transcript 和 Setup 三个主菜单，每个主菜单包含若干个子菜单，其子菜单功能如表 4.15～表 4.17 所示；工具选项栏包括 Rules、Inputs、Outputs、Run Control、Transcript、Run LVS 和 Start RVE 等 7 个选项栏，每个选项栏对应了若干个基本设置，将在后面进行介绍。Calibre LVS 主界面中的工具选项栏，红色字框代表对应的选项还没有填写完整，绿色代表对应的选项已经填写完整，但是不代表填写完全正确，需要用户进行确认填写信息的正确性。

表 4.15　Calibre LVS 主界面 File 菜单功能介绍

File		
New Runset	建立新 Runset	
Load Runset	加载新 Runset	
Save Runset	保存 Runset	
Save Runset As	另存 Runset	
View Text File	查看文本文件	
Control File	View	查看控制文件
	Save As	将新 Runset 另存至控制文件
Recent Runsets	最近使用过的 Runsets	
Exit	退出 Calibre LVS	

表 4.16　Calibre LVS 主界面 Transcript 菜单功能介绍

Transcript	
Save As	可将副本另存至文件
Echo to File	可将文件加载至 Transcript 界面
Search	在 Transcript 界面中进行文本查找

表 4.17　Calibre LVS 主界面 Setup 菜单功能介绍

Setup	
LVS Options	LVS 选项
Set Environment	设置环境
Verilog Translator	Verilog 文件格式转换器
Create Device Signatures	创建器件特征
Layout Viewer	版图查看器环境设置
Schematic Viewer	电路图查看器环境设置
Preferences	LVS 设置偏好
Show ToolTips	显示工具提示

(1) 图 4.85 同时也为工具选项栏选择 Rules 的显示结果，其界面右侧分别为规则文件选择栏以及规则文件路径选择栏。规则文件栏为定位 LVS 规则文件的位置，其中[...]为选

择规则文件在磁盘中的位置，View 为查看选中的 LVS 规则文件，Load 为加载之前保存过的规则文件；路径选择栏为选择 Calibre LVS 的执行目录，点击[...]可以选择目录，并在框内进行显示。图 4.86 的 Rules 已经填写完毕。

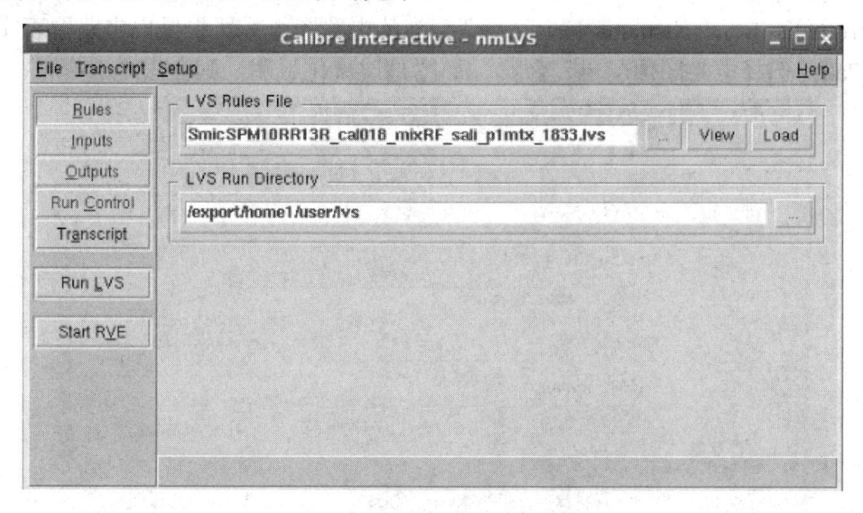

图 4.86　填写完毕的 Calibre LVS

(2) 工具选项栏选择 Inputs 下 Layout 的显示结果如图 4.87 所示，可分为上下两个部分，上半部分为 Calibre LVS 的验证方法(Hierarchical、Flat 或者 Calibre CB 可选)和对比类别(Layout vs Netlist、Netlist vs Netlist 和 Netlist Extraction 可选)，下半部分为版图 layout、网表 Netlist 和层次换单元 H-Cells 的基本选项。

① Layout 选项。图 4.87 所示为工具栏选项 Inputs-Layout 的显示结果。

Files：版图文件名称；

Format [GDS/OASIS/LEFDEF/MILKYWAY/OPENACCESS]：版图文件格式可选；

Top Cell：选择版图顶层单元名称，如图是层次化版图，则会出现选择框；

Layout Netlist：填入导出版图网表文件名称。

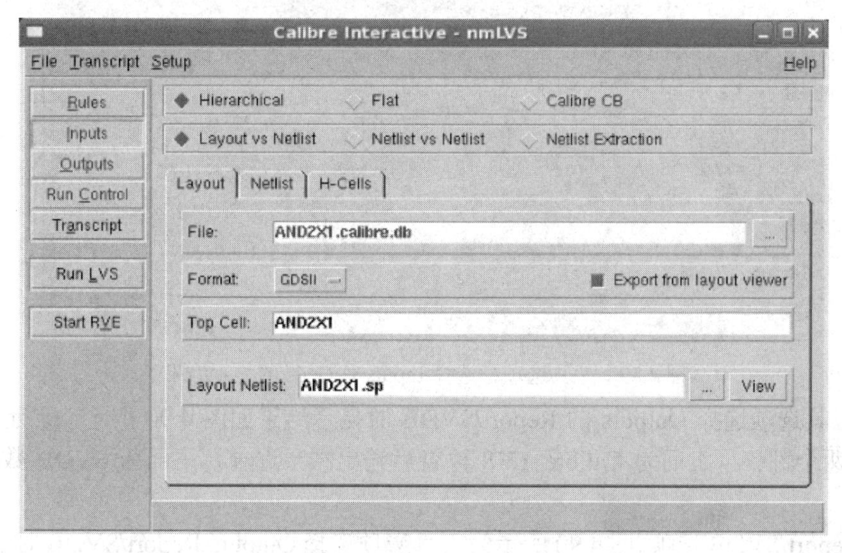

图 4.87　工具选项栏选择 Inputs-Layout 的显示结果

② Netlist 选项。图 4.88 所示为工具选项栏选择 Inputs-Netlist 的显示结果。

Files：网表文件名称；

Format [SPICE/VERILOG/MIXED]：网表文件格式 SPICE、VERILOG 和混合可选；

Export netlist from schematic viewer：高亮为从电路图查看器中导出电路网表文件；

Top Cell：选择电路图顶层单元名称，如图是层次化版图，则会出现选择框。

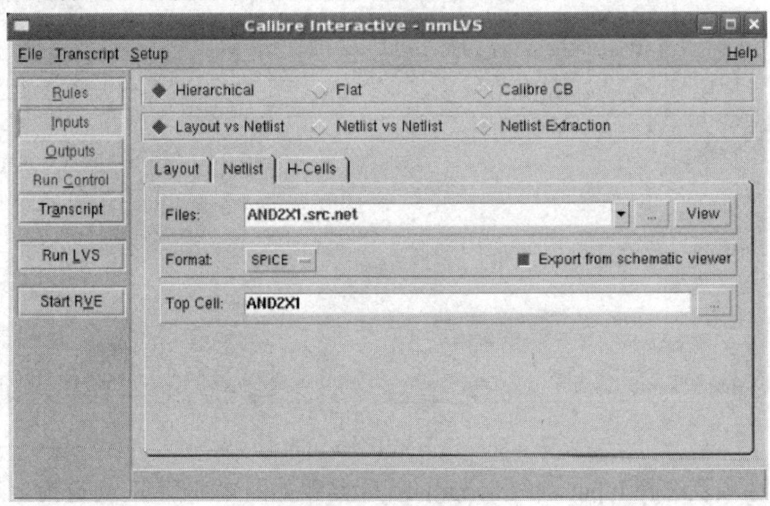

图 4.88　工具选项栏选择 Inputs-Netlist 的显示结果

③ H-cells 选项(当采用层次化方法做 LVS 时，H-Cells 选项才起作用)。图 4.89 为工具选项栏选择 Inputs-H-Cells 的显示结果。

Match cells by name (automatch)：通过名称自动匹配单元；

Use H-Cells file [hcells]：可以自定义文件 hcells 来匹配单元。

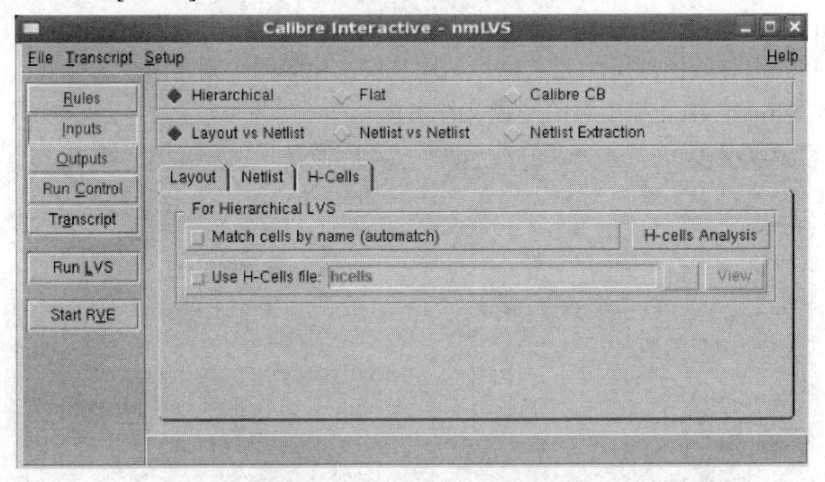

图 4.89　工具选项栏选择 Inputs-H-Cells 的显示结果

(3) 工具选项选择 Outputs 的 Report/SVDB 时显示结果如图 4.90 所示，显示的内容可分为上下两个部分，上面为 Calibre LVS 检查后输出结果选项，下面为 SVDB 数据库输出选项。

① Report/SVDB 选项。图 4.90 所示为工具选项选择 Outputs-Report/SVDB 时显示结果。

LVS Report File：Calibre LVS 检查后生成的报告文件名称；

View Report after LVS finished：高亮后 Calibre LVS 检查后自动开启查看器；

Create SVDB Database：高亮后创建 SVDB 数据库文件；

Start RVE after LVS finishes：高亮后 LVS 检查完成后自动弹出 RVE 窗口；

SVDB Directory：SVDB 产生的目录名称，默认为 svdb；

Generate data for Calibre-xRC：将为 Calibre-xRC 产生必要的数据；

Generate ASCII cross-reference files：产生 Calibre 连接接口数据 ASCII 文件；

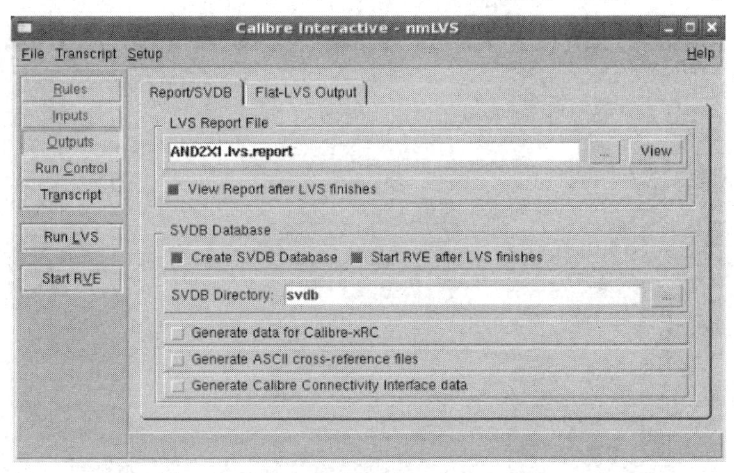

图 4.90　工具选项选择 Outputs-Report/SVDB 时的显示结果

② Flat-LVS Output 选项。图 4.91 为工具选项选择 Outputs-Flat-LVS Output 时的显示结果。

Write Mask Database for MGC ICtrace (Flat-LVS only)：为 MGC 保存掩膜数据库文件；

Mask DB File：如果需要保存文件，写入文件名称；

Do not generate SVDB data for flat LVS：不为打散的 LVS 产生 SVDB 数据；

Write ASCII cross-reference files(ixf，nxf)：保存 ASCII 对照文件；

Write Binary Polygon Format(BPF) file：保存 BPF 文件；

Save extracted flat SPICE netlist file：高亮后保存提取打散的 SPICE 网表文件。

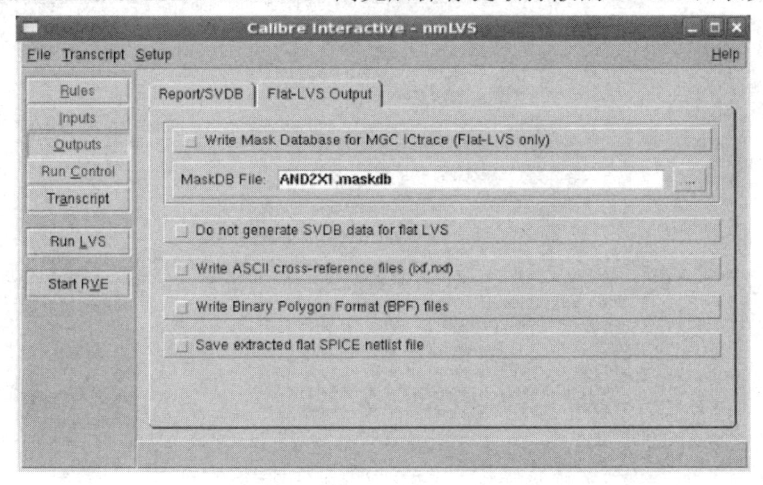

图 4.91　工具选项选择 Outputs-Flat-LVS Output 时的显示结果

(4) 工具选项选择 Run Control 时的显示结果。

Performance 选项。图 4.92 为

Run 64-bit version of Calibre-RVE：高亮表示运行 Calibre-RVE 64 位版本；

Run Calibre on [Local Host/Remote Host]：在本地或者远程运行 Calibre；

Host Information：主机信息；

Run Calibre [Single Threaded/Multi Threaded/Distributed]：采用单线程、多线程或者分布式方式运行 Calibre。

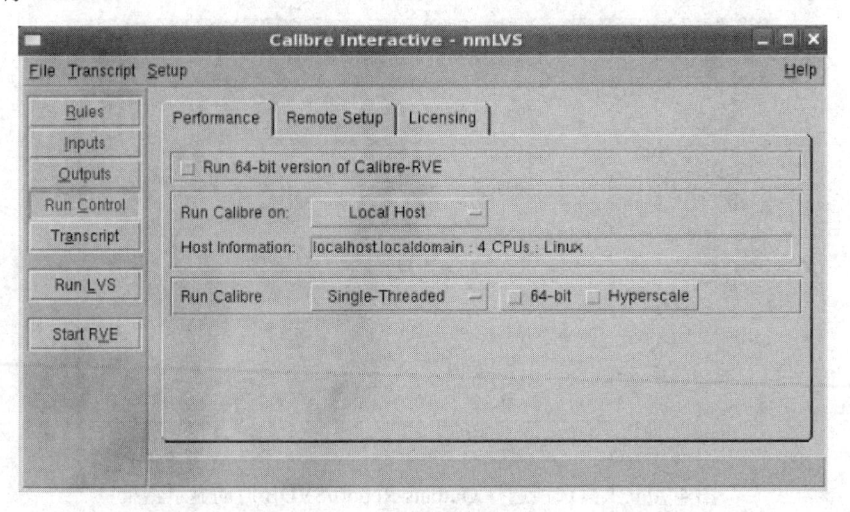

图 4.92　Run Control 菜单中 Performance 选项卡

这两个选项采用默认值即可。图 4.92 显示的为 Run Control 菜单中除了 Performance 选项卡，另外还包括 Remote Execution 和 Licensing 两个选项卡。

(5) 图 4.93 为工具选项选择 Transcript 时的显示结果，显示 Calibre LVS 的启动信息，包括启动时间、启动版本、运行平台等信息。在 Calibre LVS 执行过程中，还显示 Calibre LVS 的运行进程。

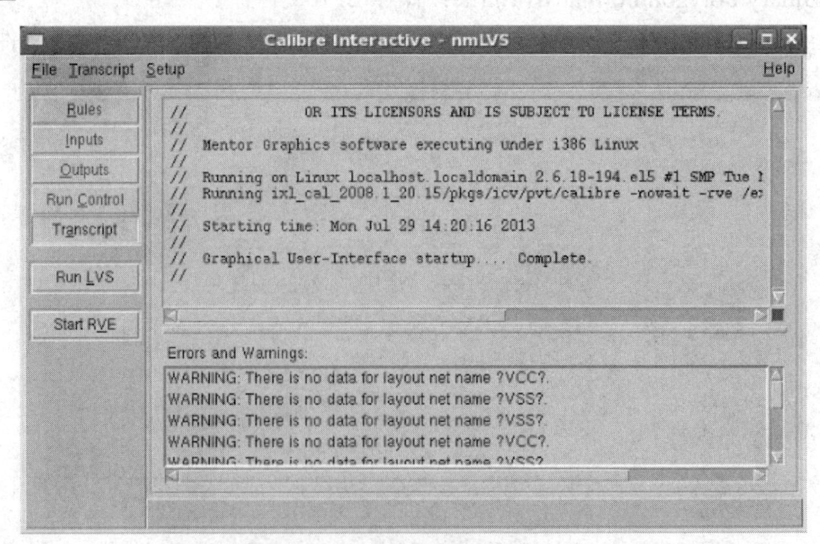

图 4.93　工具选项选择 Transcript 时的显示结果

点击菜单 Setup-LVS Option 可以调出 Calibre LVS 一些比较实用的选项，如图 4.94 所示。点击图 4.94 红框所示的 LVS Options，主要分为 Supply、Report、Gate、Shorts、ERC、Connect、Includes 和 Database 等 7 个子菜单。

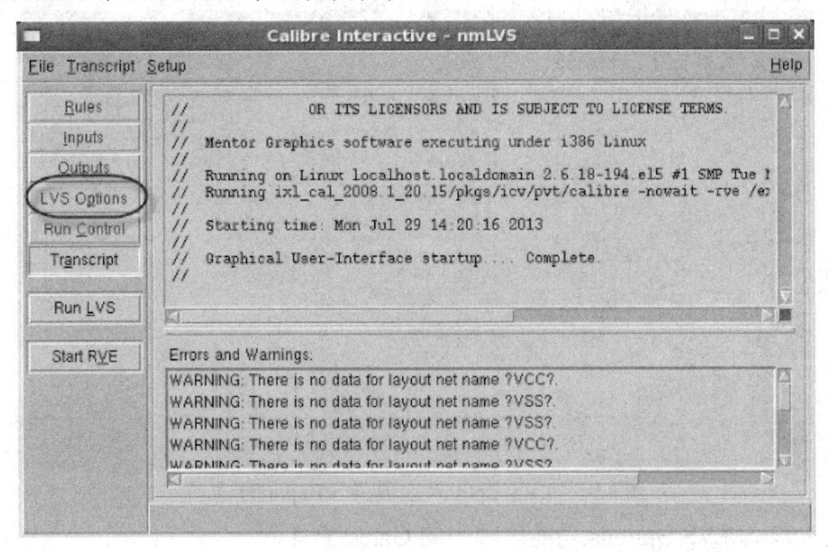

图 4.94　调出的 LVS Options 功能选项菜单

① 图 4.95 为 LVS Option 功能选项中的 Supply 子菜单。

About LVS on power/ground net errors：高亮时，当发现电源和地短路时 LVS 中断；

About LVS on Softchk errors：高亮时，当发现软连接错误时 LVS 中断

Ignore layout and source pins during comparison：在比较过程中忽略版图和电路中的端口；

Power nets：可以加入电源线网名称；

Ground nets：可以加入地线网名称。

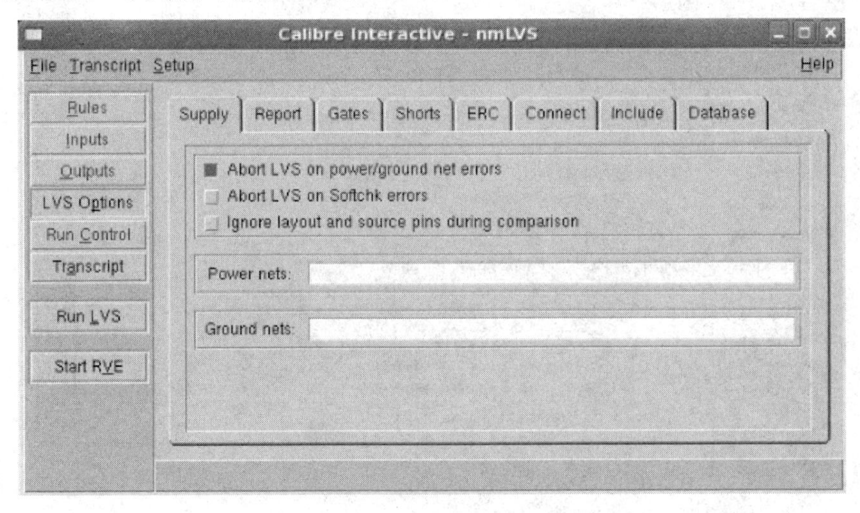

图 4.95　LVS Options 选项菜单 Supply 子菜单

② 图 4.96 为 LVS Options 功能选项中的 Report 子菜单。

LVS Report Options：LVS 报告选项如果出现“S”，表示 LVS Report 里会出现详细的软连接冲突包括(软连接指的是有不同的电位连接到同一层上，或者该层所连接的电位不正确)；

Max. discrepancies printed in report：报告中显示的最大错误数量；

Create Seed Promotions Report：产生将所有版图层次打平后的 LVS 报告；

Max.polygons per seed-promotion in report：报告中显示的最大多边形错误的数量。

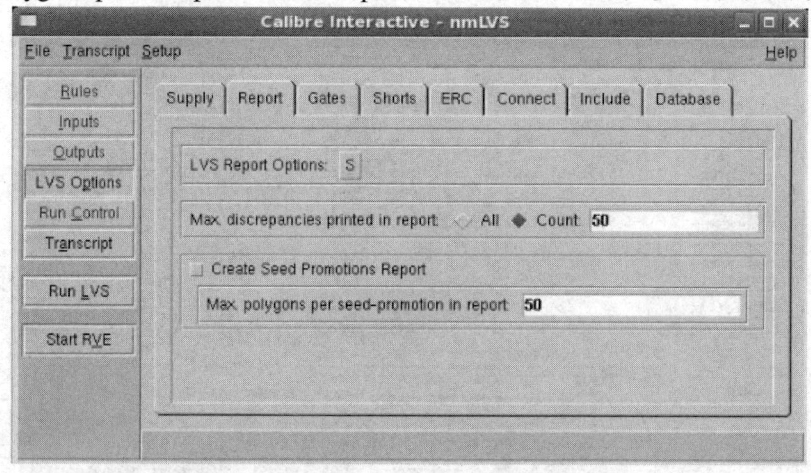

图 4.96　LVS Options 选项菜单 Report 子菜单

③ 图 4.97 为 LVS Options 功能选项中的 Gates 子菜单。

Recognize all gates：高亮后，LVS 识别所有的逻辑门来进行比对；

Recognize simple gates：高亮后，LVS 只识别简单的逻辑门(反相器、与非门、或非门)来进行比对；

Turn gate recognize gate off：高亮后，只允许 LVS 按照晶体管级来进行比对；

Mix subtypes during gate recognize：在逻辑门识别过程中采用混合子类型进行比对；

Filter Unused Device Options：过滤无用器件选项。

LVS Options 选项 Shorts 子菜单使用默认设置即可。

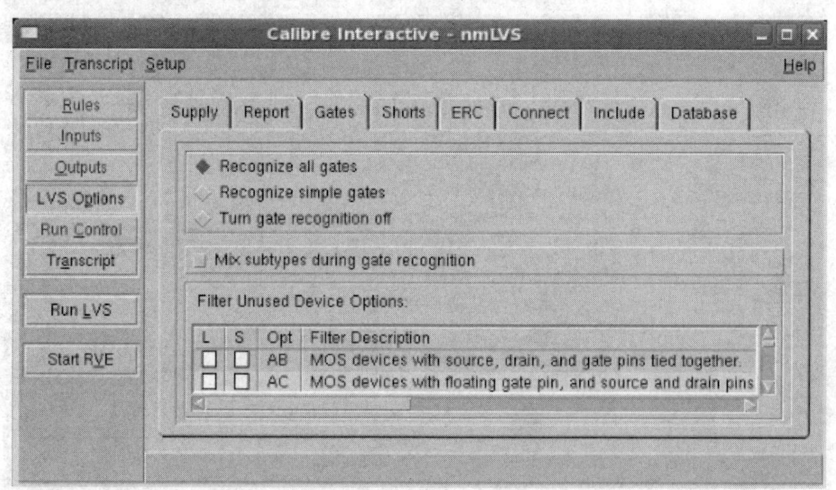

图 4.97　LVS Options 选项 Gates 子菜单

④ 图 4.98 为 LVS Options 选项 ERC 子菜单。

RUN ERC：高亮后，在执行 Calibre LVS 的同时执行 ERC，可以选择检查类型；

ERC Results File：填写 ERC 结果输出文件名称；

ERC Summary File：填写 ERC 总结文件名称；

Replace file/Append to file：替换文件或者追加文件；

Max. errors generated per check：每次检查产生错误的最大数量；

Max. vertices in output polygon：指定输出多边形顶点数最大值。

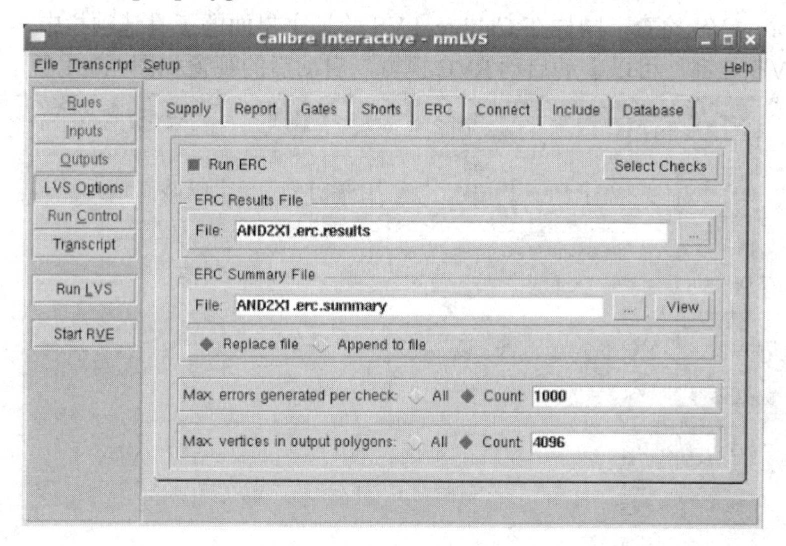

图 4.98　LVS Options 选项 ERC 子菜单

⑤ 图 4.99 为 LVS Options 选项 Connect 子菜单。

Connect nets with colon(：)：高亮后，版图中有文本标识后以同名冒号结尾的，默认为连接状态；

Don't connect nets by name：高亮后，不采用名称方式连接线网；

Connect all nets by name：高亮后，采用名称的方式连接线网；

Connect nets named：高亮后，对于填写名称的线网采用名称方式连接；

Report connections made by name：高亮后，报告通过名称方式的连接。

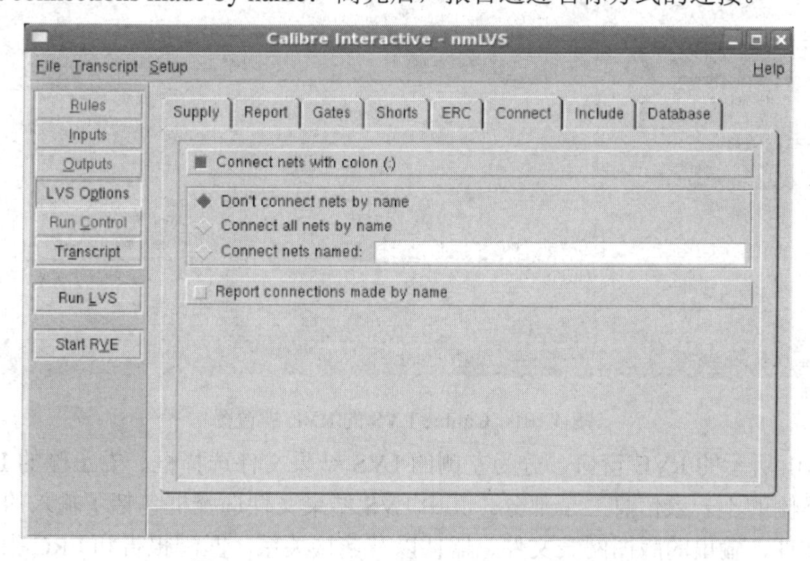

图 4.99　LVS Options 选项 Connect 子菜单

⑥ 图 4.100 为 LVS Options 选项 Includes 子菜单。

Include Rule Files：(specify one per line)：包含规则文件；

Include SVRF Commands：包含标准验证规则格式命令。

在 Calibre LVS 验证主界面的工具选项栏中，点击图 4.100 中的[Run LVS]按键，可以立即执行 Calibre LVS 检查。同样在 Calibre LVS 验证主界面的工具选项栏中，点击图 4.100 中的[Start RVE]按键，可以手动启动 RVE 视窗，启动后的视窗如图 4.101 所示。

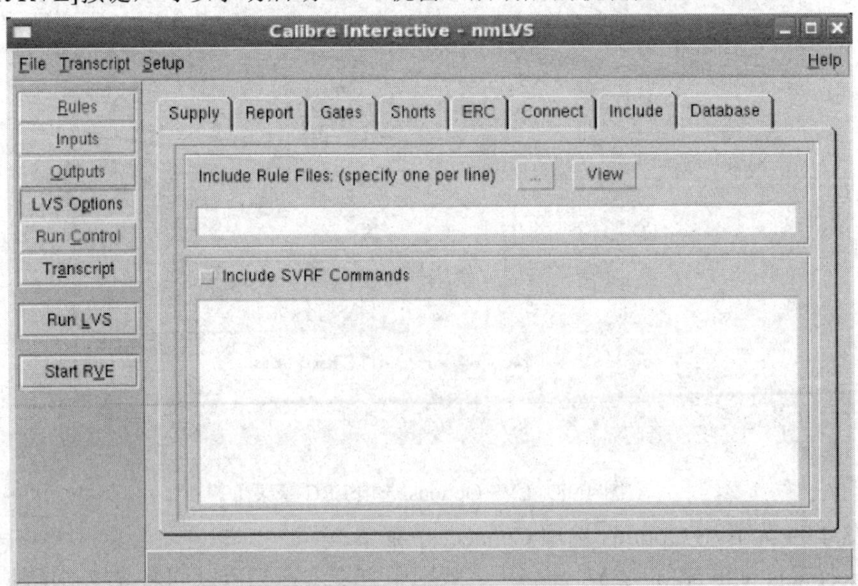

图 4.100　LVS Options 选项 Includes 子菜单

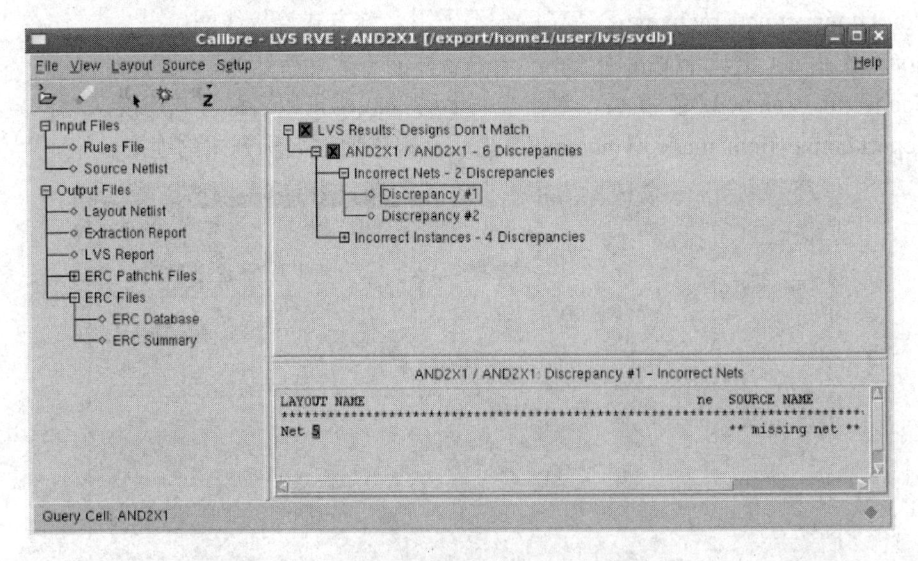

图 4.101　Calibre LVS 的 RVE 视窗图

图 4.101 所示的 RVE 窗口，分为左侧的 LVS 结果文件选择框、右上侧的 LVS 匹配结果以及右下侧的不一致信息三个部分。其中 LVS 结果文件选择框包括了输入的规则文件、电路网表文件，输出的版图网表文件、器件以及连接关系，匹配报告和 ERC 报告等；LVS

匹配结果显示了 LVS 运行结果；不一致信息包括了 LVS 不匹配时对应的说明信息。图 4.102 为 LVS 通过时的 RVE 视窗图。同时也可以输出报告来查验 LVS 是否通过，图 4.103 的标识(对号标识 + CORRECT + 笑脸)表明 LVS 也通过。

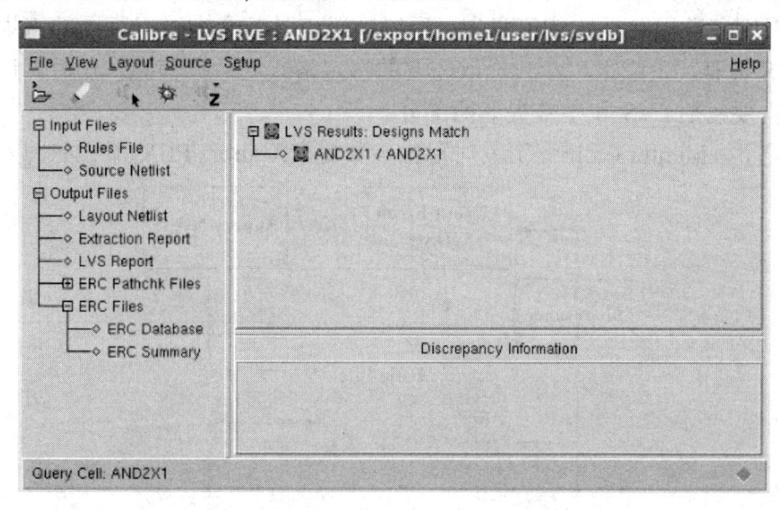

图 4.102　LVS 通过时的 RVE 视窗图

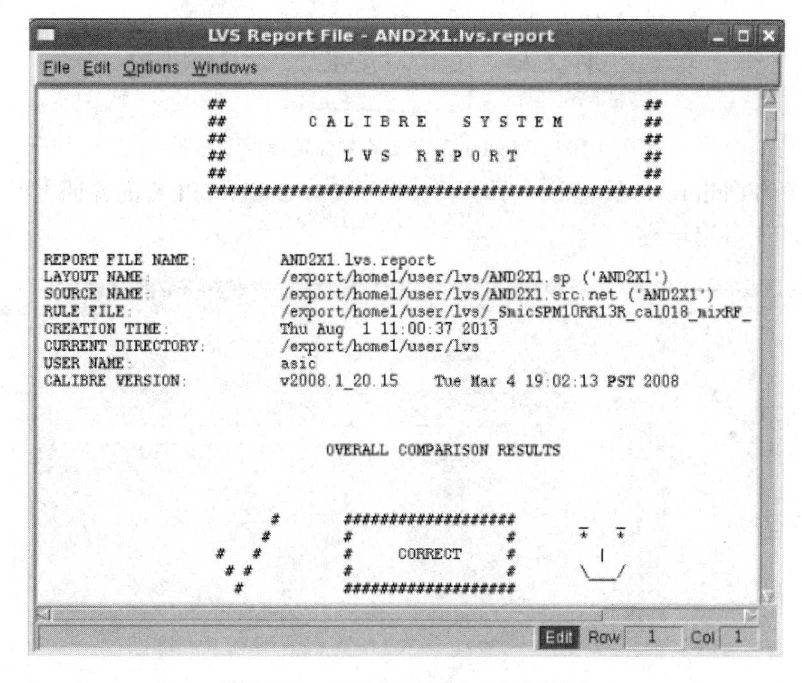

图 4.103　LVS 通过时输出报告显示

4.3.3　寄生参数提取

寄生参数提取(parasitic parameter extraction，PEX)是根据工艺厂商提供的寄生参数文件对版图进行其寄生参数(通常为等效的寄生电容和寄生电阻，在工作频率较高的情况下还需要提取寄生电感)的抽取，电路设计工程师可以对提取出的寄生参数网表进行仿真，此仿真的结果由于寄生参数的存在，其性能相比前仿真结果会有不同程度的恶化，使得其结果更加贴近芯片的实测结果，所以版图参数提取的准确程度对集成电路设计来说非常重要。

在这里需要说明的是，对版图进行寄生参数提取的前提是版图和电路图的一致性检查必须通过，否则参数提取没有任何意义。所以一般工具都会在进行版图的寄生参数提取前自动进行 LVS 检查，生成寄生参数提取需要的特定格式的数据信息，然后再进行寄生参数提取。PEX 主要包括 LVS 和参数提取两部分。

通常情况下，Mentor Calibre 工具对寄生参数提取(Calibre PEX)流程如图 4.104 所示。

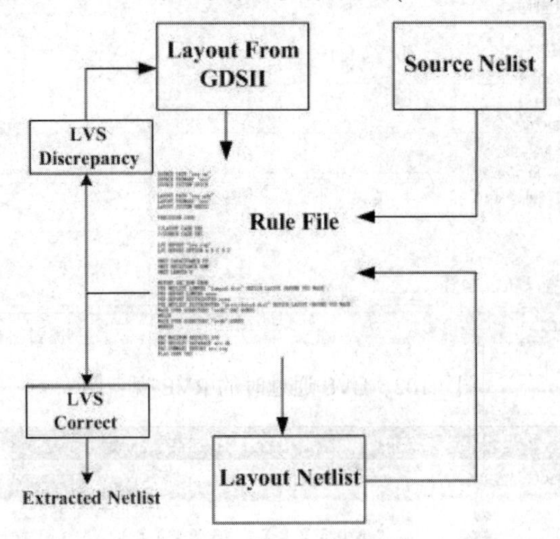

图 4.104　Mentor Calibre 寄生参数提取流程图

图 4.105 为 Calibre PEX 验证主界面，如图可知，Calibre PEX 的验证主界面分为标题栏、菜单栏和工具选项栏。

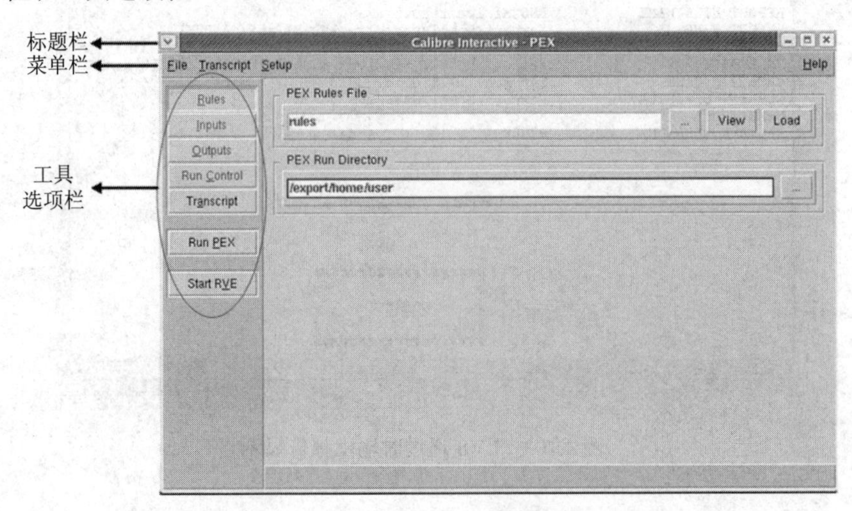

图 4.105　Calibre PEX 验证主界面

其中，标题栏显示的是工具名称(Calibre Interactive-PEX)，菜单栏分为 File、Transcript 和 Setup 三个主菜单，每个主菜单包含若干个子菜单，其子菜单功能如表 4.18～表 4.20 所示；工具选项栏包括 Rules、Inputs、Outputs、Run Control、Transcript、Run PEX 和 Start RVE

等 7 个选项栏，每个选项栏对应了若干个基本设置，将在后面进行介绍。Calibre PEX 主界面中的工具选项栏，红色字框代表对应的选项还没有填写完整，绿色代表对应的选项已经填写完整，但是不代表填写完全正确，需要用户进行确认填写信息的正确性。

表 4.18　Calibre PEX 主界面 File 菜单功能介绍

File		
New Runset	建立新 Runset	
Load Runset	加载新 Runset	
Save Runset	保存 Runset	
Save Runset As	另存 Runset	
View Text File	查看文本文件	
Control File	View	查看控制文件
	Save As	将新 Runset 另存至控制文件
Recent Runsets	最近使用过的 Runsets	
Exit	退出 Calibre PEX	

表 4.19　Calibre PEX 主界面 Transcript 菜单功能介绍

Transcript	
Save As	可将副本另存至文件
Echo to File	可将文件加载至 Transcript 界面
Search	在 Transcript 界面中进行文本查找

表 4.20　Calibre PEX 主界面 Setup 菜单功能介绍

Setup	
PEX Options	PEX 选项
Set Environment	设置环境
Verilog Translator	Verilog 文件格式转换器
Delay Calculation	延迟时间计算设置
Layout Viewer	版图查看器环境设置
Schematic Viewer	电路图查看器环境设置
Preferences	Calibre PEX 设置偏好
Show ToolTips	显示工具提示

(1) 图 4.105 同时也为工具选项栏选择 Rules 的显示结果，其界面右侧分别为规则文件(PEX Rules File)和路径选择(PEX Run Directory)。规则文件定位 PEX 提取规则文件的位置，其中[...]为选择规则文件在磁盘中的位置，View 为查看选中的 PEX 以及提取规则文件，Load 为加载之前保存过的规则文件；路径选择为选择 Calibre PEX 的执行目录，点击[...]可以选择目录，并在框内进行显示。图 4.106 的 Rules 已经填写完毕。

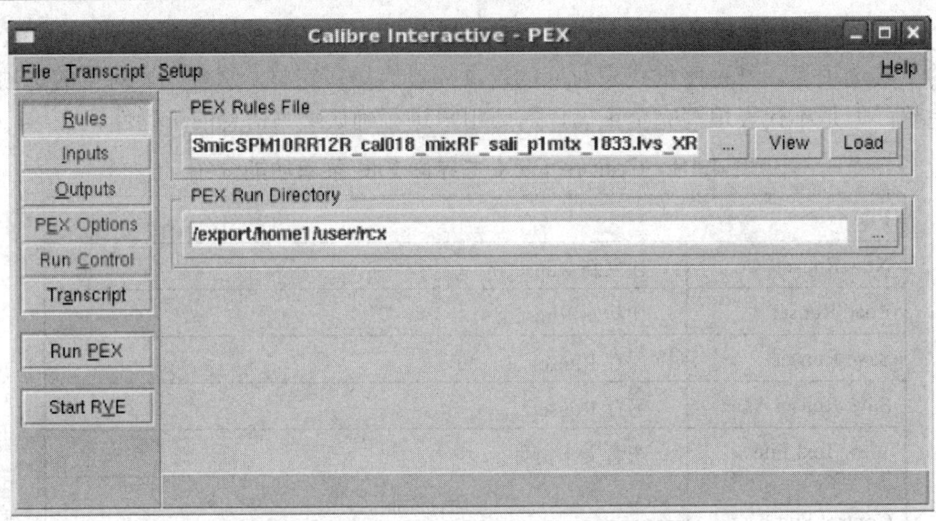

图 4.106　Rules 填写完毕的 Calibre PEX

(2) 工具选项栏 Inputs 包括 Layout、Netlist、H-Cells、Blocks 和 Probes 等 5 个子菜单。图 4.107～图 4.111 分别为工具选项栏选择 Inputs 的子菜单 Layout、Netlist、H-Cells、Blocks 和 Probes 的显示结果。

① Layout 选项。图 4.107 为工具选项栏选择 Inputs-Layout 的显示结果。

Files：版图文件名称；

Format [GDS/OASIS/LEFDEF/MILKYWAY/OPENACCESS]：版图文件格式可选；

Top Cell：选择版图顶层单元名称，如图是层次化版图，则会出现选择框。

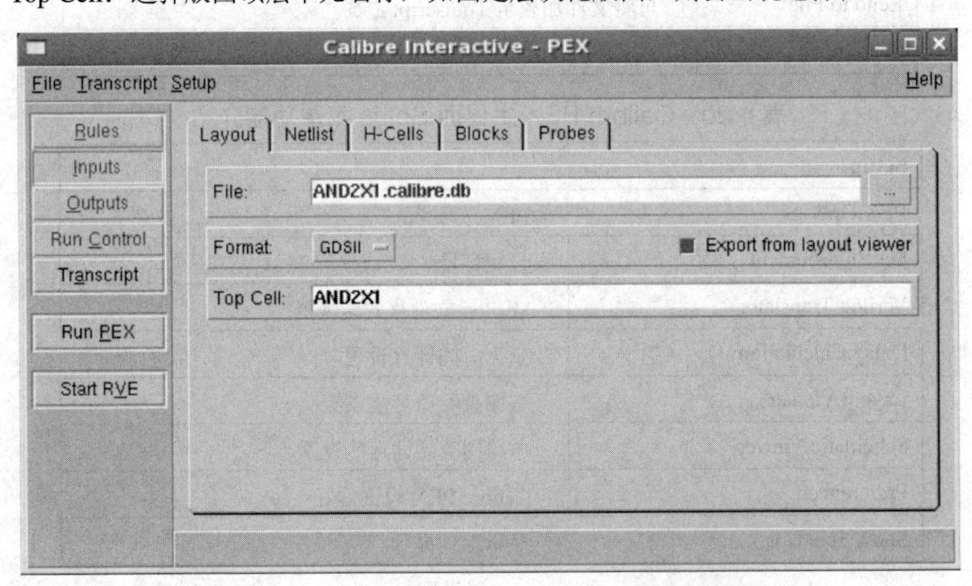

图 4.107　工具选项栏选择 Inputs-Layout 的显示结果

② Netlist 选项。图 4.108 为工具选项栏选择 Inputs-H-Cells 的显示结果。

Files：网表文件名称；

Format [SPICE/VERILOG/MIXED]：网表文件格式 SPICE、VERILOG 和混合可选；

Export netlist from schematic viewer：高亮为从电路图查看器中导出文件；

Top Cell：选择电路图顶层单元名称，如图是层次化版图，则会出现选择框。

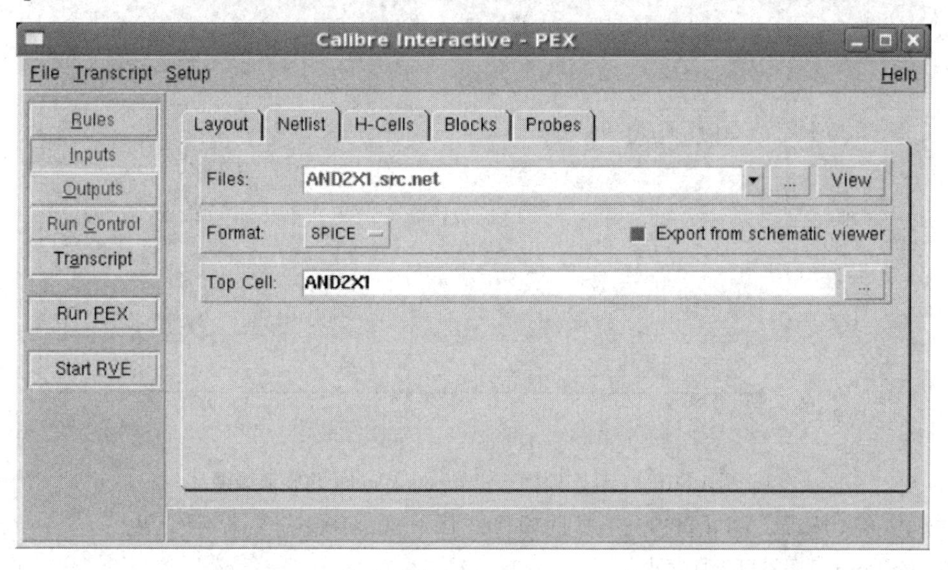

图 4.108　工具选项栏选择 Inputs-Netlist 的显示结果

③ H-cells 选项(当采用层次化方法做 LVS 时，H-Cells 选项才起作用)。图 4.109 为工具选项栏选择 Inputs-H-Cells 的显示结果。

Match cells by name (LVS automatch)：通过名称自动匹配单元；

Use H-Cells file [hcells]：可以自定义文件 hcells 来匹配单元；

PEX x-Cells file：指定寄生参数提取单元文件。

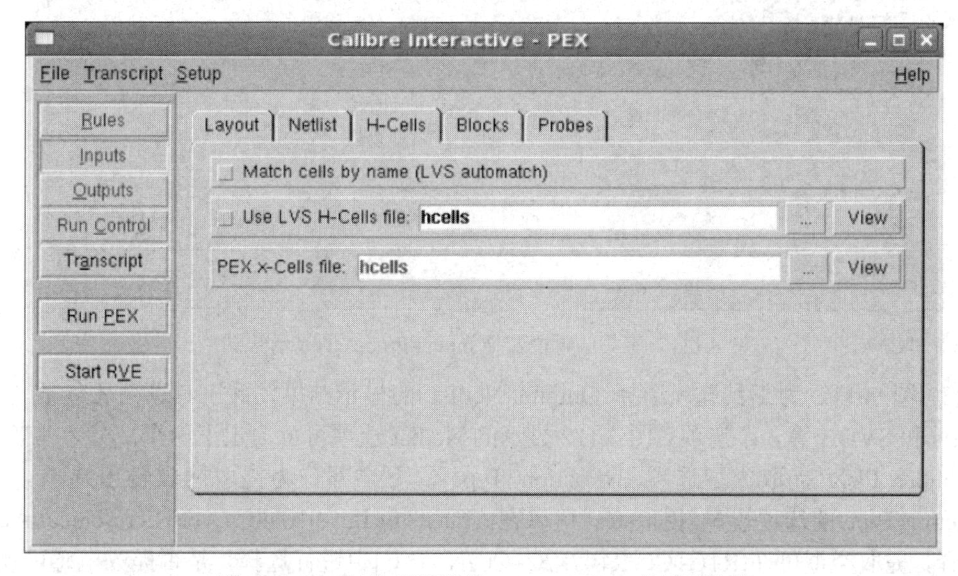

图 4.109　工具选项栏选择 Inputs-H-Cells 的显示结果

④ Blocks 选项。图 4.110 为工具选项栏选择 Inputs-Blocks 的显示结果。

Netlist Blocks for ADMS/Hier Extraction：层次化或混合仿真网表提取的顶层单元。

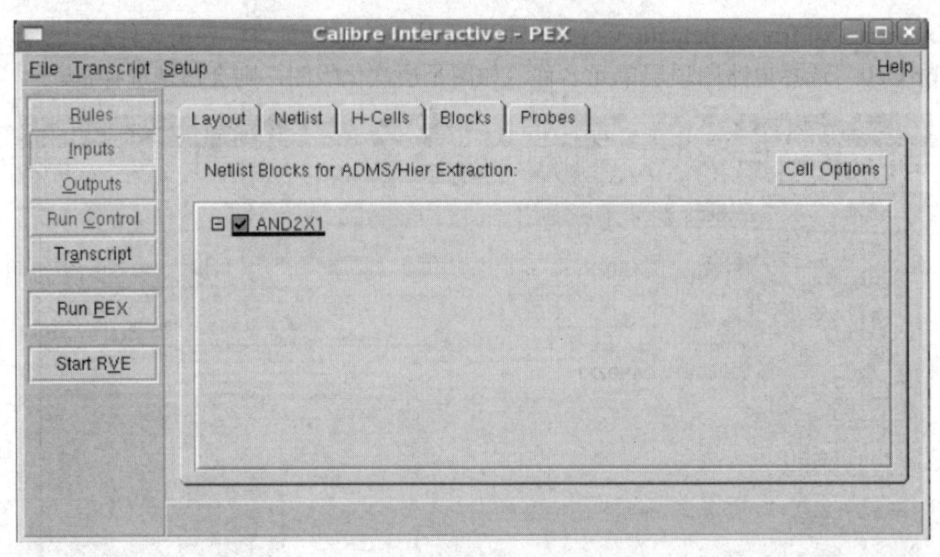

图 4.110　工具选项栏选择 Inputs-Blocks 的显示结果

⑤ Probes 选项。图 4.111 为工具选项栏选择 Inputs-Probes 的显示结果。

Probe Point：可打印观察点。

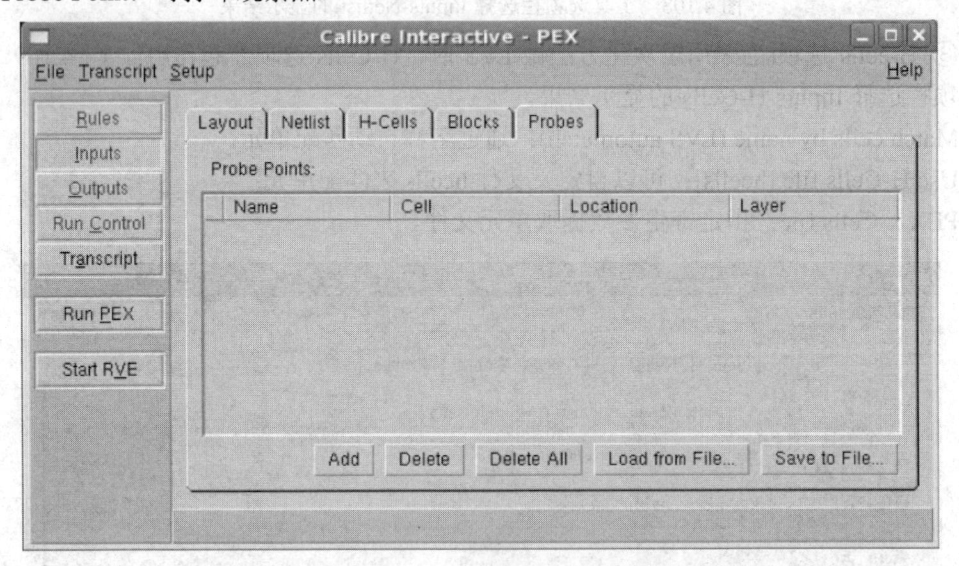

图 4.111　工具选项栏选择 Inputs-Probes 的显示结果

(3) 图 4.112 为工具选项选择 Outputs-Netlist 的显示结果，此工具选项还包括 Net、Reports 和 SVDB 等 3 个选项。图 4.112 显示的 Netlist 选项可分为上下两个部分，上半部分为 Calibre PEX 提取类型选项(Extraction Type)，下半部分为提取网表输出选项。其中 Extraction Type 的选项较多，提取方式可以在[Transistor Level/Gate Level/Hierarchical/ADMS]中选择，提取类型可在[R+C+CC/R+C/R/C+CC/No R/C]中进行选择，是否提取电感可在[No Inductance/L (Self Inductance)/ L+M (Self+Mutual Inductance)]中选择。

① Netlist 选项。图 4.112 为工具选项选择 Outputs-Report/SVDB 时的显示结果。

Format [CALIBREVIEW/DSPF/ELDO/HSPICE/SPECTRE/SPEF]：提取文件格式选择，

设计者可以根据不同的后仿真工具，提取相应的仿真网表类型。目前比较普遍使用的是 Calibre、Eldo 和 Hspice 三种格式的后仿真网表；

Use Names From：采用 Layout 或者 Schematic 来命名节点名称；

File：提取文件名称；

View netlist after PEX finishes：高亮时，PEX 完成后自动弹出网表文件。

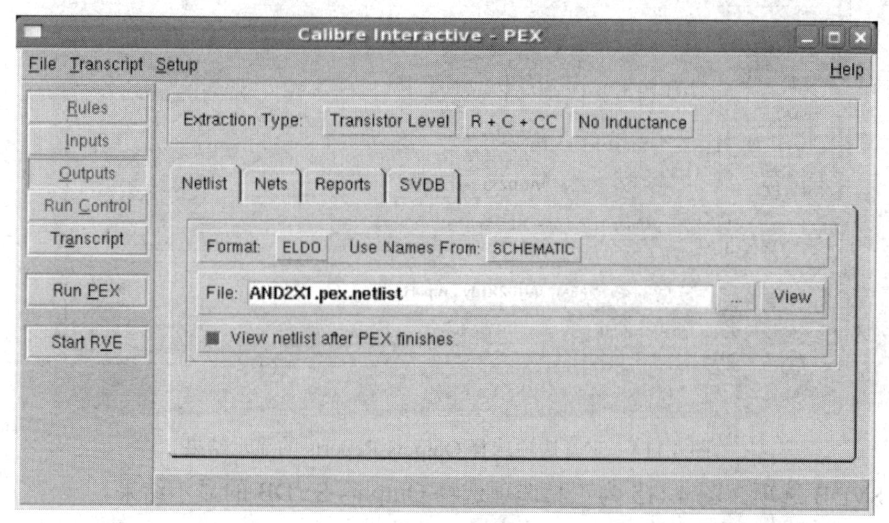

图 4.112　工具选项选择 Outputs-Report/SVDB 时的显示结果

② Nets 选项。图 4.113 为工具选项选择 Outputs-Nets 的显示结果。

Extract parasitic for All Nets/Specified Nets：为所有连线/指定连线提取寄生参数；

Top-Level Nets：如果指定连线提取可以说明提取(Include)/不提取(Exclude)线网的名称；

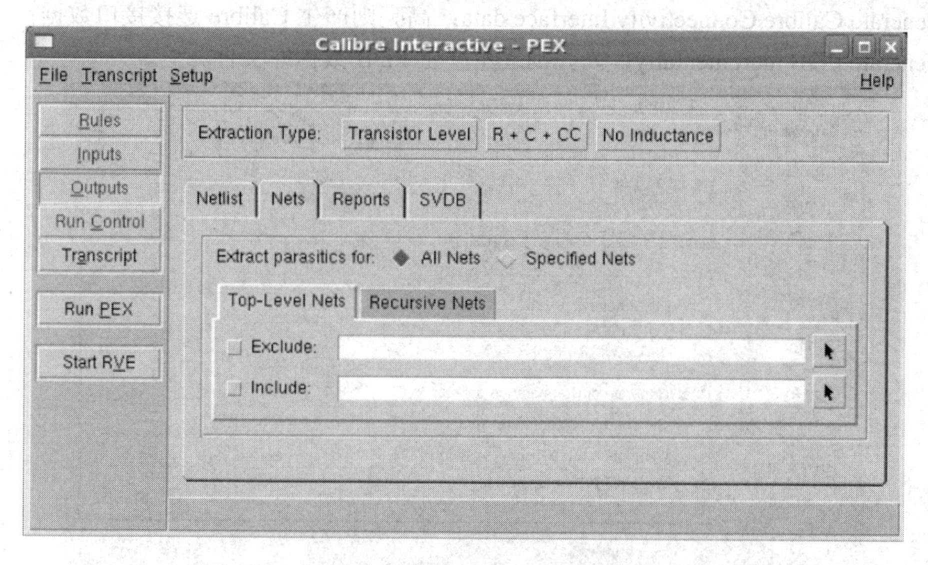

图 4.113　工具选项选择 Outputs-Nets 时的显示结果

③ Reports 选项。图 4.114 为工具选项选择 Outputs-Reports 的显示结果。

Generate PEX Report：高亮则产生 PEX 提取报告；

PEX Report File：指定产生 PEX 提取报告名称；

View Report after PEX finishes：高亮则在 PEX 结束后自动弹出提取报告；

LVS Report File：指定 LVS 报告文件名称；

View Report after LVS finished：高亮则在 LVS 完成后自动弹出 LVS 报告结果。

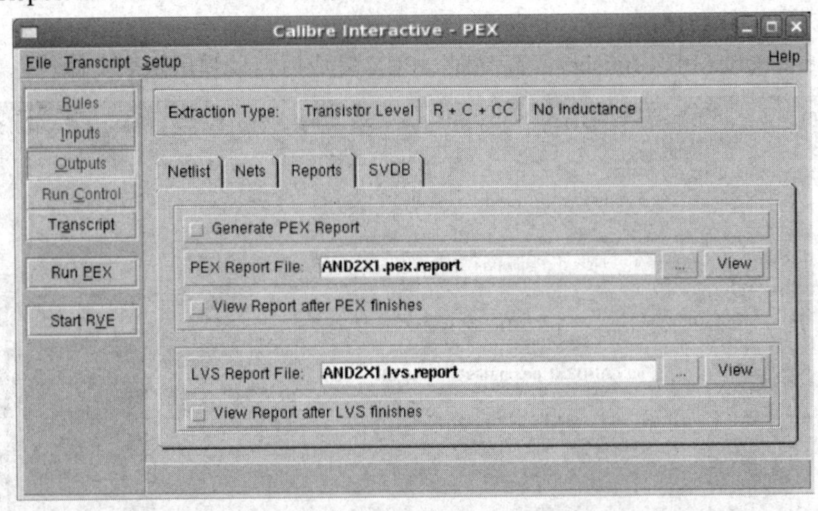

图 4.114　工具选项选择 Outputs-Reports 的显示结果

④ SVDB 选项。图 4.115 为工具选项选择 Outputs-SVDB 的显示结果。

SVDB Directory：指定产生 SVDB 的目录名称；

Start RVE after PEX：高亮则在 PEX 完成后自动弹出 RVE；

Generate cross-reference data for RVE：高亮则为 RVE 产生参照数据；

Generate ASCII cross-reference files：高亮则产生 ASCII 参照文件；

Generate Calibre Connectivity Interface data：高亮则产生 Calibre 连接接口数据；

Generate PDB incrementally：高亮则逐步产生 PDB 数据库文件。

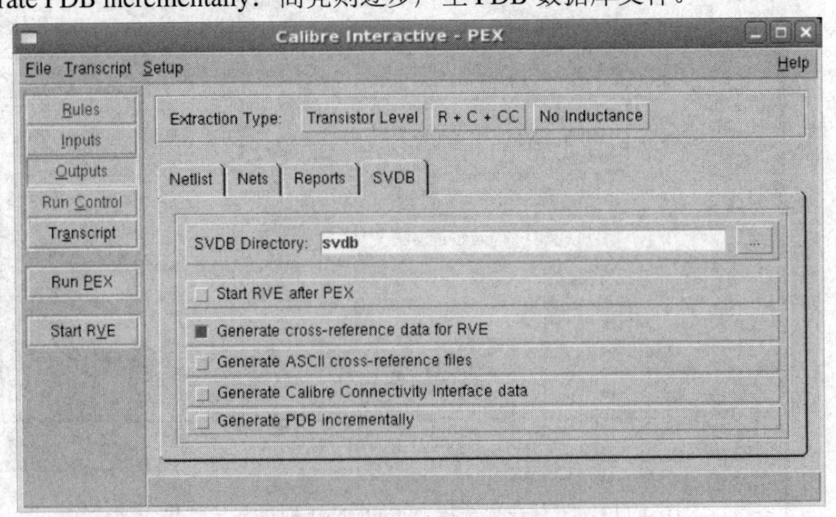

图 4.115　工具选项选择 Outputs-SVDB 的显示结果

(4) 工具选项选择 Run Control 时的显示结果。

图 4.116 为 Run Control 菜单中 Performance 选项卡。

Run 64-bit version of Calibre-RVE：高亮表示运行 Calibre-RVE 64 位版本；

Run hierarchical version of Calibre-LVS：高亮则选择 Calibre-LVS 的层次化版本运行；

Run Calibre on [Local Host/Remote Host]：在本地或者远程运行 Calibre；

Host Information：主机信息；

Run Calibre [Single Threaded/Multi Threaded/Distributed]：采用单线程、多线程或者分布式方式运行 Calibre。

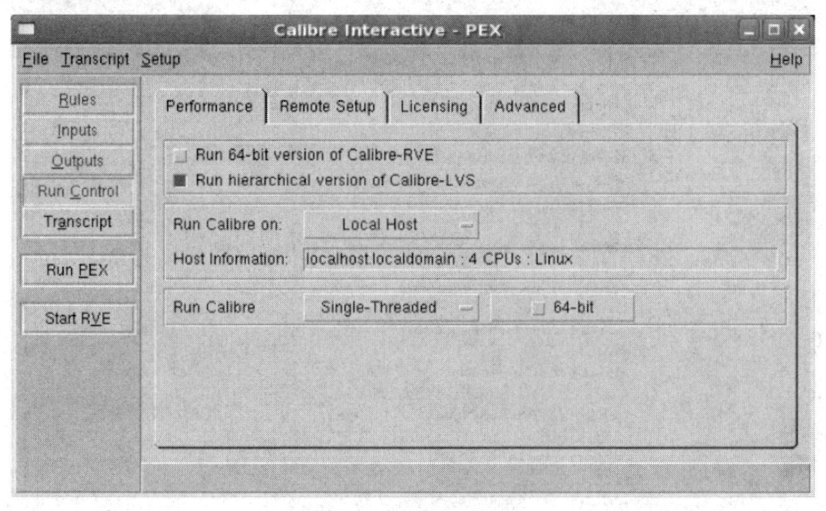

图 4.116　Run Control 菜单中 Performance 选项卡

图 4.116 显示的 Run Control 菜单中除了 Performance 选项卡，另外还包括 Remote Setup、Licensing 和 Advanced 三个选项卡。这 3 个选项一般不需要改动，采用默认值即可。

(5) 工具选项选择 Transcript 时的显示结果如图 4.117 所示，显示 Calibre PEX 的启动信息，包括启动时间、启动版本、运行平台等信息。在 Calibre PEX 执行过程中，还将显示运行进程。

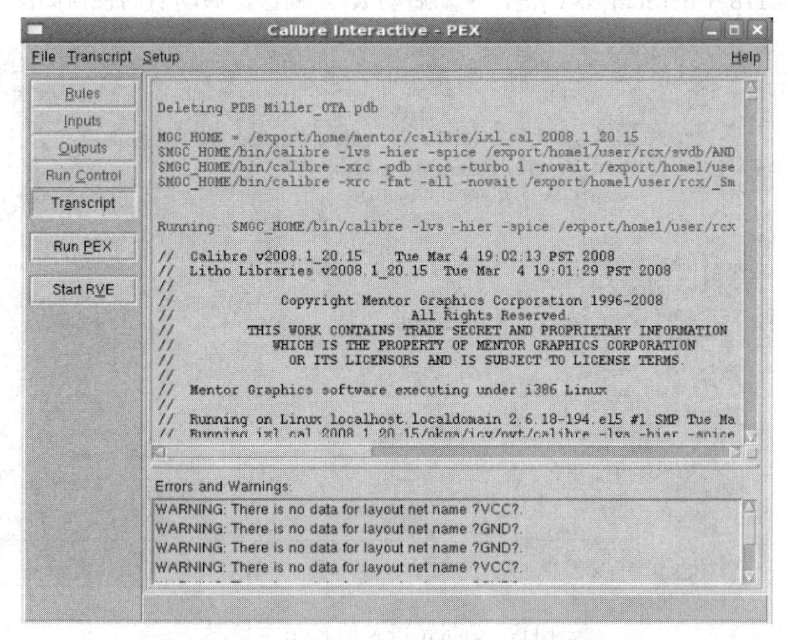

图 4.117　工具选项选择 Transcript 时的显示结果

点击菜单 Setup-PEX Options 可以调出 Calibre PEX 一些比较实用的选项，如图 4.119 所示。点击图 4.118 红框所示的 PEX Options 选项，主要分为 Netlist、LVS Options、Connect、Misc、Includes、Inductance 和 Database 等 7 个子菜单。PEX Options 与上一小节描述的 LVS Options 类似，所以本节对其不做过多介绍。

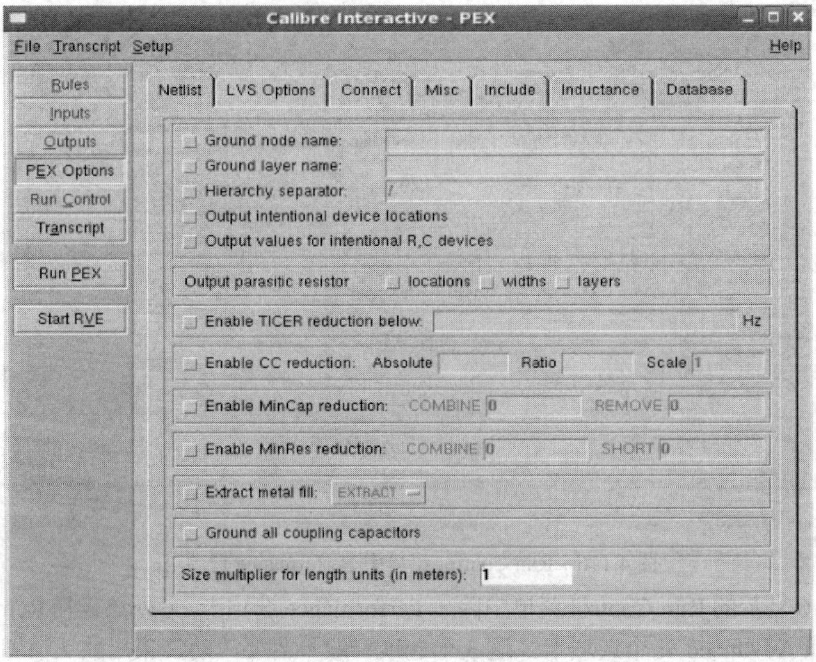

图 4.118　调出的 PEX Options 功能选项菜单

点击图 4.118 中的[Run PEX]键，可以立即执行 Calibre PEX。

点击图 4.118 中的[Start RVE]键，手动启动 RVE 视窗，启动后的视窗如图 4.119 所示。

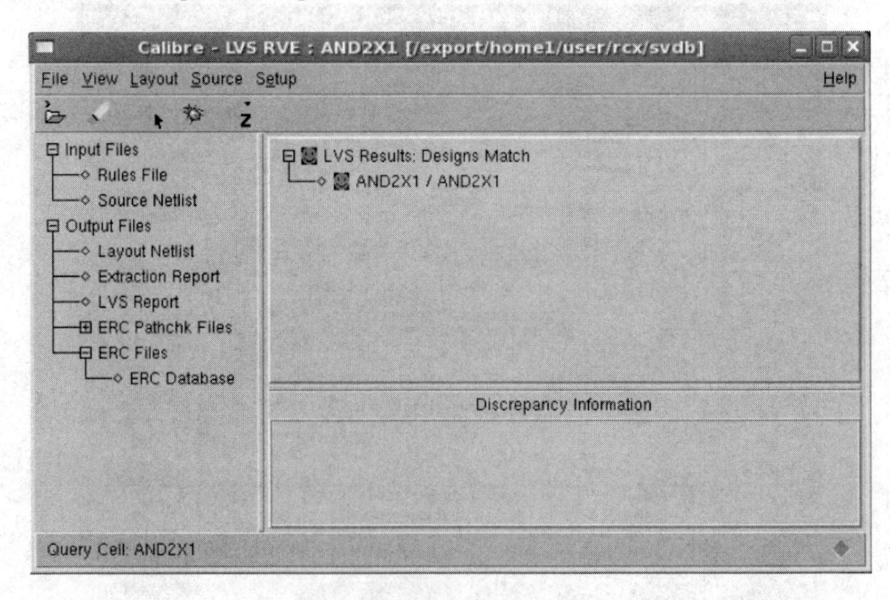

图 4.119　Calibre PEX 的 RVE 视窗图

图 4.119 所示的 RVE 窗口与 Calibre LVS 的 RVE 窗口完全相同。图 4.120 中出现绿色的笑脸标识则表明 LVS 已经通过，此时提出的网表文件才能进行后仿真，可以通过对输出报告的检查来判断 LVS 是否通过。图 4.120 所示为 LVS 通过的示意图，而图 4.121 为 LVS 通过后以 Hspice 格式反提出的部分后仿真网表文件。

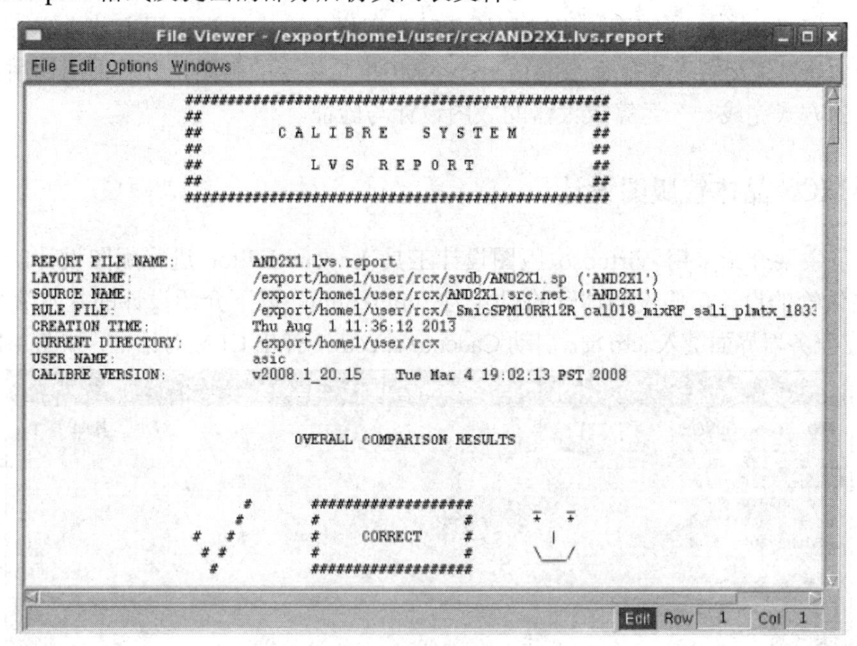

```
File Viewer - /export/home1/user/rcx/AND2X1.lvs.report
File  Edit  Options  Windows

                    ##################################################
                    ##                                              ##
                    ##           C A L I B R E    S Y S T E M       ##
                    ##                                              ##
                    ##               L V S   R E P O R T            ##
                    ##                                              ##
                    ##################################################

REPORT FILE NAME:        AND2X1.lvs.report
LAYOUT NAME:             /export/home1/user/rcx/svdb/AND2X1.sp ('AND2X1')
SOURCE NAME:             /export/home1/user/rcx/AND2X1.src.net ('AND2X1')
RULE FILE:               /export/home1/user/rcx/_SmicSPM10RR12R_cal018_mixRF_sali_plmtx_183
CREATION TIME:           Thu Aug  1 11:36:12 2013
CURRENT DIRECTORY:       /export/home1/user/rcx
USER NAME:               asic
CALIBRE VERSION:         v2008.1_20.15    Tue Mar 4 19:02:13 PST 2008

                         OVERALL COMPARISON RESULTS

                  #      ###################
                 #       #                 #
             #  #        #     CORRECT     #
              ##         #                 #
              #          ###################

Edit  Row  1  Col  1
```

图 4.120　LVS 通过时输出报告显示

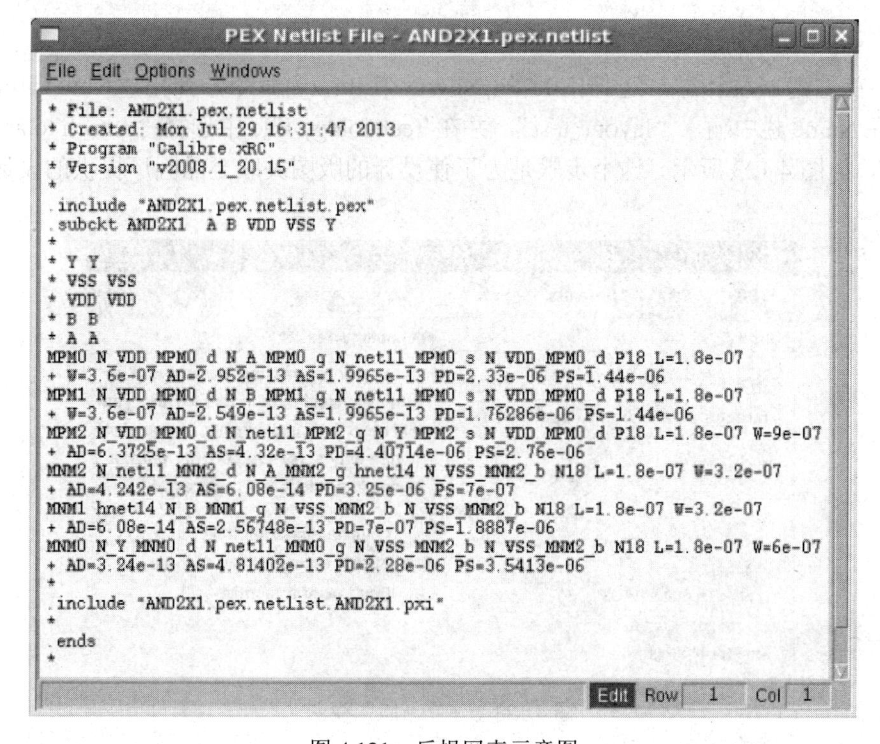

```
PEX Netlist File - AND2X1.pex.netlist
File  Edit  Options  Windows

* File: AND2X1.pex.netlist
* Created: Mon Jul 29 16:31:47 2013
* Program "Calibre xRC"
* Version "v2008.1_20.15"
*
.include "AND2X1.pex.netlist.pex"
.subckt AND2X1  A B VDD VSS Y
*
* Y Y
* VSS VSS
* VDD VDD
* B B
* A A
MPM0 N_VDD_MPM0_d N_A_MPM0_g N_net11_MPM0_s N_VDD_MPM0_d P18 L=1.8e-07
+ W=3.6e-07 AD=2.952e-13 AS=1.9965e-13 PD=2.33e-06 PS=1.44e-06
MPM1 N_VDD_MPM0_d N_B_MPM1_g N_net11_MPM0_s N_VDD_MPM0_d P18 L=1.8e-07
+ W=3.6e-07 AD=2.549e-13 AS=1.9965e-13 PD=1.76286e-06 PS=1.44e-06
MPM2 N_VDD_MPM0_d N_net11_MPM2_g N_Y_MPM2_s N_VDD_MPM0_d P18 L=1.8e-07 W=9e-07
+ AD=6.3725e-13 AS=4.32e-13 PD=4.40714e-06 PS=2.76e-06
MNM2 N_net11_MNM2_d N_A_MNM2_g hnet14 N_VSS_MNM2_b N18 L=1.8e-07 W=3.2e-07
+ AD=4.242e-13 AS=6.08e-14 PD=3.25e-06 PS=7e-07
MNM1 hnet14 N_B_MNM1_g N_VSS_MNM2_b N_VSS_MNM2_b N18 L=1.8e-07 W=3.2e-07
+ AD=6.08e-14 AS=2.56748e-13 PD=7e-07 PS=1.8887e-06
MNM0 N_Y_MNM0_d N_net11_MNM0_g N_VSS_MNM2_b N_VSS_MNM2_b N18 L=1.8e-07 W=6e-07
+ AD=3.24e-13 AS=4.81402e-13 PD=2.28e-06 PS=3.5413e-06
*
.include "AND2X1.pex.netlist.AND2X1.pxi"
*
.ends
*

Edit  Row  1  Col  1
```

图 4.121　反提网表示意图

4.4　运算放大器版图设计与验证实例

以上介绍了 Virtuoso 版图编辑工具的各种常用操作，本节将采用上节内容，开始进行版图设计。首先采用各种操作命令完成一个 NMOS 晶体管的版图，之后采用调用工艺设计包中器件的方式完成一个运算放大器的版图设计与验证。

4.4.1　NMOS 晶体管版图设计

本小节主要介绍采用 Virtuoso 版图设计工具 Layout Editor 进行版图设计的流程以及 NMOS 晶体管的设计，假设晶体管的尺寸为 2um/0.5um。以下介绍设计的基本流程：

(1) 在服务器界面键入 icfb &，启动 Cadence spectre，弹出 CIW 对话框，如图 4.122 所示。

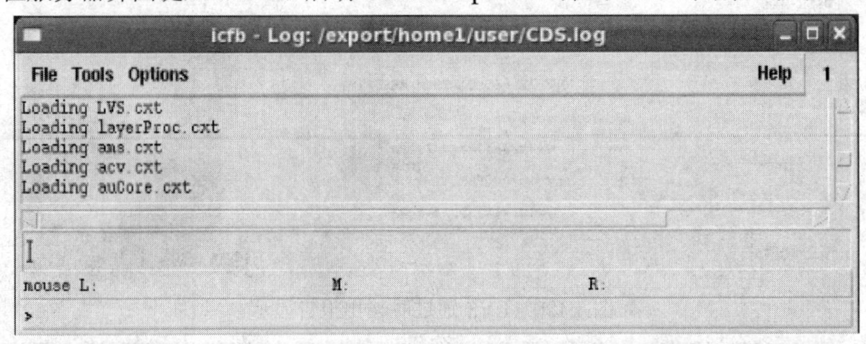

图 4.122　CIW 对话框

(2) 首先建立设计库，选择[File]→[New]→[Library]命令，弹出“New Library”对话框，在 Name 栏中输入“layout_test”，并在 Technology File 中选择“Attach to an existing techfile”，如图 4.123 所示。这个步骤是为了使设计的版图关联至晶圆厂提供的设计文件规则上。

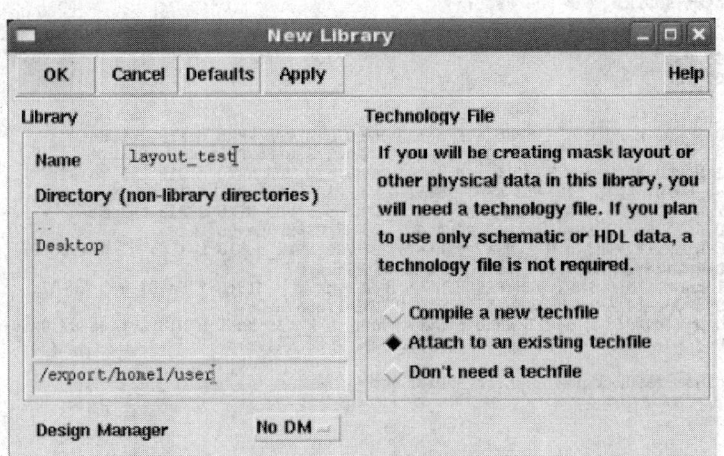

图 4.123　建立新版图视图

(3) 单击“OK”按钮，在弹出的“Attach Design Library To Technology File”对话框中，

选择并关联至工艺库文件，如图 4.124 所示，这里使用的 smic 0.18um 混合信号工艺库。

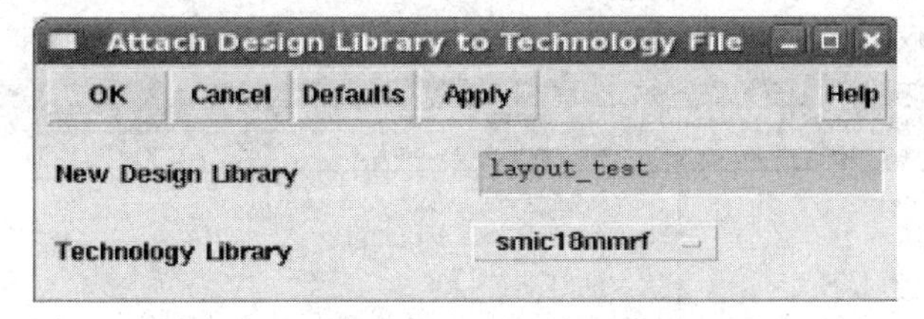

图 4.124　新建库与工艺文件库极性链接示意图

(4) 在 CIW 窗口中选择[File]→[New]→[Cellview]命令，弹出“Cellview”对话框，输入“NMOS”，在 Tool 中选择“Virtuoso”工具，如图 4.125 所示。

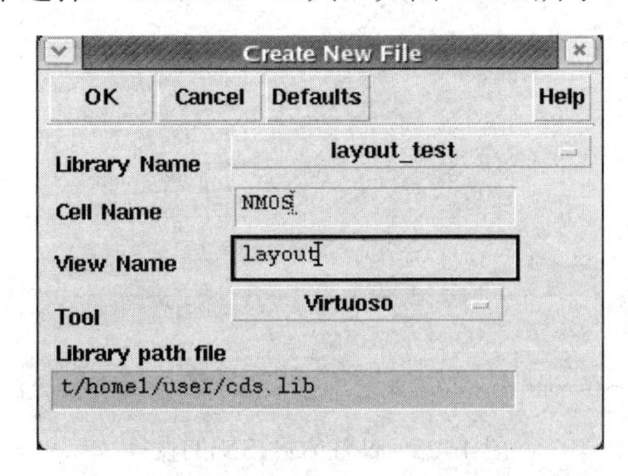

图 4.125　新建单元 Cell 对话框

(5) 点击“OK”按钮后，弹出版图设计视图窗口，如图 4.126 所示。

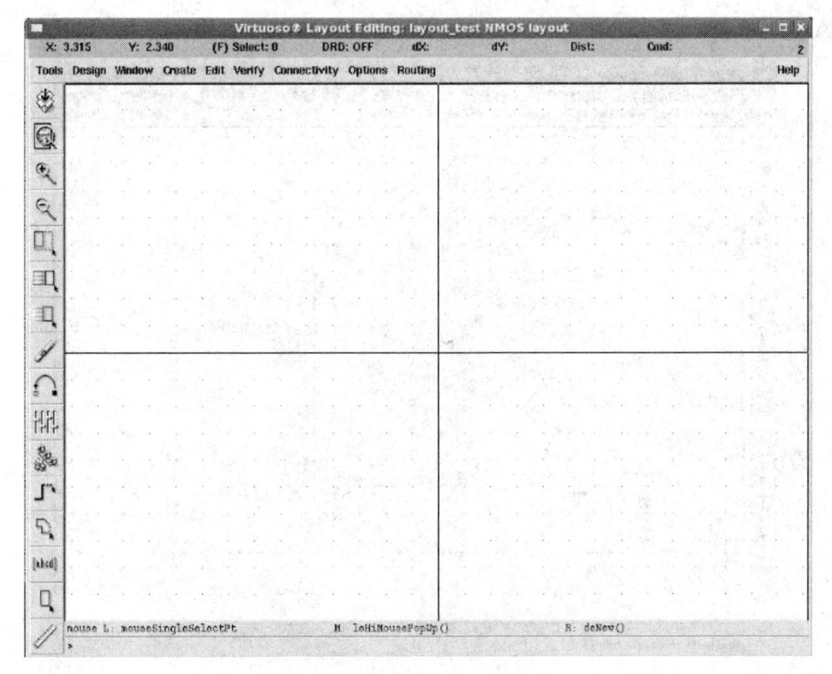

图 4.126　版图设计视图窗口

(6) N 注入区(SN)的设计：使用鼠标左键选择 LSW 中 SN 层，然后点击创建矩形图标或者快捷键[r]，在版图设计区域创建矩形 SN 层，并采用标尺快捷键[k]，量出其矩形的尺寸，如图 4.127 所示。

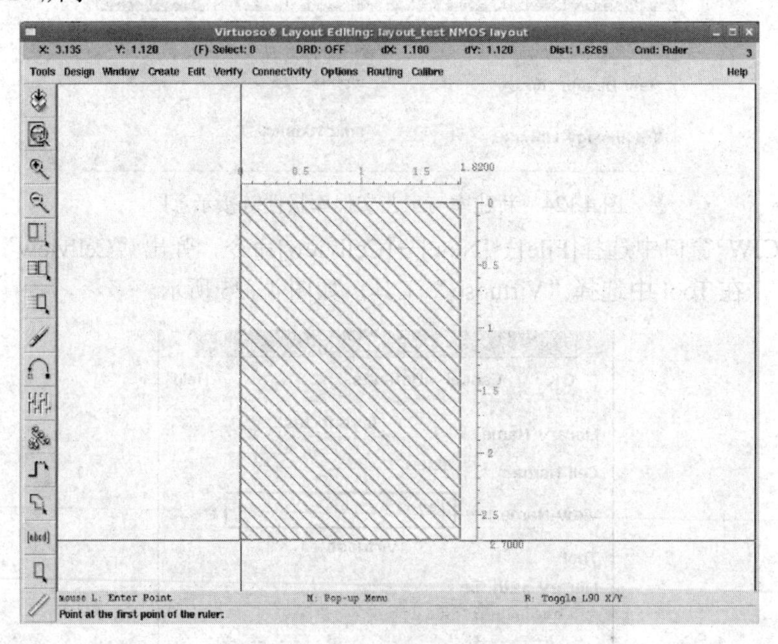

图 4.127 N 注入区(SN)的设计

(7) NMOS 晶体管源漏区(AA)的设计：采用快捷键取消标尺[Shift-k]，然后鼠标左键选择 LSW 中的 AA 层(AA 表示有源区)，然后点击创建矩形图标或者快捷键[r]，在 SN 层内创建矩形 AA 层，如图 4.128 所示。

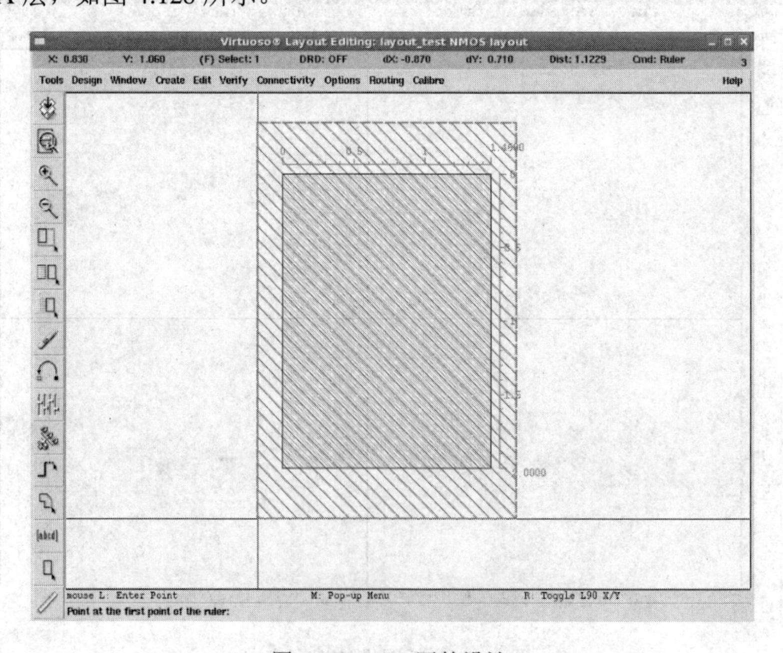

图 4.128 AA 区的设计

(8) NMOS 晶体管栅极(GT)的设计：鼠标左键选择 LSW 中的 GT 层(GT 表示多晶硅)，

点击创建矩形图标或者快捷键[r]，在 AA 上创建矩形 GT 层，如图 4.129 所示；然后选择拉伸快捷键[s]，选择 GT 层的一角，将 GT 层的左右两侧拉伸至如图 4.130 所示；最后选择切割命令快捷键[Shift-C]，鼠标左键点击 GT 层，再次点击需要切割的部分，形成图 4.131 所示的图形。

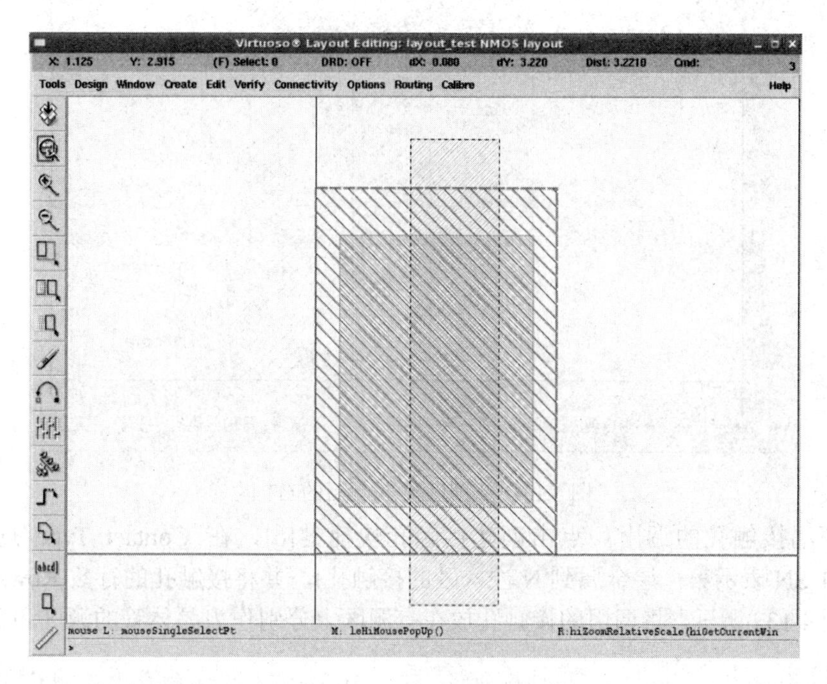

图 4.129　原始 GT 区

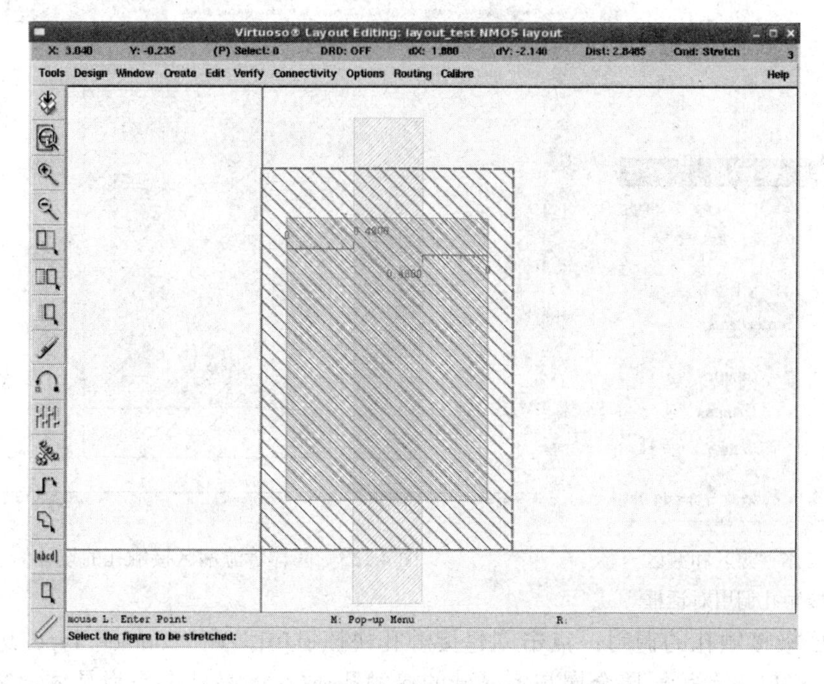

图 4.130　拉伸命令执行后形成的 GT 区

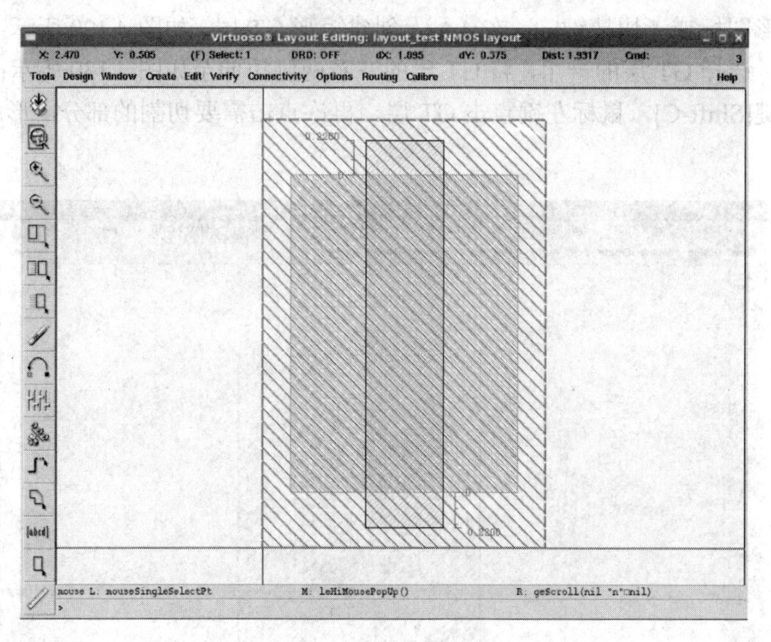

图 4.131　切割命令执行后的 GT 区

(9) 源漏接触孔的调用：点击创建接触孔快捷键[o]，在 Contact Type 选项中选择 M1-SN(M1-SN 表示第一层金属到 N 注入区的接触孔)，并将接触孔的行数(Rows)由 1 修改为 4，如图 4.132 所示，将调用的接触孔放在有源区上分别作为晶体管的源区和漏区，如图 4.133 所示。

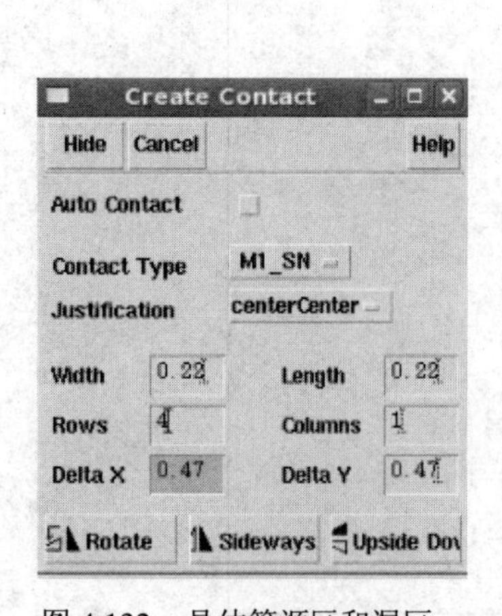

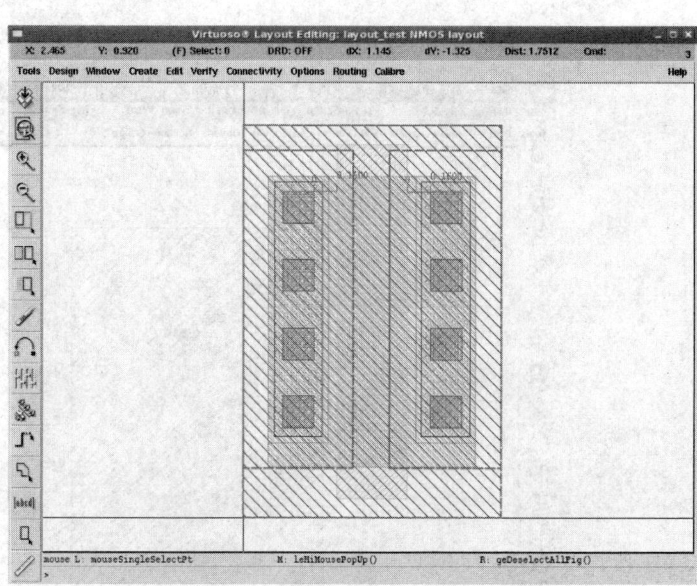

图 4.132　晶体管源区和漏区接触孔调用对话框

图 4.133　晶体管源漏区接触孔的设计

(10) 栅极接触孔的调用：点击创建接触孔快捷键[o]，在 Contact Type 选项中选择 M1-GT(M1-GT 表示第一层金属与多晶硅的接触孔)放在多晶硅上作为晶体管栅极的接触孔，并将 GT 层向上拉伸至如图 4.134 所示。

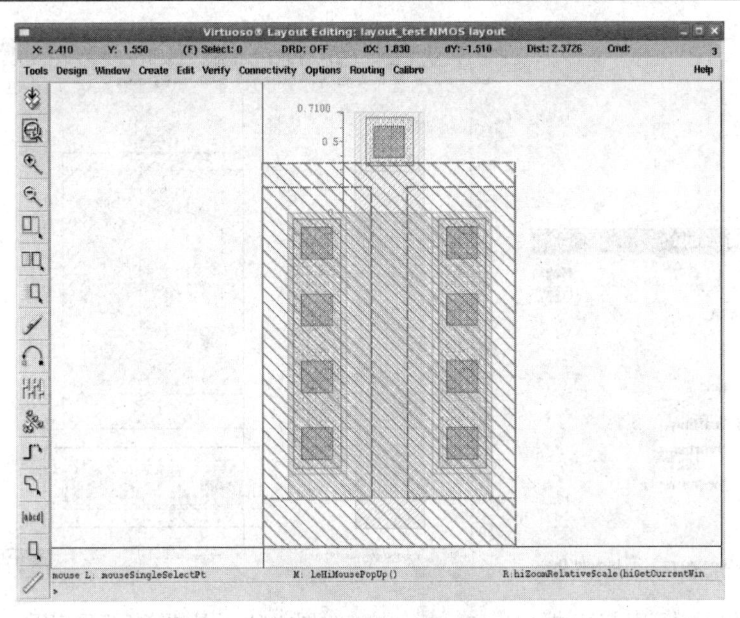

图 4.134　晶体管栅极接触孔的设计

(11) 衬底接触孔的调用：点击创建接触孔快捷键[o]，在 Contact Type 选项中选择 M1-SUB(M1-SUB 表示第一层金属与衬底的接触孔)，将 Columns 修改为 4，如图 4.135 所示；将接触孔放在晶体管有源区下方，作为 NMOS 晶体管衬底的接触孔，如图 4.136 所示。

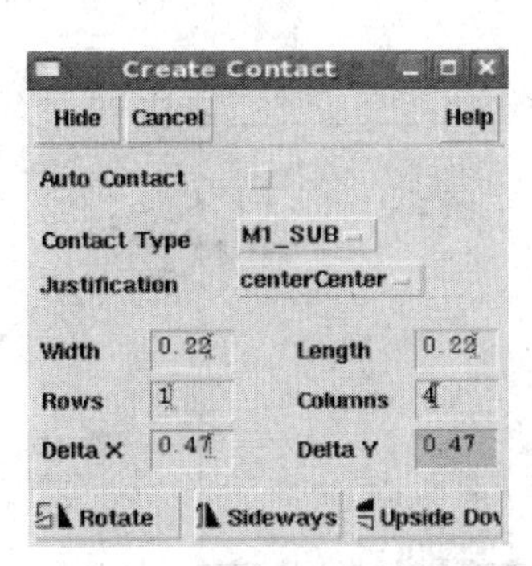

图 4.135　调用晶体管衬底接触孔对话框

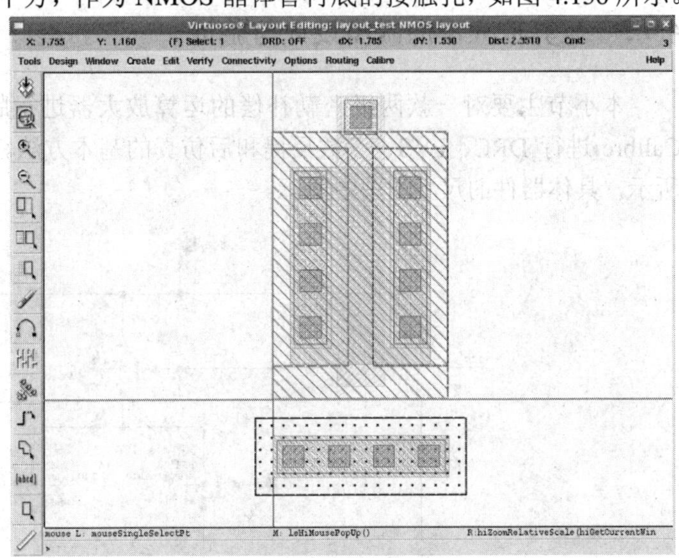

图 4.136　晶体管衬底接触孔的设计

(12) 标识层的应用：鼠标在 LSW 上左键点击 M1_TXT/drw 层，然后点击图标或者选择菜单 Create-Label 或者点击快捷键[l]，在 Label 中填写名称(例如：Gate)，将字号 Height 修改为 0.2，如图 4.137 所示；然后在栅极接触孔的 1 层金属上左键点击，完成栅极的标识层。同样的方法在 NMOS 晶体管的源区(Source)、漏区(Drain)和衬底(Bulk)完成相应的标识层，如图 4.138 所示。

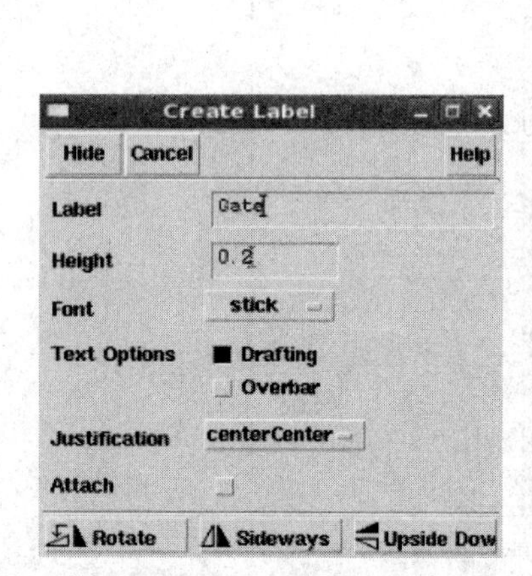

图 4.137 晶体管区域标识层对话框

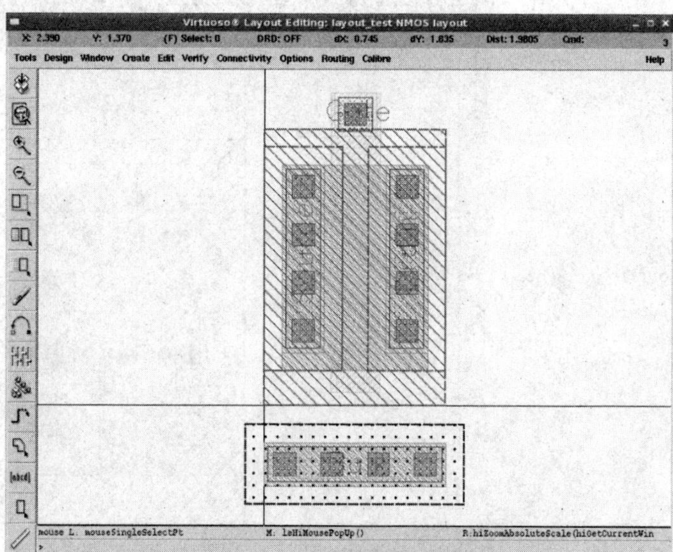

图 4.138 晶体管标识层应用

以上介绍了一个简单的 NMOS 晶体管的版图设计流程，下面将主要采用调用工艺设计包中器件的方法完成一个两级密勒补偿的运算放大器的版图设计与验证。

4.4.2 运算放大器的版图设计与验证

本小节主要对一款两级密勒补偿的运算放大器进行版图设计，之后再详细讨论使用 Calibre 进行 DRC、LVS、参数反提和后仿真的基本方法。运算放大器的电路图如图 4.139 所示，具体器件的尺寸如图中所示。

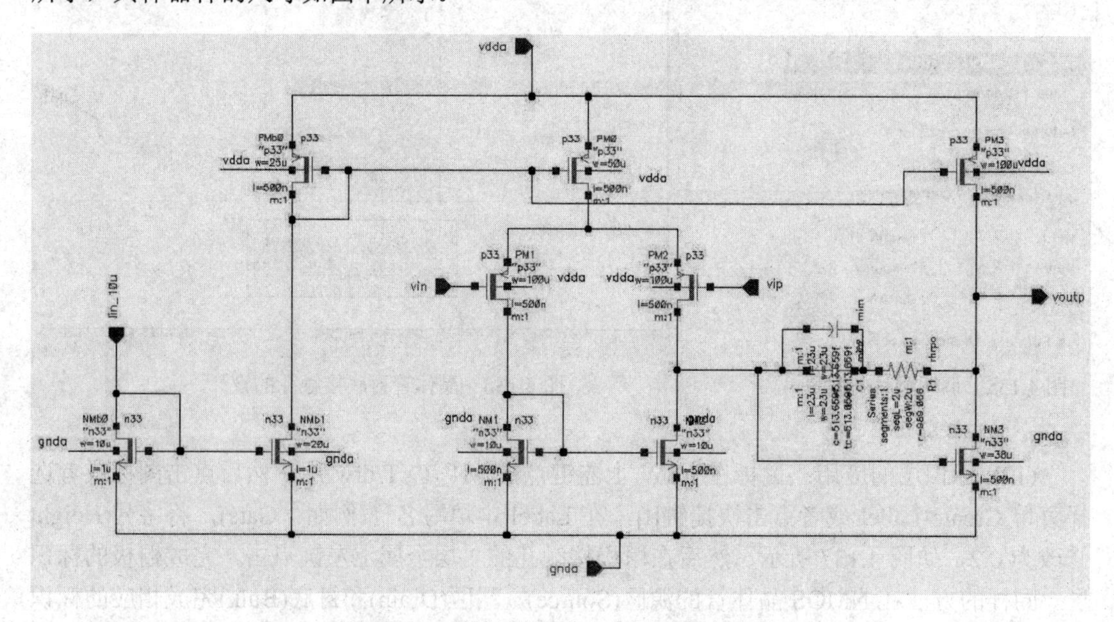

图 4.139 密勒补偿两级运算放大器电路图

1．运算放大器的版图设计

(1) 在服务器界面键入 icfb &，启动 Cadence spectre，弹出 CIW 对话框，如图 4.140 所示。

图 4.140　CIW 对话框

(2) 选择[File]→[New]→[Cellview]命令，弹出“Cellview”对话框，在 Library Name 中选择已经建好的库“layout_test”(此时默认运放的电路图文件 schematic 已经设计好存放在“layout_test”库中)，在 Cell Name 中输入“Miller_OTA”，并在 Tool 中选择“Virtuoso”工具，如图 4.141 所示。

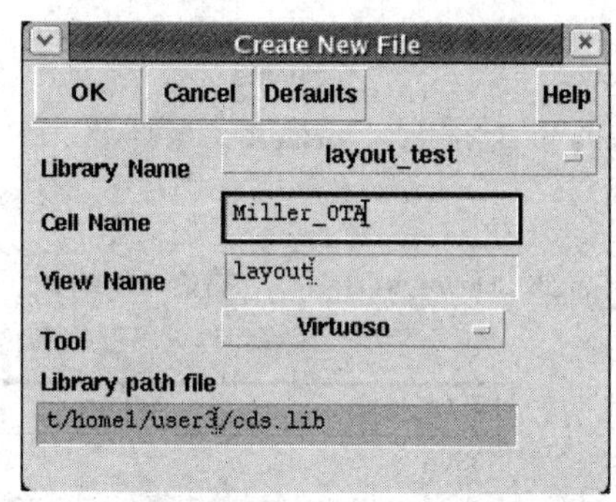

图 4.141　新建单元 cell 对话框

(3) 点击“OK”按钮后，弹出版图 Miller_OTA 的设计视图窗口，如图 4.142 所示。

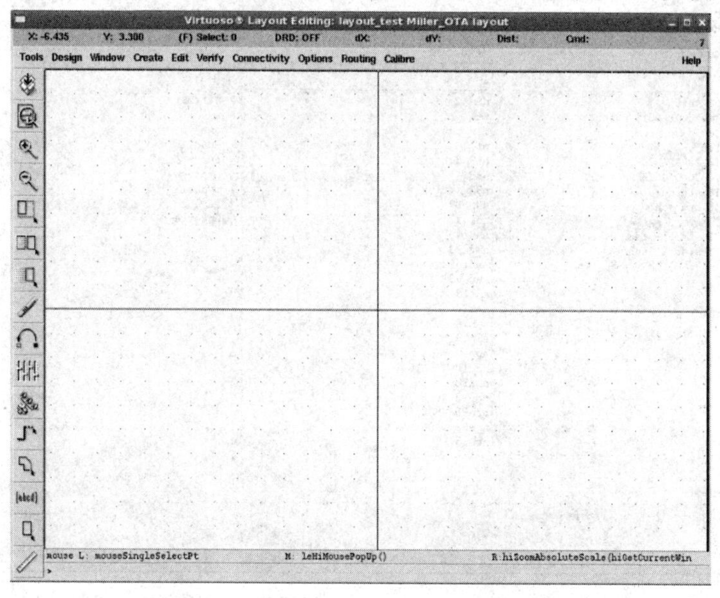

图 4.142　Miller_OTA 的版图设计视图窗口

(4) 设计第一步首先进行版图布局，设计者要根据电路结构将晶体管等有源器件，电容、电阻等无源器件进行初步规划，确定摆放位置，以达到连线合理的目的，另外在进行连线过程中可以对初步布局进行调整。

(5) N 型晶体管的创建：打开 Miller_OTA 版图视图(layout)，采用创建器件命令从 smic18mm 工艺库中调取工艺厂商提供的器件。鼠标左键点击图标 或者通过快捷键[i]启动创建器件命令，弹出 Create Instance 对话框，从对话框中点击[Browse]浏览器按键，从工艺库 smic18mmrf 中选择器件 n33 的 layout 进行调用，如图 4.143 所示。

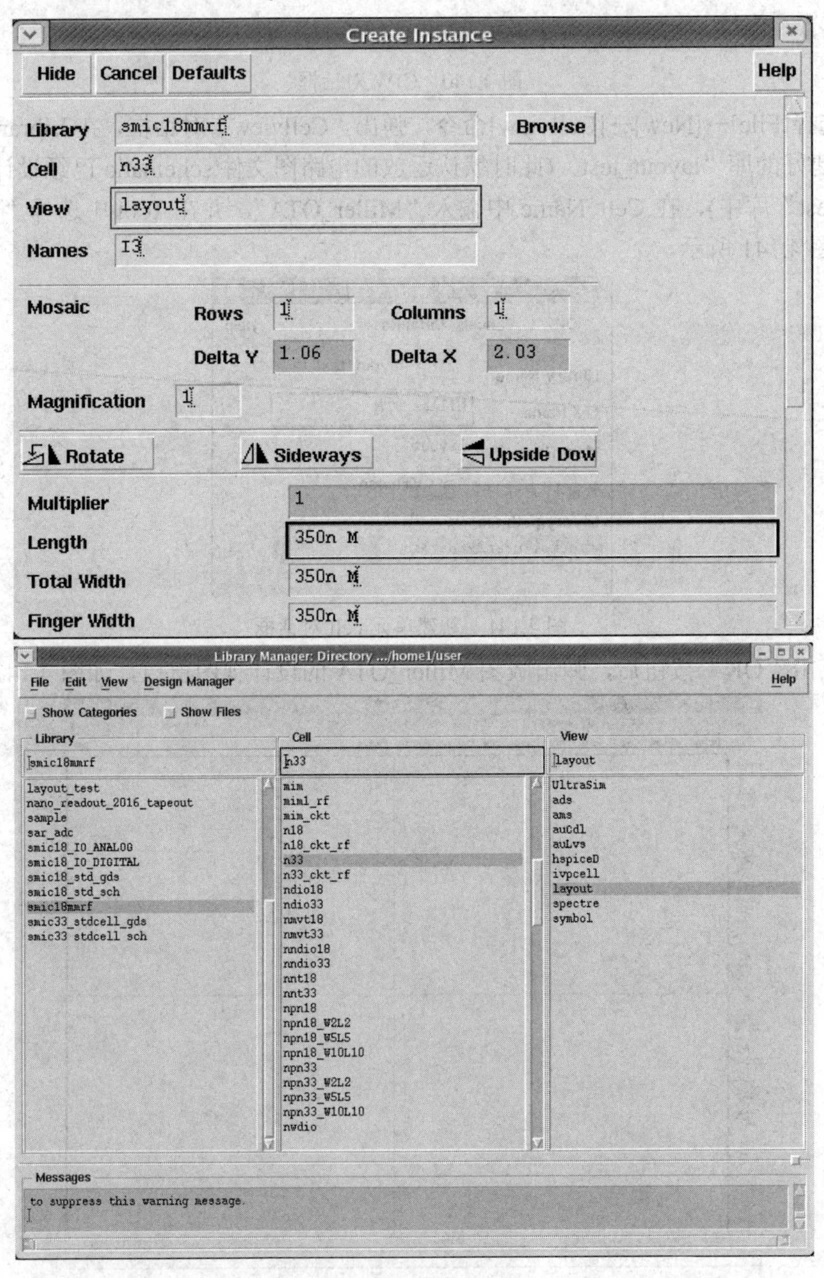

图 4.143　从工艺库 smic18mmrf 中选择器件 n33 的 layout 进行调用

在晶体管属性中填入 Length、Total Width、Finger Width、Fingers 等信息，如图 4.144 所示。

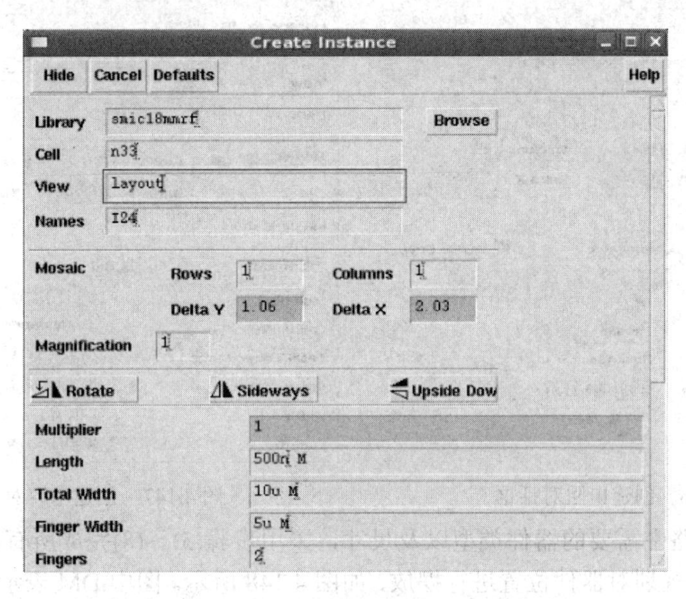

图 4.144　创建 N 型晶体管对话框

(6) 采用同样的方式创建 P 型晶体管，如图 4.145 所示。

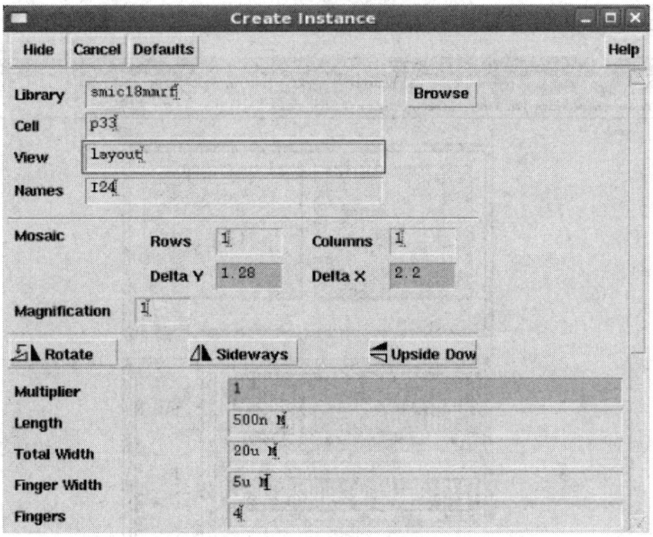

图 4.145　创建 P 型晶体管对话框

(7) 电阻的创建：根据电路中需要电阻的类型进行选择，点击图标 快捷键[i]，弹出对话框，在对话框中依次选择或填入电阻信息，如图 4.146 所示。这里选择的电阻类型为 rhrpo，该电阻为具有高方块电阻阻值的多晶硅电阻。

(8) 电容的创建：根据电路中需要电容类型进行选择，点击图标 快捷键[i]，弹出对话框，在对话框中依次选择或填入电容信息，如图 4.147 所示。mim 电容表示金属-绝缘层-金属电容，这也是设计中最为常用的电容类型。

Create Instance

Hide　Cancel　Defaults　Help

Library	smic18mmrf
Cell	rhrpo
View	layout
Names	I24
Mosaic	Rows 1　Columns 1
	Delta Y 12.2　Delta X 11.52
Magnification	1
Multiplier	1
Segments	5
Segment Connection	Parallel
Calculated Parameter	Resistance
Resistance	989.066 Ohms
Segment Width	2u M
Segment Length	10u M

图 4.146　创建电阻对话框

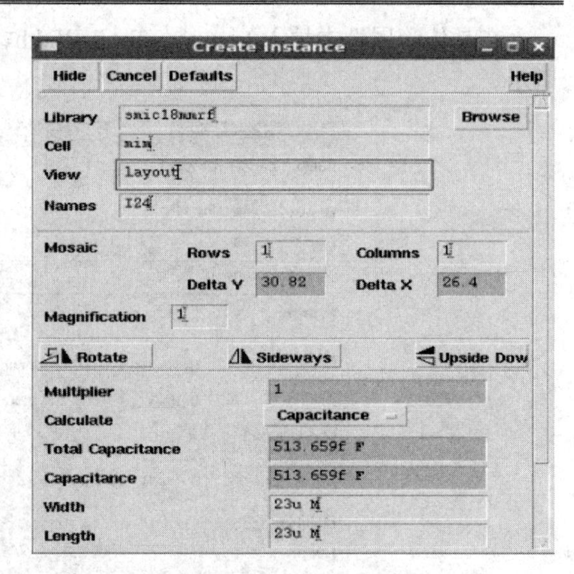

图 4.147　创建电容对话框

(9) 根据电路中需要的器件类型以及尺寸，采用步骤(5)～(8)完成所有器件的创建后，就可以根据布局规划对器件位置进行摆放，如图 4.148 所示。图中 DM 表示为 Dummy 晶体管，RDM 为 Dummy 电阻；Dummy 器件表示与原电路工作状态无关的连接器件。添加 Dummy 的目的一是为了保证器件摆放的对称性；二是填充空余面积，使芯片满足各个层的密度要求，增强芯片的可制造性，提高芯片良率。

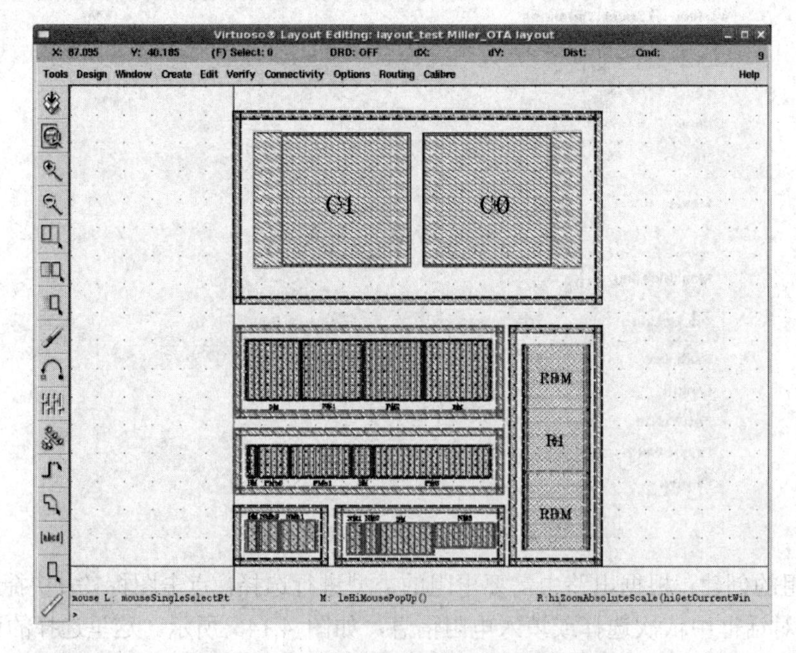

图 4.148　电路所用器件初步摆放位置

(10) 对布局后的版图进行布线：连线的基本规则是采用不同金属层的走线将所需要的器件端口进行连接。但并不是所有器件的端口都为金属层，所以我们经常需要用到各类通孔将不同层进行连接。比如，PMOS 晶体管的栅极为多晶硅，我们就需要使用多晶硅-第一层金属通孔(GT-M1)将其进行连接到第一层金属上，再进行走线。同样的在不同金属层间连接，也需要用到金属层与金属层间的通孔，如第一层金属至第二层金属通孔 M1～M2。

走线的具体方法为使用鼠标左键选择 M1/drw 层，采用路径形式(path)快捷键[p]，弹出创建路径对话框，将路径宽度修改为 0.34，并将 Snap Mode 修改为 diagonal，使得路径可以实现 45 度角走线，如图 4.149 所示。

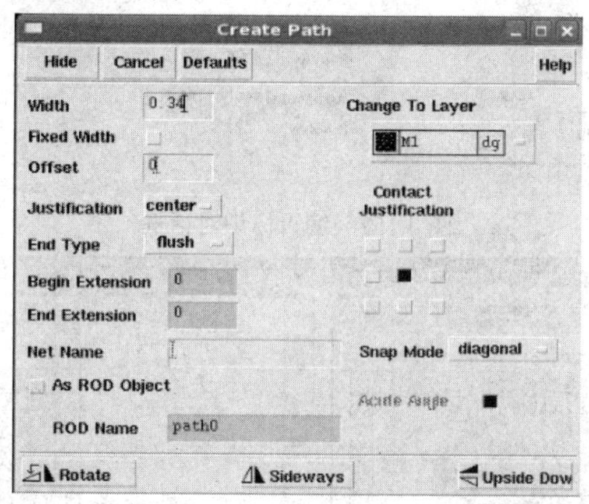

图 4.149　创建路径式连线对话框

这里也可以采用创建矩形式[快捷键：r]连线，然后再采用拉伸命令[快捷键：s]实现；基本要求是保证线宽与两侧端口处的线宽一致。

(11) 对电路版图完成连线后，需要对电路的输入输出进行标识。鼠标左键点击 M1_TXT/dg，然后在版图设计区域鼠标左键点击图标 [abcd] 或者快捷键[l]，填入所需的标示名称，如图 4.150 所示。再将鼠标左键点击在相应的版图层上即可，如图 4.151 所示。

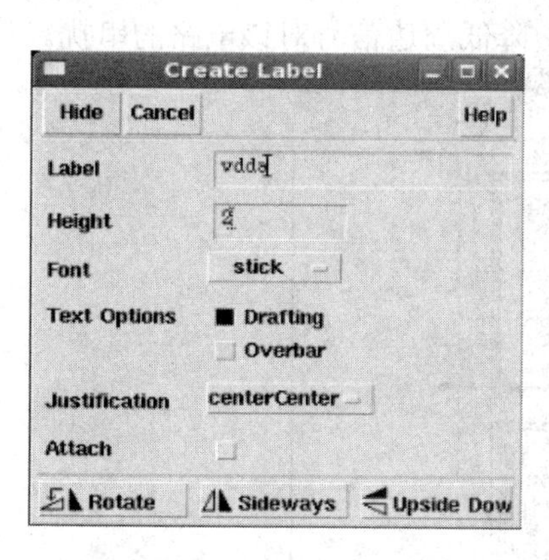

图 4.150　创建标识对话框

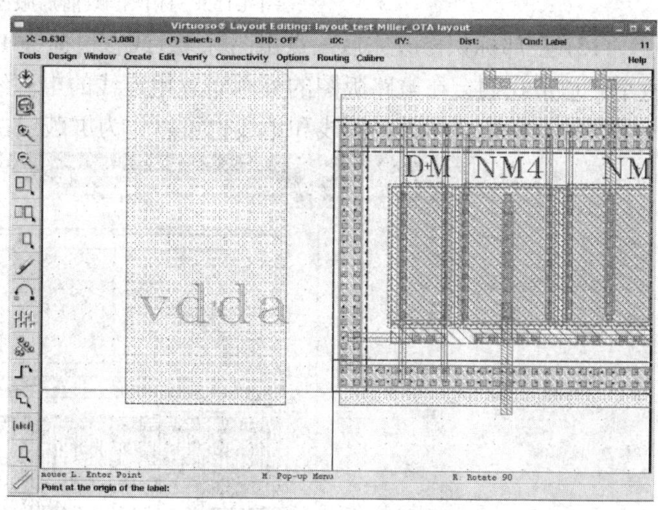

图 4.151　放置标识示意图

(12) 重复步骤(11)将电路所有的输入输出端口都加入标识，如果所加标识层与版图层不符，可以将其属性进行相应修改。鼠标左键点击需要修改的标识，点击图标 [图标] 或者点击快捷键[q]，将 Layer 修改为需要的版图层(例如：M3TXT/dg)，并将 Height 修改为适合尺寸(例如：0.5)，如图 4.152 所示。点击 OK 完成，修改前后的版图如图 4.153 所示。

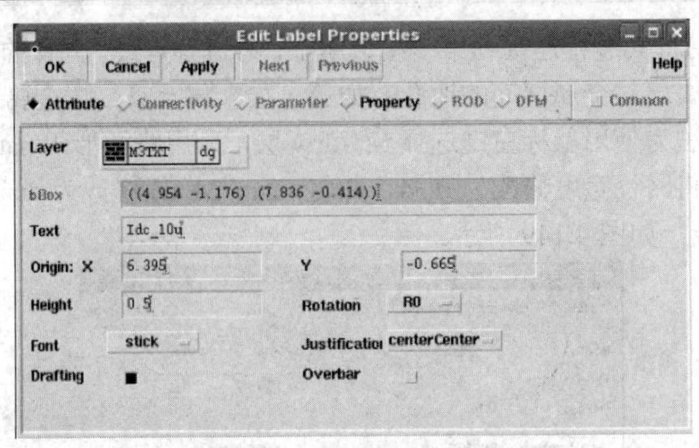

图 4.152　编辑标识对话框

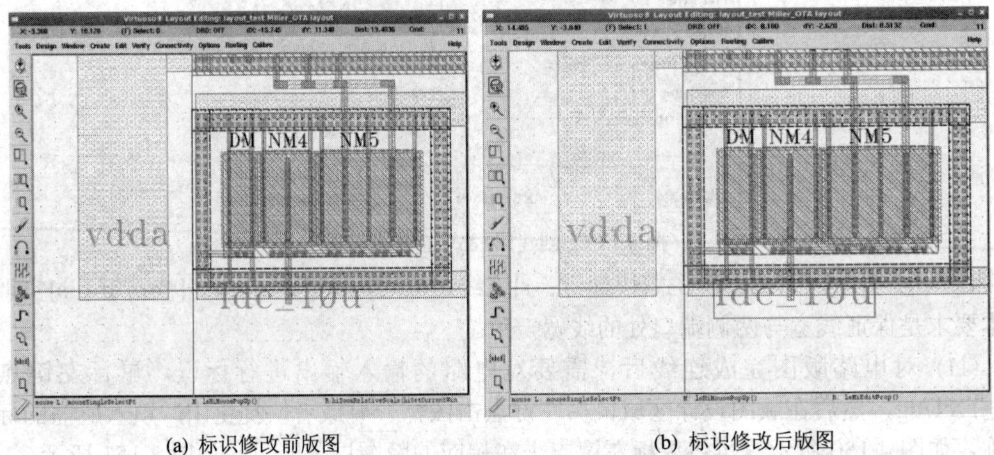

(a) 标识修改前版图　　(b) 标识修改后版图

图 4.153　标识修改前后版图

(13) 全部标识修改完后，点击图标 或者快捷键 F2 保存版图，最终版图如图 4.154 所示。通常我们会在电路版图的外围布置粗连线的电源线和地线，这样既保证了电路供电充足、接地完整；同时电源线和地线也可以作为屏蔽线，降低周边信号对该电路的串扰。

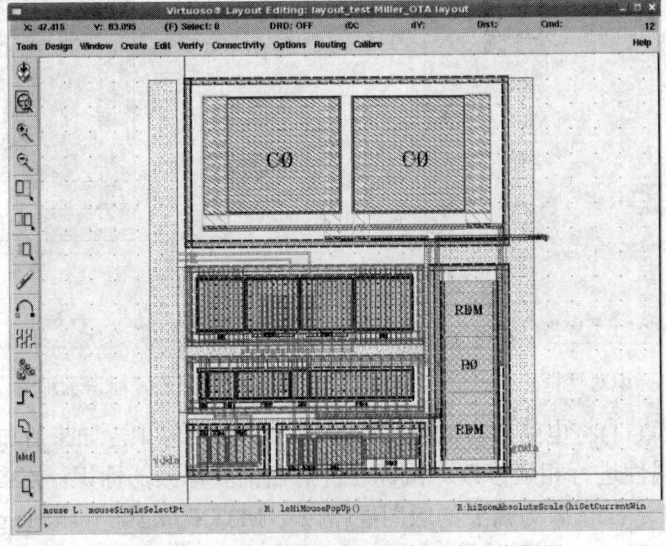

图 4.154　密勒补偿两级运算放大器最终版图

2. 运算放大器的 DRC 验证

完成了运放的版图设计后，我们首先要对版图进行 DRC 规则检查，使其满足晶圆厂生产的规范要求，具体步骤如下。

(1) 打开 Calibre DRC 工具。在 Miller_OTA 的版图视图工具栏中选择[Calibre-Run DRC]选项，弹出 DRC 工具对话框，如图 4.155 所示。

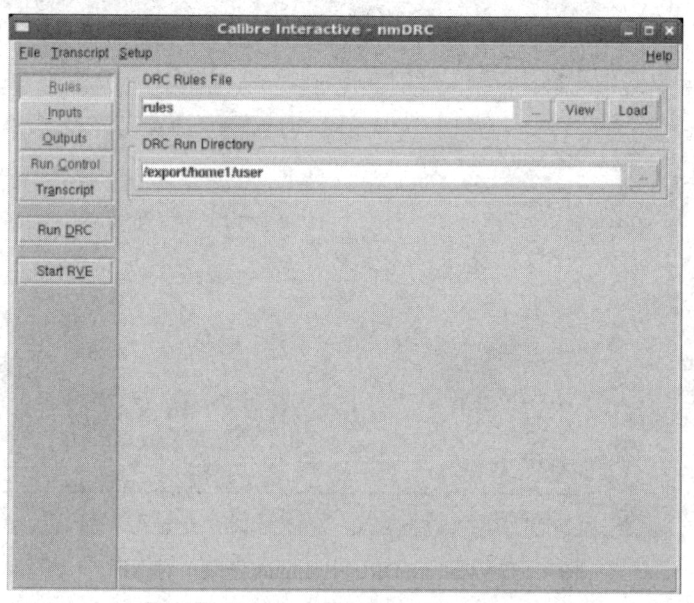

图 4.155　打开 Calibre DRC 工具

(2) 选择左侧菜单中的 Rules，并在对话框右侧 DRC Rules File 点击[...]选择设计规则文件，并在 DRC Run Directory 右侧选择[...]选择运行目录，如图 4.156 所示。

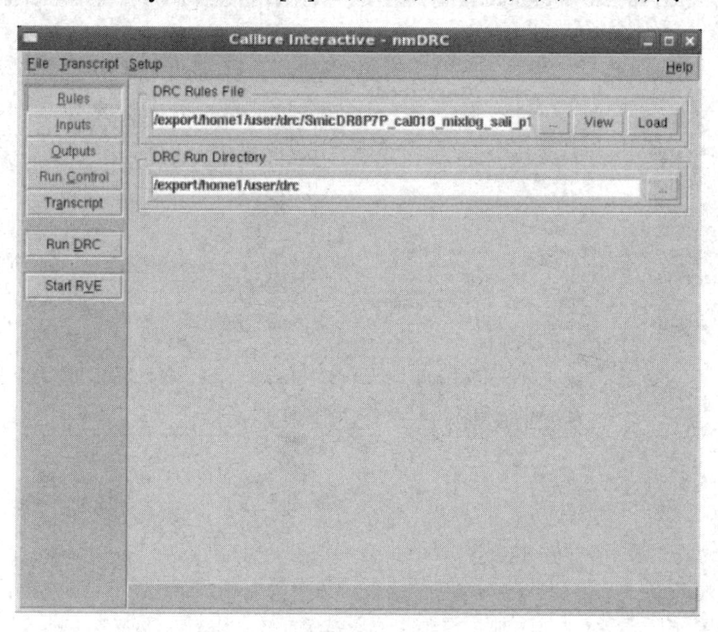

图 4.156　Calibre DRC 中 Rules 子菜单对话框

(3) 选择左侧菜单中的 Inputs，并在 Layout 选项中选择 Export from layout viewer 高亮，这表示 Calibre 将自动从 layout 窗口中提取出版图，从而再进行检查，如图 4.157 所示。

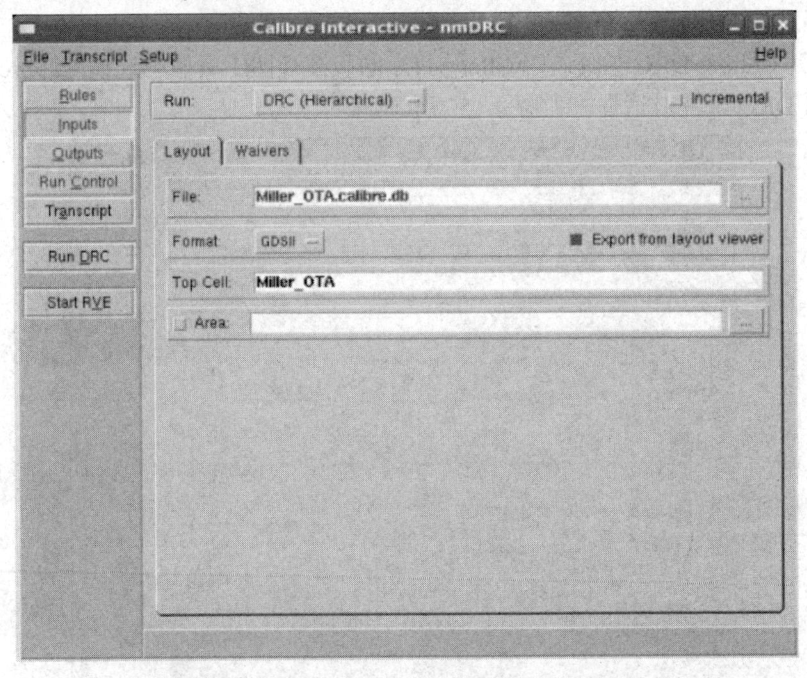

图 4.157　Calibre DRC 中 Inputs 子菜单对话框

(4) 选择左侧菜单中的 Outputs，可以选择默认的设置，同时也可以改变相应输出文件的名称，如图 4.158 所示。

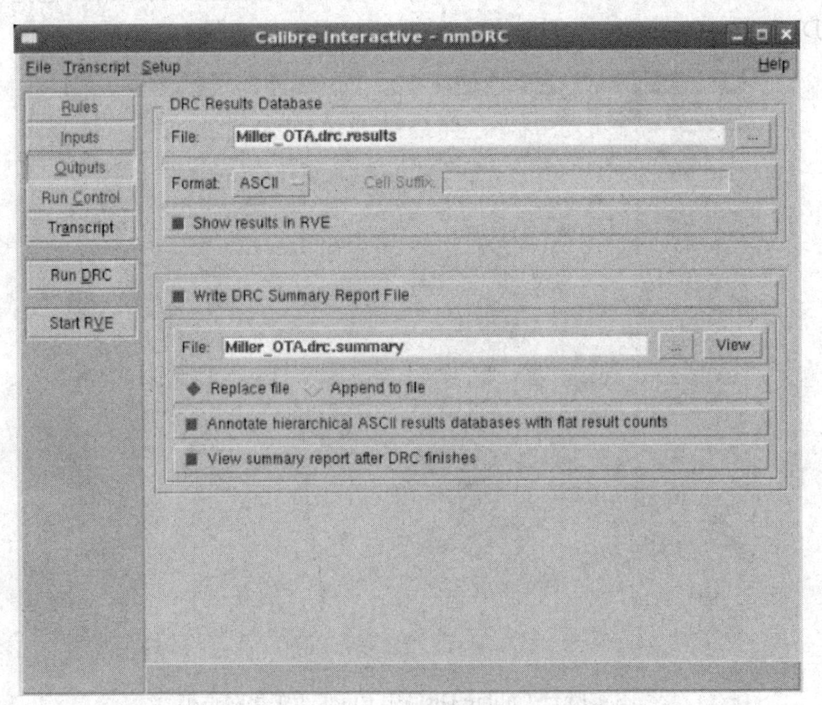

图 4.158　Calibre DRC 中 Outputs 子菜单对话框

(5) Calibre 左侧 Run Control 菜单通常也可以选择为默认设置，最后点击 Run DRC，Calibre 开始导出版图文件并对其进行 DRC 检查，运行界面如图 4.159 所示。

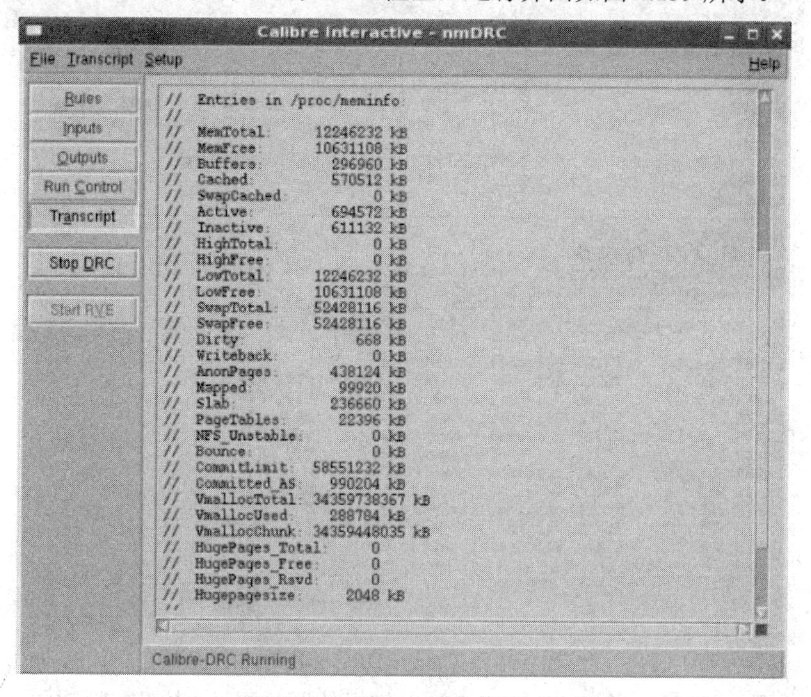

图 4.159　Calibre DRC 运行中

(6) Calibre DRC 完成后，软件会自动弹出输出结果，包括一个图形界面的错误文件查看器和一个文本格式文件，分别如图 4.160 和图 4.161 所示。

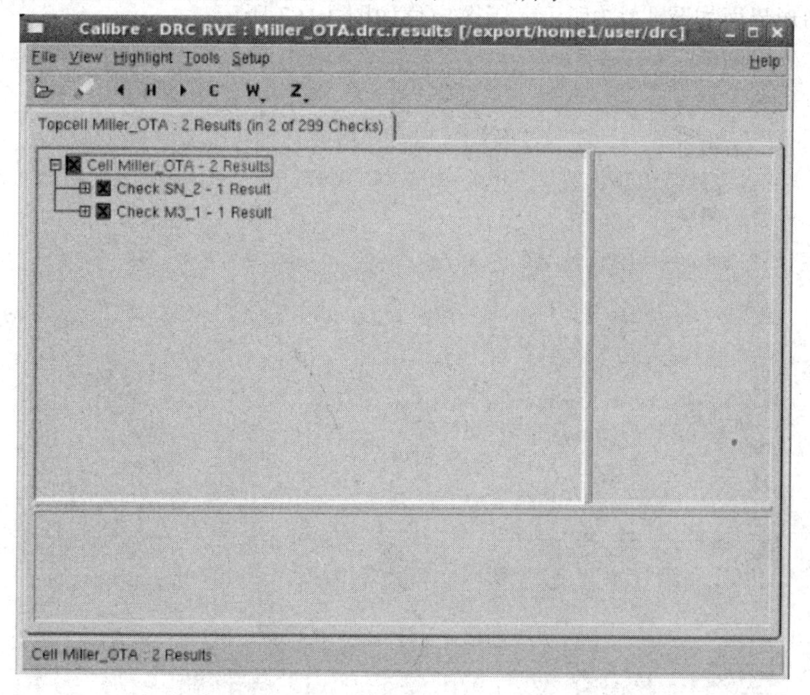

图 4.160　Calibre DRC 结果查看图形界面

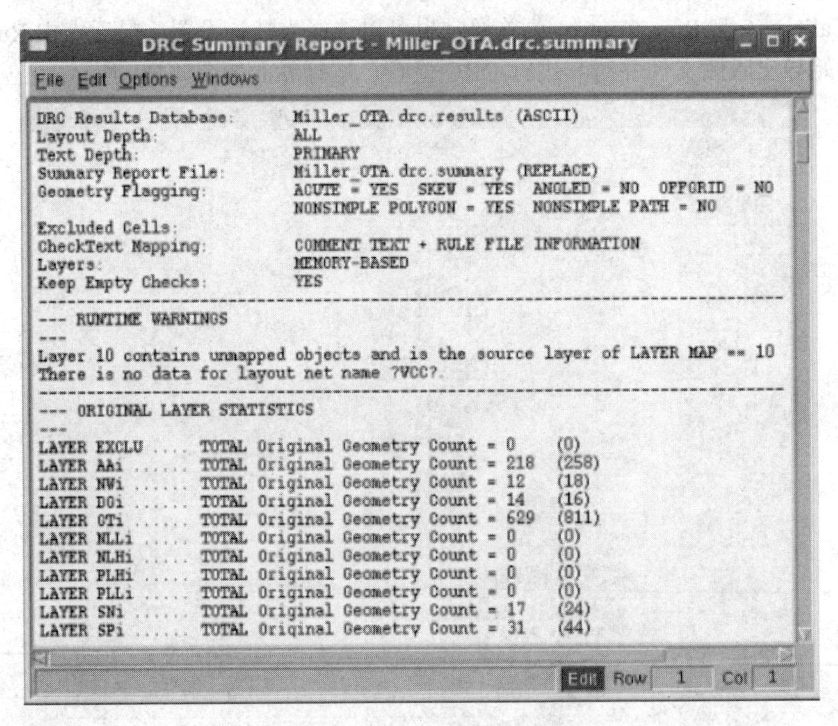

图 4.161　Calibre DRC 输出文本

(7) 查看图 4.160 所示的 Calibre DRC 输出结果的图形界面，表明在版图中存在 2 个 DRC 错误，分别为 SN_2 (SN 区间距小于 0.44 μm)和 M3_1(M3 的最小宽度小于 0.28 μm)。

(8) 错误 1 修改：鼠标左键点击 Check SN_2 - 1 Result，并双击下属菜单中的 01，DRC 结果查看图形界面如图 4.162 所示，版图定位如图 4.163 所示。

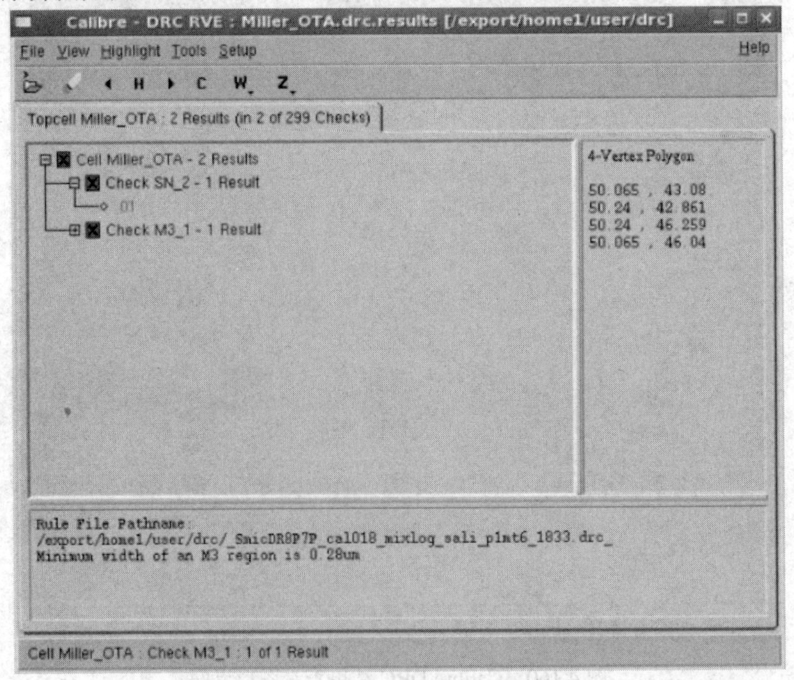

图 4.162　DRC 结果查看图形界面

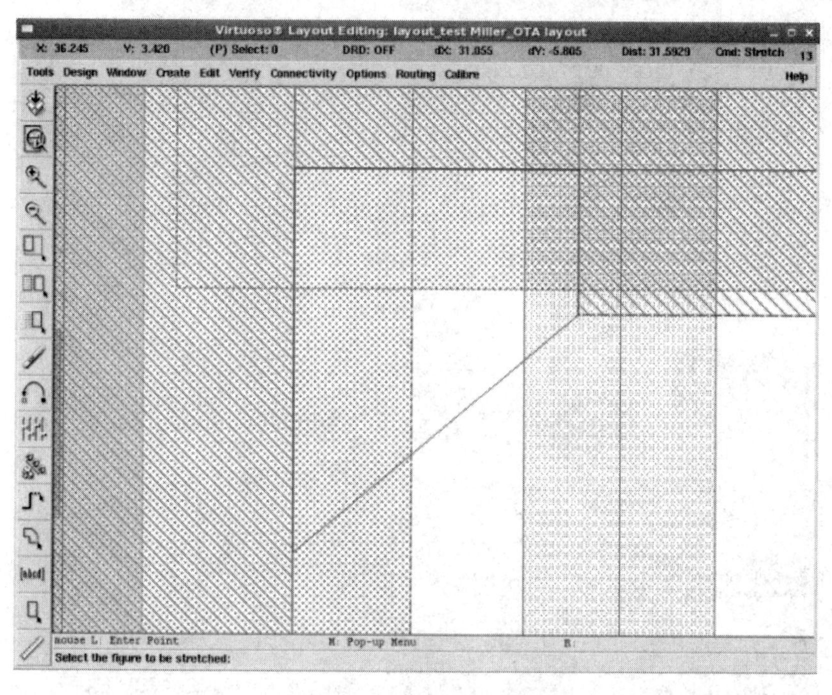

图 4.163　相应版图错误定位

(9) 根据提示进行版图修改，将两块 SN 合并，这意味着同一块 SN 就不会存在间距的规则问题，修改后的版图如图 4.164 所示。

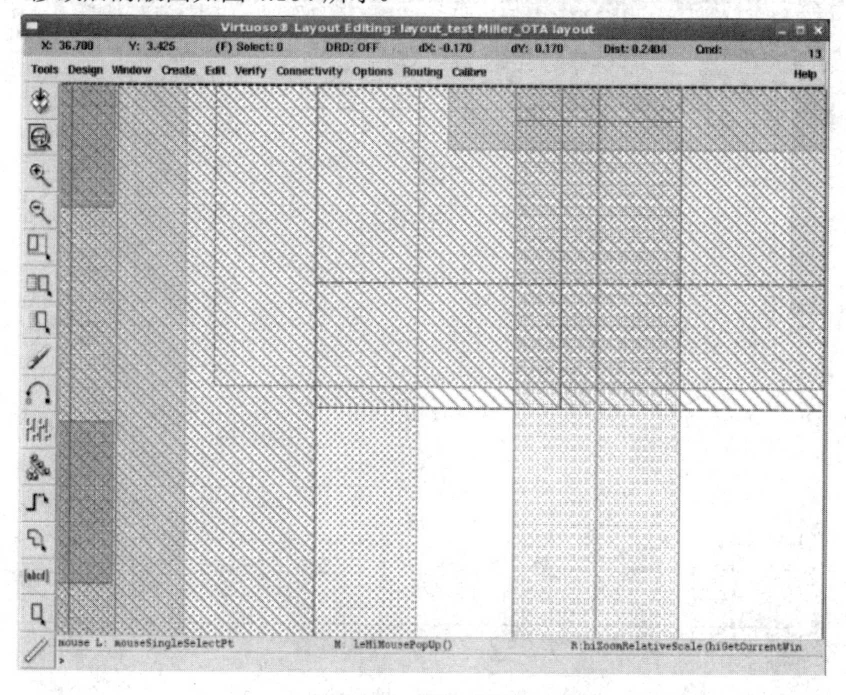

图 4.164　修改后版图

(10) 错误 2 修改：鼠标左键点击 Check M3_1-1 Result，并双击下属菜单中的 01，DRC 结果查看图形界面如图 4.165 所示，版图定位如图 4.166 所示。

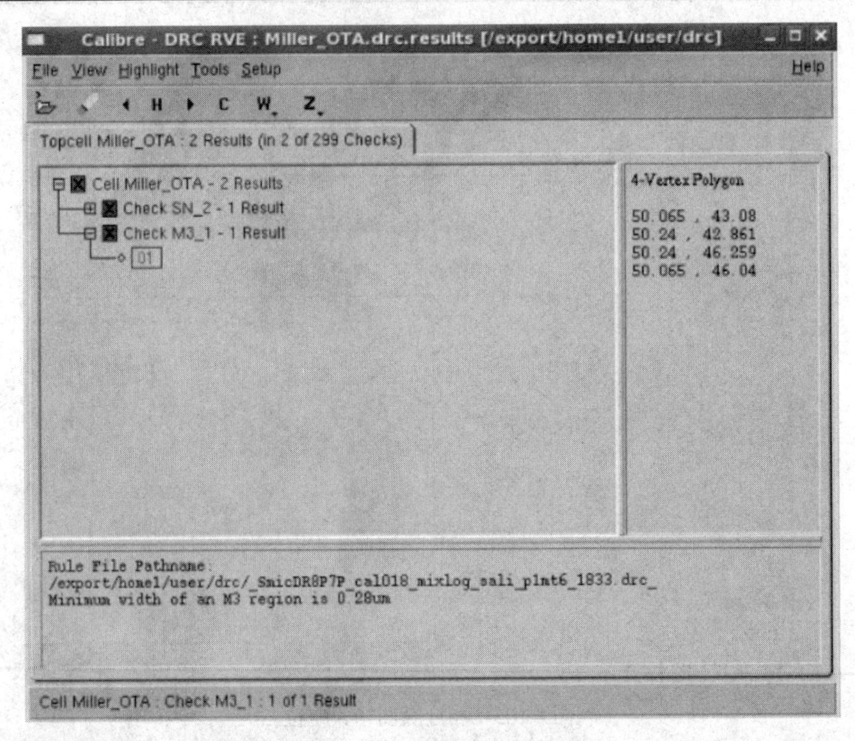

图 4.165　DRC 结果查看图形界面

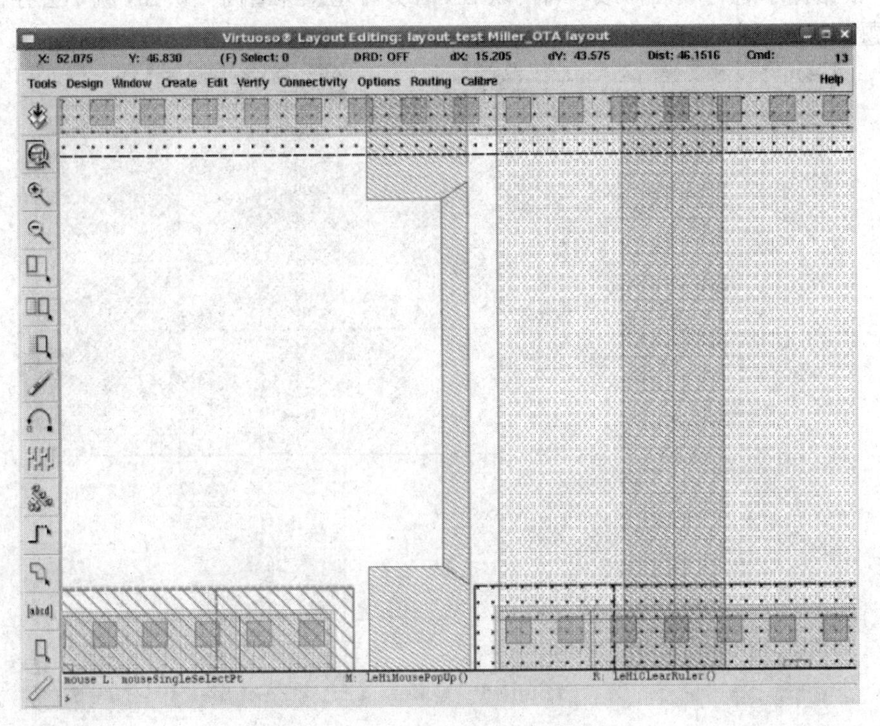

图 4.166　相应版图错误定位

(11) 根据上述提示进行版图修改，将不符合线宽规则的走线加宽，修改后的版图如图 4.167 所示。

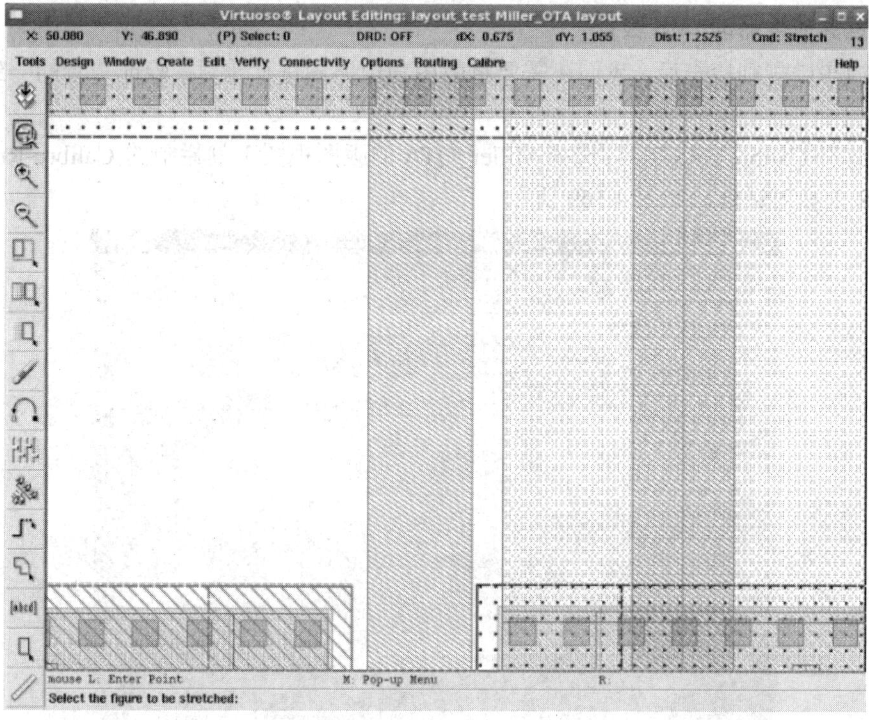

图 4.167　加宽线宽厚的版图

(12) DRC 错误修改完毕后，再次做 DRC，修改提示中的所有错误，直到出现如图 4.168 所示的界面，表明 DRC 已经通过。

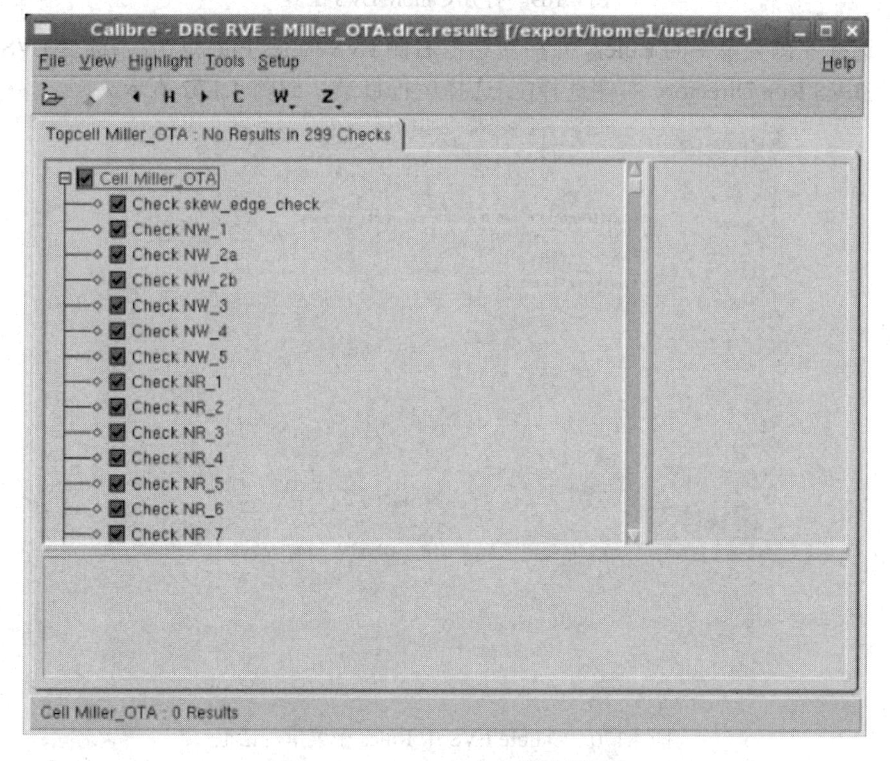

图 4.168　Calibre DRC 通过界面

3．运算放大器的 LVS 验证

完成 DRC 规则检查后，我们还需要将版图与电路图进行比对，验证二者的一致性。具体步骤如下：

(1) 打开 Calibre LVS 工具：选择 Miller_OTA 的版图视图工具栏中的[Calibre-Run LVS]，弹出 LVS 工具对话框，如图 4.169 所示。

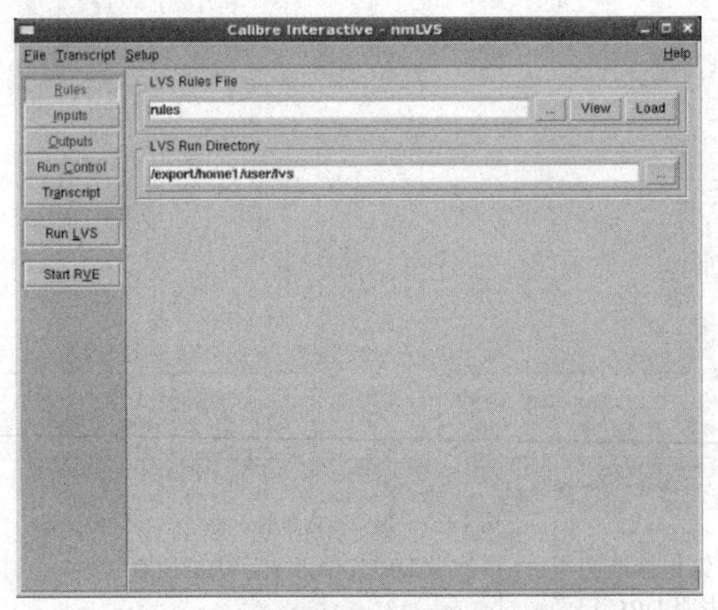

图 4.169　打开 Calibre LVS 工具

(2) 选择左侧菜单中的 Rules，并在对话框右侧 LVS Rules File 点击[...]选择 LVS 规则文件，并在 LVS Run Directory 右侧选择[...]选择运行目录，如图 4.170 所示。

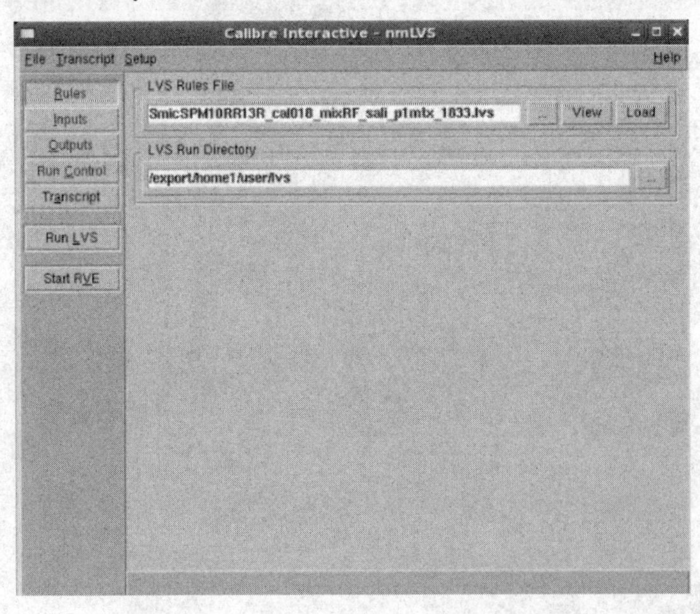

图 4.170　Calibre LVS 中 Rules 子菜单对话框

(3) 选择左侧菜单中的 Inputs，并在 Layout 选项中选择 Export from layout viewer 高亮，这里同样表示 Calibre 将自动从 layout 窗口中提取出版图，如图 4.171 所示。

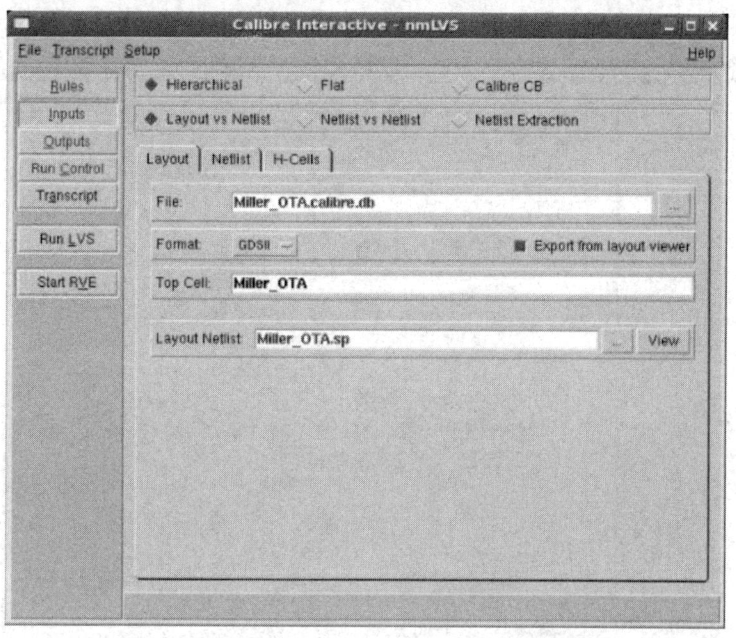

图 4.171　Calibre LVS 中 Inputs 菜单 layout 子菜单对话框

(4) 再选择左侧菜单中的 Inputs，选择 Netlist 选项，如果电路网表文件已经存在，则直接调取，并取消 Export from schematic viewer 高亮；如果电路网表需要从同名的电路单元中导出，那么在 Netlist 选项中选择 Export from schematic viewer 高亮，如图 4.172 所示。

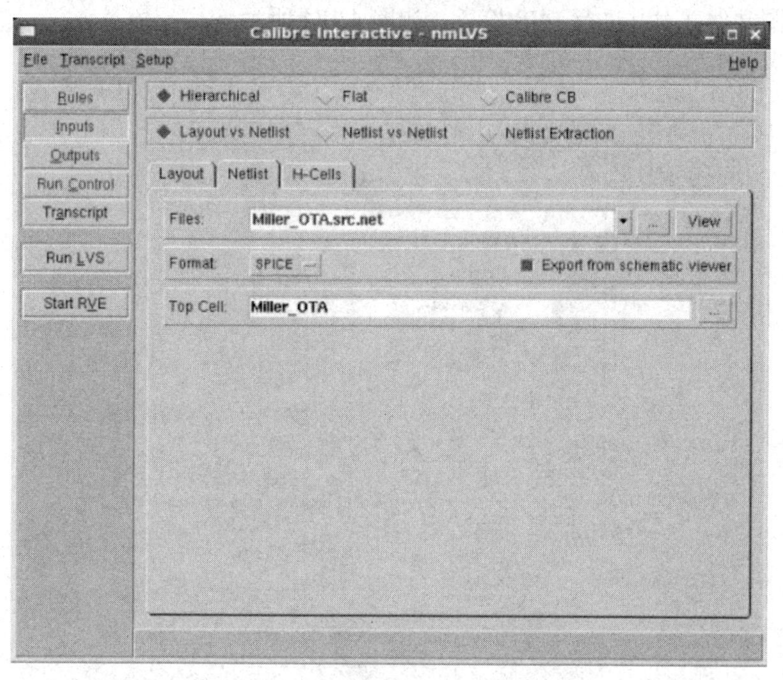

图 4.172　Calibre LVS 中 Inputs 菜单 Netlist 子菜单对话框

(5) 选择左侧菜单中的 Outputs，可以选择默认的设置，同时也可以改变相应输出文件的名称。选项 Create SVDB Database 选择是否生成相应的数据库文件，而 Start RVE after LVS finishes 选择在 LVS 完成后是否自动弹出相应的图形界面，如图 4.173 所示。

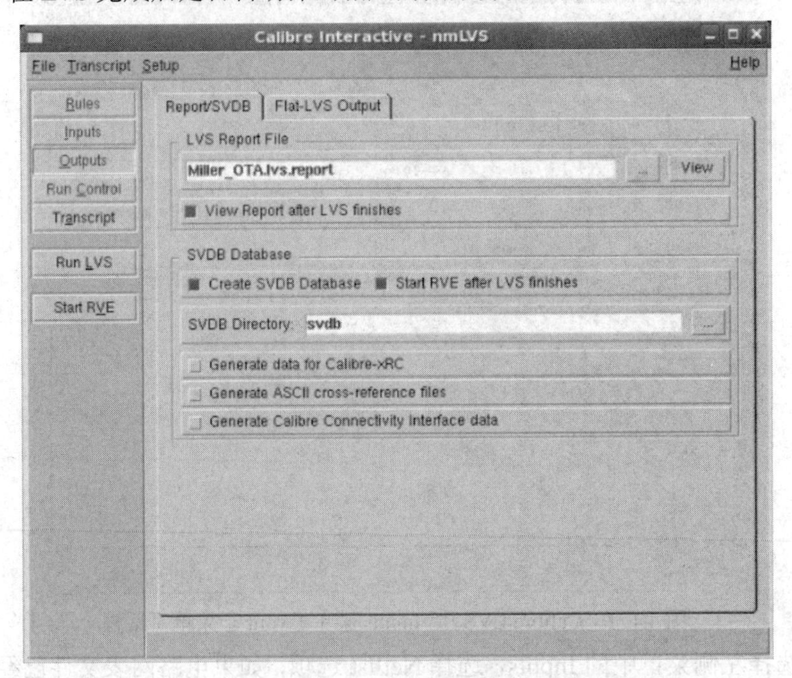

图 4.173　Calibre LVS 中 Outputs 子菜单对话框

(6) Calibre LVS 左侧 Run Control 菜单都可以选择默认设置，点击 Run LVS，Calibre 开始导出版图文件并对其进行 LVS 检查，如图 4.174 所示。

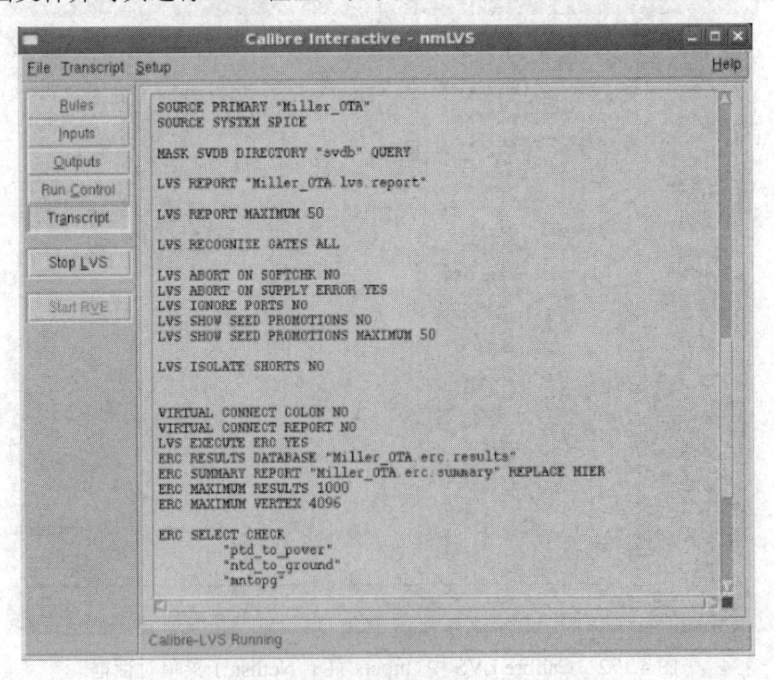

图 4.174　Calibre LVS 运行中

(7) Calibre LVS 完成后，软件会自动弹出输出结果并弹出图形界面(在 Outputs 选项中选择，如果没有自动弹出，可点击 Start RVE 开启图形界面)，以便查看错误信息，如图 4.175 所示。

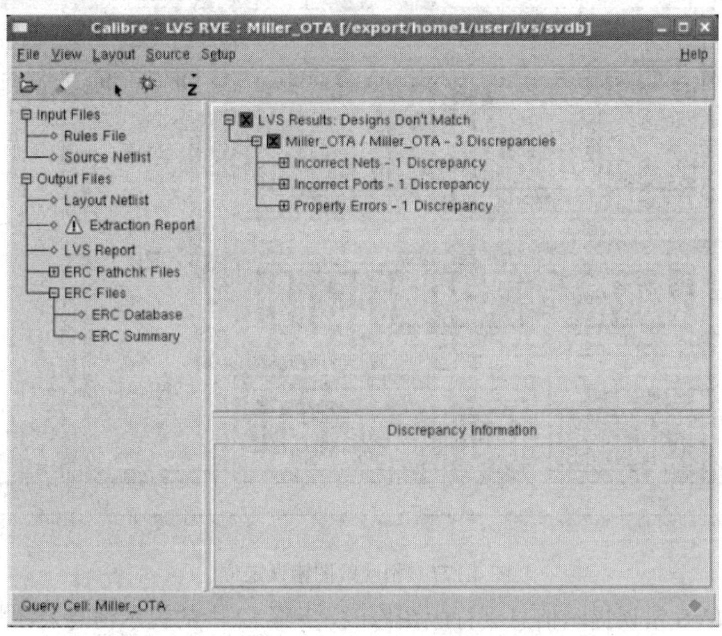

图 4.175　Calibre LVS 结果查看图形界面

(8) 查看图 4.175 所示的 Calibre LVS 输出结果的图形界面，表明在版图与电路图存在 3 项(共 3 类)不匹配错误，包括一项连线不匹配、一项端口匹配错误以及一项器件属性匹配错误。

(9) 匹配错误 1 修改。鼠标左键点击 Incorrect Nets - 1 Discrepancy，并点击下属菜单中 Discrepancy #1，LVS 结果查看图形界面如图 4.176 所示，双击 LAYOUT NAME 下的高亮“voutp”，呈现版图中的 voutp 连线，如图 4.177 所示。

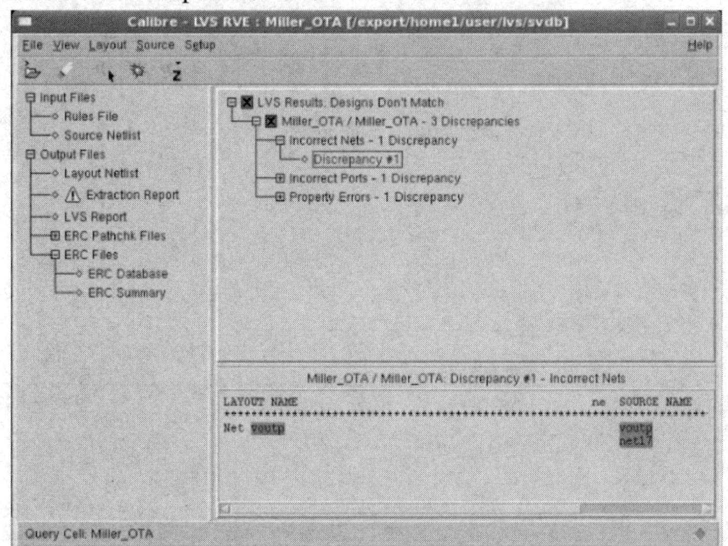

图 4.176　Calibre LVS 结果 1 查看图形界面

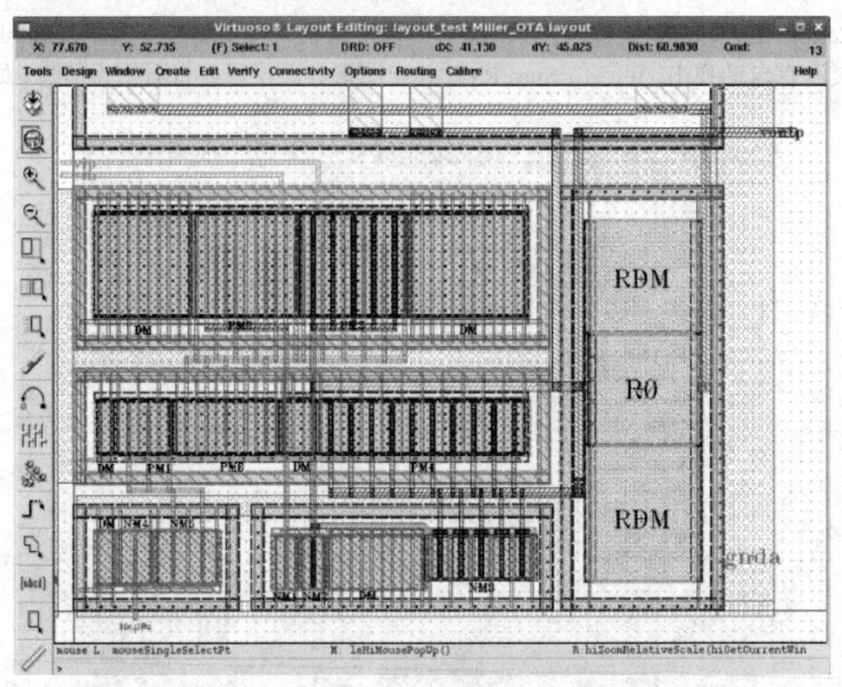

图 4.177　相应版图错误定位

(10) 根据 LVS 错误提示信息进行版图修改，步骤 12 中的提示信息表明版图连线 voutp 与电路的 net17 连线短路了，这表示两条走线不应该有连接关系，所以必须将这两条走线断开。

(11) 匹配错误 2 修改。鼠标左键点击 Incorrect Ports - 1 Discrepancy，并点击下属菜单中 Discrepancy #2，相应的 LVS 报错信息查看图形界面如图 4.178 所示，其表明端口 Idc_10u 没有标在相应的版图层上或者没有打标，查看版图相应位置，如图 4.179 所示。

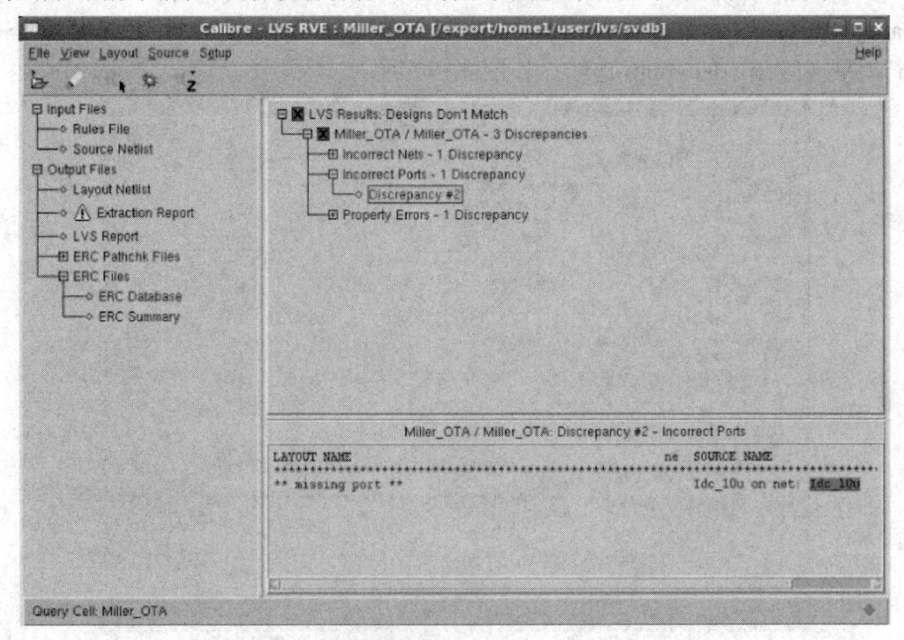

图 4.178　Calibre LVS 结果 2 查看图形界面

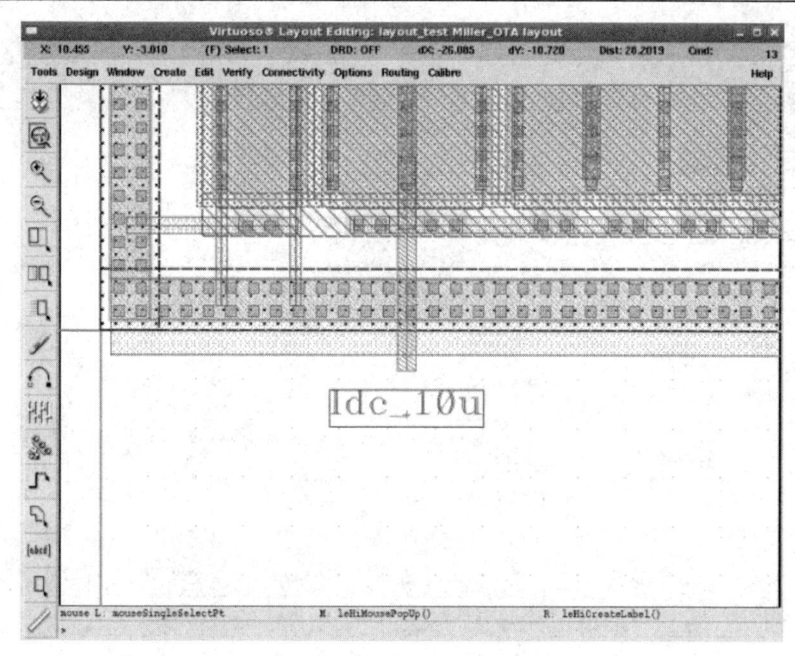

图 4.179　相应版图错误定位

(12) 图 4.179 所示的标识 Idc_10u 没有打在相应的版图层上，导致 Calibre 无法找到其端口信息，修改方式为将标识上移至相应的版图层上即可，如图 4.180 所示。

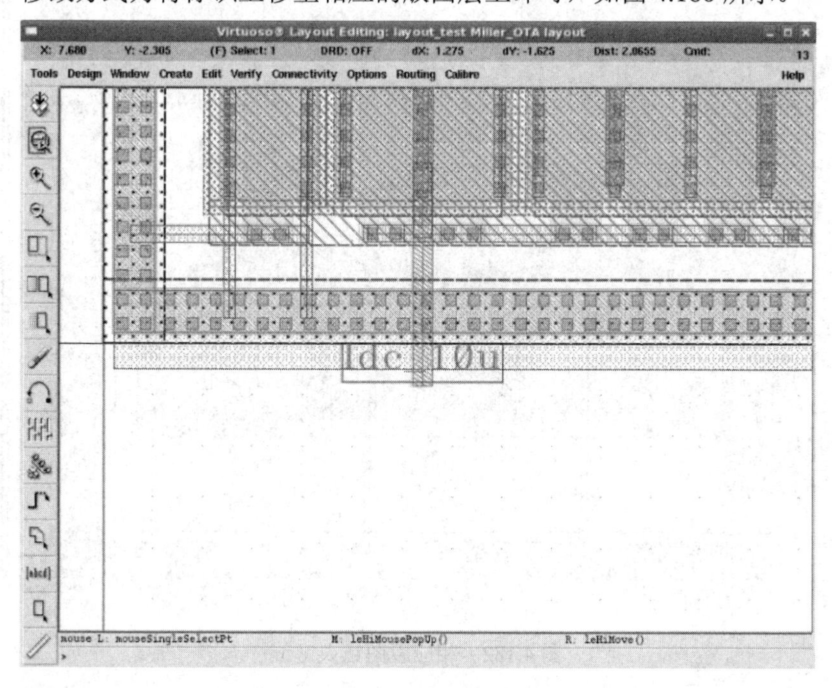

图 4.180　标识修改后的版图

(13) 匹配错误 3 修改。鼠标左键点击 Property Error - 1 Discrepancy，并点击下属菜单中 Discrepancy #3，相应的 LVS 报错信息查看图形界面如图 4.181 所示，其表明版图中器件尺寸与相应电路图中的不一致，查看版图相应位置，如图 4.182 所示。

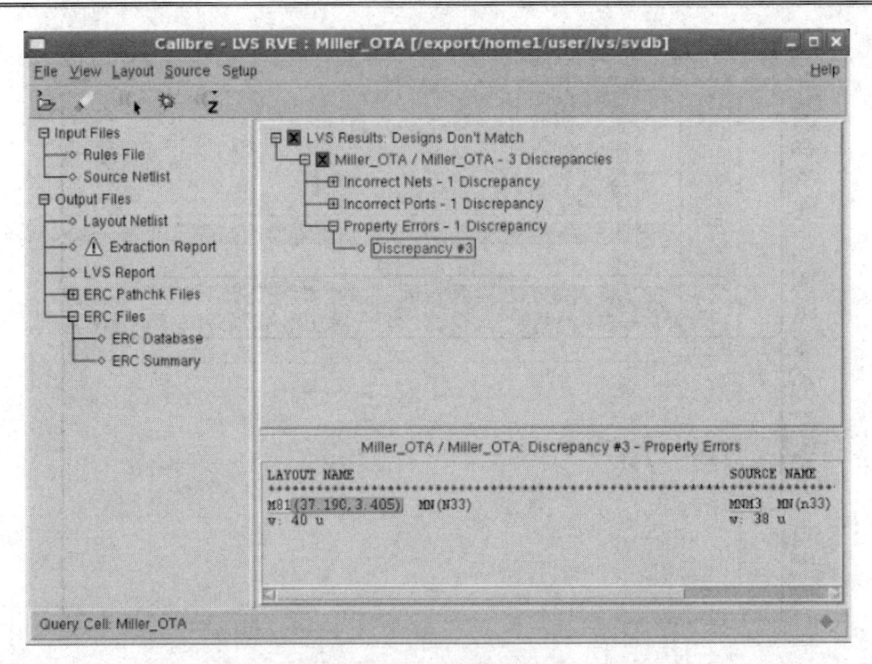

图 4.181　Calibre LVS 结果 3 查看图形界面

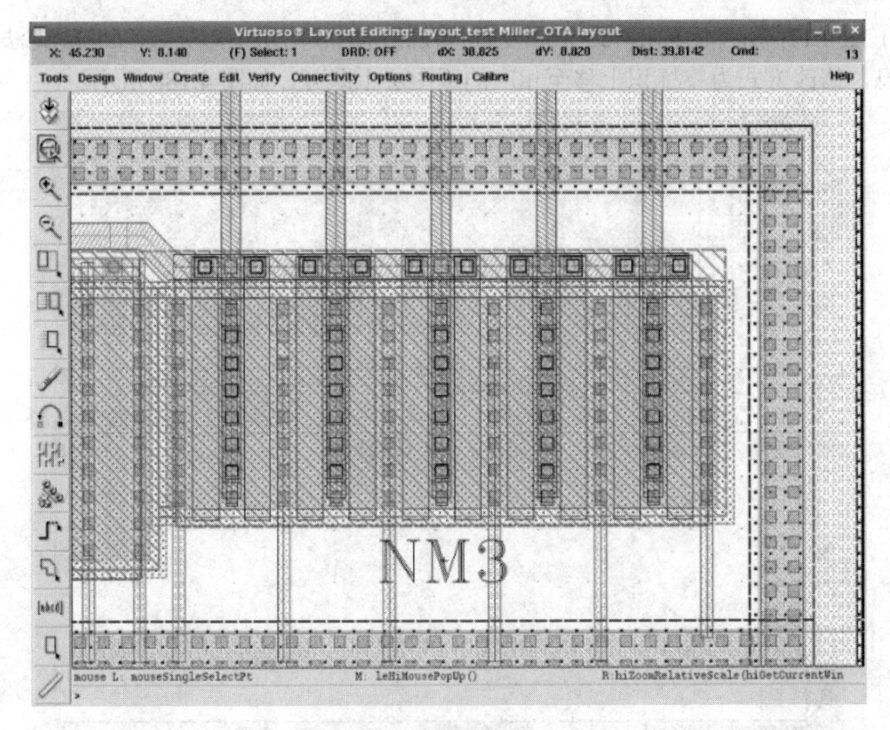

图 4.182　相应版图错误定位

(14) 图 4.182 所示版图中晶体管的尺寸为 4 μm × 10 = 40 μm，而电路图中为 38 μm，将版图中晶体管的尺寸修改为 3.8 μm × 10 = 38 μm 即可。

(15) LVS 匹配错误修改完毕后，再次做 LVS，修改所有提示出现的错误，直到出现如图 4.183 所示的界面，表明 LVS 已经通过。

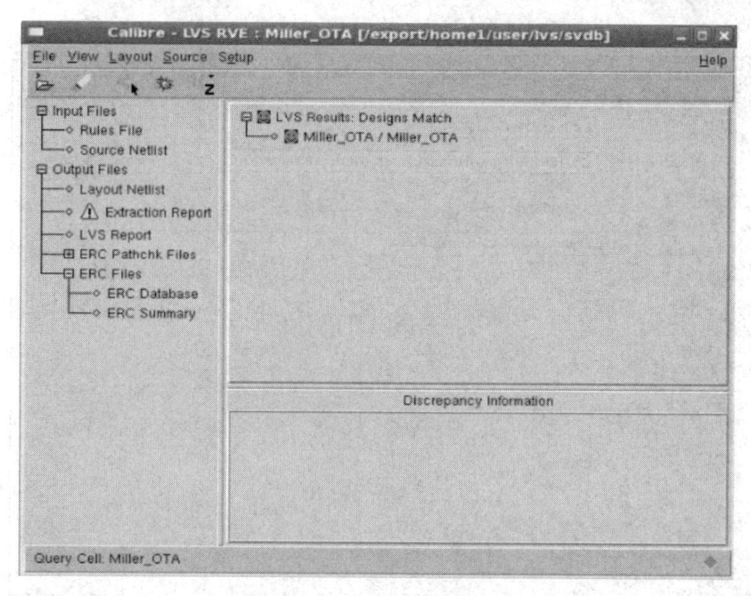

图 4.183　Calibre LVS 通过界面

4．运算放大器的参数提取

参数提取(PEX)主要包括 LVS 和参数提取两部分，设计者在进行寄生参数提取之前可以选择选择寄生参数网表的格式，以便在后续采用特定的仿真工具(hspice、spectre 或者 eldo)进行后仿真。以下详细介绍采用 Calibre 工具对版图进行 PEX 检查的流程，反提出 Calibre 的网表格式，以便在 spectre 中进行后仿真验证。

(1) 打开 Calibre PEX 工具。选择 Miller_OTA 的版图视图工具栏中的[Calibre-Run PEX]，弹出 PEX 工具对话框，如图 4.184 所示。

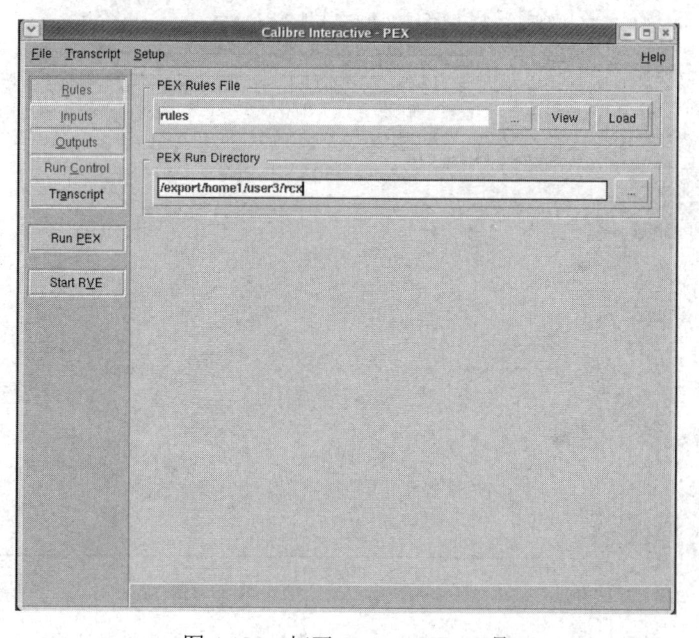

图 4.184　打开 Calibre PEX 工具

(2) 选择左侧菜单中的 Rules 选项，并在对话框右侧 PEX Rules File 点击[...]选择提取文件，并在 PEX Run Directory 右侧选择[...]选择运行目录，如图 4.185 所示。

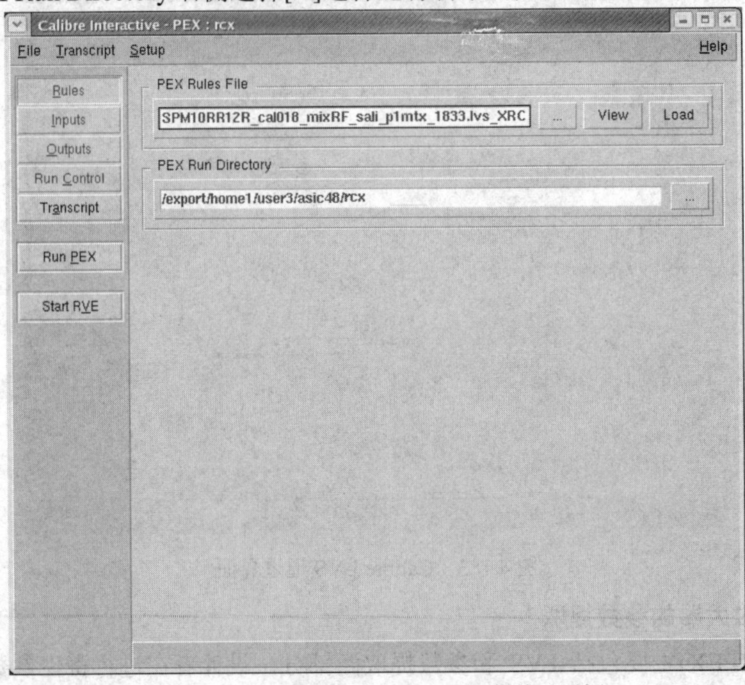

图 4.185　Calibre PEX 中 Rules 子菜单对话框

(3) 选择左侧菜单中的 Inputs 选项，并在 Layout 选项中选择 Export from layout viewer 高亮，如图 4.186 所示。

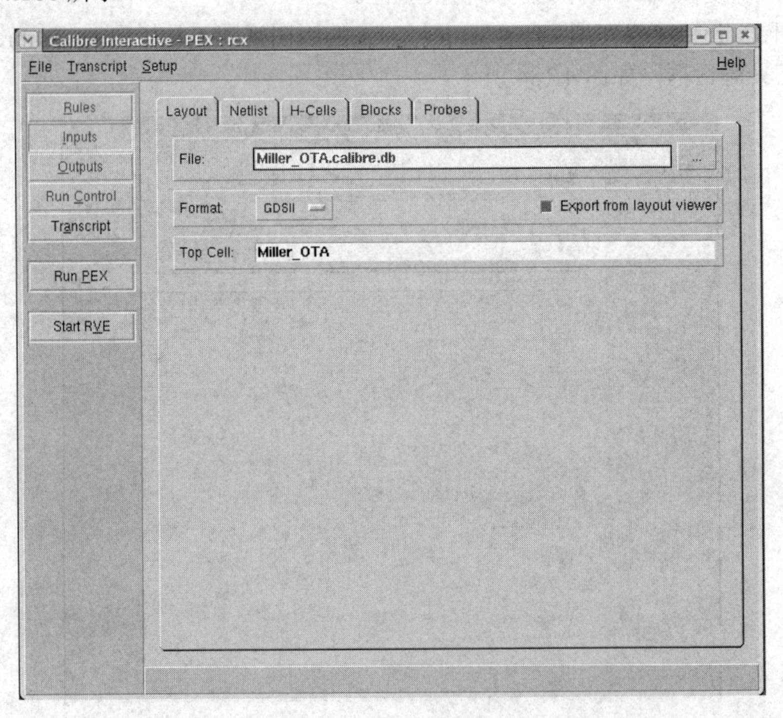

图 4.186　Calibre PEX 中 Inputs 菜单 Layout 子菜单对话框

(4) 选择左侧菜单中的 Inputs 选项，再选择 Netlist 选项，如果电路网表文件已经存在，则直接调取，并取消 Export from schematic viewer 高亮；如果电路网表需要从同名的电路单元中导出，那么在 Netlist 选项中选择 Export from schematic viewer 高亮，如图 4.187 所示。

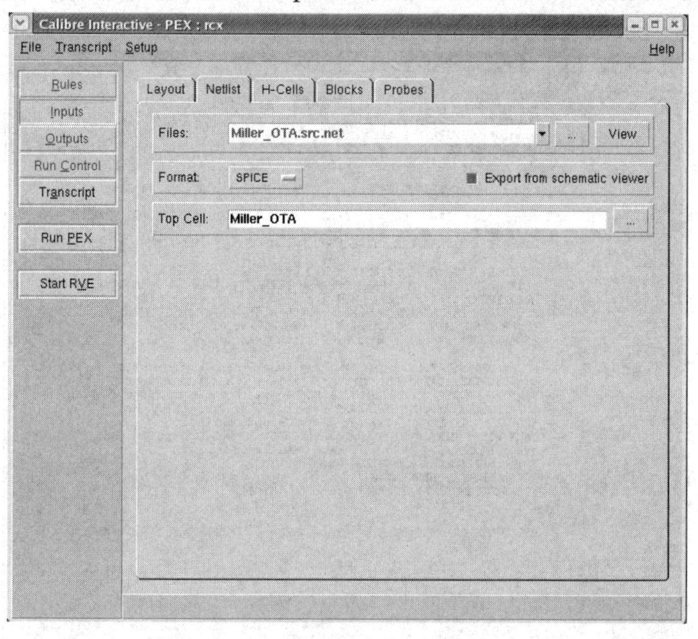

图 4.187　Calibre PEX 中 Inputs 菜单 Netlist 子菜单对话框

(5) 选择左侧菜单中的 Outputs 选项，将 Extraction Type 选项修改为“Transistor Level-R+C-No Inductance”，表明是晶体管级提取，提取版图中的寄生电阻和电容，忽略电感信息；将 Netlist 子菜单中的 Format 修改为 CALIBREVIEW，表明提出的网表是 Calire 格式，需采用 spectre 软件进行仿真；其他菜单(Nets、Reports、SVDB)选择默认选项即可，如图 4.188 所示。

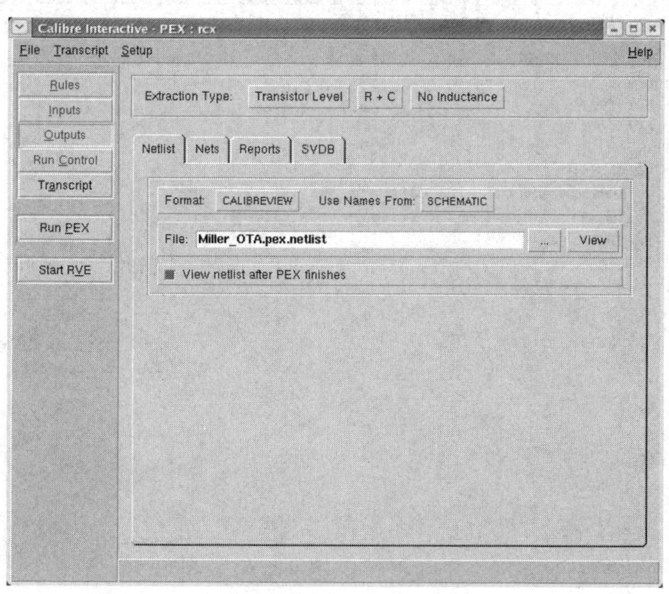

图 4.188　Calibre PEX 中 Outputs 子菜单对话框

(6) Calibre PEX 左侧 Run Control 菜单可以选择默认设置，点击 Run PEX，Calibre 开

始导出版图文件并对其进行参数提取，如图 4.189 所示。注意反提为 CALIBREVIEW 格式时需要使用晶圆厂提供的 calview.cellmap 文件。该文件标识了反提器件的端口信息，使用时将该文件放置于 spectre 启动目录下即可。

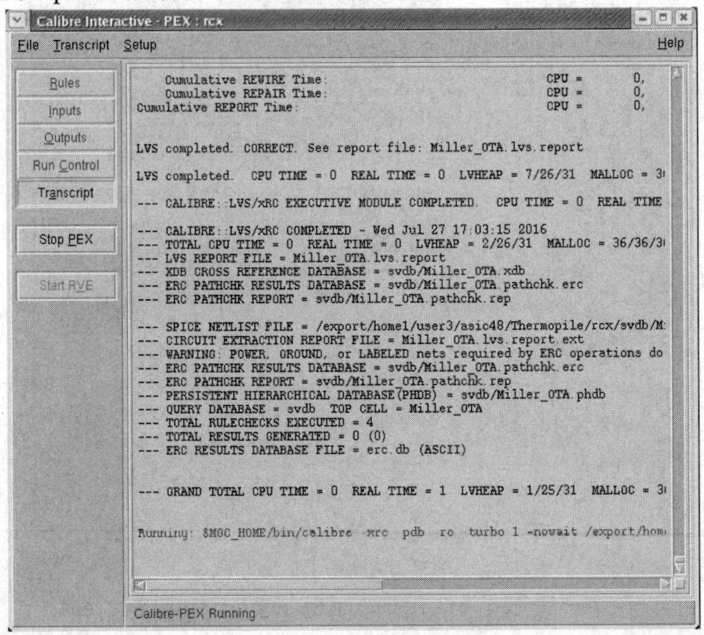

图 4.189　Calibre PEX 运行中

(7) Calibre PEX 完成后，软件会自动弹出输出结果并弹出图形界面(在 Outputs 选项中选择，如果没有自动弹出，可点击 Start RVE 开启图形界面)，以便查看错误信息，Calibre PEX 运行后的 LVS 结果如图 4.190 所示。

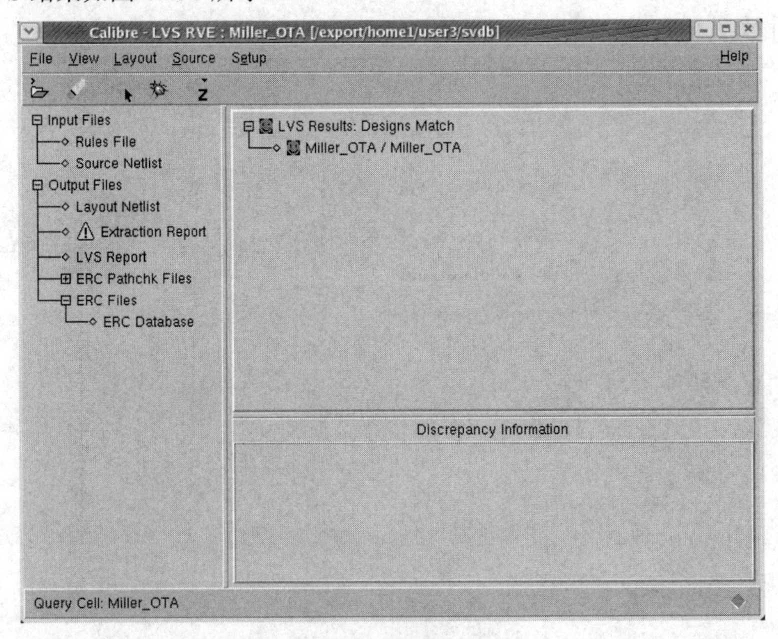

图 4.190　Calibre LVS 结果查看图形界面

在 Calibre PEX 运行后，同时会弹出参数提取后的主网表，如图 4.191 所示。

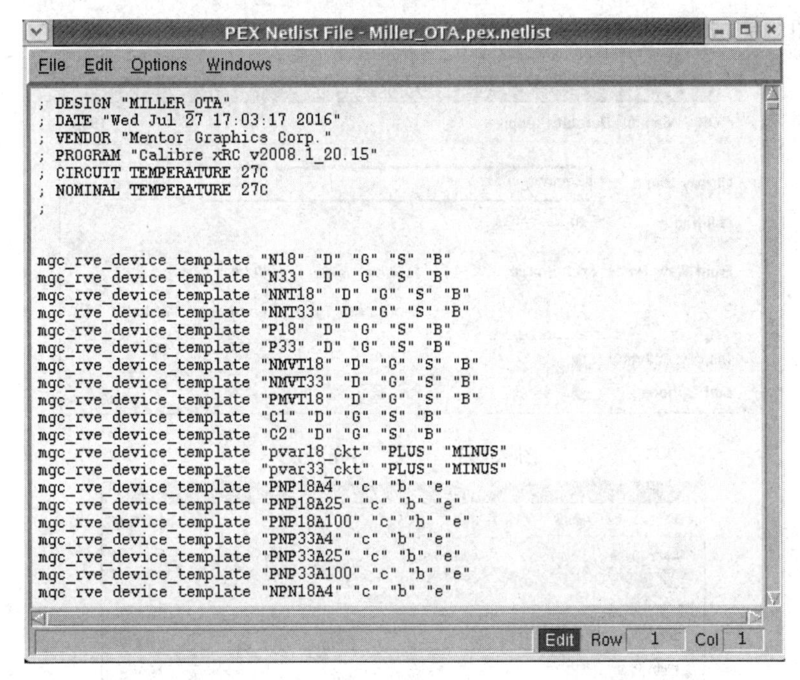

图 4.191　Calibre PEX 提出部分的主网表图

5. 运算放大器的后仿真

采用 Calibre PEX 对密勒补偿两级运算放大器进行参数提取后，因为反提的格式为 CALIBREVIEW，所以可以在 spectre 中直接进行后仿真。当完成反提后，我们可以在 Library Manager 中看到 Miller_OTA 的 View 中多了一个 calibre 子项，如图 4.192 所示。

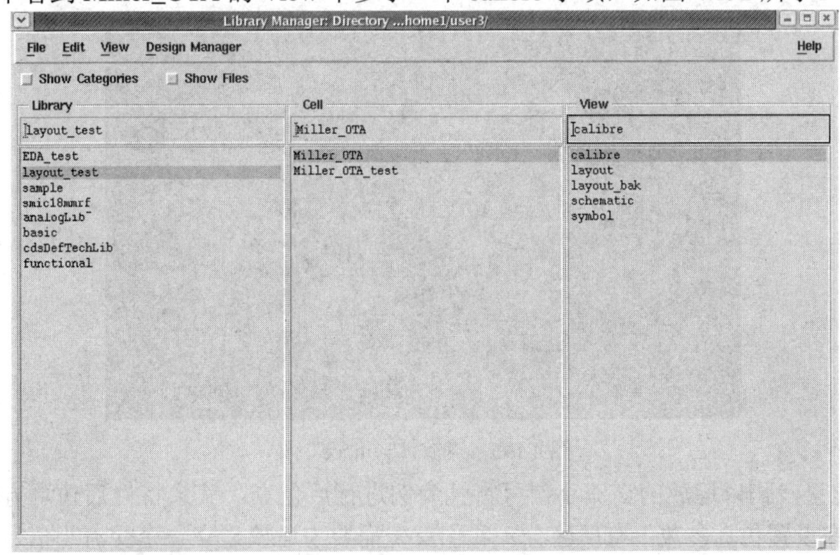

图 4.192　Miller_OTA 的 View 中多了一个 calibre 子项

(1) 为了进行后仿真，首先要为运放建立一个 Symbol，从电路图设计窗口工具栏中选择[Design]→[Create Cellview]→[From Cellview]命令，弹出“Create Cellview”对话框，单击“OK”按钮，如图 4.193 所示；跳出窗口如图 4.194 所示，在各栏中分配端口后，单击

“OK”按钮，完成 Symbol 的建立，如图 4.195 所示。

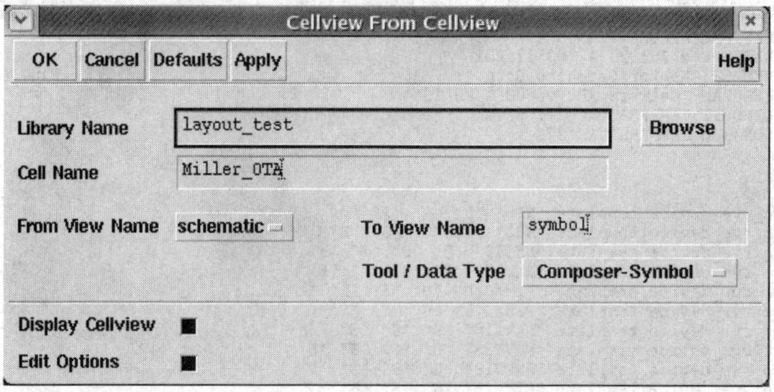

Cellview From Cellview
OK
Cancel
Defaults
Apply
Help
Library Name
layout_test
Browse
Cell Name
Miller_OTA
From View Name
schematic
To View Name
symbol
Tool / Data Type
Composer-Symbol
Display Cellview
Edit Options

图 4.193　建立“Symbol”

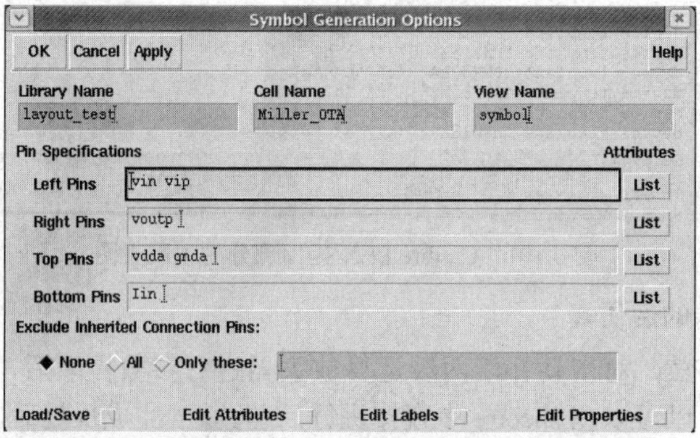

Symbol Generation Options
OK
Cancel
Apply
Help
Library Name
layout_test
Cell Name
Miller_OTA
View Name
symbol
Pin Specifications
Attributes
Left Pins
vin vip
List
Right Pins
voutp
List
Top Pins
vdda gnda
List
Bottom Pins
Iin
List
Exclude Inherited Connection Pins:
None
All
Only these:
Load/Save
Edit Attributes
Edit Labels
Edit Properties

图 4.194　分配“Symbol”端口

[@instanceName]
vdda
gnda
vin
vip
[@partName]
voutp
Iin

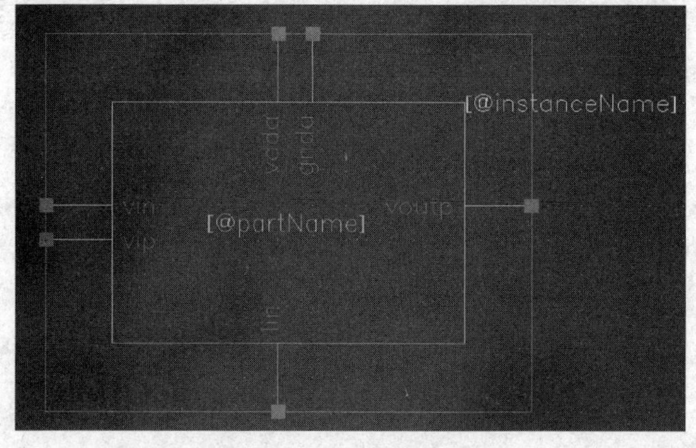

图 4.195　运放“Symbol”图

(2) 这里我们以运放的交流小信号特性为例进行后仿真，其余特性后仿真方法基本相同，只是在设置仿真参数上有所区分。我们首先需要为运放建立一个交流小信号的测试电路，选择[File]→[New]→[Cellview]命令，弹出“Cellview”对话框，输入“Miller_OTA_test”，单击“OK”按钮，此时原理图设计窗口自动打开。选择左侧工具栏中的[Instance]、[Pin]和[Wire(narrow)]建立 OTA 测试电路如图 4.196 所示。其中 ideal_bulan 来自 spectre 自带的 analogLib。

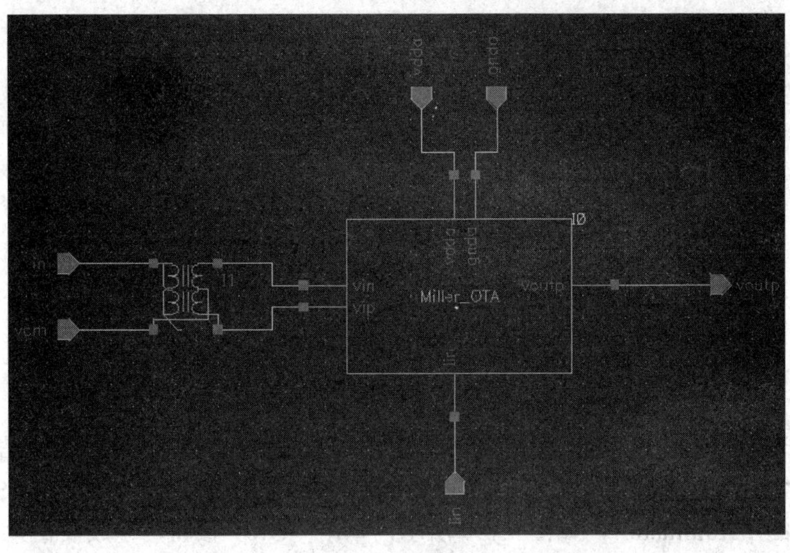

图 4.196　OTA 交流小信号后仿真电路

(3) 在电路图串口工具栏中选择[Tools]→[Analog Environment]命令，弹出“Analog Design Environment”对话框，在工具栏中选择[Setup]→[Stimuli] 为该测试电路设置输入激励，设置电源电压“vdda”为 3.3 V，地“gnda”为“0”，共模电压“vcm”为“0.9V”，偏置电流“Iin”为“-10 μA”，设置输入“in”为交流小信号，在“AC magnitude”栏中输入幅度为“1”，在“AC phase”栏中输入相位为“0”，如图 4.197。之后在工具栏中选择[Setup]→[Model Librarise]，设置工艺库模型信息和工艺角，如图 4.198 所示。

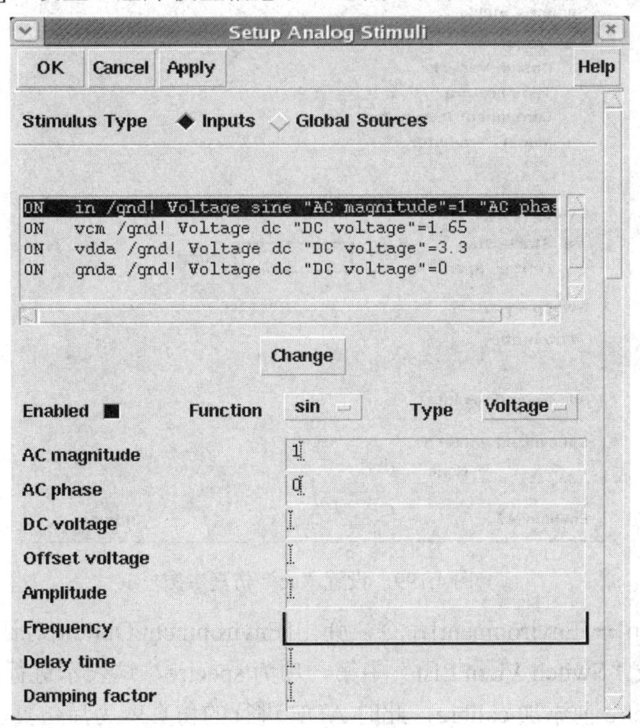

图 4.197　设置激励源

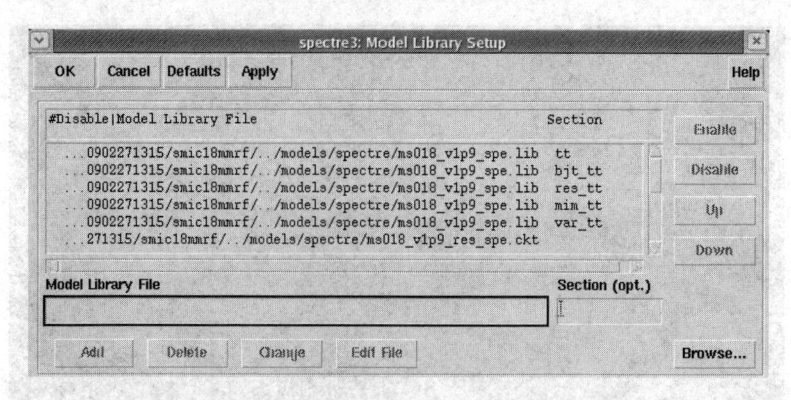

图 4.198　设置工艺库模型信息和工艺角

(4) 选择[Analyses]→[Choose]命令，弹出对话框，选择“ac”进行交流小信号仿真，在“start”和“stop”栏中分别输入 ac 扫描开始频率“1”和结束频率“1G”，在“Sweep Type”中选择默认的“Automatic”，如图 4.199 所示，单击“OK”按钮，完成设置。

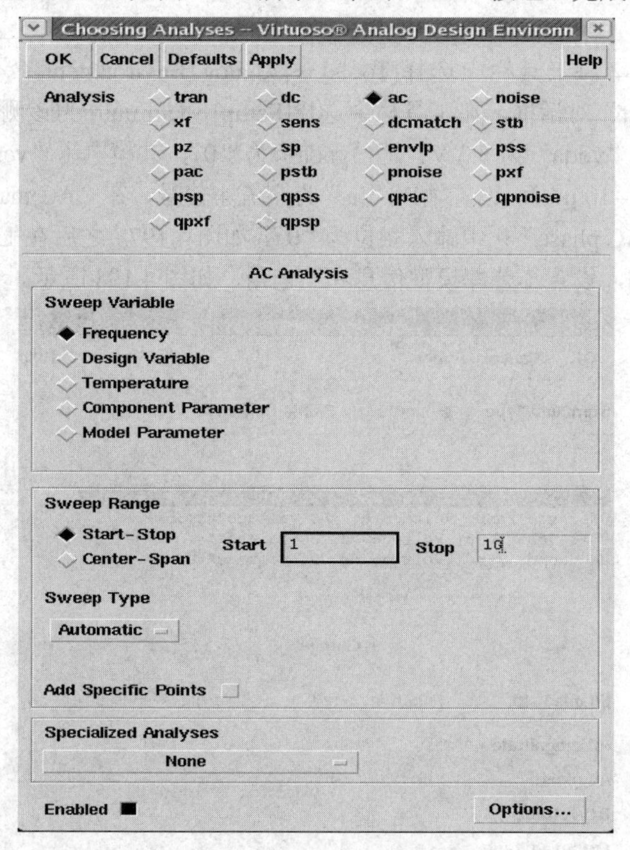

图 4.199　设置“ac”仿真参数

(5) 选择[Setup]→[Environment]命令，弹出[Environment Option]对话框，如图 4.200 所示。默认情况下载“Switch Viem List”中第一项为 spectre，这表示进行前仿真。要进行后仿真，需要在 spectre 前添加 calibre，此时 ADE 进行的仿真就为后仿真，如图 4.201 所示。设置完成后，单击“OK”按钮确定。

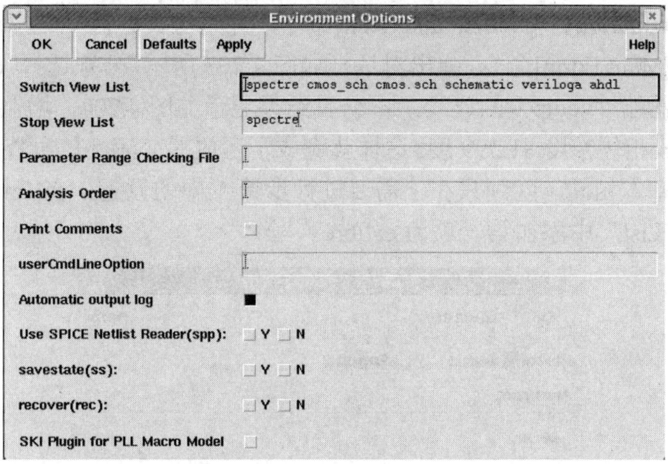

Environment Options
OK　Cancel　Defaults　Apply　Help
Switch View List　spectre cmos_sch cmos.sch schematic veriloga ahdl
Stop View List　spectre
Parameter Range Checking File
Analysis Order
Print Comments
userCmdLineOption
Automatic output log
Use SPICE Netlist Reader(spp):　Y　N
savestate(ss):　Y　N
recover(rec):　Y　N
SKI Plugin for PLL Macro Model

图 4.200　默认情况下载“Switch Viem List”中第一项为 spectre

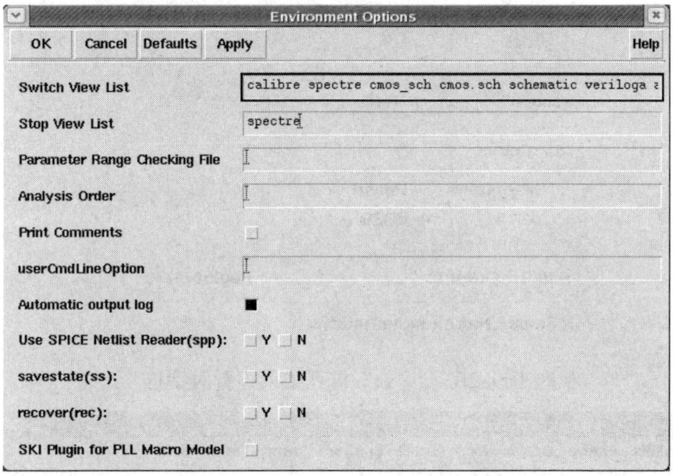

Environment Options
OK　Cancel　Defaults　Apply　Help
Switch View List　calibre spectre cmos_sch cmos.sch schematic veriloga a
Stop View List　spectre
Parameter Range Checking File
Analysis Order
Print Comments
userCmdLineOption
Automatic output log
Use SPICE Netlist Reader(spp):　Y　N
savestate(ss):　Y　N
recover(rec):　Y　N
SKI Plugin for PLL Macro Model

图 4.201　将“Switch Viem List”中第一项修改为 calibre

(6) 完成设置后的 ADE 界面如图 4.202 所示。

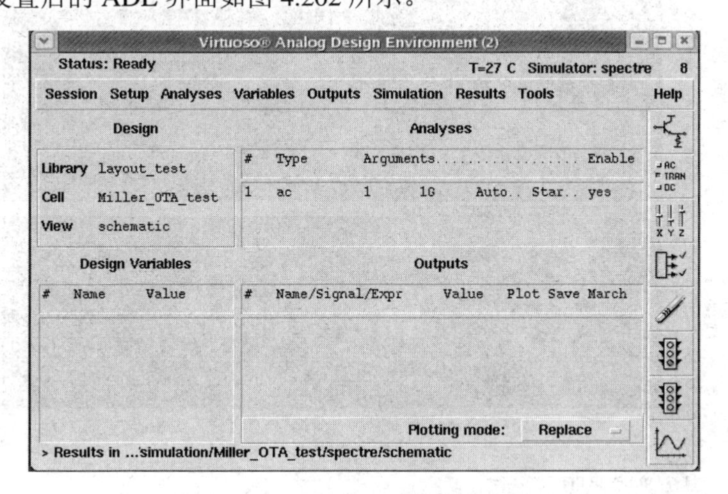

图 4.202　完成设置后的 ADE 界面

(7) 选择[Stimulation]→[Netlist and Run]命令，开始仿真。仿真结束后，选择[Results]→[Direct Plot]→[Main Form]命令，弹出对话框如图 4.203 所示，分别选择“dB20”和“Phase”，显示箭头点击输出端“voutp”的连线，ac 仿真结果显示如图 4.204，增益 89.2 dB，单位增益带宽 53.3 MHz，相位裕度 81.599 度。这样就完成了运放的交流小信号特性的后仿真流程。与前仿真的设置基本相同，区别只在于需要进行步骤(5)中的设置，在[Environment Option]的“Switch View List”中添加第一项为 calibre。

Direct Plot Form
OK　Cancel　Help
Plotting Mode　Append
Analysis
ac
Function
Voltage　Current
GD
Select　Net
Modifier
Magnitude　Phase
dB10　dB20
Add To Outputs　Replot
> Select Net on schematic...

图 4.203　“ac”仿真结果查看对话框

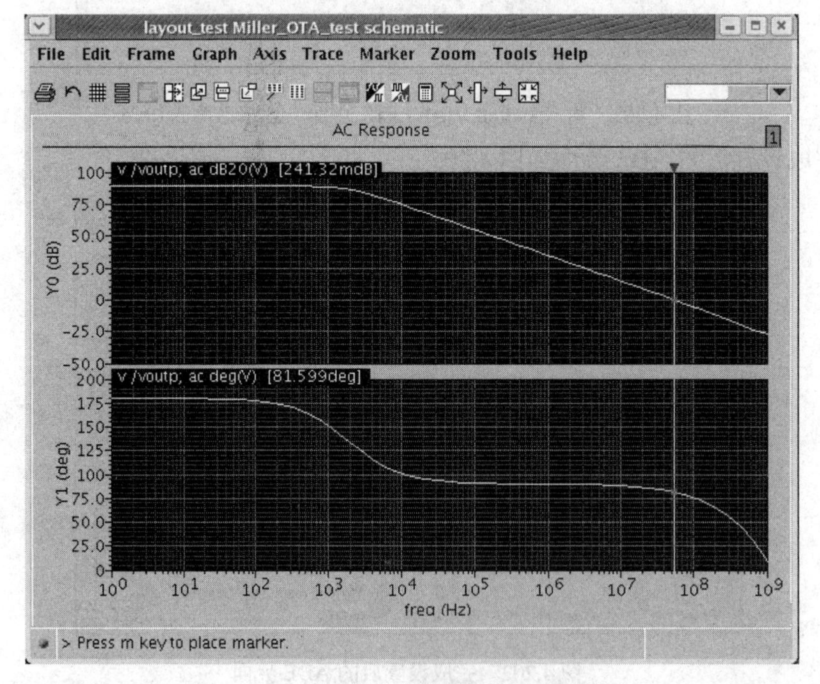

图 4.204　运放交流小信号特性后仿真结果

4.5 小　　结

本章对模拟集成电路版图绘制工具 Virtuoso 和验证工具 Calibre 进行了详细的分析和讨论。首先介绍了 Virtuoso 的基本操作界面，对各个版图绘制操作进行了解释。其次对 Calibre 中的各个菜单栏和操作进行了说明，同时分析了 DRC、LVS 和 PEX 的基本原理。在 4.4 节中以一个两级密勒补偿运算放大器作为实例，讨论了版图绘制以及验证的详细过程。最后还介绍了利用 Calibre 和 Spectre 进行后仿真验证的方法，以供读者进行参考学习。

第5章 数字电路设计及仿真工具 Modelsim

5.1 数字电路设计及仿真概述

随着信息时代的到来，数字电路在人们的生活中扮演着越来越重要的角色。与模拟电路不同，数字电路由各种数字逻辑门组成，例如，与门、非门、或门、触发器等。在数字电路的世界中只有“0”和“1”，所有的信号都可以用“0”和“1”来表示。数字电路分为组合逻辑和时序逻辑电路，分别如图 5.1(a)和图 5.1(b)所示。组合逻辑电路通过线路传递“0”与“1”，时序逻辑电路都在时钟的节拍下运输“0”与“1”。

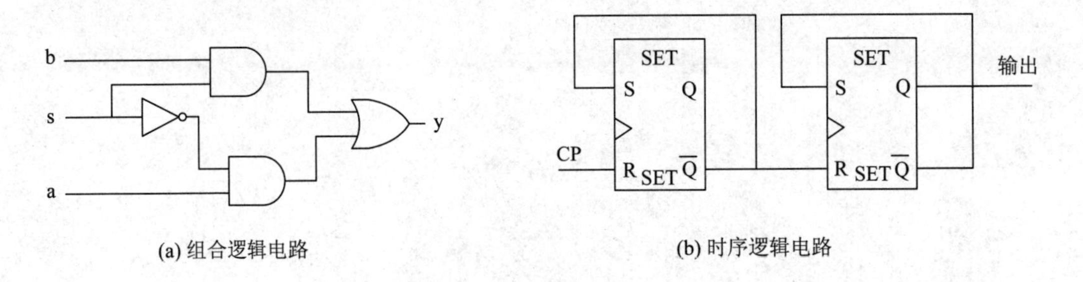

(a) 组合逻辑电路　　(b) 时序逻辑电路

图 5.1　数字电路基本组成结构

由于时序逻辑电路的可控性和预见性较强，在整个数字电路设计中占有非常重要的地位。然而，不管是组合逻辑还是时序逻辑，它们都可以采用硬件描述语言来表达，目前比较常用的硬件描述语言有 Verilog、VHDL 和 System Verilog，其中，System Verilog 与 C 语言最为接近，Verilog 次之，VHDL 的硬件属性最强。在 5.2 节中我们将以 Verilog 为例介绍数字电路的设计。

数字电路设计完成后，需要使用仿真工具来验证其功能，Modelsim 和 VCS 是常用的仿真工具。Modelsim 是由 Mentor Graphics 公司推出的一款单内核支持 VHDL、Verilog 和 System Verilog 等混合仿真的仿真器。VCS(全称 Verilog Compiled Simulator)是 Synopsys 公司推出的一款基于 Linux 操作系统的仿真工具，其仿真速度快，支持多种调用方式。前者在 Windows 环境中常用，后者主要用在 Linux 环境中。在 5.3 节中我们基于 Modelsim 平台来介绍数字电路的仿真。

5.2　数字电路设计方法

数字电路设计一般基于硬件描述语言，按照一定的流程方法，得到满足需求的设计。首先，采用自顶向下(top-down)的设计方法确定系统顶层，将整个系统根据功能划分成各个子系统，再按一定原则将子系统划分成各个子模块，各个子模块的输入输出端口在顶层模块中进行连接，需要注意的是，顶层模块只有子模块之间的端口的连接；然后，对各个子模块进行分析，确定输入输出端口以及与其他各模块的连接关系；最后，对其进行行为描述和仿真验证。数字电路的 top-down 设计方法框图如图 5.2 所示。

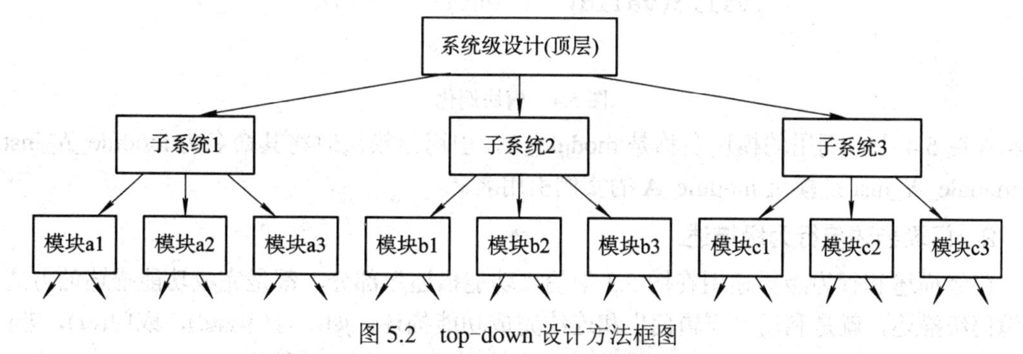

图 5.2　top-down 设计方法框图

系统层次结构划分好之后，就是实现各个基本子模块的功能，其功能都可以用硬件描述语言来实现，本节将以 Verilog 语言为例，说明数字电路的设计。

5.2.1　硬件描述语言 Verilog 的特点及规范

本节主要对 Verilog 语言精华做详细介绍，主要内容包括：Verilog 语言基本结构、门级描述与行为级描述、搭建组合逻辑与时序逻辑，以及如何使用状态机等。

1. Verilog 语言基本结构

Verilog 模块在工程中以 .v 的文件格式存在，在每个 .v 文件中都定义了一个功能模块(module)，其基本结构如图 5.3 所示。

(1) module 声明模块：它与 endmodule 配套使用，endmodule 在代码最后一行，表示代码描述结束。module 声明后面跟着模块的名称和端口列表。

(2) 端口定义：在端口列表中需要列出该模块的输入输出端口名称，另外在端口定义中需要对端口的位宽进行说明。

(3) 数据类型说明：采用 wire 和 reg 对端口列表的 output 型端口和内部连线、寄存器进行声明，reg 和 wire 类似于 c 语言中用 int 去定义数据类型，reg 定义数据类

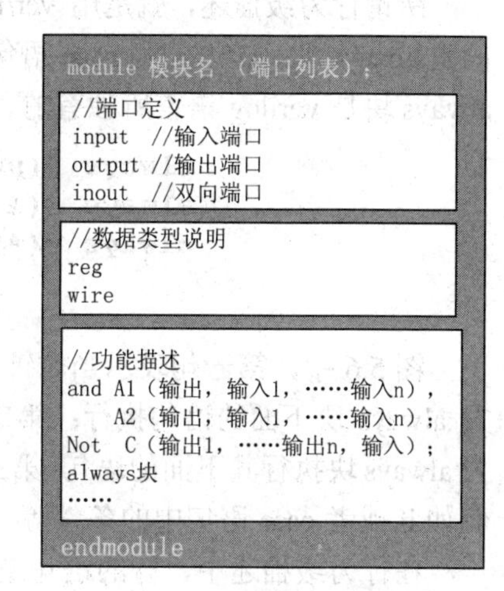

图 5.3　Verilog 基本结构

型为寄存器型，而 wire 定义数据类型为线型。

(4) 模块功能描述：组合电路和时序电路共同完成模块功能描述，在输入信号的激励下，经过组合电路和时序电路的处理将信号输出，完成一个基本模块的编写。

当模块的上层调用这个模块的时候，需要将该模块例化，生成该模块的调用实例，将该模块端口与其他各模块端口一一对应，例化的方法如图 5.4 所示。

```
module_A module_A_inst(
  .rst(rst), // input rst
  .clk(clk), // input clk
  .din(din), // input din
  .enable(enable), // input enable
  .dout(dout), // output data
  .valid(valid) // output valid
);
```

图 5.4　模块例化

在图 5.4 中，调用的模块名称是 module_A，引用该模块时将其命名为 module_A_inst，即 module_A_inst 是模块 module_A 的实例引用名。

2. 门级描述与行为级描述

门级描述和行为级描述用在图 5.3 中的“功能描述”部分，都是完成功能描述的方式。所谓门级描述，就是利用“逻辑门”和连线完成功能描述，如：与门(and)，或门(or)，非门(not)，异或门(xor)等，它们都可以在代码中直接引用，如图 5.5 所示。

```
and a1(out1,datain1,datain2); //out1为输出， 等价于 out1=datain1 && datain2;
and a2(out2,datain3,datain4); //out2为输出， 等价于 out2=datain3 && datain4;
```

图 5.5　门级描述示例

图 5.5 中，a1 和 a2 分别为与门“and”的实例化名称，此句表示将输入 datain1 和 datain2 相与输出到 out1，将 datain3 和 datain4 相与输出到 out2。如上所述，图 5.5 中通过改变实例化名称(a1、a2)将与门“and”多次例化，实现与门模块的重复利用。

所谓行为级描述，就是用 Verilog 自身的语言去实现功能，没有门逻辑器件，取而代之的是 always 块、if 语句和 case 语句等。if、case 语句等比较好理解，与 C 语言功能一样，always 块是 verilog 语言所独有的、使用频率非常高的表达方式，如图 5.6 所示。

```
always @(posedge clk or posedge rst)
always @(A or B or C)
always @(*)
```

图 5.6　always 块

图 5.6 中，第一句表示当时钟信号 clk 的上升沿或者复位信号 rst 的上升沿出现时，触发 always 块下面的语句执行；第二句表示当信号 A、B、C 中至少有一个发生变化时，触发 always 块执行其下面的语句；第三句表示当 always 块下面的语句中用到的所有条件信号，例如 if 或者 case 语句中的条件等，至少有一个发生变化时，触发 always 块下面的语句执行。

在行为级描述中，有的语句是可以综合的，也就是说能用工具翻译成门级网表，这些语句又称为 RTL 级描述，在我们的设计中，最终目的都是将设计变成电路，都必须是可综合的，因此都要使用 RTL 级描述，除了部分只用于仿真的代码，不用考虑其可综合性。关于行为级描述的可综合性，会在后面做详细介绍。

在电路规模较小的情况下，可以用门级描述来实现，此时电路门数少，直接用门级描述使得电路结构清晰，便于综合。然而，随着功能的强大，电路复杂度的提高，很难用简单的门级结构去分析和描述其功能，这时用行为级描述就简单易懂，把电路实现的工作交给综合工具即可。因此，虽然行为级描述比门级描述抽象层次更高，却更加通俗易懂，可以显著地提高设计效率。

3. 组合逻辑与时序逻辑

数字电路由组合逻辑与时序逻辑组成，它们最大的区别就是是否有时钟控制。组合逻辑中只有逻辑和符号运算，没有时钟的控制，而时序逻辑都是在时钟的控制下进行逻辑和符号运算，因此，与时序逻辑相比，组合逻辑在电路中容易出现竞争冒险现象，输出信号产生毛刺，它们的关系如图 5.7 所示。

组合逻辑通常使用 assign 语句和 always 块实现，assign 语句实现组合逻辑如图 5.8 所示。

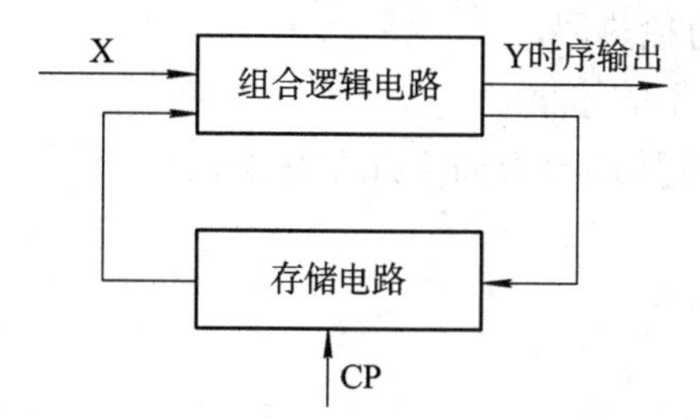

图 5.7　组合逻辑与时序逻辑关系

```
wire c;
assign c = (sel) ? a : b;
```

图 5.8　assign 语句实现组合逻辑

图 5.8 中，变量 c 的类型为 wire 型，在 assign 语句中被赋值的变量必须定义为 wire 型，c 相对于 a、b 没有延迟，当 a、b 发生变化时，c 即刻跟随 a 或者 b 发生变化。上述语句也可以通过 always 块实现。always 语句实现组合逻辑如图 5.9 所示。

图 5.8 与图 5.9 表达的意思基本相同，它们都是组合逻辑的表现形式。变量 c 的输出与时钟没有关系，不管是在时钟的上升沿、下降沿或中间某个位置，只要 a、b 或 sel 中至少一个发生变化，c 就会在同一时间跟随 a 或者 b 发生变化。时序逻辑也是通过 always 语句来实现，但其过程却截然不同。时序逻辑描述如图 5.10 所示。

```
always @(sel or a or b)
begin
    if(sel == 1)
        c = a;
    else
        c = b;
end
```

图 5.9　always 语句实现组合逻辑

```
always @(posedge clk or posedge rst)
begin
    if(rst)
        c <= 0;
    else if(sel == 1)
        c <= a;
    else
        c <= b;
end
```

图 5.10　时序逻辑描述

图 5.10 中，当时钟的上升沿(posedge clk)或者复位信号的上升沿(posedge rst)到来时才执行 always 块里面的代码，这就意味着 c 的输出与时钟沿是同步的，它是在每个时钟沿去判断 sel，并根据 sel 选择输出 a 或者 b，所以 c 会比 a 或者 b 的变化要晚一个时钟周期。由于 c 要受时钟沿的控制，所以在后续将代码映射成电路的过程中(即综合)，可以通过控制时

钟来达到控制 c 的目的，起到保证 c 能正确输出的作用，而不会采到亚稳态值。

虽然组合逻辑容易产生毛刺、电路不稳定，但在实际的电路设计中，很难用时序逻辑完全取代组合逻辑，需要二者相互配合，将组合逻辑有效的穿插在时序逻辑间，通过约束时钟达到管理时序逻辑、携带管理组合逻辑的目的，这样能够合理地提高数字电路设计效率，实现电路设计的功能。

4. 有限状态机

如果说时序逻辑和组合逻辑是数字电路设计的血肉，那么有限状态机就是数字电路设计的灵魂。有限状态机就是一个有多种状态的机器，根据自己的节奏，有条不紊地运转，根据每个状态和触发条件完成一件或几件事情，有限状态机大大提高了数字电路的稳定性和可靠性。

有限状态机的设计主要包括以下几个步骤：

(1) 提取状态机的要素，即需要几个状态以及各个状态之间的联系。

(2) 进行状态编码，就是给每个状态一个编号，最好用独热码，有利于综合工具进行优化，否则在综合时，综合工具可能自动将其转换为独热码。

(3) 定义有限状态机的功能，就是每个状态需要做的事情。

图 5.11 的有限状态机示例为交通灯控制逻辑，将其划分为如下几个状态。

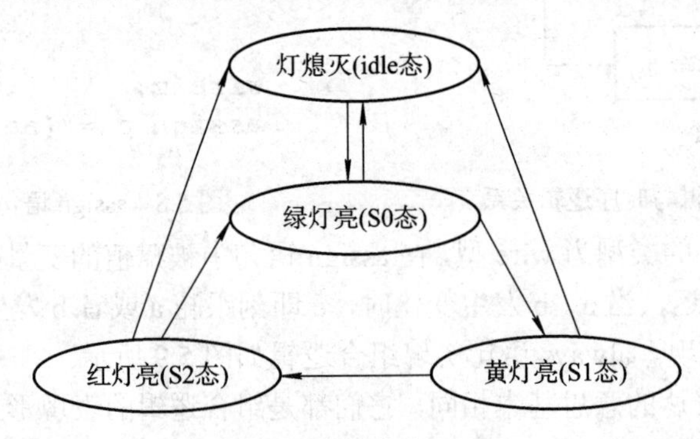

图 5.11　有限状态机示例

起初交通灯是灯熄灭状态(idle)，当交通灯开始工作时，进入绿灯亮状态(S0)，绿灯亮 60 s，进入黄灯亮状态(S1)，黄灯亮 30 s，进入红灯亮状态(S2)，红灯亮 60 s，再次进入绿灯亮状态(S0)；当交通灯关闭时，无论这时是绿灯亮(S0)、黄灯亮(S1)还是红灯亮(S2)都要关闭，回到灯熄灭状态(idle)，代码如例 5.1 所示。

例 5.1　交通灯状态转移代码。

```
module traffic_lights_state_machine(
            clk,
            rst,
            start_work,
            end_work,
            red_light,
            yellow_light,
            green_light
```

```
);

input       [0:0] clk;
input       [0:0] rst;
input       [0:0] start_work;
input       [0:0] end_work;
output reg  [0:0] red_light;
output reg  [0:0] yellow_light;
output reg  [0:0] green_light;

reg  [15:0] count_time_60s;       //timing 60s for green light and red light
reg  [7:0]  count_time_30s;       //timing 60s for yellow light
reg  [9:0]  count_time_40s;

parameter [2:0] IDLE = 3'b000;
parameter [2:0] S0   = 3'b001;    //green_light on
parameter [2:0] S1   = 3'b010;    //yellow_light on
parameter [2:0] S2   = 3'b100;    //red_light on

reg [2:0] CurrentState;
reg [2:0] NextState;

always @(posedge clk or posedge rst)
if(rst)
     CurrentState <= IDLE;
else
     CurrentState <= NextState;

always @(*)
if(rst)
     NextState = IDLE;
else begin
     case(CurrentState)
         IDLE: begin
              if(start_work == 1)
                 NextState = S0;
              else
                 NextState = IDLE;
         end
         S0: begin
```

```
                if(end_work == 1)
                    NextState = IDLE;
                else if(count_time_60s == 16'h7ff)
                    NextState = S1;
                else
                    NextState = S0;
            end
            S1: begin
                    if(end_work == 1)
                    NextState = IDLE;
                else if(count_time_30s == 8'hff)
                    NextState = S2;
                else
                    NextState = S1;
            end
            S2: begin
                    if(end_work == 1)
                    NextState = IDLE;
                else if(count_time_40s == 10'h3ff)
                    NextState = S0;
                else
                    NextState = S2;
            end
            default: begin
                NextState = IDLE;
            end
        endcase
end

always @(posedge clk or posedge rst)
if(rst) begin
    red_light <= 1'b0;
    yellow_light <= 1'b0;
    green_light <= 1'b0;
    count_time_60s <= 16'b0;
    count_time_30s <= 8'b0;
    count_time_40s <= 10'b0;
end
else begin
        case(NextState)
```

```
IDLE: begin
      red_light <= 1'b0;
yellow_light <= 1'b0;
green_light <= 1'b0;
count_time_60s <= 16'b0;
count_time_30s <= 8'b0;
count_time_40s <= 10'b0;
end
S0: begin
      red_light <= 1'b0;
yellow_light <= 1'b0;
green_light <= 1'b1;
count_time_60s <= count_time_60s + 1'b1;
count_time_30s <= 8'b0;
count_time_40s <= 10'b0;
end
S1: begin
      red_light <= 1'b0;
yellow_light <= 1'b1;
green_light <= 1'b0;
count_time_60s <= 16'b0;
count_time_30s <= count_time_30s + 1'b1;
count_time_40s <= 10'b0;
end
S2: begin
    red_light <= 1'b1;
yellow_light <= 1'b0;
green_light <= 1'b0;
count_time_60s <= 16'b0;
count_time_30s <= 8'b0;
count_time_40s <= count_time_40s + 1'b1;
end
default: begin
      red_light <= 1'b0;
yellow_light <= 1'b0;
green_light <= 1'b0;
count_time_60s <= 16'b0;
count_time_30s <= 8'b0;
count_time_40s <= 10'b0;
end
```

```
        endcase
    end

    endmodule
```

例 5.1 中采用经典三段式有限状态机描述交通灯的控制过程，第一个 always 块由组合逻辑描述状态转移过程，第二个 always 块由时序逻辑描述各个状态下信号的输出情况，状态跳转没有时钟延迟，当输入条件变化时，状态即刻变化，输出信号在各个状态下用时钟输出，保证输出信号的可约束性和稳定性，二者相互配合，保证了电路的可靠性和实效性。所以，数字电路设计中有限状态机的描述使得代码逻辑更清晰，结构更合理，状态更稳定，是值得推荐的描述方式。

5.2.2　硬件描述语言 Verilog 的可综合设计

数字电路设计的终极目标是把语言描述的设计变成实际电路结构，这个过程就是综合。然而很多语言描述是不能被综合的，比如延时“#2”等表述，所以我们在设计的时候需要注意使用可综合的表达，最终才能转换为各个基本的数字元件。

1．可综合的设计

可综合的建模模型有时序逻辑和组合逻辑，常用的 always 块、if、case、assign、function 等语句都是可以综合的，能够转换成相应的门器件，经过一定的组合和连接，完成设计的功能，在仿真和硬件上实现的功能是一致的。

2．不可综合的设计

在仿真的测试程序中可以使用不可综合的设计，能达到一定的效果，比如“#10”，在仿真中表示延时 10 个时钟周期，在信号的传输中确实能体现出来。但当综合工具遇到这句话时，它会被忽略，在硬件上并不能体现延时 10 个时钟周期的效果，与没有延时的效果一样。还有很多这样不能综合的表述，它们在综合的过程中有的被忽略，有的会报错，简单总结一下，以下这些表述都是不能被综合的，使用时需要注意。

(1) 数据类型定义：event、real、time、trireg 等。

(2) 操作符：===，!== 等。

(3) 语句：循环次数不确定的循环语句，例如 forever、while；initial 语句块一般用于仿真中对信号初始化；过程持续赋值语句 assign、deassign 对 reg 型变量赋值；强行赋值语句 force、release 等；并行执行语句 fork、join；非门级原语 primitives；用户自定义的原语(UDP)，以及延时语句等。

(4) 其他语句：$finish 等系统任务；除法语句(分母不是 2^n)；table；strong1、weak0 等信号强度的描述。

可综合性设计任重道远，需要在平时的设计中点滴积累，养成良好的设计习惯，例如：

(1) 所有的寄存器都应该可以用复位信号来初始化变量，并尽量使用全局复位作为系统复位，并且最好采用异步复位、同步释放的方法。

(2) 不要在同一个 always 块中同时出现阻塞赋值和非阻塞赋值。

(3) 尽量采用同步时序逻辑设计电路，并且尽量避免使用锁存器(锁存器是不完全的条件判断语句生成的，在 if 语句和 case 语句的所有条件分支中都对变量明确的赋值)。

(4) 敏感信号中对同一个信号不能同时使用 posedge 和 negedge。

(5) 同一个 reg 型变量不能在多个 always 块中被赋值。

(6) 在 always 块中描述组合逻辑，敏感信号列表中应包含所有的输入信号，建议使用 always @(*)的表达方式。

5.2.3　硬件描述语言设计实例

1．组合逻辑编码器实例

编码器是将某些特定的逻辑信号变成二进制编码，能够对原有信号进行转换压缩，常用于通信、数字信号处理等系统中。简单 4-2 编码器是典型的组合逻辑，输入信号根据规则变成有标准的编码信号，4-2 编码器是指输入 4 bit 位宽信号，经过编码器后，输出 2 bit 编码信号，其真值表见表 5.1。

表 5.1　4-2 编码器真值表

输入 4 bit 信号	输出 2 bit 信号
4'bxxx1	2'b00
4'bxx10	2'b01
4'bx100	2'b10
4'b1000	2'b11

表 5.1 中，“x”表示不定位，可以是“0”，也可以是“1”，根据真值表写出 Verilog 实现代码，如例 5.2 所示。

例 5.2　4-2 编码器示例。

```
module encoder_4_2 (
        data_in,
        rst,
        data_out
);

input       [3:0] data_in;
input       [0:0] rst;
output reg [1:0] data_out;

always @(rst or data_in)
begin
  if(rst)
    data_out = 2'b00;
  else
    casex(data_in)
```

```
        4'bxxx1: data_out = 2'b00;
        4'bxx10: data_out = 2'b01;
        4'bx100: data_out = 2'b10;
        4'b1000: data_out = 2'b11;
        endcase
    end
    endmodule
```

例 5.2 主要使用 casex 语句实现了编码过程，其测试文件如例 5.3 所示。

例 5.3　4-2 编码器测试文件。

```
module encoder_4_2_tb;
    reg   [3:0]   data_in;
    wire   [1:0]   data_out;
    reg   [0:0]   rst;
    encoder_4_2   encoder_4_2_tb   (
          .data_in (data_in ),
        .data_out (data_out ),
        .rst (rst ) );
    initial begin
        rst = 1'b1;
        data_in = 4'b0;
     #100
        rst = 1'b1;
    #1000
        rst = 1'b0;
    end
always #5 data_in = data_in + 1;
endmodule
```

编码仿真采用 Modelsim 软件，仿真结果如图 5.12 所示。

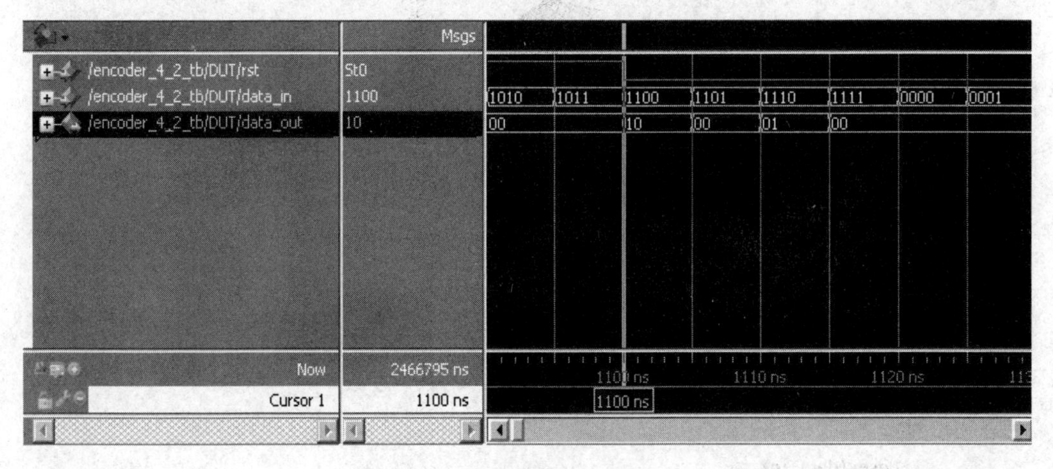

图 5.12　4-2 编码器仿真结果

图 5.12 中，当复位信号“rst”释放之后，输出信号“data_out”根据输入信号“data_in”的变化而变化，查找真值表，输入“1100”输出“10”，输入“1101”输出“00”，与真值表吻合，实现了 4-2 编码功能。

2. 时序逻辑分频器实例

分频器是将输入信号的频率进行分频，把输出信号的频率变成成倍低于输入信号的频率，相位保持一致，也可以根据设计者需求调整初始相位。简单分频器是典型的时序逻辑，在这里以四分频为例，将输入的时钟信号进行四分频输出，如例 5.4 所示。

例 5.4　四分频示例。

```
module divider_4(
        clk_in,
        rst,
        clk_out
);


input clk_in;
input rst;
output reg clk_out;

reg clk_temp;

always @(posedge clk_in or posedge rst)
begin
  if(rst)
    clk_temp <= 1'b0;
  else
    clk_temp <= ~clk_temp;
end

always @(posedge clk_temp or posedge rst)
begin
  if(rst)
    clk_out <= 1'b0;
  else
    clk_out <= ~clk_out;
end

endmodule
```

例 5.4 的四分频示例主要通过两个寄存器实现，第一个用输入时钟“clk_in”触发，第二个用第一个寄存器的输出“clk_temp”触发，能够实现两个二分频电路的级联。其测试代码如例 5.5 所示。

例 5.5　四分频器测试代码。

```
module divider_4_tb;

   reg     clk_in;
   wire    clk_out;
   reg   [0:0]    rst;
   divider_4
    divider_4    (
        .clk_in (clk_in),
        .clk_out (clk_out)km
        .rst (rst ) );

   initial begin
        rst = 1'b1;
        clk_in = 1'b0;
     #100
       rst = 1'b1;
   #1000
       rst = 1'b0;
   end

 always #5 clk_in = ~clk_in;

 endmodule
```

编码仿真采用 Modelsim 软件，仿真结果如图 5.13 所示。

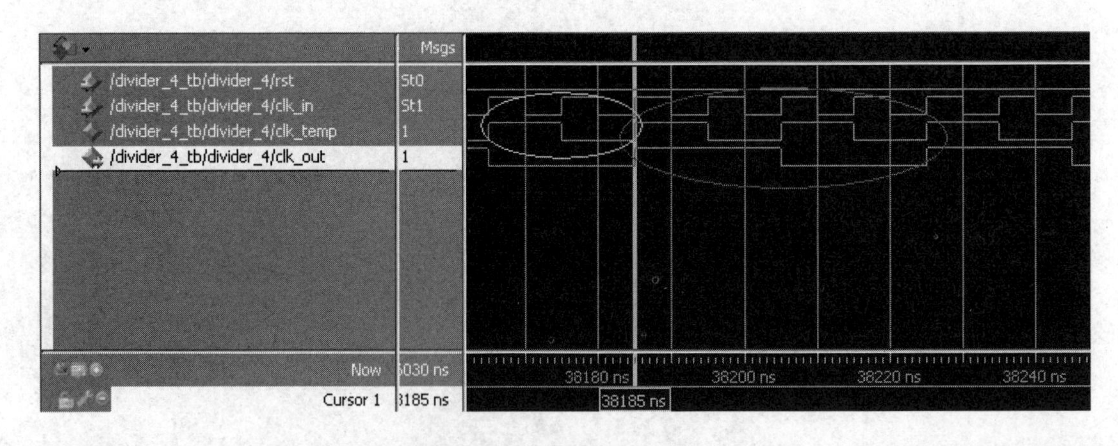

图 5.13　四分频器仿真结果

图 5.13 中，可以看出输出信号“clk_out”是输入信号“clk_in”的四分频，用大线圈圈出。其中，中间信号“clk_temp”是输入信号“clk_in”二分频的结果，用小线圈圈出，两个二分频电路的级联，结果就是四分频。

5.3　数字电路仿真工具 Modelsim

在数字电路设计的过程中，需要一款仿真工具来验证设计的正确性，本节主要介绍 Modelsim 数字电路仿真工具，包括特点与应用、基本使用和进阶使用三个方面，以本章例 5.1 所示的交通灯有限状态机为例，展开 Modelsim 工具的具体使用说明。

Mentor Graphics 公司创立于 1981 年，是电子设计自动化(EDA)技术的领导厂商，多年来为用户提供了很多好口碑的设计工具，Modelsim 就是其中一款，它是 Mentor Graphics 公司率先推出的一款单内核支持 VHDL、Verilog 和 SystemVerilog 混合仿真的仿真工具，能够快速地进行编译仿真，不受硬件平台的限制，方便的图形化界面和用户接口设计，直观清晰的波形查看，能够迅速的帮助设计者找错纠错，为用户数字电路设计的功能验证带来了极大的便利，也在市场上赢得了广泛好评，是目前行业内应用最为广泛的仿真工具之一。

5.3.1　Modelsim 特点与应用

Modelsim 分为 SE、PE、LE 和 OEM 不同版本。其中 SE 是最高版本，而 OEM 版本一般都集成在 Altera、Xilinx 等 FPGA 公司设计的工具中，XE 是为 Xilinx 公司提供的 OEM 版本(包括 Xilinx 公司的库文件)，AE 是为 Altera 公司提供的 OEM 版本(包括 Altera 公司的库文件)，使用 XE、AE 等 OEM 版本时，不需要再编译相应公司的库文件，但其仿真速度等性能指标都不及 SE 版本。大多数设计者在基于 Xilinx 或 Altera 硬件平台 ISE 和 quartus 时，都会将 Modelsim SE 版本与其相关联，这样在使用 ISE 或 quartus 时可以直接调用 Modelsim SE 进行仿真。下面就以 Xilinx 的 ISE 平台为例，介绍其与 Modelsim SE 的关联过程。

(1) 在“开始→运行”中执行命令 compxlibgui，或者在“开始”菜单中 Xilinx 的安装目录下单击“Simulation Library Compilation Wizard”选项，如图 5.14 所示。

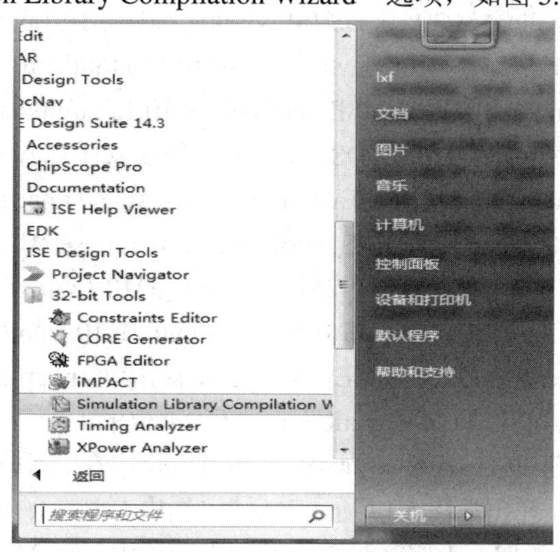

图 5.14　Xilinx 库编译

点击图 5.14 的“Simulation Library Compilation”选项后，出现如图 5.15 所示对话框，在“Select Simulator”选项中选择 Modelsim SE，其他选择默认选项，点击“Next”按钮，完成 Xilinx 库编译。

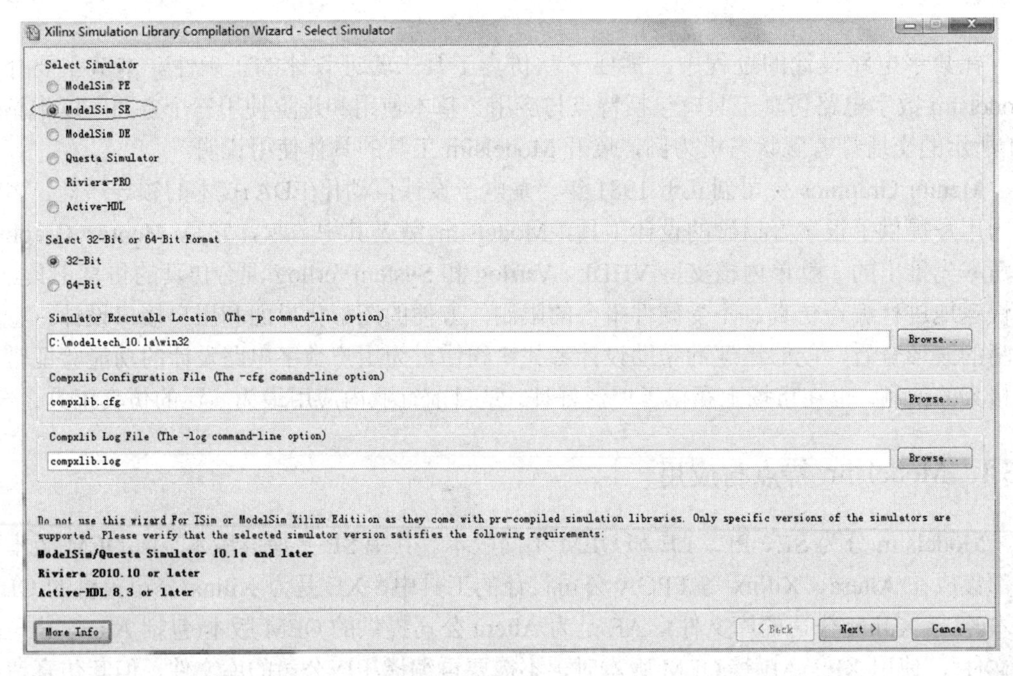

图 5.15　选择 Modelsim SE

(2) 在 Modelsim 安装根目录中找到 modelsim.ini 文件，将其只读属性去掉，在我的文件夹中找到第二个 modelsim.ini 并打开，注意文件以下几行，并将这几行拷到根目录下的 modelsim.ini 中的同样位置，即设置成功。

secureip = C:\Xilinx\14.3\ISE_DS\ISE\verilog\mti_se\10.1a\nt/secureip

unisims_ver = C:\Xilinx\14.3\ISE_DS\ISE\verilog\mti_se\10.1a\nt/unisims_ver

unimacro_ver = C:\Xilinx\14.3\ISE_DS\ISE\verilog\mti_se\10.1a\nt/unimacro_ver

unisim = C:\Xilinx\14.3\ISE_DS\ISE\vhdl\mti_se\10.1a\nt/unisim

unimacro = C:\Xilinx\14.3\ISE_DS\ISE\vhdl\mti_se\10.1a\nt/unimacro

simprims_ver = C:\Xilinx\14.3\ISE_DS\ISE\verilog\mti_se\10.1a\nt/simprims_ver

simprim = C:\Xilinx\14.3\ISE_DS\ISE\vhdl\mti_se\10.1a\nt/simprim

xilinxcorelib_ver = C:\Xilinx\14.3\ISE_DS\ISE\verilog\mti_se\10.1a\nt/xilinxcorelib_ver

xilinxcorelib = C:\Xilinx\14.3\ISE_DS\ISE\vhdl\mti_se\10.1a\nt/xilinxcorelib

uni9000_ver = C:\Xilinx\14.3\ISE_DS\ISE\verilog\mti_se\10.1a\nt/uni9000_ver

cpld_ver = C:\Xilinx\14.3\ISE_DS\ISE\verilog\mti_se\10.1a\nt/cpld_ver

cpld = C:\Xilinx\14.3\ISE_DS\ISE\vhdl\mti_se\10.1a\nt/cpld

(3) 在桌面上打开 ISE 软件，如图 5.16 所示。在工具栏中用鼠标左键点击“Edit/Preference”选项，弹出如图 5.17 所示对话框，选中左侧 category 目录下的“Integrated tools”选项，然后在右侧“Model Tech Simulator”一栏中加载 Modelsim 安装根目录下的 modelsim.exe，单击“OK”按钮。

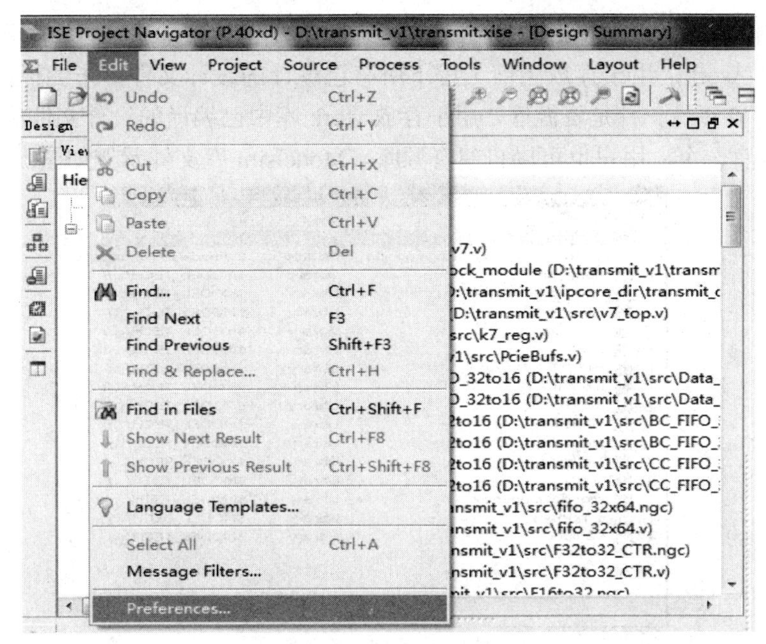

图 5.16　Preferences 设定

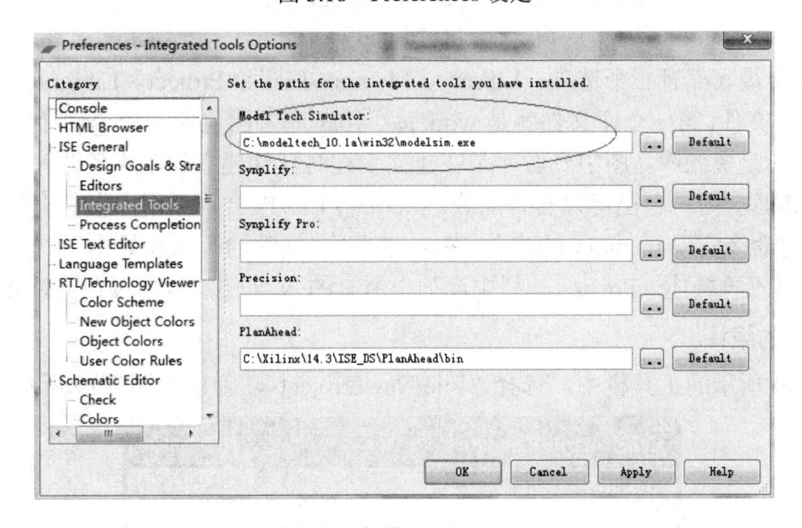

图 5.17　加载 modelsim.exe

至此，ISE 与 Modelsim 关联成功，在 ISE 中可直接调用 Modelsim SE 进行仿真验证，大大提高仿真效率。

5.3.2　Modelsim 基本使用

1．库文件的映射

Modelsim 的基本使用需要三种文件，分别是软件配置文件、设计文件和库文件。

(1) 软件配置文件就是 5.3.1 节中提到的 modelsim.ini，里面有相应的配置信息，只在关联时需要用到。

(2) 设计文件包括工程师编写的硬件代码文件(.v)和测试文件(testbench.v 文件)。

(3) 库文件是存储已编译的设计单元的目录，主要包括两种库文件：一种是工作库，其库名默认为 work，用于存放当前工程下所有已编译的设计文件，未编译的设计文件在 work 库中不存在；另一种是资源库，用于存放 work 库中已编译的设计文件所需要的资源。资源库不是只有一个，用户也可以自建资源库。Modelsim 库文件示例如图 5.18 所示。

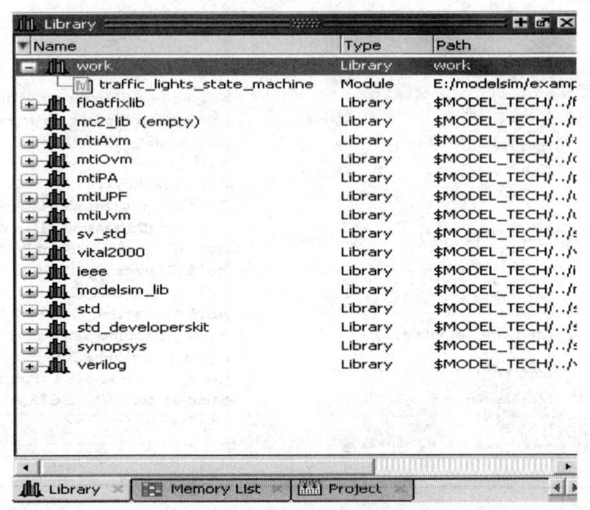

图 5.18　Modelsim 库文件示例

图 5.18 中最底部有三个选项：Library、Memory List 和 Project。Library 一栏中列出该工程用到的库文件，第一个库文件就是 work 库，work 库下面包含了一个设计文件(.v 文件)，work 库下面的是资源库，图中资源库是在建立工程时默认建立的基本资源库，对于一些需要的特殊资源库，用户自己可以自行加载。Memory List 中会列出用户在仿真时建立的所有 memory，通过命令实现 memory 的建立，在 5.3.3 节中“文件的写入和导出”部分会有 memory 的举例，这里不再赘述。Project 一栏中会列出所有的 .v 文件，包括设计文件和测试文件。

2．设计的编译

在图 5.16 所示的工具栏中，选择“File/New/Project”，弹出如图 5.19 所示的对话框。

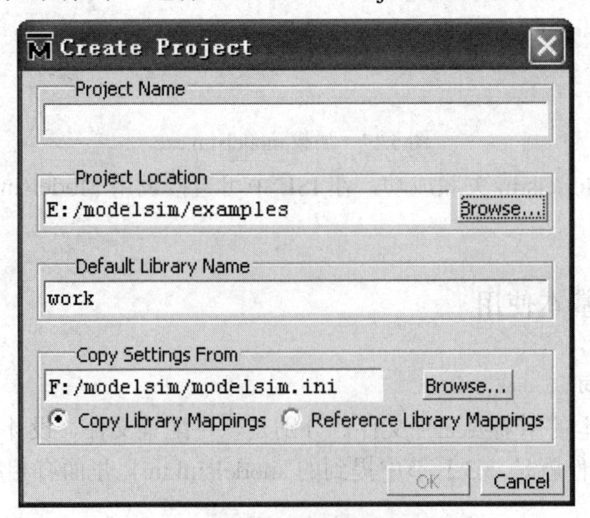

图 5.19　新建工程

在图5.19的“Project Name”栏中输入新建工程的名称，“Project Location”默认指定到Modelsim安装目录下的examples文件夹，用户可以根据自己的需求重新指定新的路径，“Default Library Name”是“work”，即在前文“库文件的映射”中提到的work库，在这里用户即可以重新命名，也可以使用默认库名；“Copy Settings From”中设定配置文件，即安装目录下的modelsim.ini文件，并选择Copy Library Mappings，点击“OK”按钮，弹出如图5.20所示对话框。

在图5.20中，选择“Create New File”，新建.v文件。在这个文件中开始撰写代码，并保存在自己设定的路径下。这里以前文中的交通灯有限状态机为例，说明工程的建立与编译。需要说明的是，不仅要建立功能模块的.v文件，还需要建立测试.v文件，即testbench.v文件，用来产生测试激励，向功能模块提供输入信号，用户通过观测输出信号来验证模块功能的正确性。testbench.v是没有输入输出端口列表的module，在测试文件testbench.v中需要对设计模块进行例化调用，并初始化相关信号，然后用always等语句产生测试激励，测试文件的结构如图5.21所示。

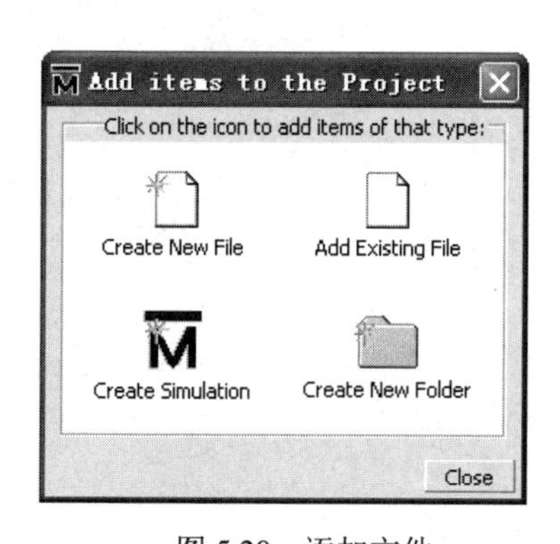

图5.20　添加文件

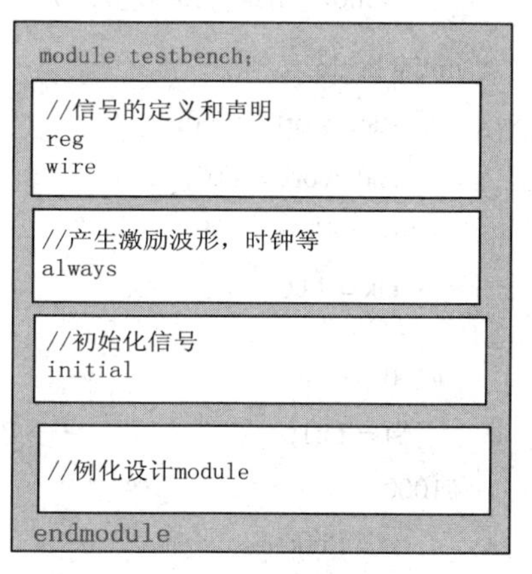

图5.21　testbench.v结构图

交通灯有限状态机的testbench.v如例5.6所示，其功能代码以及状态图如例5.1所示。

例5.6　交通灯有限状态机的testbench.v。

```
module traffic_lights_state_machine_tb;

parameter [2:0] IDLE = 3'b000;
parameter [2:0] S0   = 3'b001; //green_light on
parameter [2:0] S1   = 3'b010; //yellow_light on
parameter [2:0] S2   = 3'b100; //red_light on

  wire   [0:0]   green_light;
  reg    [0:0]   start_work;
  reg    [0:0]   end_work;
  reg    [0:0]   rst;
  wire   [0:0]   red_light;
  reg    [0:0]   clk;
```

```
  wire [0:0]   yellow_light;

 reg [5:0] memory [0:9];
 integer data_out_file;

  traffic_lights_state_machine #( IDLE, S0, S1, S2)
    DUT_traffic_lights_state_machine (
        .green_light (green_light),
        .start_work (start_work),
        .end_work (end_work),
        .rst (rst),
        .red_light (red_light),
        .clk (clk),
        .yellow_light (yellow_light));

  initial begin
        start_work = 1'b0;
        end_work = 1'b0;
        rst = 1'b1;
        clk = 1'b0;

    #100
      rst = 1'b1;
  #1000
      rst = 1'b0;

  #100   $readmemb("data.txt", memory);

 //data_out_file = $fopen("data_out_file.txt");
 $fmonitor(data_out_file, "%d", yellow_light);
 //$fdisplay(data_out_file, "%d", yellow_light);
 //$fclose("data_out_file");

  end

  always #10 clk=~clk;

always @(posedge clk or posedge rst)
if(rst) begin
      start_work          <= 1'b0;
      end_work            <= 1'b0;
end
```

```
else begin
  #200          start_work      <= 1'b1;
     #500000000 end_work        <= 1'b1;
end

endmodule
```

采用例 5.1 的硬件功能描述和例 5.6 所示的 testbench.v 测试文件，就可以开始仿真，工程界面如图 5.22 所示。

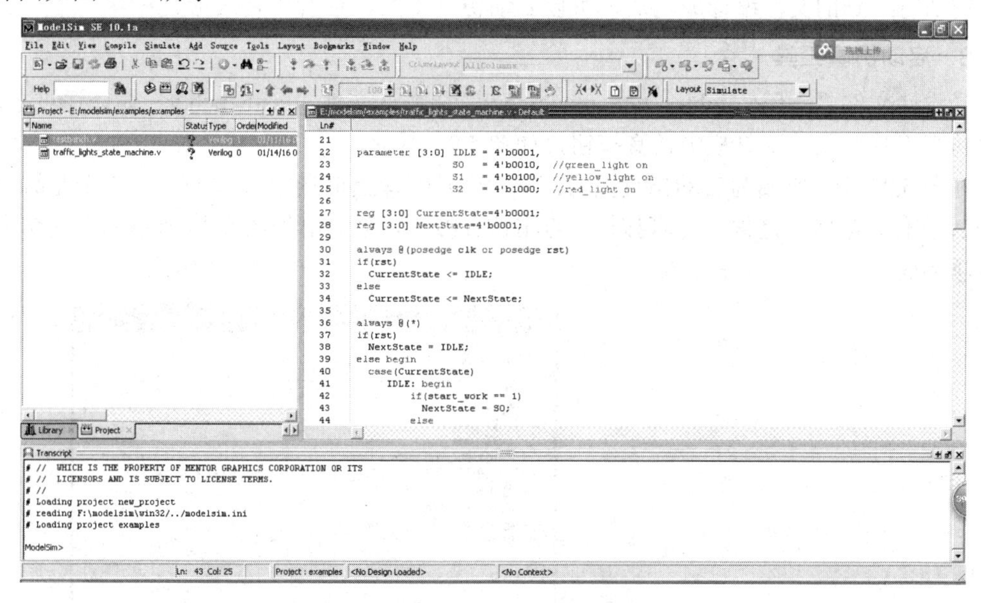

图 5.22　Modelsim 工程界面

在图 5.22 中，选中左侧中下部“Project”选项，选项栏中出现两个文件：功能模块“traffic_lights_state_machine.v”文件和“testbench.v”测试文件。由于两个文件没有进行编译，其文件状态上都打了问号，编译的过程会检查语法错误，可以根据报出的 error 进行针对性的修改。如果代码文件无语法错误、编译通过，那么文件状态将变为对号图标。编译过程为：鼠标右键选择待编译文件，点击“Compile/Compile Selected”。文件编译界面如图 5.23 所示。

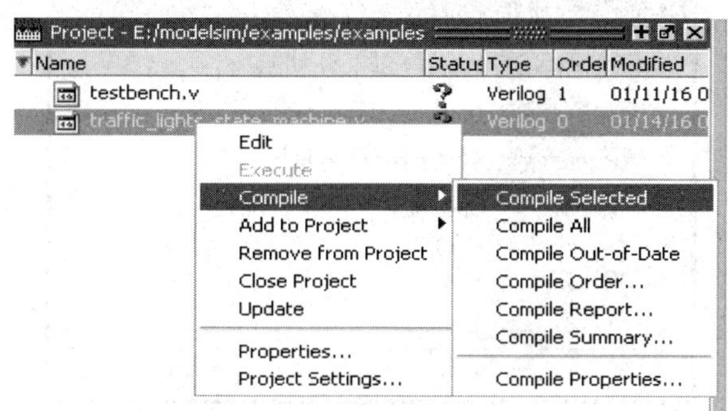

图 5.23　文件编译界面

“Compile Selected”表示编译当前选中的文件“traffic_lights_state_machine”，“Compile

All”表示编译当前工作框“Project”里的所有 .v 文件，编译成功后如图 5.24 所示。

图 5.24　编译完成界面

图 5.24 中，在“traffic_lights_state_machine”上出现了对勾，表示编译成功。用相同的方法将所有用到的文件编译成功后，可以启动仿真工具，查看仿真波形。

3．启动仿真工具

当设计文件“traffic_lights_state_machine.v”和测试文件“testbench.v”编译通过之后，启动仿真工具。点击工具栏中仿真按钮，如图 5.25 所示。

在图 5.25 中，所圈为启动仿真按钮，第一个是编译当前选中 .v 文件，第二个是编译所有的 .v 文件，第四个是停止仿真按钮。点击仿真按钮，会弹出如图 5.26 所示的启动仿真配置选项界面。

图 5.25　启动仿真按钮

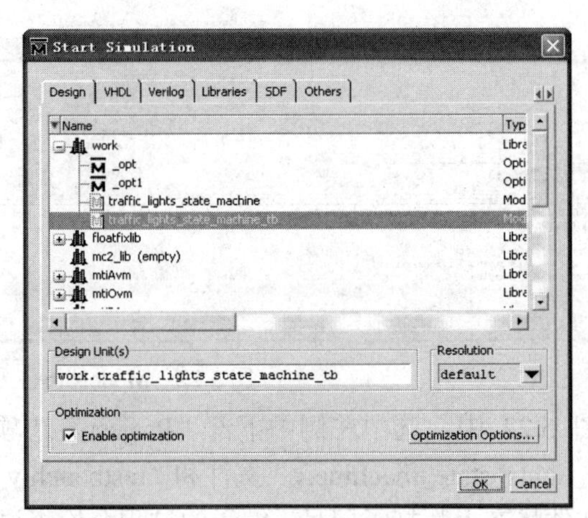

图 5.26　启动仿真配置选项界面

在图 5.26 中，点击右下角“Optimization Options…”按钮，弹出如图 5.27 所示的优化选项界面。

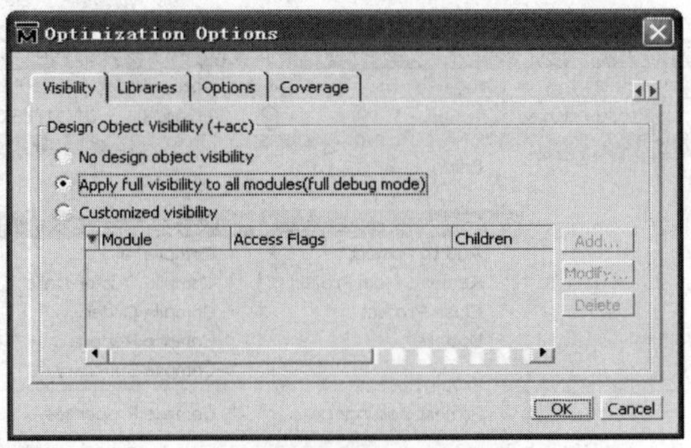

图 5.27　优化选项界面

图 5.27 中，在“Visibility/Design Object Visibility(+acc)”选项中选择第二个“Apply full visibility to all modules(full debug mode)”选项，这个选项可以使模块内部及模块连接间的信号都能被观察到，能够帮助我们更好地进行调试，而其他选项只能看到部分信号。配置完成后，点击“OK”按钮，回到图 5.26 对话框，此时要选中“work”库下面所列的当前 testbench.v 文件，在图 5.26 中即“traffic_lights_state_machine_tb”，点击“OK”按钮，启动仿真。

启动仿真后，在工程界面左边“Project”栏中会增加“Sim”一列，如图 5.28 所示。

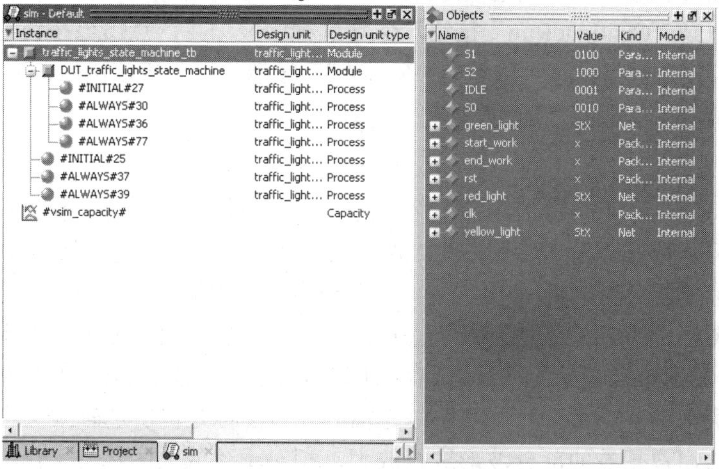

图 5.28　启动仿真后界面

图 5.28 中，“Sim”栏会列出当前的 testbench.v 文件和设计文件。选中相应的文件，在旁边“Objects”栏中会显示出该文件的所有信号。例如图 5.28 中，选中的是 testbench.v 文件，“Objects”一栏中列出了 testbench.v 文件中的所有信号。如果界面中没有“Objects”一栏，可以在工具栏中点中“View”，然后勾选“Objects”将其调出。

选中图 5.28 设计文件“DUT_traffic_lights_state_machine”，由于在 testbench.v 中例化设计文件时，在其名字前增加“DUT_”前缀，所以“DUT_traffic_lights_state_machine”与“traffic_lights_state_machine”是同一个模块。鼠标右键选择“Add to/Wave/All items in region”，将设计文件中的所有信号添加到观察波形中，在原来 .v 文件编辑窗口会增加“Wave”窗口，如图 5.29 所示。

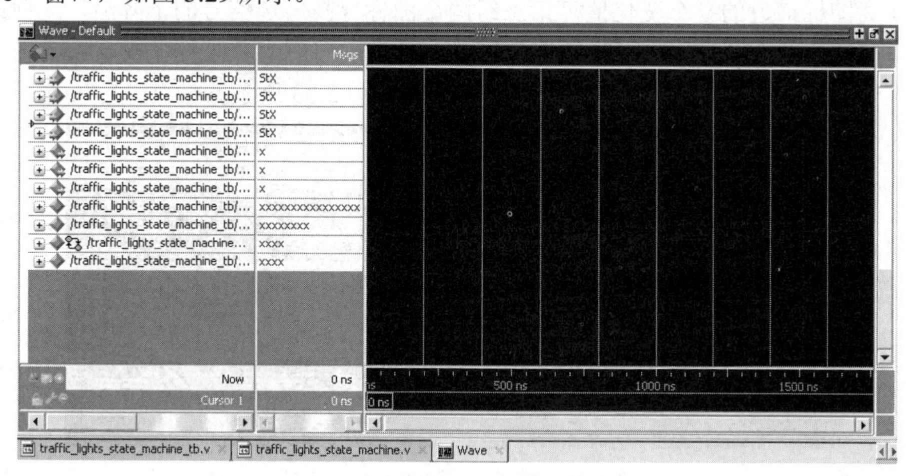

图 5.29　Wave 窗口

在图5.29的Wave窗口中，将要观测的信号添加进来。点击开始仿真按钮，仿真开始。如图5.30所示。

图5.30　仿真启动选项

在图5.30中，最左侧的按钮表示重新开始“Restart”，一般在调试中会用到；白框中填写仿真时间(图中示例100 ms)；白框后的第一个按钮是仿真开始按钮“Run”，到100 ms时就会自动停止，该按钮与白框里的时间是相关联的，白框里设定的仿真时间就是“Run”的时间；白框后第二按钮是“ContinueRun”按钮，仿真过程中被中止，点击该按钮继续，前面跑出来的波形会保存；白框后第三个按钮是“Run-All”按钮，点击该按钮后，仿真会一直进行，直到用户点击最后一个按钮“Break”来中止。

4．调试

调试主要是通过波形查看信号的各个状态，来验证代码功能的正确与否。调试的手段主要是观测波形、查看输出文件等方式。图5.31所示为观测波形会用到的基本工具。

图5.31中所列是查看波形常用工具，从左至右依次为放大、缩小、波形全部显示和以光标为轴放大图标。其中，“放大图标”是以图形界面中轴线为中心放大图形，“缩小图标”是缩小图形，“波形全部显示”图标是将所有图形缩放到当前屏幕(图形很密集，但能看见当前仿真时间段内的所有波形)，“以光标为轴放大”图标是以所选轴线为中心放大波形，这个工具能够将用户想看的部分波形进行放大，相对于“放大图标”来说选择性更强，目标明确有针对性。

当波形文件较大且较密集时，需要用一些便捷工具帮助用户迅速定位想查看的点，可利用图5.32所示的波形观测定位工具。

图5.31　观测波形的基本工具

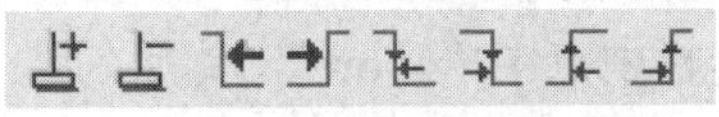

图5.32　波形观测定位工具

在图5.32中，8个图标分成4组，每组2个图标的功能基本相同、作用相反。第一组两个图标用来增加或减少一个cursor(图标)，方便用两个cursor测距(测量时间差)，第二组两个图标寻找前或后一个变化的值，在图形界面选中一个信号，以该信号为参考，找其前面或后面离图标最近的一个变化值，第三组两个图标寻找所选信号的下降沿，向前或者向后寻找，第四组两个图标用来寻找所选信号的上升沿，向前或者向后寻找。

对于例5.1中交通灯有限状态机，其仿真波形如图5.33所示。

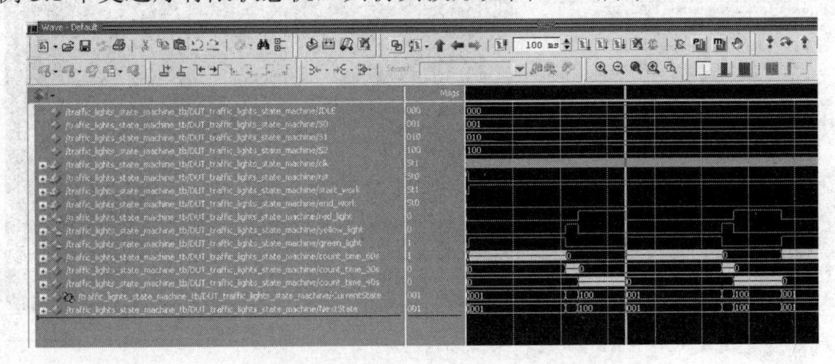

图5.33　交通灯有限状态机仿真图

图 5.33 中，竖线即前文所述图形标线，用户移动该标线来查看所需查看的波形，绿灯、黄灯、红灯依次亮起(图 5.33 中“green_light”、“yellow_light”和“red_light”信号依次被拉高)，并维持各自所要求的时间，状态机“CurrentState”指示当前状态，与信号灯输出同步，按照设计文件依次跳转，工作正常，完成设计功能。

Modelsim 还可以通过界面查看某个信号的数据流，如图 5.34 所示。鼠标右键选择“Objects”中的信号名称(例如 green_light)，然后鼠标左键选择“Add Dataflow”来进行查看产生的信号数据流，如图 5.35 所示。

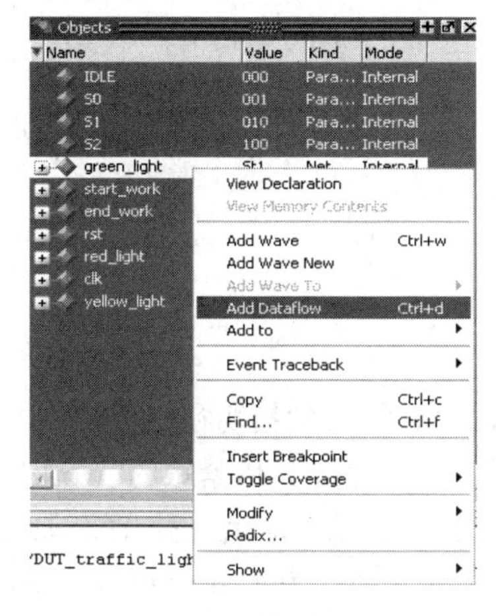

图 5.34　选择 Dataflow

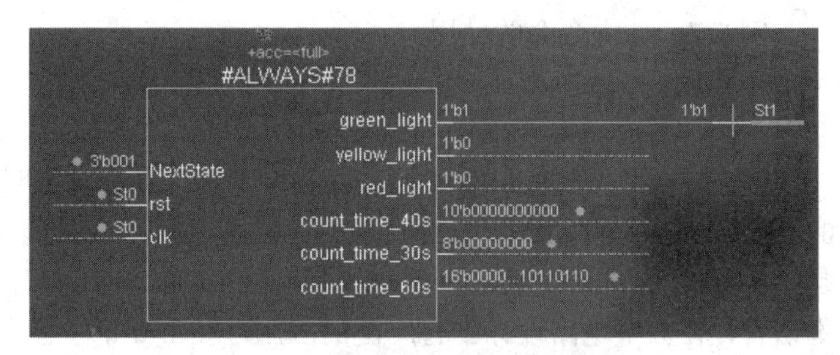

图 5.35　信号数据流查看界面

图 5.35 中，显示了产生信号“green_light”的代码块。此时可以双击图中某个信号，会出现信号的连接关系。在工程很大、信号较多时查看 Dataflow，便于用户查看信号走向，追溯信号来源，不用在代码中一一对应，通过图形界面直观便捷地找到信号的路径。

在调试过程中难免需要修改代码，重启仿真。修改完代码后，在左侧“Project”栏中对应的 .v 文件又会从对号变成问号，需要重新编译修改的代码，然后再重新启动仿真。选择工具栏中“Simulate/Restart”，弹出图 5.36 所示的 Restart 对话框。

图 5.36 对话框中默认全选，点击“OK”，可以看见“sim”栏和“Objects”栏中的信号会被重新加载，同时“Wave”界面中的波形也被清除，点击“Run”，开始新一轮的仿真，再重复前面的调试过程。“Restart”对应菜单栏中的快捷键为 。

图 5.36　Restart 对话框

5.3.3　Modelsim 的进阶使用

1. 命令方式

在 Modelsim 的操作中，由于其直观、便捷，多数人选择直接在图形界面上操作，其实，每个图形界面的操作后面都是被转换成相应的指令，后台通过执行指令来实现该操作。命令方式就是在 Modelsim 的操作中用命令来实现，输入命令的窗口就在 Modelsim 界面下方的“Transcript”窗口中，如图 5.37 所示。

```
Transcript
sim:/traffic_lights_state_machine_tb/DUT_traffic_lights_state_machine/yellow_light \
sim:/traffic_lights_state_machine_tb/DUT_traffic_lights_state_machine/green_light \
sim:/traffic_lights_state_machine_tb/DUT_traffic_lights_state_machine/count_time_60s \
sim:/traffic_lights_state_machine_tb/DUT_traffic_lights_state_machine/count_time_30s \
sim:/traffic_lights_state_machine_tb/DUT_traffic_lights_state_machine/count_time_40s \
sim:/traffic_lights_state_machine_tb/DUT_traffic_lights_state_machine/CurrentState \
sim:/traffic_lights_state_machine_tb/DUT_traffic_lights_state_machine/NextState

VSIM 4>
```

图 5.37　Transcript 窗口

在图 5.37 中，“VSIM4>”后面跟着光标，在光标处键入指令，回车执行指令。

下面就介绍几个常用命令。

(1) vlog 命令。vlog 命令用来编译 .v 文件，比如编译 testbench.v，可以在“Transcript”窗口中输入命令，如例 5.7 所示。

例 5.7　vlog 命令的使用。

```
vlog   testbench.v
vlog   -work   work   testbench.v
```

例 5.7 中第一句表示编译 testbench.v 文件，并没有指明路径，第二句指明在 work 库中的 testbench.v 文件，其中“-work”是一种属性说明，表示将要指定某个库，其后紧跟的“work”是“-work”的具体说明，即“work”库，也可以是其他自己建立的库。这是一种 TCL 脚本语言，在数字电路设计中有广泛的应用，在第 6 章中会有相关介绍。为了查看 vlog 命令更加详细的应用说明，可以在系统“开始”菜单中点击“运行”，输入“cmd”，在出现的对话框中输入“vlog -help”命令，会得到关于 vlog 的命令格式和详细说明，如图 5.38 所示。

```
C:\Documents and Settings\Administrator>vlog -help
```

图 5.38　查询 vlog 命令

在图 5.38 所示的状态下，回车后会将该命令的说明输出到当前屏，如果相关内容很多，当前屏无法完全承载，可以通过命令“vlog -help - > vlog.log”命令将所有内容输出到一个“vlog.log”的文件中，再打开该文件查看，如图 5.39 所示。

```
C:\WINDOWS\system32\cmd.exe
                        to VHDL generics of type std_logic_vector, bit_vector,
                        std_logic and bit.
  -mixedsvvh [b | s | v] [packedstruct]
                        Facilitates using a SV packages at the SV-VHDL mixed-langua
ge boundary.
                           b - treat scalars/vectors in package as bit/bit_vector
                           s - treat scalars/vectors in package as std_logic/std_lo
gic_vector
                           v - treat scalars/vectors in package as vl_logic/vl_logi
c_vector
                           packedstruct - treat packed structures as VHDL arrays of
 equivalent size
  -vopt                 Run the "vopt" compiler before simulation
  -y <path>             Specify Verilog source library directory
  -vmake                Collects complete list of command line args and files proce
ssed for use by vmake.
  -writetoplevels <fileName>
                        Writes complete list of toplevels into <fileName> (also inc
ludes the name specified
                        with -cuname). The file <fileName> can be used with vopt co
mmand's -f switch.

C:\Documents and Settings\Administrator>vlog -help ->vlog.log

C:\Documents and Settings\Administrator>
```

图 5.39　输出到文件 vlog.log 界面图

图 5.39 中，倒数第二行在执行将 vlog 帮助中的内容输出到 vlog.log 文件中，执行完命令后可以到路径 C:\Documents and Settings\Administrator 中找到 vlog.log 文件，其中包含了所有 vlog -help 命令执行的结果。

(2) vsim 命令。vsim 命令为仿真启动命令，在命令中需要指定仿真的 top 文件，即 testbench.v 文件，其使用方法如例 5.8 所示。

例 5.8　vsim 命令的使用。

```
vsim   -work   work   testbench.v
```

同样，用户可以通过(1)中 vlog 的查询方法查询 vsim，在 vsim 命令中也有很多属性开关选项，用户根据自己的需求选择是否添加和说明。

(3) run 命令。run 命令用来执行仿真，其使用方法如例 5.9 所示。

例 5.9　run 命令的使用。

```
run
run   10000
run   -all
```

例 5.9 中，第一行表示 run 使用默认时间值，即图 5.30 中白色小框里设定的时间值，第二行表示执行 10000 ns，这个时间单位是在 testbench.v 中由用户自己设定的，第三行是执行所有的，直到用命令将其停止，或者在 testbench.v 中有“stop”或者“finish”等停止仿真的命令。当然，用户也可以通过(1)中的方法查询“run”命令的详细介绍。

(4) verror 命令。verror 命令用来查看错误的详细信息，通过(1)中的方法，用户可以看到其用法如图 5.40 所示。

```
C:\Documents and Settings\Administrator>verror -help
Usage: verror [-fmt|-full] [<tool>-<msgNum>|<msgNum>] ...
       verror [-fmt|-full] [-kind <tool>] -all
       verror [-kind <tool>] -permissive
       verror [-kind <tool>] -pedanticerrors
       verror -help
```

图 5.40　verror 的说明

图 5.40 中列出了 verror 的用法说明，在仿真过程中出现的错误都可以通过 verror 进行详细查看，便于用户进行分析，修改语法错误，纠正对仿真工具的错误使用。

(5) add wave 添加波形命令。Add wave 添加波形命令用于将需要查看的波形添加到波形界面中，其使用方法如例 5.10 所示。

例 5.10　add wave 添加波形命令。

```
add   wave   *
add   wave…sim:/ traffic_lights_state_machine_tb/*
add   wave   sim:/ traffic_lights_state_machine_tb/red_light
```

例 5.10 中第一行是将设计文件和测试文件中所有的信号都添加到波形界面中，第二行缩小范围，将测试文件 traffic_lights_state_machine_tb 中所有的信号添加到波形界面中，第三行进一步缩小范围，将测试文件 traffic_lights_state_machine_tb 中信号 red_light 添加到波形界面中。用户可以根据需求来选择使用哪种方式添加波形。

(6) quit 退出仿真命令。quit 退出仿真的命令是退出当前仿真，波形界面和前文提及的“Objects”界面会关闭，但 Modelsim 工具不会退出，其命令方式如例 5.11 所示。

例 5.11　退出仿真命令。

```
quit   -sim
```

退出仿真命令执行后，可以通过“vsim”命令重新启动仿真。

命令方式仿真可以让用户将需要的命令写成脚本文件 .tcl，在“Transcript”窗口中执行 .tcl 文件就可以直接查看仿真的结果，不需要用户逐一点击，是推荐的一种仿真方式。另外，用户在图形界面的每一步操作，Modelsim 软件都会列出相应的命令，“Transceript”窗口弹出内容如图 5.41 所示。

```
add wave  \
sim:/traffic_lights_state_machine_tb/DUT_traffic_lights_state_machine/IDLE \
sim:/traffic_lights_state_machine_tb/DUT_traffic_lights_state_machine/S0 \
sim:/traffic_lights_state_machine_tb/DUT_traffic_lights_state_machine/S1 \
sim:/traffic_lights_state_machine_tb/DUT_traffic_lights_state_machine/S2 \
sim:/traffic_lights_state_machine_tb/DUT_traffic_lights_state_machine/clk \
sim:/traffic_lights_state_machine_tb/DUT_traffic_lights_state_machine/rst \
sim:/traffic_lights_state_machine_tb/DUT_traffic_lights_state_machine/start_work \
sim:/traffic_lights_state_machine_tb/DUT_traffic_lights_state_machine/end_work \
sim:/traffic_lights_state_machine_tb/DUT_traffic_lights_state_machine/red_light \
sim:/traffic_lights_state_machine_tb/DUT_traffic_lights_state_machine/yellow_light \
sim:/traffic_lights_state_machine_tb/DUT_traffic_lights_state_machine/green_light \
sim:/traffic_lights_state_machine_tb/DUT_traffic_lights_state_machine/count_time_60s \
sim:/traffic_lights_state_machine_tb/DUT_traffic_lights_state_machine/count_time_30s \
sim:/traffic_lights_state_machine_tb/DUT_traffic_lights_state_machine/count_time_40s \
sim:/traffic_lights_state_machine_tb/DUT_traffic_lights_state_machine/CurrentState \
sim:/traffic_lights_state_machine_tb/DUT_traffic_lights_state_machine/NextState

VSIM 16>
```

图 5.41　“Transcript”窗口弹出内容

图 5.41 中的内容就是在图形界面中点击图标时对应的命令方式。由第一行“add wave”可以看出，这是将信号添加到波形中查看，“add wave”后面的反斜杠“\”表示换行。

2. do 文件

do 文件是装载各种命令的脚本文件，用“do”命令去执行 do 文件，如例 5.12 所示。

例 5.12　do 文件的使用。

```
do   traffic_lights_state_machine.do
```

编写 do 文件，就是把仿真过程按顺序用命令写在一个 txt 文件中，保存时将扩展名改成 .do 即可。从建库到加载波形、打印信息等，都可以通过命令写在 do 文件中，然后在“Transcript”窗口中执行例 5.12 中的命令。在一些情况下，用户也可以通过图形界面保存 do 文件。

(1) 将鼠标左键点中“Transcript”窗口，选择菜单“File/Save Transcript As…”。前面已经提到，“Transcript”窗口会用命令记录图形界面操作的过程，通过“Save Transcript As…”将之前通过图形界面操作的步骤保存在 .do 文件中，不需要用户自己再编写，如图 5.42 所示。

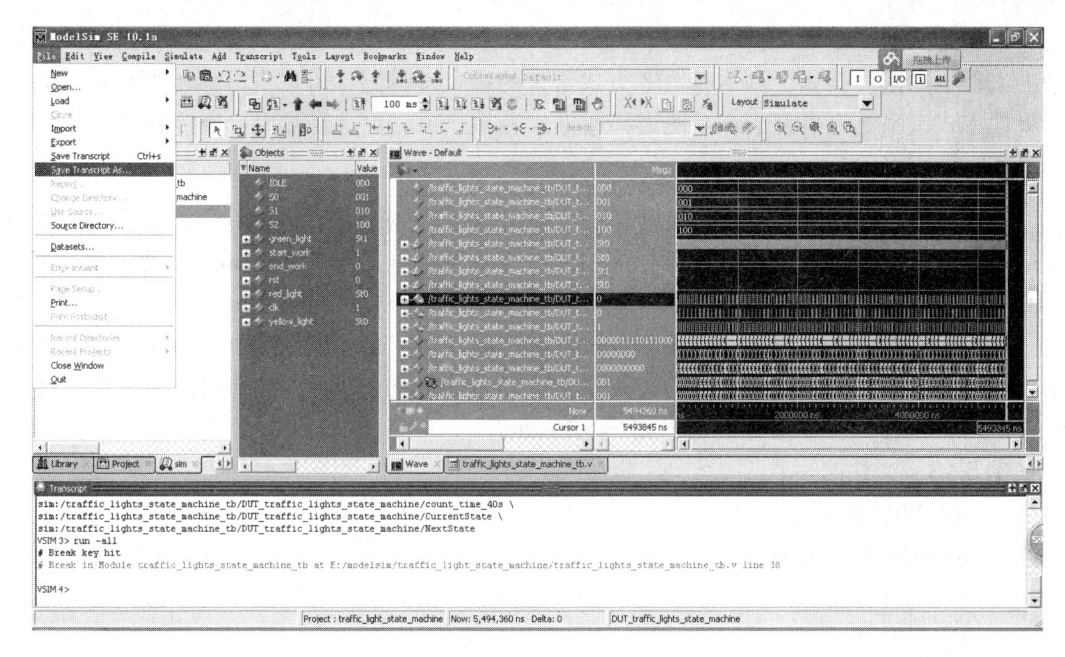

图 5.42　保存 do 文件界面

(2) 这个“do”文件与前面说到的 do 文件不同。鼠标左键点中波形界面“Wave”，选择菜单“File/Save Format…”，可以将“Wave”界面中的信号保存成 .do 文件。这样可以保存用户在“Wave”界面中对信号的排序、数据显示的进制(radix)、对信号修改的颜色等，在下次仿真添加波形时，可以直接选择菜单“File/Load/Macro File…”，加载保存的波形 do 文件，不需要用户再逐个修改，便于直接观测结果，如图 5.43 所示。

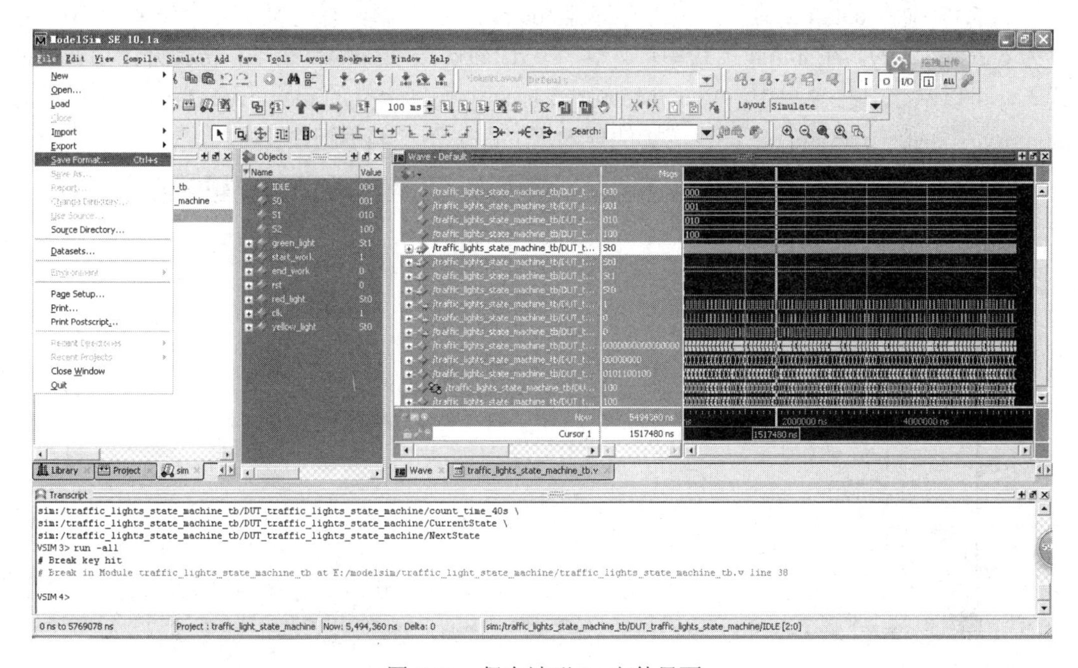

图 5.43　保存波形 do 文件界面

不管是操作命令do文件还是波形do文件，都是帮助用户更加快捷地进行仿真，在复杂的工程中，用户会体会到这种命令方式带来的极大优越感，可以说是碾压稍显繁琐的图形界面方式，只是万事开头难，图形界面方式容易上手，更容易被用户所接纳。

3. 文件的写入和导出

仿真时需要数据激励，这个激励有时可以用always块产生，但在有些情况下却不能满足用户的需求，比如做算法仿真需要将matlab中的数据导入到Modelsim中，作为数据源，matlab保存下来的数据一般是txt类型，所以需要将txt导入Modelsim，这是将文件写入Modelsim。在另一些情况下，需要将Modelsim的数据导出，保存为txt文件供其他软件使用，这是将文件导出Modelsim。文件写入可以使用$readmemb、$fscanf，导出可以使用$fmonitor、$fwrite等。文件的写入如例5.13所示。

例5.13　文件的写入。

```
reg [5:0] memory [0:9];
initial begin
rst = 1'b1;
clk = 1'b0;
#100
rst = 1'b1;
#1000
rst = 1'b0;
#100   $readmemb("data.txt", memory);
end
```

例5.13中将data.txt的数据读入存储器memory中。第一行定义了一个深度为10、宽度为6的memory。在initial模块中读入文件，data.txt放在工程目录下，仿真开始后，数据读入，可以从工具栏菜单中"View/Memory List"中找到定义的memory，点击后可以查看memory中的值，与data.txt一致。文件导入后界面如图5.44所示。

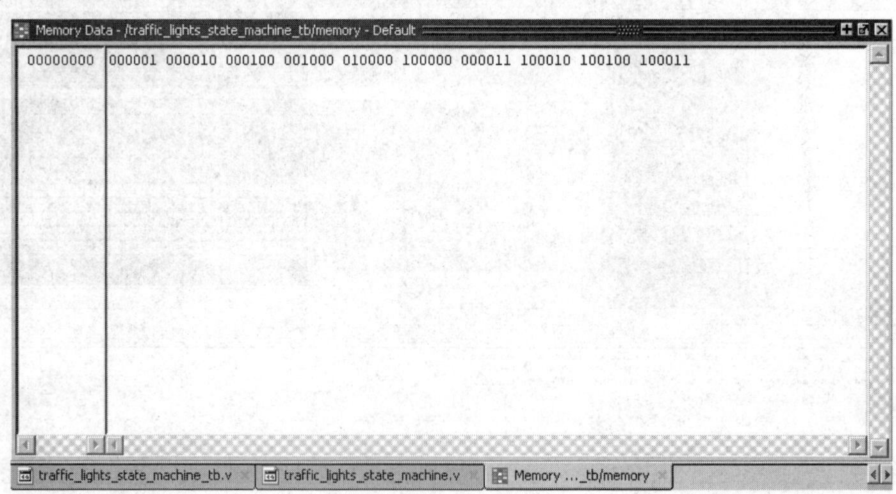

图5.44　文件导入后界面

用 $monitor 将信号导出到 txt 文件，如例 5.14 所示。

例 5.14　txt 文件导出。

```
integer data_out_file;
initial begin
start_work = 1'b0;
end_work = 1'b0;
rst = 1'b1;
clk = 1'b0;
#100
rst = 1'b1;
#1000
 rst = 1'b0;


$fmonitor(data_out_file，"%d"，yellow_light);
end
```

例 5.14 中将信号“yellow_light”的值导出到“data_out_file.txt”文件中。运行仿真，会在工程路径的文件夹里生成“data_out_file.txt”文件，文件中写入的是信号“yellow_light”的值，如图 5.45 所示。

```
1  0
2  1
3  0
4  1
5  0
6  1
7  0
8  1
9  0
10 1
```

图 5.45　导出的文件界面

4．Wave 查看技巧

Wave 窗口中基本的波形查看在 5.3.2 节中已经介绍，但还有一些小技巧能够帮助用户更加方便快捷的查找波形并分析结果。

(1) 波形查看快捷键。在工具栏中有专用的按钮放大和缩小波形，除了这些按钮，键盘也可以做到。键盘上“+”能够实现以中轴线为中心放大波形，“−”能够实现以中轴线为中心缩小波形，“F”表示全屏显示波形，“C”表示以“Wave”界面中竖线即用户选定的标线为中心放大波形。

(2) 设置断点。在 Modelsim 中设置断点有两种方式，一种跟 C 语言一样，对代码设置断点，让程序跑到断点处停止；另外一种是对信号设置断点，当信号发生变化时停止。用户可以在“Objects”框中点击右键选中信号，从弹出的对话框中选择“Insert Breakpoint”，通过这样的方式对选中的信号设置断点，如图 5.46 所示。

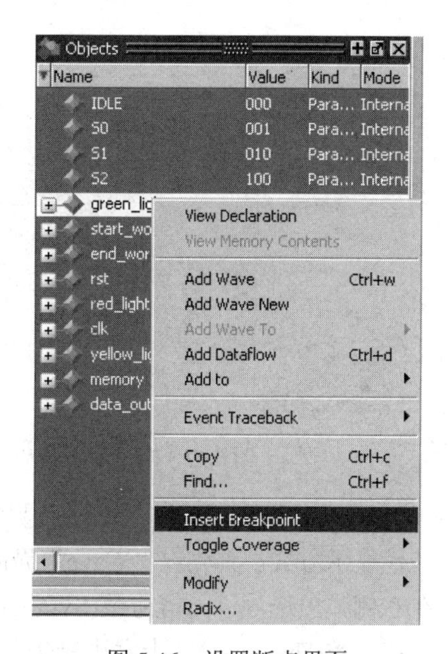

图 5.46　设置断点界面

设置完成之后，选择“Restart”重新开始仿真，随后鼠标左键点击“Run”，“Wave”界面会停止在该信号将要发生变化的最后一个时刻，再点击“Run”

一次，可以看到这个时刻的变化，同时“wave”界面停留在该信号将要发生变化的第二个时刻。除了对信号设置断点外，用户还可以通过工具栏中的手型按钮来配置断点方式。

用户通过左键单击该按钮，弹出如图 5.47 所示的断点配置窗口对话框。对话框中，白色框内显示当前的断点状态，可以看到前面通过“Insert Breakpoint”加入的信号断点“green_light”，下方有对“green_light”的相关说明。“Modify Breakpoints”选项的右侧还有以下几个按钮：

① “Add”为增加新的断点，点击后会弹出如图 5.48 所示的对话框，用户可以自行选择是对信号设置断点还是对代码设置断点；

② “Modify…”为修改当前设置的断点的标签、状态等信息；

③ “Disable”为禁止该断点的使用，但并不删除；

④ “Delete”为删除该断点；

⑤ “Load”可以加载一些脚本文件，脚本文件中有对断点的描述；

⑥ “Save…”可以获取断点的脚本描述方式。

配置完成后，点击“OK”按钮保存配置，再重新启动仿真，新的仿真将按照该配置运行。

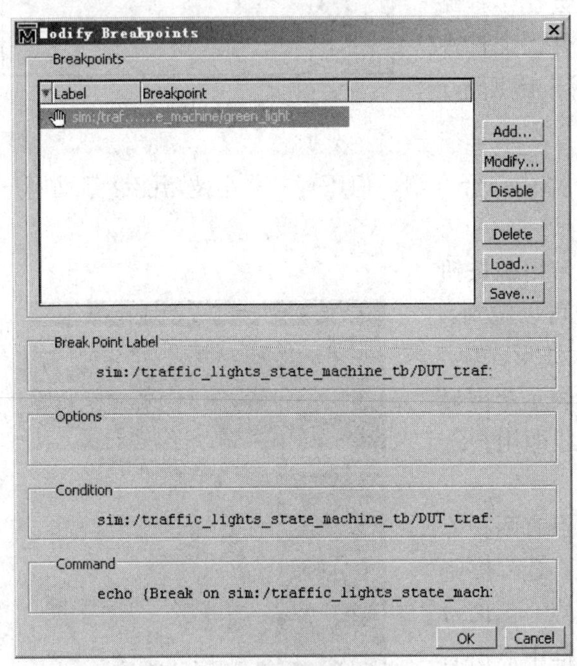

图 5.47　断点配置窗口

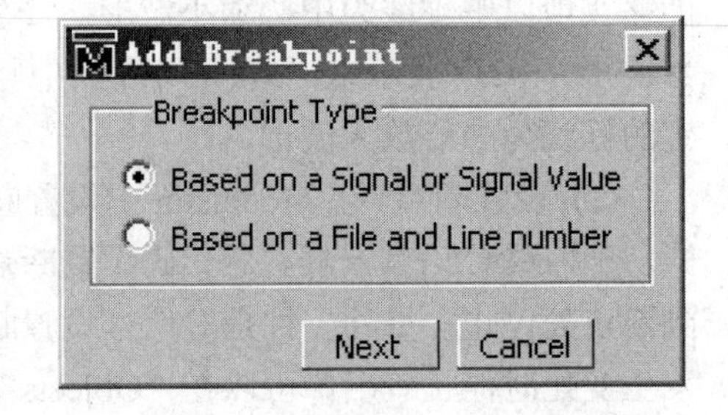

图 5.48　断点设置方式选择

(3) 数据显示方式。“Wave”界面中的信号默认用二进制显示，用户可以根据需求选择其他显示方式。首先在“Wave”界面中选中某个信号，鼠标右键选择“Radix”选项，然后在右侧弹出选项：无符号数(Symbolic)、二进制(Binary)、八进制(Octal)、十进制(Decimal)、有符号数(Unsigned)、十六进制(Hexadecimal)和 ASCII 等，如图 5.49 所示。

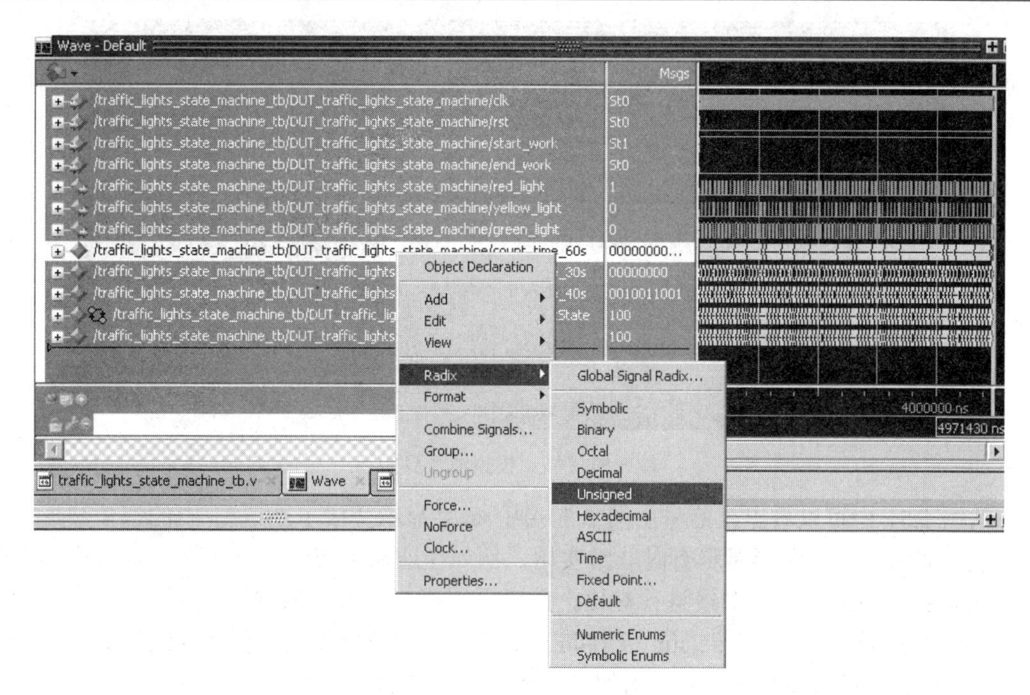

图 5.49　数据进制选择

在图 5.49 中将选中的信号设置为“Unsigned”模式。除了选择进制，还可以选择波形，即显示逻辑值还是模拟波形，前提是需要先将数据变成十进制数(无符号数或者有符号数)，鼠标右键点击该信号，在弹出的选项中选择“Format”，在右侧弹出新的选项列表，用户可以选择逻辑值、模拟波形等，如图 5.50 所示为选择波形模式界面。

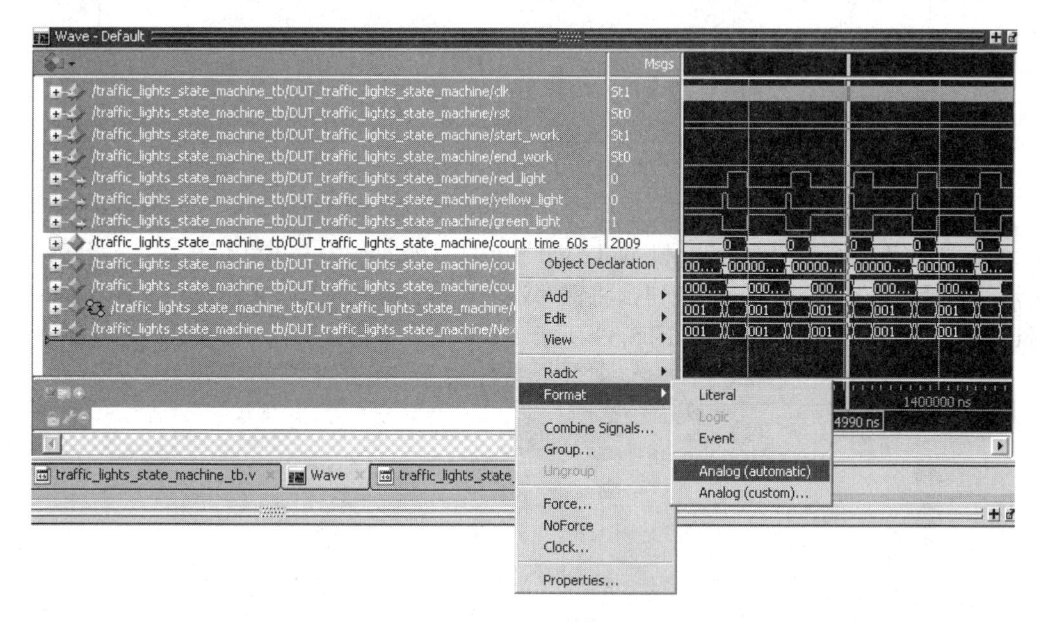

图 5.50　选择波形模式界面

在图 5.50 中，将选中信号的“Format”设置为模拟 Analog(Automatic)，结果如图 5.51 所示。

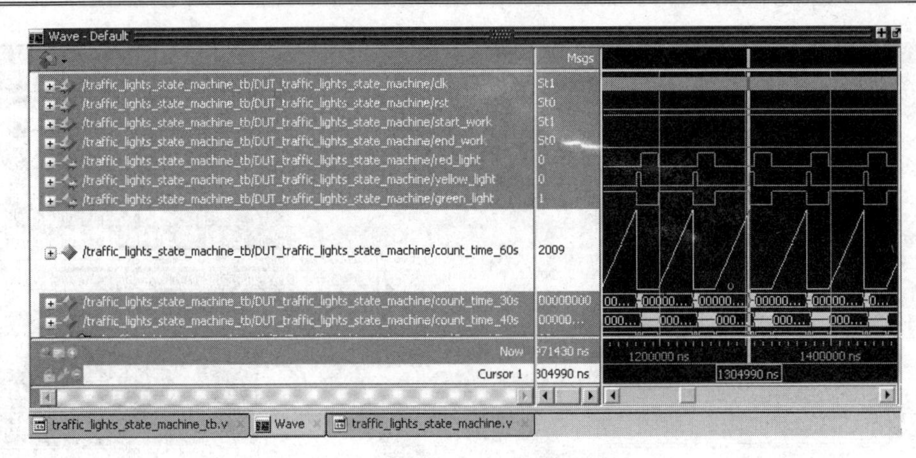

图 5.51　显示模拟波形界面

从图 5.51 中可以看出，信号由图 5.50 中的数字显示变成了图 5.51 中的三角波形，观察更直观清晰。这种波形显示有时非常实用，例如在通信系统中，升采样和降采样的中间结果就需要与 matlab 中的曲线进行对比，此时采用模拟波形更加方便。

(4) 波形结果对比。Modelsim 支持将上一次仿真的波形和当前仿真的波形做对比，点击菜单“File/Datasheet”选项，弹出如图 5.52 所示的对话框。

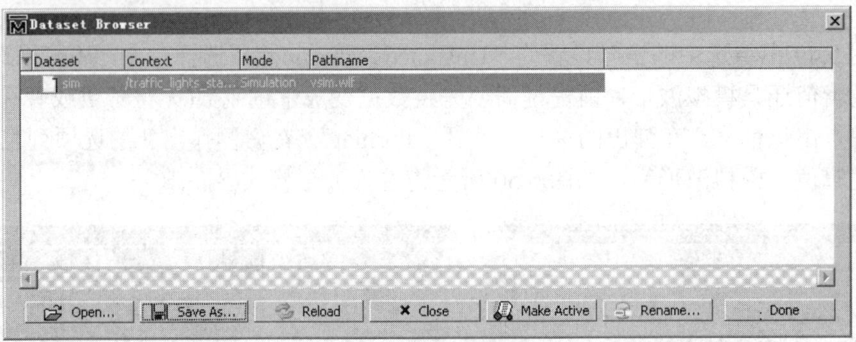

图 5.52　Datasheet 对话框

图 5.52 中，在对话框里默认会有当前仿真的波形文件 vsim.wlf，点击下方的“Save As…”，将这次的波形另存为“old_wave.wlf”文件。修改代码并重新仿真后，打开图 5.53 所示的对话框，点击“Open”按钮，将保存过的“old_wave.wlf”文件打开，在 Datasheet 对话框中多了一个波形文件，如图 5.53 所示。

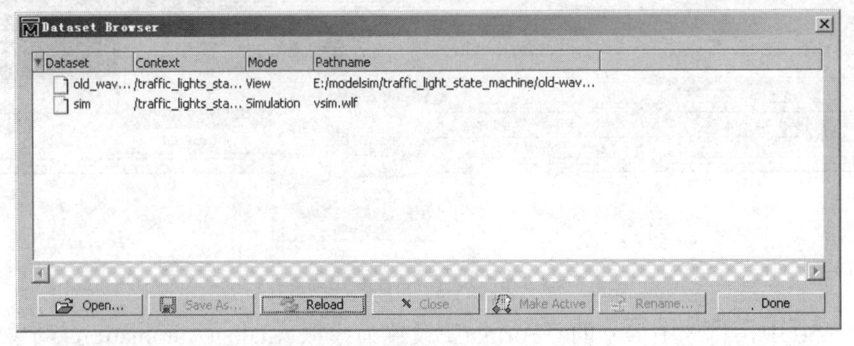

图 5.53　添加对比波形界面

图 5.53 中，点击下方“Done”按钮，回到“Wave”界面，Modelsim 界面左侧“Project”窗口中多了一个“old_wave”的仿真窗口，如图 5.54 所示。

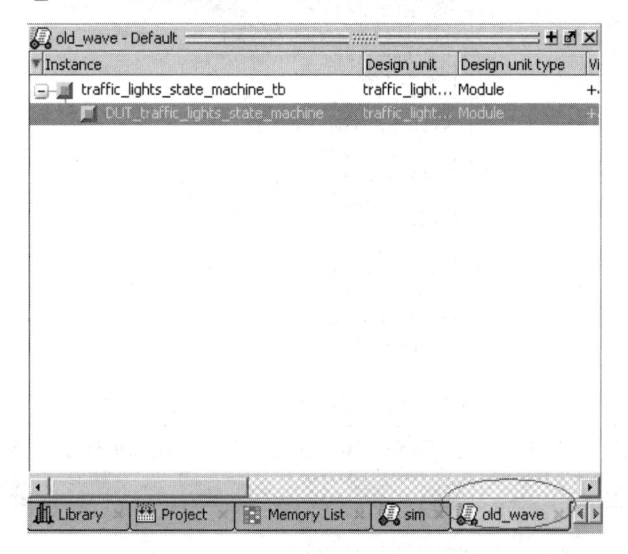

图 5.54　old_wave 仿真窗口

如图 5.54 所示，“sim”窗口是当前仿真窗口，列有当前的模块和信号，“old_wave”是保存的上次仿真的信号。用 5.3.2 节中提到的方法将“old_wave”中的信号添加到“Wave”窗口中，就可以直观地对比波形。

5. Modelsim 使用小技巧

在 Modelsim 的使用过程中，会有一些小的技巧帮助我们快速有效地进行仿真，下面罗列主要几点。

(1) 利用 Modelsim 工具建立 testbench.v。除了可以自己手写建立 testbench.v 之外，在 Modelsim 中有内置工具可以建立 testbench.v 模板。用鼠标点中 .v 文件编辑窗口，对应的工具栏中会出现“Source”选项，如图 5.55 所示。

ModelSim SE 10.1a
File Edit View Compile Simulate Add Source Tools Layout Bookmarks Window Help

图 5.55　“Source”选项

注意，如果鼠标选中左侧“Project”窗口，对应的工具栏如图 5.56 所示，那么鼠标放在不同的窗口，对应的工具栏选项是不同的。

ModelSim SE 10.1a
File Edit View Compile Simulate Add Project Tools Layout Bookmarks Window Help

图 5.56　“Project”对应的工具栏

选中图 5.55 中所示的“Source”菜单，在菜单中选择“Show Language Template”选项，会在下面的窗口中增加一个“Language Templates”的窗口，如图 5.57 所示。

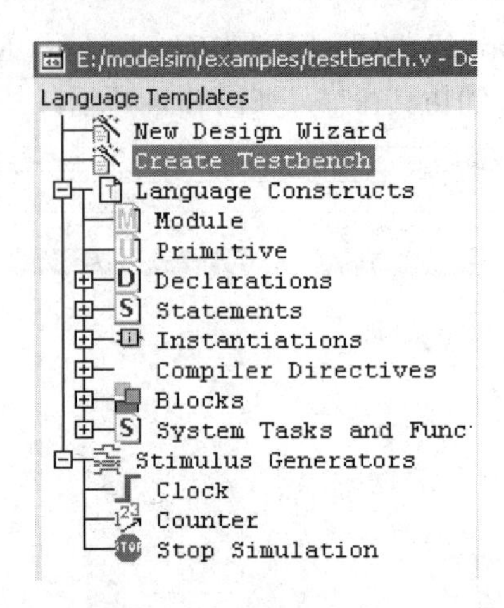

图 5.57　Language Templates 对话框

在图 5.57 中，鼠标左键选中“Create Testbench”选项，弹出如图 5.58 所示的对话框。

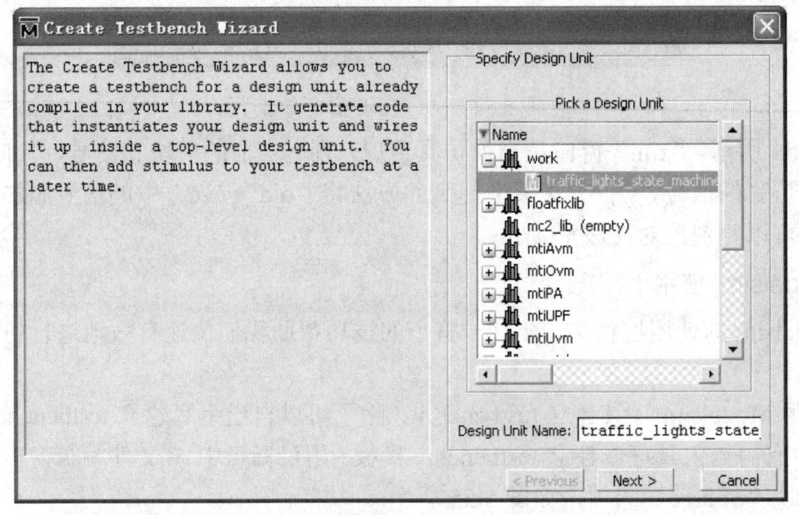

图 5.58　Modelsim 工具快速创建 testbench.v 对话框一

图 5.58 中，“work”库下会出现在工程中建立的所有 .v 文件，用鼠标左键选择仿真模块“traffic_lights_state_machine”，然后点击“Next”，出现如图 5.59 所示的对话框。

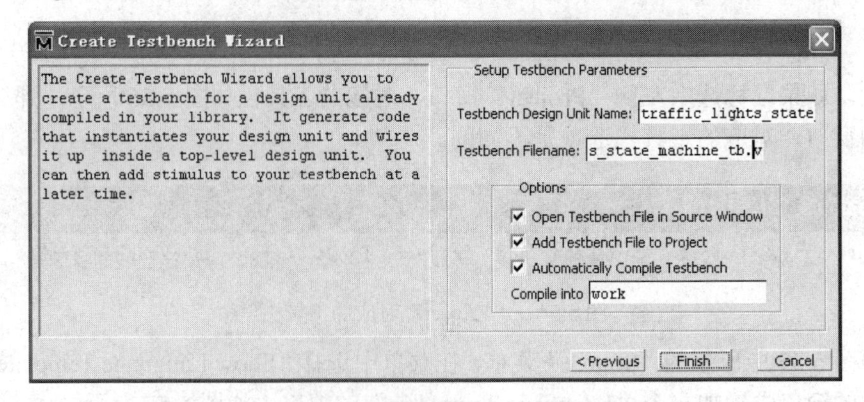

图 5.59　Modelsim 工具快速创建 testbench.v 对话框二

图 5.59 中的对话框里可以选择 testbench.v 的文件名称(Testbench Filename)，默认情况下会直接用选中的模块名后面加“_tb”作为 testbench.v 文件名，用户也可以根据需求自行修改；“Options”中的 3 个选项通常都需要勾选，之后鼠标左键点击“Finish”按钮。完成后会根据待仿真 .v 文件的输入输出端口生成 testbench.v，结果如图 5.60 所示。

```
Ln#
1   module traffic_lights_state_machine_tb  ;
2
3   parameter S1   = 4'b0100 ;
4   parameter S2   = 4'b1000 ;
5   parameter IDLE  = 4'b0001 ;
6   parameter S0   = 4'b0010 ;
7     wire  [0:0]  green_light   ;
8     reg  [0:0]  start_work   ;
9     reg  [0:0]  end_work   ;
10    reg  [0:0]  rst   ;
11    wire  [0:0]  red_light   ;
12    reg  [0:0]  clk   ;
13    wire  [0:0]  yellow_light   ;
14    traffic_lights_state_machine    #( S1 , S2 , IDLE , S0  )
15     DUT  (
16         .green_light (green_light ) ,
17        .start_work (start_work ) ,
18        .end_work (end_work ) ,
19        .rst  (rst ) ,
20        .red_light (red_light ) ,
21        .clk (clk ) ,
22        .yellow_light (yellow_light ) );
23
24  endmodule
```

图 5.60　Modelsim 工具生成的 testbench.v 模板

图 5.60 是用 Modelsim 工具生成的 testbench.v 模板，模板中只有模块的输入输出信号端口和仿真模块，使用时用户需要在这个模板基础上对信号进行初始化、添加激励信号等，进一步完善测试程序。

(2) 恢复传统界面。一般来说，打开 Modelsim 工具后，各个窗口的位置如图 5.22 所示，如果在仿真实验过程中用户打乱了窗口的位置，可以通过选项恢复图 5.22 的排列关系，鼠标左键点击工具栏中“Layout”一项，并选中“Simulate”选项即可恢复图 5.22 窗口模式，恢复传统界面功能的菜单选项如图 5.61 所示。

图 5.61　恢复默认窗口模式菜单选项示意图

(3) 代码权限修改。当调试发现问题需要修改代码的时候，通常需要在代码编辑窗口中重新输入，但此时可能出现无法输入的情况，或者光标放在代码行却无法修改，这个问题需要检查工具栏中“Source”选项下的“Read Only”是否被勾选，如果勾选，将其勾掉，再次进入代码编辑窗口中修改代码即可，如图 5.62 所示。

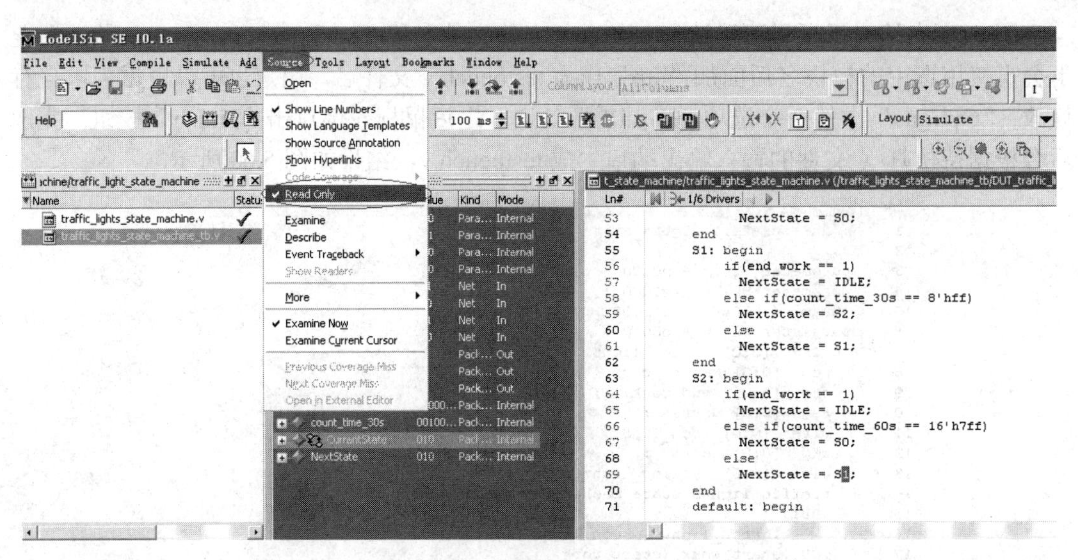

图 5.62 代码修改权限菜单选项

图 5.62 中，在“Source”下拉列表中左键单击“Read Only”，如图 5.62 中圈线所圈选项，即可去掉前面的对号，进入右边的编辑界面修改代码。修改完代码后，重新编译修改的代码，然后再重新启动仿真。

5.4 小 结

本章主要包含两方面内容，一方面对数字电路设计进行概述，包括一些基本语法和规范，并举例说明组合逻辑电路和时序逻辑电路。另一方面对数字电路设计中用到的仿真工具 Modelsim 进行了说明，从 Modelsim 的特点应用到基本使用方法，再延伸到一些高级用法，不仅囊括了建立工程、建立仿真环境、启动仿真、观测仿真结果等基本内容，还包含了使用过程中的一些小技巧。本章以交通灯有限状态机为实例，从交通灯的数字电路设计到用 Modelsim 进行实例仿真，使读者能够更加清晰直观地了解数字电路的设计和仿真流程，深入理解工具的使用。

第 6 章

数字逻辑综合

6.1　逻辑综合的基本概念

逻辑综合是数字前端设计最为重要的环节，设计者需要将 RTL 代码通过综合映射为门级网表。逻辑综合设计的结果直接决定了数字后端物理实现能否满足设计指标，对整个数字系统的性能、面积及功耗起着关键性作用。本章将重点讨论逻辑综合的基本流程和软件工具，并以具体实例进行说明。

6.1.1　逻辑综合定义

在第 5 章中，我们介绍了如何使用 RTL 代码来定义一个数字电路的层次结构、寄存器结构、组合/时序电路功能。本章中我们具体研究如何将 RTL 设计模型映射为具有可制造性的电路门级网表，并且保证映射后的器件能完成预期的功能，这个映射的过程就称为逻辑综合。与 C 语言编译器是 C 语言和机器语言的沟通媒介相类似，逻辑综合也是 HDL 代码和门级网表之前沟通的桥梁。典型的数字系统前端设计流程如图 6.1 所示。

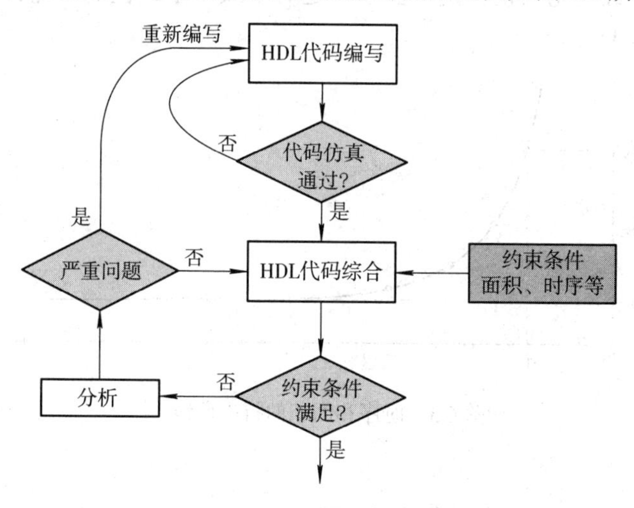

图 6.1　典型的数字系统前端设计流程

作为数字前端设计流程中最重要的步骤，综合的输入文件是经过功能验证后的 RTL 代码，同时也包括各类电路的工作环境和约束条件。综合的输出文件则包括门级网表、综合报告和时序信息等文件，这些输出文件主要用于数字后端设计及验证时进行调用。

6.1.2　逻辑综合步骤

数字电路逻辑综合设计的基本流程如图 6.2 所示，主要包括三个基本步骤：转换、逻辑优化和映射。

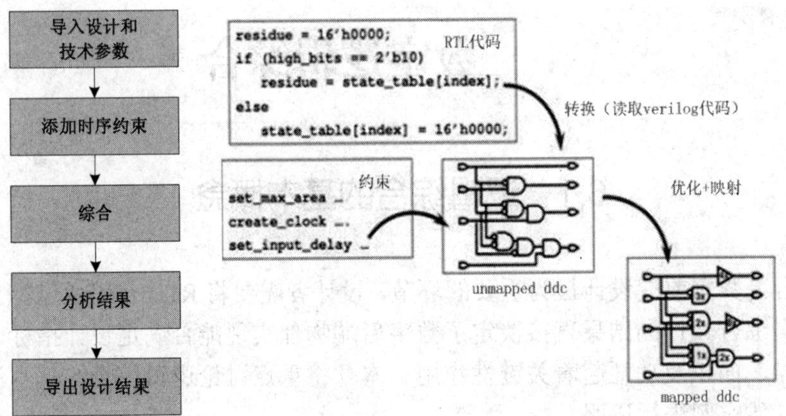

图 6.2　逻辑综合设计的基本流程

在转换阶段，综合工具将 RTL 代码用门级逻辑进行实现。在 Synopsys 综合工具 Design Compiler 中，设计者使用通用器件库 gtech.db 中的单元来构建门级电路。这时的电路并没有经过优化，需要优化和映射不满足限制条件的路径，删除冗余单元，之后再将门级电路映射到晶圆厂的工艺库上。

设计者提供的约束条件直接决定了逻辑综合结果的优劣。在综合过程中，我们需要添加各种约束来优化设计，产生满足时序要求的最小面积设计。综合后的时序和面积的折中曲线如图 6.3 所示，最优化的设计是在面积与延时中取一个最佳的平衡。

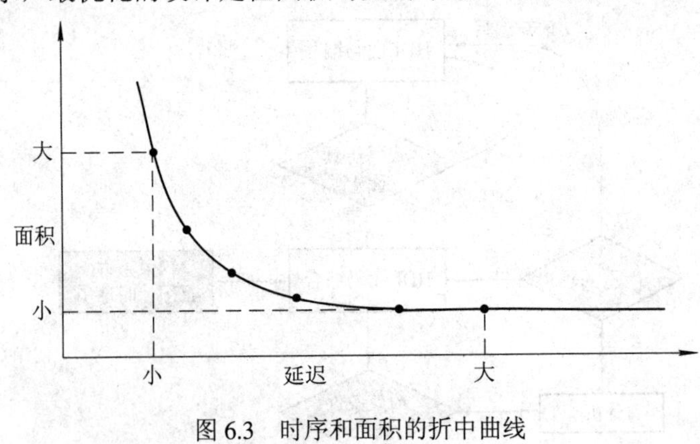

图 6.3　时序和面积的折中曲线

6.2　逻辑综合工具 Design Compiler

Design Compiler(DC)是 Synopsys 公司的综合工具。DC 自 20 世纪 80 年代诞生之日起，作为综合工具的领导者，得到了集成电路设计公司的广泛使用。DC 支持多种设计类型，为最优化设计提供约束驱动，最终生成基于工艺库的门级网表。DC 可以从速度、面积和功耗等方面来优化组合和时序电路，并支持平直(Flatten)或层次化(Hierarchy)设计。

6.2.1　Design Compiler 的功能

DC 可以灵活处理不同设计中出现的各类问题，具有强大的综合功能。设计者利用 DC 可以完成以下工作。

(1) 利用用户指定的门阵列、FPGA 或标准单元库，生成高速、面积优化的专用集成电路。

(2) 可以在不同晶圆厂工艺或者工艺节点之间灵活地进行设计转换。

(3) 探索设计的权衡，包括延时、面积、不同负载(温度、电压)时的功耗等设计约束条件。

(4) 优化有限状态机的综合，包括状态的自动分配和状态的优化。

(5) 当第三方环境仍支持延时信息和布局布线约束时，可将输入网表、输出网表和电路图整合在一起输入至第三方环境。

(6) 自动生成和分割层次化电路图。

DC 具有较好的兼容性，可以支持不同的文件格式，来协调综合上下游的工作流程，有效缩短了设计周期，其支持的输入输出文件格式见表 6.1。

表 6.1　DC 兼容的数据格式

数　据	格　　式
网表格式	Electronic Design Interchange Format(EDIF)
	Logic Corporation netlist format (LSI)
	Mentor Intermediate Format (MIF)
	Programmable logic array (PLA)
	Synopsys equation
	Synopsys state table
	Tegas Design Language (TDL)
	ddc
	Verilog
	VHDL
时序格式	Standard Delay Format (SDF)
命令脚本	dcsh，Tcl
单元分类格式	Physical Design Exchange Format (PDEF)
库文件格式	Synopsys library source (.lib)
	Synopsys database format (.db)
寄生参数格式	Standard Parasitics Exchange Format(SPEF)
	Detailed Standard Parasitics Format(DSPF)
	Reduced Standard Parasitics Format(RSPF)

6.2.2　DC-Tcl 工具语言

Tcl 是 Tool Command Language 的缩写，是一种工具命令语言。它是由加州大学伯克利分校的 John K.Ousterhout 开发而成的。Tcl 功能强大且易于学习，广泛应用于网络通信、计算机管理、网页设计中，是一种公开的符合工业标准的界面和脚本语言。Synopsys 公司的大多数数字设计工具，如 Design Compiler、Prime Time、Physical Compiler 和 Formality 等都支持 Tcl。

DC-Tcl 在 Tcl 的基础上，扩展丰富了 Tcl 的功能，使用者既能灵活方便地使用 Tcl 命令，又能根据电路特性，对设计进行分析和优化。由于越来越多的工具支持 Tcl，不同工具之间的命令移植也更加方便。

DC-Tcl 所提供的变量、循环和子程序等，有利于 Synopsys 的命令建立脚本。特别说明的是，DC-Tcl 所编写的脚本，并不适用于 Tcl shell。DC-Tcl 将 Tcl 集成到 Synopsys 的工具里。

Tcl 命令可以用两种方式执行，一种是在 DC-Tcl 里交互式地执行，如例 6.1 所示；另一种是批处理模式，如例 6.2 所示。

例 6.1

```
dc_shell> echo "Running my.tcl... "
dc_shell> source -echo -verbose my.tcl
```

例 6.2

```
unix % dc_shell -f my.tcl | tee -i my.log
```

通过 UNIX 命令 tee 可以在屏幕上显示运行结果，也可以将结果写入指定的文件中。

Tcl 命令由一个或多个字符组成，字符与字符之间由空格分隔。Tcl 脚本由一系列的命令组成，如果在一条命令中需要换行，则要加上“\”分隔。例 6.3 为一个典型的 DC-Tcl 脚本。

例 6.3

```
reset_design
create_clock -period 10 [get_ports Clk]
set all_in_ex_clk [remove_from_collection   \
      [all_inputs] [get_ports Clk]]

set_input_delay    -max 6 -clock Clk $all_in_ex_clk
set_output_delay -max 9.6 -clock Clk [all_outputs]

set_operating_condition -max    WCCOM
set_wire_load_model -name    ZeroWireload
set_driving_cell -lib_cell INVD1BWP12TM1P $all_in_ex_clk
set    MAX_LOAD    [expr    \
      [load_of tcbn40lpbwp12tm1pwc/AN2D1BWP12TM1P/A1]*10]
set_max_capacitance $MAX_LOAD $all_in_ex_clk
set_load [expr $MAX_LOAD*4] [all_output]
```

Tcl 的变量名由字符、数字和下划线组成。变量前加“$”，表示变量的替换，与 C 语言和 Verilog 语言不同，Tcl 不需要首先声明变量，其命令可以是任意长度的字符串，如例 6.4 所示。

例 6.4

Tcl 命令	结果
set　x　45	45
set　y　x	x
set　y　$ x	45
set　y　$ x+$ x	45+45
set　y　$ x.8	45.8
set　y　$ x6	no such variable

Tcl 可以在一个命令嵌套使用另一个命令的返回值，只要用中括号“[ ]”将嵌套命令包住即可。在例 6.5 中，第三个例子先执行 expr $ x -9，结果为 25，再执行 set　y　“x - 9 is 25”。“expr”是进行数学运算的 Tcl 函数。

例 6.5

Tcl 命令	结果
set　x　34	34
set　y　[expr　$ x + 2]	36
set　y　“x - 9 is [expr $ x -9]”	x - 9 is 25

“#”为 DC-Tcl 的注释符号，执行注释操作时候只需要在命令头加注释符“#”即可；如在同一行有多个注释，则需要在注释符“#”前加分号，可见例 6.6。

例 6.6

```
#Variables common to all RM scripts
#Script: dc_setup.tcl
#Version: C-2009.06-SP1(November 13，2015)
#Copyright(C)2007-2009 Synopsys，  Inc. All right reserved.
create_clock -period 10 [get_ports Clk]；#create the clock
```

“*”和“?”是 DC-Tcl 的两个通配符，“*”表示 0 至“*n*”个任意字符；“?”表示 1 个任意字符，如例 6.7 所示。

例 6.7

```
dc_shell> set_output_delay 2 -clock Clk [get_ports out*]
```

表示把输出约束加到以 out 开头的所有端口上。

在 DC 中，每个设计由 6 个设计实体组成，分别为设计(design)、端口(port)、单元(cell)、管脚(pin)、连线(net)和时钟(clock)。前 5 个设计实体在网表中都有定义，而 clock 是个特殊的端口，采用例 6.8 所示的命令定义时钟。

例 6.8

```
create_clock　-period　4　[get_ports clk]
```

图 6.4 和图 6.5 分别展示了 6 个设计实体在 Verilog 代码和门级电路中的表达。

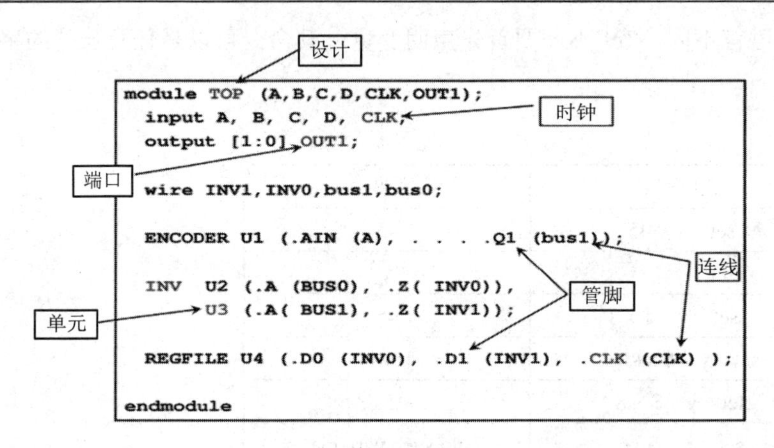

图 6.4　门级代码中的设计实体表达

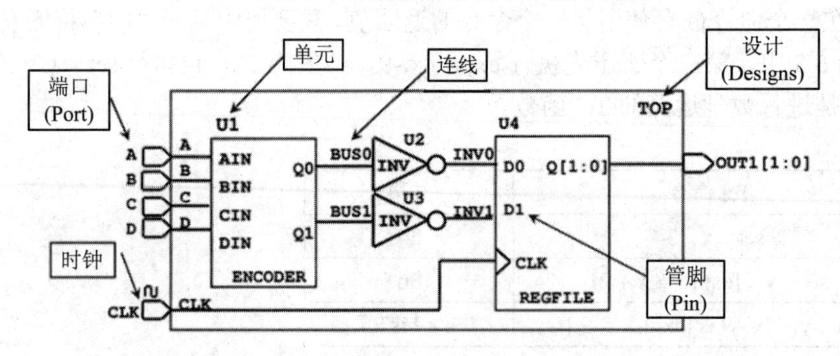

设计：{TOP ENCODER REGFILE}　　端口：{A B C D OUT[1] OUT[0]}
单元：{U1 U2 U3 U3}　　连线：{BUS0 BUS1 INV0 INV1}
管脚：{U1/AIN U1/BIN …… U4/Q[1] U4/Q[0]}　　时钟：{CLK}

图 6.5　门级电路中的设计实体表达

命令 get_* 用于返回当前设计，包括 DC 的 memory 和库中的设计实体。get_cells 返回到设计中的单元和实例，get_clocks 返回到当前设计中的时钟，get_designs 返回 DC memory 中的 designs 等等，如例 6.9 所示。

例 6.9

```
dc_shell> get_designs *
{TOP   ENCODER   REGFILE   PLL}
dc_shell>   get_ports{C? O *}
{OUT[0]   OUT[1]}
dc_shell>   get_pins   */Q*
{I_ENC/Q0   I_ENC/Q1   I_REG/Q[0]   I_REG/Q[1]}
```

命令 all_* 和 get_* 一样，能返回到当前设计中的实体，不同的是 all_* 能返回所有索引物集，如例 6.10 所示。

例 6.10

```
dc_shell> all_inputs
{A   B   C   D   CLK}
```

```
dc_shell  >  all_outputs
{OUT[0]  OUT[1]}
dc_shell  >  all_registers
{I_REG/Z_reg[0]  I_REG/Z_reg[1]}
```

6.3　Design Compiler 逻辑综合分析

前两小节简要介绍了逻辑综合的定义和 DC 工具中的 DC-Tcl 语言，这一节将详细讨论如何通过命令和 DC-Tcl 脚本对 RTL 代码进行综合和优化，使其满足预期的设计目标。

6.3.1　DC 设计配置

在进行设计之初，首先创建一个 DC 工作目录，RTL 代码、库文件和约束文件等都保存在这个目录中，DC 工具也将在这个目录下进行启动。这个目录称为当前工作目录(Current Working Directory，CWD)，如图 6.6 所示。

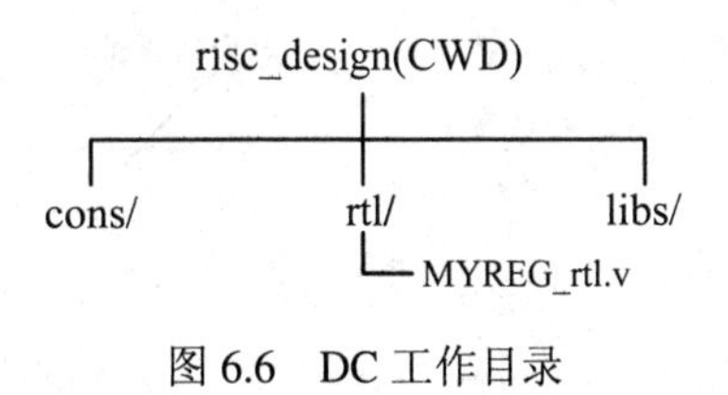

图 6.6　DC 工作目录

设计者可以通过以下三种基本方式启动和运行 DC 工具。

1. dc_shell 命令行方式

在 UNIX 命令行中进入 CWD，键入 dc_shell 命令。该方式是以文本界面方式运行 DC，操作如下：

```
unix % cd risc_design
unix % dc_shell
```

在 DC 启动的过程中会自动执行一个名为“.synopsys_dc.setup”的脚本，该脚本为隐藏文件，需要在 CWD 中用“ls -a”命令才可以显示。该脚本中配置了一些 DC 综合的初始环境。例 6.11 是一个初始环境的配置脚本。这个脚本中通常会配置一些诸如综合库和别名的设置等初始化设置和项目相关变量。

例 6.11

```
# ----------------------------------------
#   Aliases
# ----------------------------------------
alias h history
alias rc "report_constraint -all_violators"
alias rt report_timing
alias page_on {set sh_enable_page_mode true}
alias page_off {set sh_enable_page_mode false}
########################################################################
# Logical Library Settings
```

```
##################################################################
set_app_var   search_path "$search_path ../ref/libs/mw_lib/sc/LM ./rtl ./scripts"
set_app_var   target_library      sc_max.db
set_app_var   link_library        "* $target_library"
set_app_var   symbol_library      sc.sdb
```

该文件通常存放于 3 个目录之中，当前目录(CWD)中的 .synopsys_dc.setup 优先级最高。宿主目录中的 .synopsys_dc.setup 次之，$SYNOPSYS/admin/setup 目录中的 .synopsys_ dc.setup 优先级最低，如图 6.7 所示。

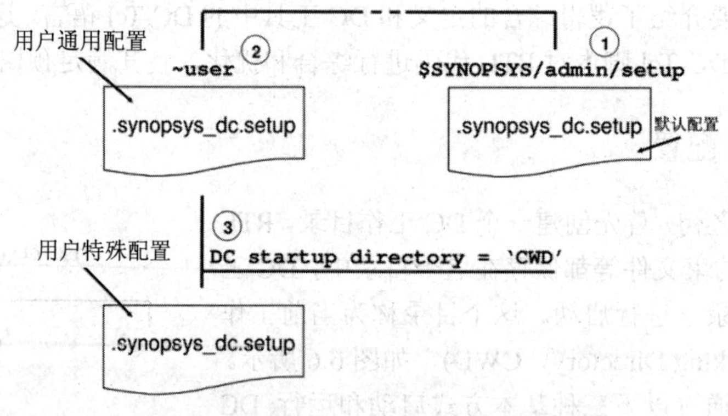

图 6.7　.synopsys_dc.setup 所在目录结构

2．dc_shell -t 命令行方式

该方式是以 Tcl 工具命令语言方式为基础的，但又在该脚本语言上扩展了实现 DC 的命令。用户可以在 shell 提示符下输入“dc_shell -t”来运行该方式，与 dc_shell 命令行方式相似，该方式的运行环境也是文本界面。执行命令后成功启动 dc_shell 显示的界面如图 6.8 所示。

```
                         DC Expert (TM)
                        Design Vision (TM)
                        HDL Compiler (TM)
                       VHDL Compiler (TM)
                          DFT Compiler
                     Library Compiler (TM)
                       Design Compiler(R)

             Version G-2012.06-SP2 for RHEL32 -- Aug 31, 2012
                 Copyright (c) 1988-2012 Synopsys, Inc.

This software and the associated documentation are confidential and
proprietary to Synopsys, Inc. Your use or disclosure of this software
is subject to the terms and conditions of a written license agreement
between you, or your company, and Synopsys, Inc.

Initializing...


Settings:
search_path:        /home/synopsys/lib/syn  /home/synopsys/minpower/syn ../db ./scripts
link_library:       * sc_max.db
target_library:     sc_max.db
symbol_library:     sc.sdb

dc_shell> █
```

图 6.8　成功启动 dc_shell 显示的界面

3．Design_Vision 图形界面方式

Design_Vision 是 DC 的图形操作界面，该方式通过菜单、对话框的界面来实现各项功

能。在 shell 提示符下输入“dvt”启动图形操作界面，启动界面如图 6.9 所示。

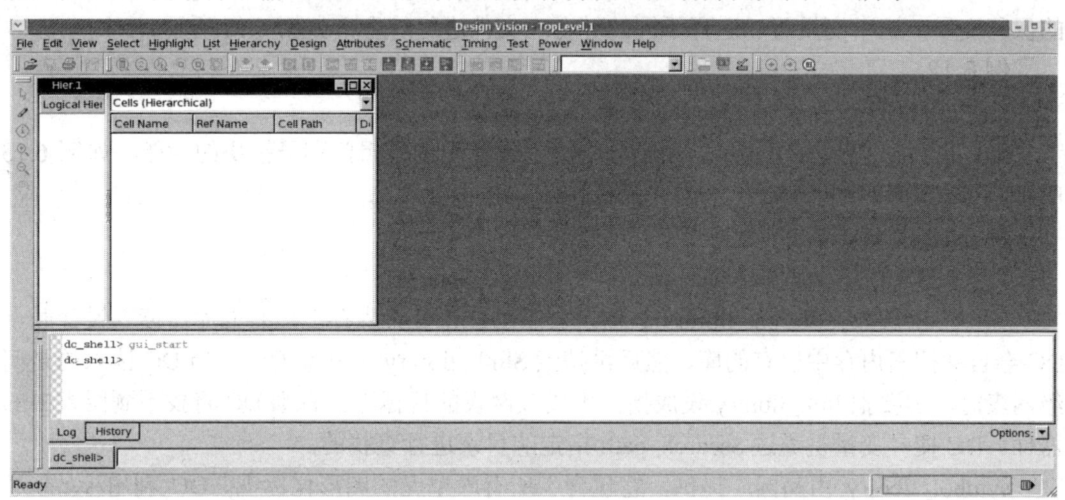

图 6.9　DC 图形操作界面

6.3.2　逻辑综合工艺库

在 6.1.2 节中我们讨论过电路的逻辑综合包括转换、逻辑优化和映射三个基本步骤。当进行映射操作时，设计者需要晶圆厂提供的工艺技术库文件进行逻辑综合。典型的 .lib 库格式单元如图 6.10 所示。

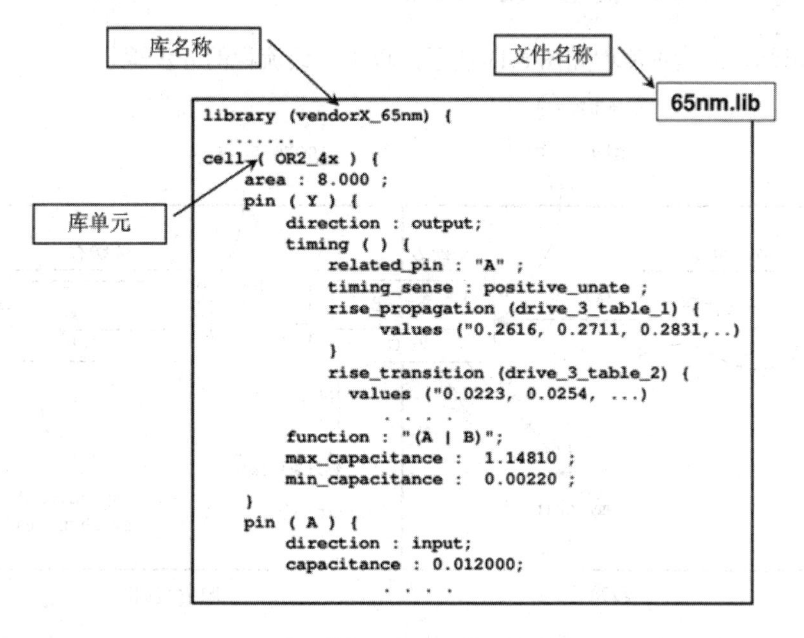

图 6.10　.lib 库

图 6.10 中可以看到 .lib 的库名为 vendorX_65nm，单元(cell)名称为 OR2_4x，花括号中包含该单元的各种信息，如单元面积、pin 角名称、输入输出方向及相应的时序信息和功能。

在 DC 中，被综合的电路最终都必须映射到目标库(target library)上。DC 会在库中选择功能正确的逻辑门单元，使用库中的时序信息来计算电路的路径延迟。target_library 是 DC 的保留变量，这个变量可以选择不同的综合库文件进行综合，如例 6.12 所示。

例 6.12

```
dc_shell> set_app_var   target_library   sc_max.db
```

link_library 也是保留变量，用于分辨读入设计中的逻辑门和子模块的功能，如例 6.13 所示。

例 6.13

```
dc_shell> set_app_var   link_library   "*   $target_library"
```

“ * ”一般放在$target_library 之前，表示 DC 先搜索内存里已有的库。读入设计时，DC 会自动搜索内存中已有的库，然后再搜索 $link_library 中其他的库。当 DC 读入的是门级网表时，需要把 link_library 设成指向生成该网表的目标库。否则 DC 将找不到网表中的器件。DC 搜寻变量是通过 $search_path 指定的目录进行查找的。

symbol_library 由晶圆厂提供，它包含了所有库单元的图形化标识。DC 利用 symbol_library 生成具有连接关系的电路图。该电路图通过 DC 的图形化界面 Design_Vision 进行查看。当用户生成一个电路，DC 会将门级网表和 symbol_library 中的图形标识进行对应关联，如例 6.14 所示。

例 6.14

```
dc_shell> set_app_var   symbol_library   sc.sdb
```

6.3.3　Design Compiler 的基本设计流程

DC 逻辑综合的基本流程如图 6.11 所示。以下介绍流程的分步骤。

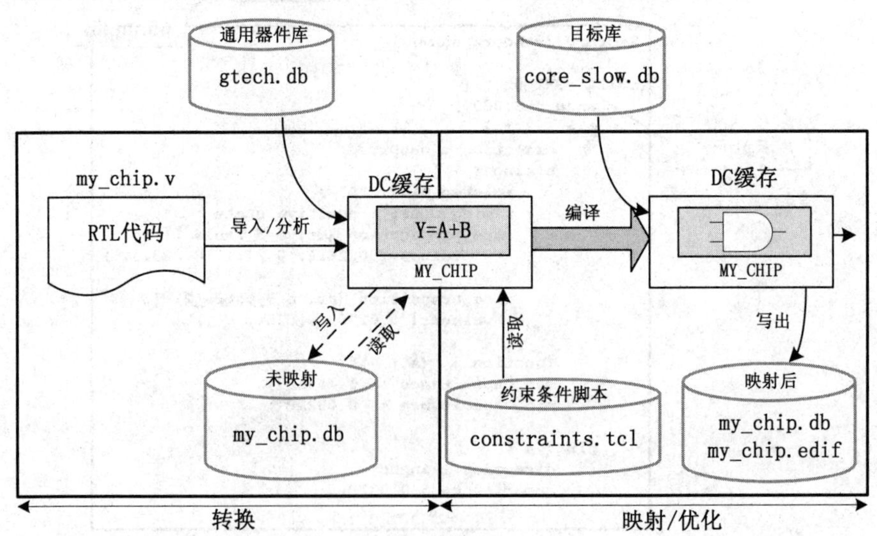

图 6.11　DC 逻辑综合的基本流程

1．DC 基本设计流程的步骤

(1) 使用导入(read)命令将 HDL 代码转换为通用的布尔门阵列，也就是 gtech.db (generic technology)库中的逻辑器件。该库中的器件没有任何时序和负载信息，仅仅是 DC 用来表示器件的一个符号。

(2) 使用读取(source)命令将约束条件读入 DC 中，再对 GTECH 网表施加时序、功耗和面积等方面的约束，使其满足设计目标。

(3) 使用编译(compile)命令，将电路按照设计约束进行综合和优化，并映射到晶圆厂工艺库中的逻辑器件，此时的网表已经包含了实际的工艺参数。

(4) 使用报告(report)命令，产生设计报告。设计者通过报告分析、评估该网表是否满足预期需求。若不满足预期需求，可对设计约束或者 RTL 进行修改，直到满足需求为止。

(5) 使用写入(write)命令，将满足设计需求的门级网表以 ddc 的格式保存在磁盘上。

2. DC 设计流程中各步骤的命令

以下对设计流程中各步骤的命令进行详细介绍。

(1) 读入设计文件(read_file)。DC 首先将 RTL 设计文件读入到 memory 中。在读入层次化结构的设计中，用户需要指定顶层文件。有两种方式完成这一步骤：一种是 read_file 的方式，另一种是 analyze + elaborate 的方式。

命令 read_verilog 和 read_vhdl 分别等价于命令 read_file -format verilog 和 read_file -format vhdl，分别用于读取 Verilog 和 VHDL 格式的 RTL 设计代码(还有 read_ddc，read_sverilog 等)。

例 6.15 中，先后用 3 个 read_verilog 命令读取了 A.v、B.v 和 C.v 3 个设计文件，DC 认为最后一个读取的文件 C.v 中的设计为顶层设计，A.v 和 B.v 则作为它的子模块。

例 6.15

```
dc_shell> read_verilog   A.v
dc_shell> read_verilog   B.v
dc_shell> read_verilog   C.v
```

例 6.16 中，用一个 read_verilog 命令加花括号 {} 读取了 A.v，B.v 和 C.v 3 个设计文件，DC 认为花括号列表中第一个读取的文件 A.v 中的设计为顶层设计，而 B.v 和 C.v 是它的子模块。

例 6.16

```
dc_shell> read_verilog   {A.v   B.v   C.v}
```

为了避免人为因素导致的错误，建议用户在使用完 read_file 命令后，采用 current_design 命令显示的指定顶层进行设计。例 6.17 中用 current_design 命令显示 MY_TOP 为顶层设计。

例 6.17

```
dc_shell> read_verilog   {A.v   B.v   TOP.v}
dc_shell> current_design   MY_TOP
```

将 RTL 代码读取到 memory 中并指定设计顶层后，DC 会调用自己的 GTECH 库，将 RTL 转化为 GTECH 网表保存在 memory 中。此时，该网表中的器件没有任何时序和负载信息，它仅仅是 DC 用来表示器件的一个符号。

analyze + elaborate 方式：analyze 命令首先将 Verilog 或 VHDL 源文件读入 memory 中，并检查语法规范。之后将 RTL 源代码转换成二进制格式的中间文件，存放于 CWD 中。elaborate 命令将 analyze 产生的二进制中间文件转换为 GTECH 网表，并且指定顶层设计。

在命令中加入 -parameters 选项可以设置设计中的参数，这是在读文件过程中唯一能改变设计参数的方法。elaborate 命令还自动地执行了 link 命令(read_file 不会执行 link 命令)，完成链接操作。elaborate 命令对于 VHDL 代码允许选择不同的结构体。例 6.18 所示，设计顶层为 MY_TOP，并且用户指定的参数设置会代替源代码中的默认参数。

例 6.18

```
dc_shell> analyze -format verilog {A.v   B.v   TOP.v}
Compiling source file ./A.v
Compiling source file ./B.v
Compiling source file ./TOP.v
 ……
dc_shell> elaborate MY_TOP -parameters "A_WIDTH = 8，  B_WIDTH=16"
 ……
Current design is now 'MY_TOP'
```

两种读入文件方式的比较见表 6.2。

表 6.2　两种读入文件方式的比较

比　较	read_file 命令	analyze + elaborate 命令
输入文件格式	支持 Verilog、VHDL、ddc、db、SDF、System Verilog 等多种文件格式	只支持 Verilog、VHDL 和 System Verilog 三种文件格式
参数设置	不允许改变参数默认设置	允许改变参数默认设置
VHDL 结构体	不允许选择结构体	允许选择结构体
链接设计	必须再单独用 link 命令作链接	包含了 link 命令的链接功能
设置顶层设计	需要用 current_design 命令指定顶层	elaborate 命令指定顶层

(2) 链接设计(link)。在一个完整的设计中，每个单元必须关联到工艺库中的器件，并且描述它的每一个引用，这个过程就叫做链接。链接可以用 link 命令执行，这个命令会用到 link_library 和 search_path 两个系统变量去解释设计中的各种应用。如上文所述，elaborate 命令中包含了 link 命令的操作，而如果用 read_file 读入文件，则必须用 link 命令进行链接。

设计者还可以在 link 命令后加上 check_design 命令。check_design 命令能够检查当前设计内部表达的一致性，能发现一些问题并报出警告和错误。例 6.19 所示，未连接 pin 和递归层次结构产生的错误都会在检查后进行提示。

例 6.19

```
dc_shell> link
Linking design 'MY_DESIGN'
Using the following designs and libraries:
--------------------------------------------------------------------------------------------------------
* (3 designs)    /home/gy/dc_lab/DC_2013.12/lab3/rtl/MY_DESIGN.db，   etc
   cb13fs120_tsmc_max (library)
/home/gy/dc_lab/DC_2013.12/ref/libs/mw_lib/sc/LM/sc_max.db
```

```
1
dc_shell> check_design
Information: Design 'MY_DESIGN' has multiply instantiated designs. Use the '-multiple_designs' switch for more information. (LINT-78)
1
```

(3) 添加设计约束(constraint)。为了满足目标，设计者会添加关于时序、面积和功耗等方面的约束条件。DC 会根据这些约束条件对设计进行有效的优化。为了增强脚本的可读性，设计者通常会单独建立一个约束的 Tcl 文件，然后在运行 DC 的脚本中用 source 命令执行该约束脚本。在执行完约束脚本后，通常还会执行 check_timing 命令。该命令会报告出当前设计的时序属性，未施加约束的节点，以及一些潜在错误和警告，供设计者参考，协助设计者进一步完善约束脚本。典型示例如例 6.20 所示。

例 6.20

```
dc_shell> source MY_DESIGN.con
1
dc_shell> check_timing
Information: Changed wire load model for 'DW01_sub_width5' from '(none)' to 'ForQA'. (OPT-170)
Information: Changed wire load model for '*SUB_UNS_OP_5_5_5' from '(none)' to 'ForQA'. (OPT-170)
……
Information: Changed wire load model for '*SUB_UNS_OP_5_5_5' from '(none)' to 'ForQA'. (OPT-170)
Information: Updating design information... (UID-85)
Information: Checking generated_clocks...
Information: Checking loops...
Information: Checking no_input_delay...
Information: Checking unconstrained_endpoints...
Information: Checking pulse_clock_cell_type...
Information: Checking no_driving_cell...
Information: Checking partial_input_delay...
Warning: there are 21 input ports that only have partial input delay specified. (TIM-212)
--------------------
Cin1[4]
Cin1[3]
Cin1[2]
Cin1[1]
Cin1[0]
```

(4) 编译综合(compile)。添加设计约束后，设计者需要根据约束要求将 GTECH 网表中的逻辑器件映射到变量 $target_library 中指定库中的实际器件。该步骤主要使用 compile 命令，compile 命令在逻辑层到门级网表层的各个层面进行综合和优化。这个优化过程是根据设计者施加的约束进行驱动的。

compile_ultra 命令除了具有 compile 的基本功能外，还提供可对时序、面积、功耗等方面的并发优化手段来满足高性能设计，这些优化手段既可以打破模块之间的边界进行边界优化，也可以在算法层面直接进行优化，并提供高级时序分析以及关键路径的重编译，如例 6.21 所示。

例 6.21

```
dc_shell> compile_ultra
Alib files are up-to-date.
Loading db file '/home/gy/eda/Synopsys/dc/dc_2009/libraries/syn/dw_foundation.sldb'
Warning: DesignWare synthetic library dw_foundation.sldb is added to the synthetic_library in the current
command. (UISN-40)
Information: Evaluating DesignWare library utilization. (UISN-27)
============================================================================
| DesignWare Building Block Library        |        Version        | Available |
============================================================================
| Basic DW Building Blocks                 | C-2009.06-DWBB_0912 |     *     |
| Licensed DW Building Blocks              | C-2009.06-DWBB_0912 |     *     |
============================================================================
Information: Sequential output inversion is enabled. SVF file must be used for formal verification.
(OPT-1208)
Loaded alib file '../alib-52/sc_max.db.alib'
Information: Ungrouping hierarchy U1_ARITH before Pass 1 (OPT-776)
Information: Ungrouping hierarchy U_COMBO before Pass 1 (OPT-776)
Information: Ungrouping hierarchy U_COMBO/U2_ARITH before Pass 1 (OPT-776)
```

设计者还可以在“compile_ultra”命令中添加选项，使其具有更丰富的优化功能。设计者可以通过输入“man compile_ultra”命令来获得命令帮助信息(同样我们也可以用 man 命令来获得其他命令的用法及选项)。

(5) 报告分析(report)。编译完成后得到门级网表可能并不完全满足约束条件，这时设计者可以使用“report_*”命令来生成报告，查看设计信息。

“report_timing”命令生成的是设计时序报告；

“report_constraint”命令生成的是设计规则和时序违反约束；

“report_area”命令生成的是面积报告。

例 6.22 是命令“report_timing”生成的报告，最后一行中的(VIOLATED)表示设计违例。设计者需要修改约束或者 RTL 代码来消除违例。

例 6.22

```
dc_shell> report_timing
****************************************
Report : timing
        -path full
        -delay max
        -max_paths 1
```

```
Design : MY_DESIGN
Version: C-2009.06-SP5
Date    : Sat Jan   9 13:40:30 2016
****************************************
Operating Conditions: cb13fs120_tsmc_max     Library: cb13fs120_tsmc_max
Wire Load Model Mode: enclosed

  Startpoint: a1[3] (input port clocked by clk)
  Endpoint: I_IN/a_reg[3]
            (rising edge-triggered flip-flop clocked by clk)
  Path Group: clk
  Path Type: max
  Des/Clust/Port       Wire Load Model            Library
  ------------------------------------------------------------------------
  STOTO                   8000              cb13fs120_tsmc_max

  Point                                         Incr        Path
  ------------------------------------------------------------------------
  clock clk (rise edge)                         0.00        0.00
  clock network delay (ideal)                   0.00        0.00
  input external delay                          1.90        1.90 f
  a1[3] (in)                                    0.05        1.95 f
  U384/Z (mx02d1)                               0.23        2.18 f
  U387/ZN (nd12d1)                              0.05        2.22 r
  U381/ZN (nd03d0)                              0.09        2.31 f
  I_IN/a_reg[3]/D (dfnrn4)                      0.00        2.31 f
  data arrival time                                         2.31

  clock clk (rise edge)                         2.10        2.10
  clock network delay (ideal)                   0.00        2.10
  clock uncertainty                            -0.10        2.00
  I_IN/a_reg[3]/CP (dfnrn4)                     0.00        2.00 r

  library setup time                           -0.08        1.92
  data required time                                        1.92
  --------------------------------------------------------------------
  data required time                                        1.92
  data arrival time                                        -2.31
  --------------------------------------------------------------------
  slack (VIOLATED)                                         -0.39
```

(6) 保存网表(write)。完成以上步骤后，设计者可以得到所需的门级网表。这时可以使用 write 命令将生成的网表文件保存在磁盘上，并通过 -format 选项选择保存文件的格式。如例 6.23 所示，保存的文件可以是 .v 格式、.vhd 格式或 .ddc 格式。其中 .ddc 格式是 Synopsys 内置的内部数据库文件格式，不仅有网表中的器件连接信息，还包含网表的时序信息。.ddc 格式是二进制格式文件，具有最快的读取速度，也是最常使用的文件格式。

例 6.23

```
dc_shell> write -format ddc
Writing ddc file 'MY_DESIGN.ddc'.
1
dc_shell> write -format verilog
Writing verilog file '/home/gy/dc_lab/DC_2013.12/lab3/MY_DESIGN.v'.
1
```

使用 DC 进行电路综合的基本流程如图 6.12 所示。各阶段中使用的基本命令也包含其中。例 6.24 为结合以上步骤编写的 DC 运行脚本。在 DC 终端用“source”命令执行该脚本，就可自动完成以上综合的各个步骤，有利于简化综合操作流程以及完成交互式的任务。

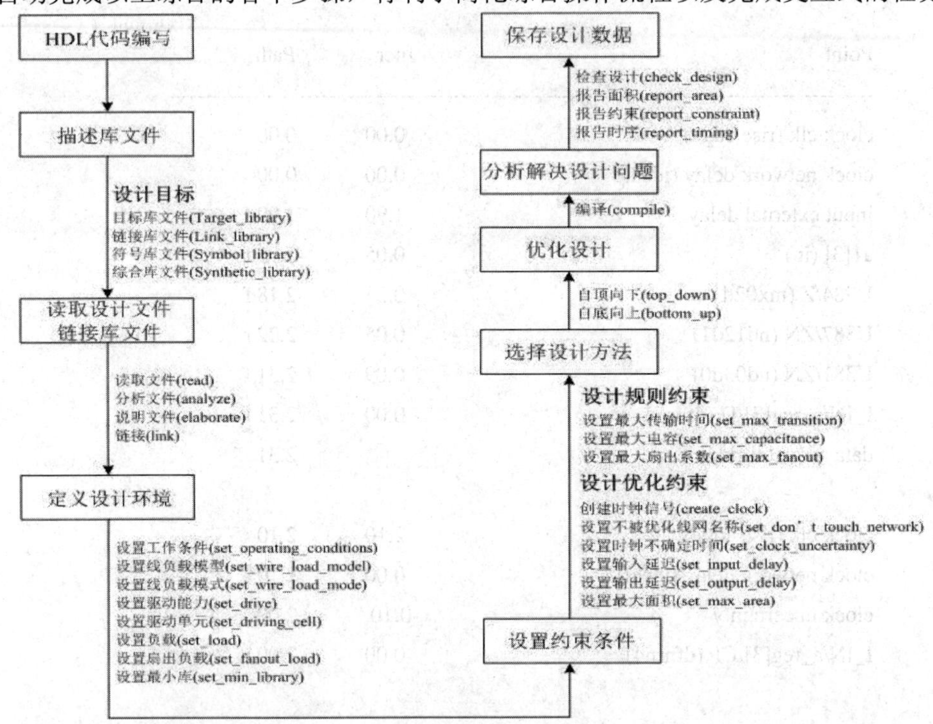

图 6.12　使用 DC 进行电路综合的基本流程

例 6.24

```
## Run Script
read_verilog    MY_DESIGN.v
current_design    MY_DESIGN
link
check_design
```

```
source   MY_DESIGN.con
check_timing
compile_ultra
report_timing
report_design
write  -format  ddc   -output  MY_DESIGN.ddc
exit
```

以上就是使用 DC 进行逻辑综合的基本流程。完成逻辑综合后，前端设计工程师就可以把它交付给后端部门进行物理版图设计。

6.4　静态时序分析及设计约束

作为一种重要的逻辑验证方法，设计者可以通过静态时序分析结果来修改和优化逻辑。本节将着重讨论电路静态时序分析的概念及通过分析结果添加约束的设计方法。

6.4.1　静态时序分析

在综合过程中，DC 使用内建的静态时序分析工具 Design Time 来估算路径延迟以指导优化，最终产生时序报告，如图 6.13 所示。

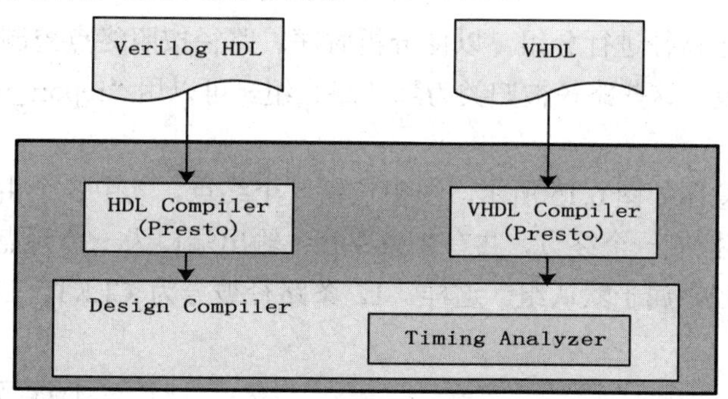

图 6.13　DC 的静态时序分析示意图

静态时序分析优势在于不需要通过动态仿真，就确定电路是否满足时序约束条件。静态时序分析主要包括以下三个主要步骤。

(1) 将设计分解成时间路径的集合。

(2) 计算每一条路径的延迟。

(3) 所有的路径延迟都进行检查，并与时间约束比较，检查是否满足约束条件。

DC 通过以下方法将设计分解为时序路径的集合。每条路径都设置有一个起点和一个终点。

起点：

◆ 除了时钟的输入端口；

◆ 时序器件的时钟端口。

终点：

◆ 除了时钟的输出端口；

◆ 时序器件除时钟端口外的其他输入端口。

时序路径示意图如图 6.14 所示，当前设计(CURRENT_DESIGN)时序路径的起点有 A、B、FF2/CLK_IN 和 FF3/CLK_IN，终点有 C、D、FF2/D 和 FF3/D。将这些起点和终点连接在一起就可以得到 4 条时序路径，分别设置为路径 1、路径 2、路径 3 和路径 4。

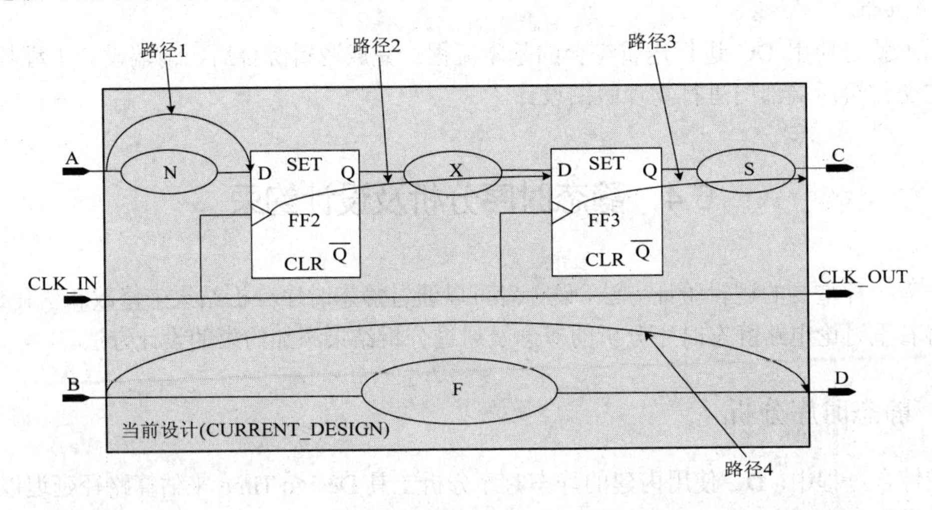

图 6.14　时序路径示意图

设计者再将时序路径进行分组，以便分析时序。路径按照终点控制时钟进行分组，如果路径不被时钟控制，这些路径被归类为默认路径组，可以用“report_path_group”命令来报告路径分组情况。

时序路径组示意图如图 6.15 所示，图中包括 5 个终点，其中 3 个由 CLK1 控制，共计 8 条路径。CLK2 仅控制一个终点，共有 3 条路径。输出端口为一个终点，它不受任何时钟控制，只有一条路径，属于默认组。这样，12 条路径被分为 CLK1，CLK2 和默认路径 3 个路径组。

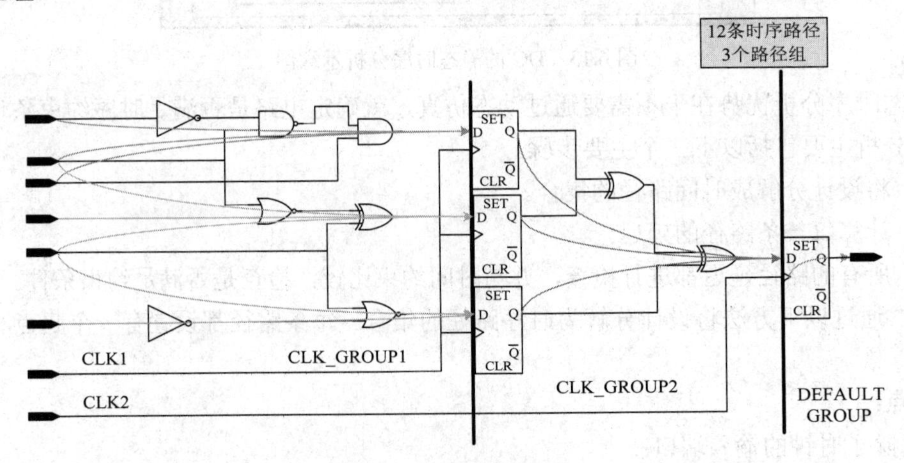

图 6.15　时序路径组示意图

在计算路径延迟时，DC 将每一条路径分成时间弧。时间弧描述单元或连线的时序特性。单元的时间弧由工艺库定义，包括：

◆ 单元的延迟；

◆ 时序检查(触发器的 setup time/hold time 检查，触发器 clk→q 的延迟等)。

连线的时间弧由网表定义。路径的延迟与起点的边沿有关，图 6.16 中，假设连线延迟为 0，如果起点为上升沿，则该条路径的延迟等于 1.5 ns。如果起点为下降沿，则该条路径的延迟为 2.0 ns。这说明单元的时间弧都是边沿敏感的。

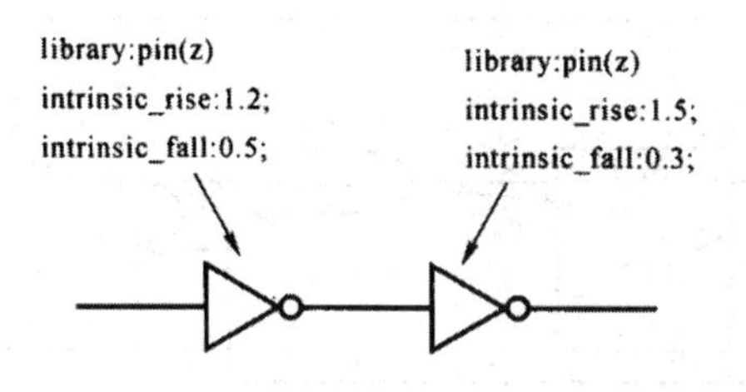

图 6.16　时间弧的边沿敏感

6.4.2　亚稳态

每个晶圆厂提供的工艺库文件中，都规定了每个触发器的建立时间(Setup time)和保持时间(Hold time)。设触发器由时钟的上升沿触发，在时钟上升过程中，输入信号是不允许发生任何变化的。如果在信号建立或保持时间中对其采样，得到的结果可能是“0”，“1”，“Z”或“X”的任意情况，这种情况称之为亚稳态。在综合过程中，设计者一般只考虑建立时间，而保持时间主要在后端物理版图设计中加以考量。亚稳态时序图如图 6.17 所示，数据稳定的有效时间至少要满足“setup”和“hold”时间的总和。

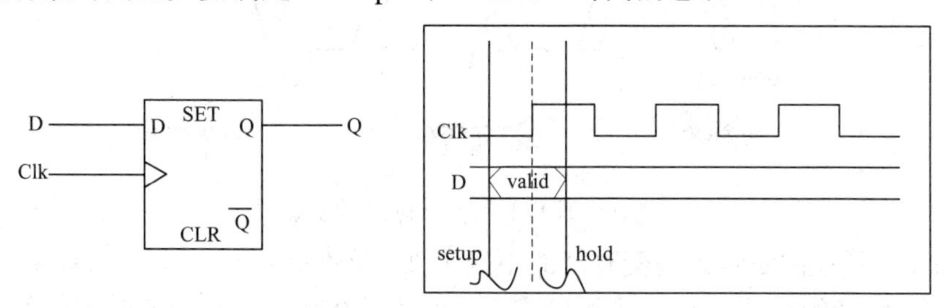

图 6.17　亚稳态时序图

6.4.3　时钟的约束

图 6.14 中介绍了寄存器间路径、输入路径、输出路径和组合逻辑路径 4 种路径。本小节将对这 4 种路径的时序约束进行详细讨论。

首先明确一个概念，寄存器间的路径可以通过约束时钟来实现。寄存器间的时序路径如图 6.18 所示，寄存器之间存在组合逻辑 X。寄存器 FF3 的建立时间为 0.2 ns。我们可以通过 create_clock 命令，将一个周期为 2 ns 所示时钟施加在端口 Clk 上，并取名为 MCLK，如例 6.25 所示。

例 6.25

```
dc_shell> create_clock -period 2 -name MCLK [get_ports Clk]
```

例 6.25 命令中的“2”表示 2 个时间单位，时间单位在工艺文件库中加以定义(此例中时间单位为 1 ns)。依据该约束命令，DC 可以计算出 X 逻辑的最大延迟为 2 ns – 0.2 ns = 1.8 ns。如果 X 逻辑延迟超过 1.8 ns，则寄存器 FF3 采样值为亚稳态，所以 DC 会尽力综合将 X 逻辑的延迟限制在 1.8 ns 以内。同时在满足时序约束的前提下，DC 也会保证电路的功耗和面积的最优化。

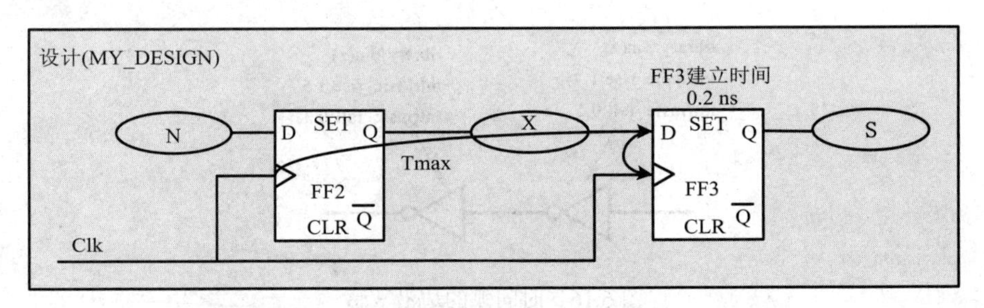

图 6.18　寄存器间的时序路径

图 6.19 所示为理想时钟与实际时钟示意图，寄存器时钟端输入的时钟信号经过前级时钟树及各级负载影响，波形已不再是理想时钟，因此在设计时钟约束时，需要考虑不确定性(uncertainty)，延迟(latency)和转换时间(transition)三个因素的影响。

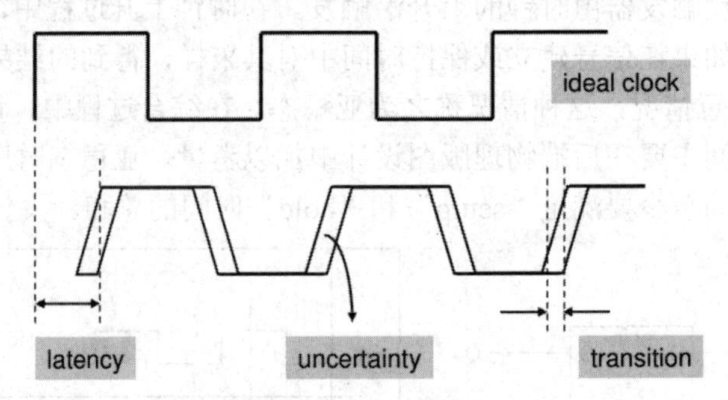

图 6.19　理想时钟与实际时钟示意图

uncertainty 描述的是时钟跳变时间的不确定性。该不确定性由 jitter、skew 和 margin 决定。jitter 为时钟源的抖动；skew 为不同寄存器起点、终点端口之间的时钟偏差；margin 为工程裕量。

如例 6.26 所示，时钟的 uncertainty 可以通过 set_clock_uncertainty 命令进行设置。

例 6.26

```
dc_shell> create_clock -period 2 -name MCLK [get_ports Clk]
dc_shell> set_clock_uncertainty 0.3 MCLK
```

时钟存在的不确定性导致对图 6.17 所示的 X 逻辑约束较为苛刻，此时允许 X 逻辑的最大延迟为 2 ns – 0.3 ns – 0.2 ns = 1.5 ns。

latency 为时钟沿到来的延迟。设计者需要在时钟树上加入缓冲器(buffer)来平衡时钟到达不同寄存器之间的延迟。这些缓冲器延迟加上线延迟就产生了 latency。latency 主要有两种形式：一种是时钟源到被综合模块时钟端口之间的延迟，称为 Source Latency；另一种是被综合模块时钟树上的延迟，称为 Network Latency。set_clock_latency 命令默认设置为 Network Latency，如要设置 Source Latency 可加选项 -source，如例 6.27 及图 6.20 所示。

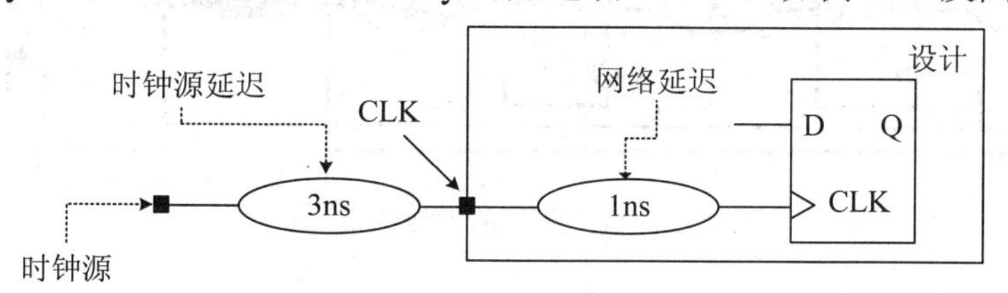

图 6.20 Clock Latency 示意图

例 6.27

```
dc_shell> set_clock_latency -source 4 [get_clocks Clk]
dc_shell> set_clock_latency 3 [get_clocks Clk]
```

在实际中，时钟的跳变沿并不是理想的瞬时变化，而是有一定的斜率，transition 描述的就是这个斜率的持续时间，如例 6.28 所示。

例 6.28

```
dc_shell> set_clock_transition 0.5 [get_clocks Clk]
```

6.4.4 输入输出路径的设计约束

图 6.21 所示为输入路径的设计约束示意图，要计算出逻辑 N 的最大延迟，并对其进行逻辑综合，就必须首先提供前级模块 M 的延迟，如例 6.29 所示。

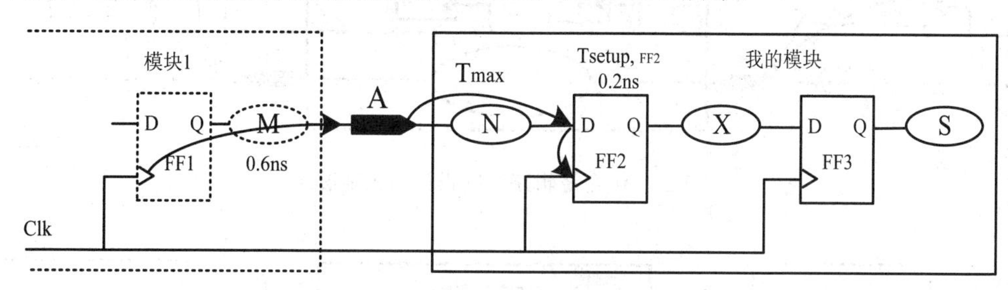

图 6.21 输入路径的设计约束示意图

例 6.29

```
dc_shell> create_clock -period 2 [get_ports Clk]
dc_shell> set_input_delay -max 0.6 -clock Clk [remove_from_collection\[all_inputs][get_ports Clk]]
```

例 6.29 所示，用 set_input_delay 设置 M 逻辑的延迟在 0.6 ns 以内，其中 -max 选项表示 M 逻辑延迟最大不超过 0.6 ns，中括号内返回的是除了时钟端口以外的所有输入端口的物集。为了不产生亚稳态，从 FF1 的时钟端的上升沿，到 FF2 时钟端的上升沿捕获，中间信号传输限制在一个时钟周期内完成。由此可以计算出被约束逻辑 N 延迟为 2 ns – 0.2 ns – 0.6 ns = 1.2 ns。

图 6.22 所示为输出路径的设计约束示意图，要计算组合逻辑 S 的最大延迟，并对其进行综合，必须提供后级模块 T 的延迟，如例 6.30 所示。

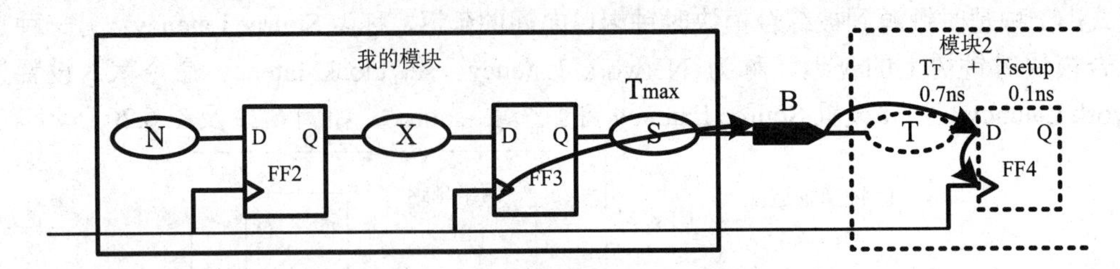

图 6.22 输出路径的设计约束示意图

例 6.30

```
dc_shell> create_clock   -period   2   [get_ports Clk]
dc_shell> set_output_delay   -max   0.7   -clock   Clk [all_outputs]
```

例 6.30 所示，用 set_output_delay 设置 S 逻辑的延迟在 0.7 ns 以内，其中 -max 选项表示约束逻辑延迟最大不超过 0.7 ns。为了不产生亚稳态，从 FF3 的时钟端的上升沿开始，到 FF4 时钟端的上升沿捕获，中间信号传输限制在一个时钟周期内完成。由此可以计算出被约束逻辑 S 延迟为 2 ns − 0.1 ns − 0.7 ns = 1.2 ns。

6.4.5 组合逻辑路径的设计约束

组合逻辑路径的设计约束有两种情况，分别如图 6.23 和图 6.24 所示。

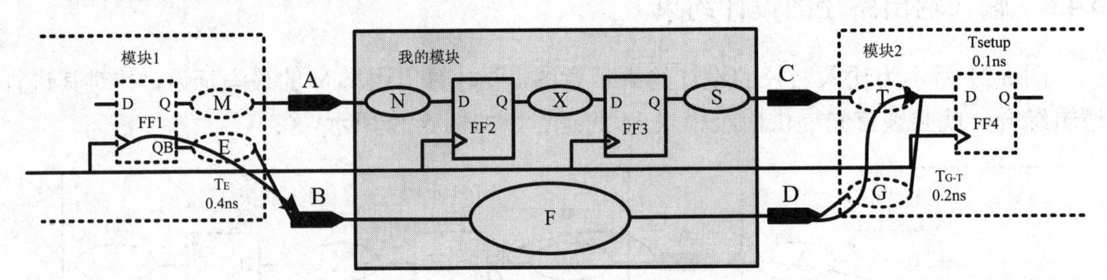

图 6.23 组合逻辑路径的设计约束情况一

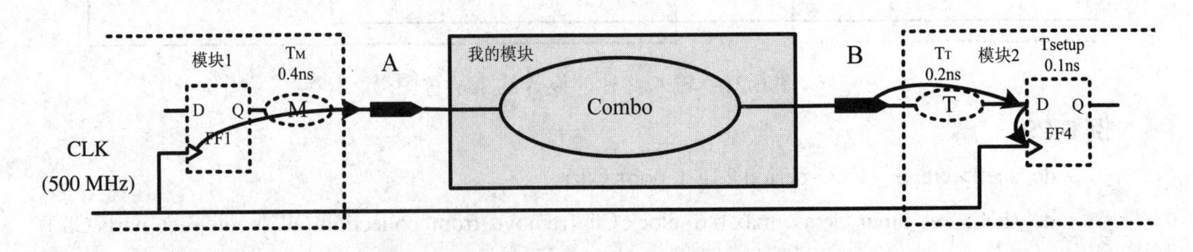

图 6.24 组合逻辑路径的设计约束情况二

在第一种情况中，被综合模块包含在时序逻辑中。首先要设置前级模块中的逻辑 E 和后级模块中的 G 逻辑，才能对组合逻辑 F 进行综合。如例 6.28 所示，逻辑 E 的最大延迟设置为不超过 0.4 ns，逻辑 G 的最大延迟不超过 0.2 ns。为了避免亚稳态，从 FF1 时钟端的上升沿开始，到 FF4 时钟端的上升沿捕获，中间信号传输限制在一个时钟周期内完成。由此可以计算出被约束逻辑 F 的延迟为 2 ns − 0.4 ns − 0.2 ns − 0.1 ns = 1.3 ns，DC 命令如例 6.31 所示。

例 6.31

```
dc_shell> create_clock  -period  2  [get_ports Clk]
dc_shell> set_input_delay  -max  0.4  -clock  Clk [get_ports B]
dc_shell> set_output_delay  -max  0.2  -clock  Clk [get_ports D]
```

在第二种情况中，由于被综合模块中既没有时序逻辑器件，也没有时钟端口，因此我们就必须设置一个虚拟时钟，才能对模块添加约束。如例 6.32 所示，先使用 create_clock 命令建立一个周期为 2ns 的虚拟时钟 VClk，由于没有指明这个时钟来自于哪个端口，所以这是一个虚拟的时钟。通过这个 VClk，可以设置逻辑 M 和 T 的延迟。为了不产生亚稳态，从 FF1 的时钟端的上升沿开始，到 FF4 时钟端的上升沿捕获，中间信号传输限制在一个时钟周期内完成。由此可以计算出被约束逻辑 Combo 延迟为 2 ns – 0.4 ns – 0.2 ns – 0.1 ns = 1.3 ns。

例 6.32

```
dc_shell> create_clock  -period  2  -name  VClk
dc_shell> set_input_delay  -max  0.4  -clock  VClk  [get_ports B]
dc_shell> set_output_delay  -max  0.2  -clock  VClk  [get_ports D]
```

6.4.6　时间预算设计

在 6.4.5 小节中，我们介绍了如何使用 set_input_delay 和 set_output_delay 设置前后级模块逻辑延迟。但在实际设计中，电路规模较大，通常需要对设计模块进行划分。而多数设计者仅负责其中的一部分，无法准确设置前后级的组合逻辑延迟，这时就需要设置时间预算，如图 6.25 所示。

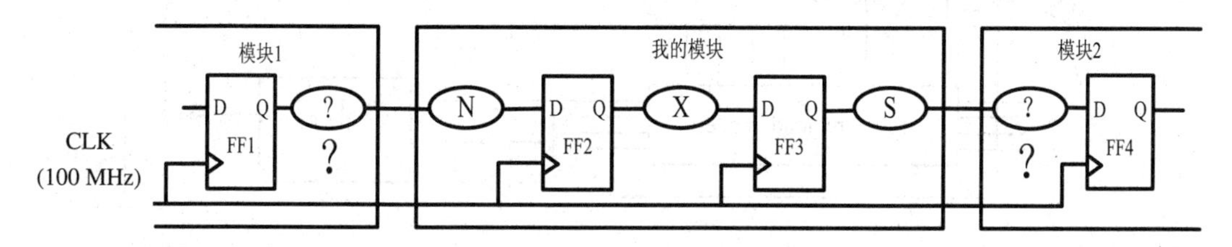

图 6.25　时间预算设计示意图

通常，我们可以将一个时钟周期的 60%时间留给前级或后级逻辑，40%的时间留给被综合逻辑。这样每个设计者在模块接口间就留下了 20%的工程余量，从而保证在模块连接时不会出现亚稳态。工具建议的时间预算设计示意图如图 6.26 所示，时钟周期为 10 ns，每个设计工程师在综合自己模块时需要约束自己的输入和输出模块在 4 ns 之内，DC 相应的命令如例 6.33 所示。

例 6.33

```
dc_shell> create _clock  -period  10  [get_ports CLK]
dc_shell> set_input_delay  -max 6  -clock CLK  [remove_from_collection \
          [all_inputs][get_ports CLK]
dc_shell> set_output_delay  -max 6  -clock CLK  [all_ouputs]
```

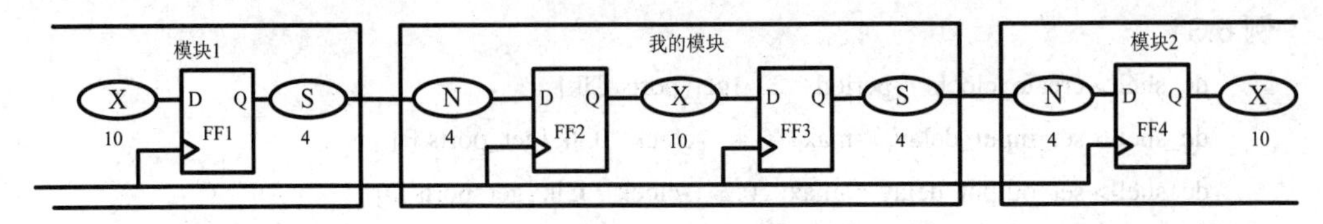

图 6.26　工具建议的时间预算设计示意图

6.4.7　设计环境约束

虽然设计者可以使用 create_clock，set_input_delay，set_output_delay 等命令来设置电路约束。但为了保证包括输入/输出路径在内每一条时序路径延迟约束的精确性，还应该提供设计的环境属性，如图 6.27 所示。

每一个逻辑器件的延迟与输出转换时间都与输出负载和输入转换时间相关，即：

Cell_Delay　=　f (Input_Trans，　Outout_Load)

Output_Tran　=　f (Input_Trans，　Outout_Load)

因此，为了计算精确的输出电路时间，DC 必须明确输出器件所驱动的总电容负载。在默认情况下，DC 认为输出端口外部电容负载为 0。设计者可以使用 set_load 命令指定外部电容负载为常数值，如图 6.28 所示，DC 命令如例 6.34 所示。

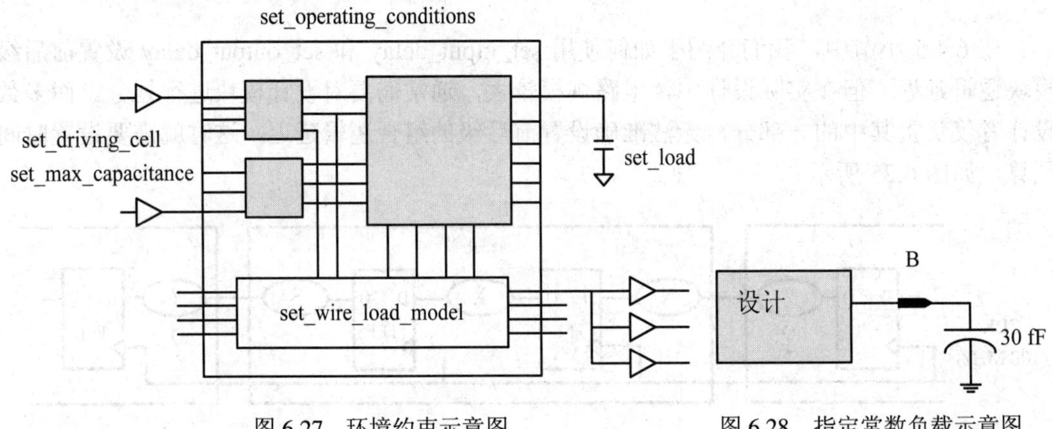

图 6.27　环境约束示意图　　　　图 6.28　指定常数负载示意图

例 6.34

```
dc_shell> set_load [ expr {30.0/1000} ] [get_ports B]
```

同样可以用 load_of 命令指定工艺库中某一器件的引脚为负载，如图 6.29 所示，DC 命令如例 6.35 所示。

例 6.35

```
dc_shell> set_load [ load_of my_lib/AN2/A ] [get_ports B]
```

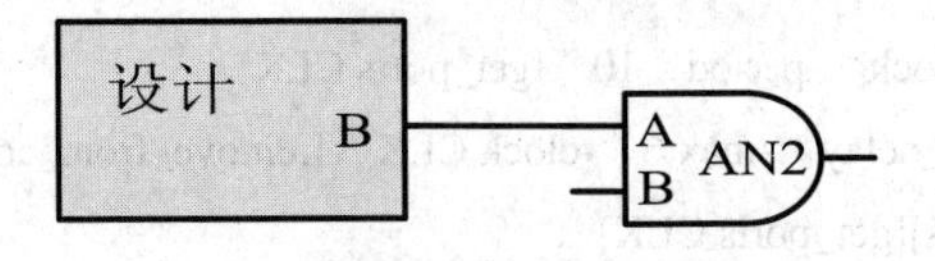

图 6.29　指定实际器件负载示意图

对于输入，为了精确计算输入电路的时间，DC 必须明确到达输入端口的转换时间。在 DC 中用 set_driving_cell 命令表明输入端口是由一个真实的外部单元驱动。默认情况下，DC 假设输入端口上外部信号对应的转换时间为 0。但是如果使用 set_driving_cell 命令在输入端加上驱动，DC 将会计算实际的转换时间，如图 6.30 所示，DC 命令如例 6.36 所示。

例 6.36

```
dc_shell> set_driving_cell   -lib_cell   OR3B   [get_ports A]
dc_shell> set_driving_cell   -lib_cell   FD1   -pin   Qn   [get_ports A]
```

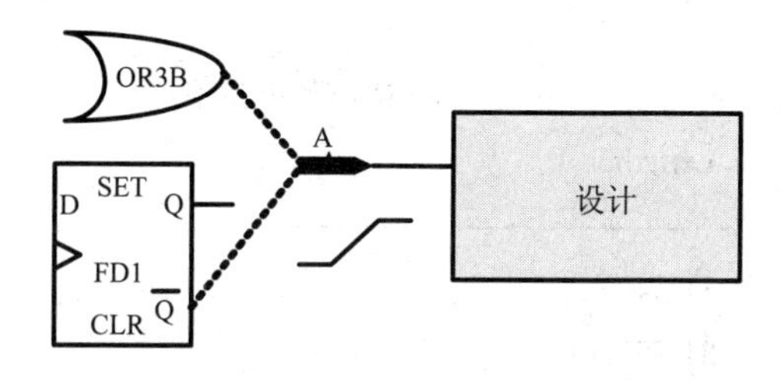

图 6.30 指定驱动器件示意图

在无法明确每个输入端口驱动和输出端口负载的情况下，设计者需要对输入输出端口进行预测。该预测必须遵守以下准则：

(1) 保守预测，假设驱动单元的驱动能力较弱。

(2) 限制每一个输入端口的输入负载。

(3) 估算输出端口驱动的模块数目。

准则(1)和准则(3)已经进行过讨论，对于准则(2)我们可以通过 set_max_capacitance 命令限制输入端口上的电容负载值。

在工艺库单元中，我们通常用“nominal”电压和温度来描述周围环境特性，例如：

nom_process: 1.0

nom_temperature: 25.0

nom_voltage: 1.8

如果电路在不同的“nominal”电压和温度的条件下工作，需要为设计设置不同的环境条件。工艺库中通常有设置不同的工作环境变量，这时可以用 set_operating_conditions 命令进行加载，并可以用 report_lib libname 命令将所有工作条件列出来，见表 6.3。

表 6.3 数字电路工作条件列表

Operating Condition				
Name	Library	Process	Temp	Volt
typ_25_1.80	my_lib	1.00	25.00	1.80
slow_125_1.62	my_lib	1.05	125.00	1.62
fast_0_1.98	my_lib	0.93	0.00	1.98

设置工作条件命令如例 6.37 所示。

例 6.37

```
dc_shell> set_operating_conditions   -max   "slow_125_1.62"
```

线负载模型(Wire Load Model，WLM)是根据连线的扇出来估算连线的 RC 寄生参数，一般由晶圆厂中的工艺库建立，用户也可以根据实际状况建立线负载模型，如例 6.38 所示。

例 6.38

```
Name            :       60KGATES
Location        :       ssc_core_slow
Resistance      :       0.000271(千欧每单位长度)
Capacitance     :       0.00017 (皮法每单位长度)
Area            :       0
Slope           :       50.3104 (外推斜率)
Fanout          Length
------------------------------------------------------------------
  1             31.44
  2             81.75
  3             132.07
  4             182.38
  5             232.68
```

设置线负载模型命令如例 6.39 所示。

例 6.39

```
dc_shell> set_wire_load_model    -name   160KGATES
```

为了方便设计，可以建立一个 DC-Tcl 脚本描述所有设计约束，在使用工具时直接用 source 命令进行调用，如例 6.40 所示。

例 6.40

```
## MY_DESIGN.con
reset_design
set all_in_ex_clk [remove_from_collection [all_inputs] [get_ports clk]]
create_clock   -period 8   [get_ports clk]
set_clock_latency -source   3   [get_clocks clk]
set_clock_latency   2   [get_clocks clk]
set_clock_uncertainty   0.5   [get_clocks clk]
set_clock_transition   0.25   [get_clocks clk]

set_input_delay   -max 4.8   -clock clk   $all_in_ex_clk
set_output_delay   -max 4.8   -clock clk   [all_outputs]

set_operating_conditions    -max    "slow_125_1.62"
set_wire_load_model    -name   160KGATES
set MAX_LOAD [expr [ load_of ssc_core_slow/buf1a1/A ]*10 ]
set_driving_cell -lib_cell inv1a1 $all_in_ex_clk
set_max_capacitance   $MAX_LOAD   $all_in_ex_clk
```

```
set_load [ expr $MAX_LOAD*4 ] [ all_outputs ]
```

6.4.8 多时钟同步设计约束

以图 6.31 中的多时钟同步设计为例，一个 3GHz 时钟源通过 9 分频、6 分频、4 分频和 3 分频分别得到子时钟 CLKA、CLKC、CLKD 和 CLKE。但只有 CLKC 时钟驱动的模块需要进行综合，而其他的时钟只是连接到外围的触发器，其主要作用是为输入输出端口设置约束，那么应该如何设置多时钟同步约束呢？

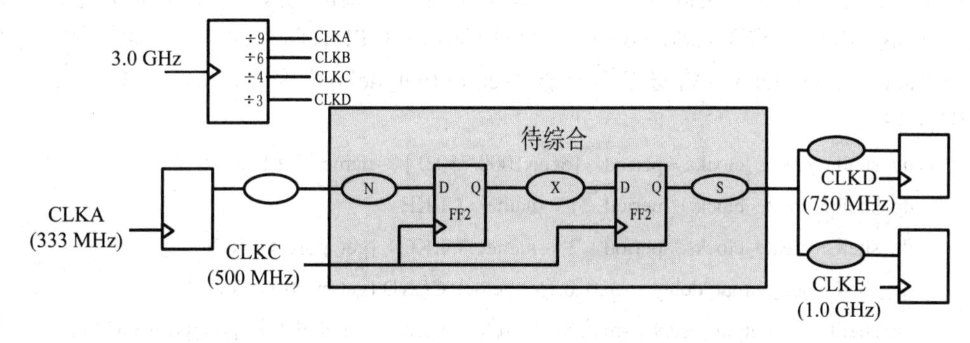

图 6.31 多时钟同步设计

CLKC 输入到待综合的模块中，则其定义与单时钟相同，如例 6.41 所示。

例 6.41

```
dc_shell > create_clock  -period  2  [gets_ports CLKC]
```

由于 CLKA、CLKD 和 CLKE 没有输入到待综合模块中，因此我们需要使用虚拟时钟。虚拟时钟不驱动任何寄存器，它主要用于说明 I/O 端口与输入时钟的延迟。多时钟同步输入约束如图 6.32 所示，DC 将根据这些约束，决定最严格的约束条件，如例 6.42 所示。

例 6.42

```
dc_shell > create_clock  -period  2  [gets_ports CLKC]
dc_shell > create_clock  -period  3  -name  CLKA
dc_shell > set_input_delay  -max  0.55  -clock  CLKA  [gets_ports IN1]
```

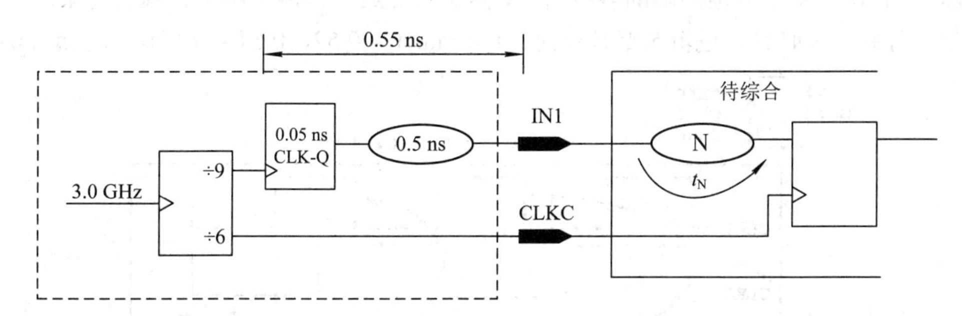

图 6.32 多时钟同步输入约束

设置好上述约束后，DC 会找出波形上升沿间隔的多种情况，然后按照最严格的情况进行综合约束。多时钟同步时钟如图 6.33 所示，逻辑 N 必须满足：$t_N < \min(2 - 0.55 - t_{setup}, 1 - 0.55 - t_{setup})$。

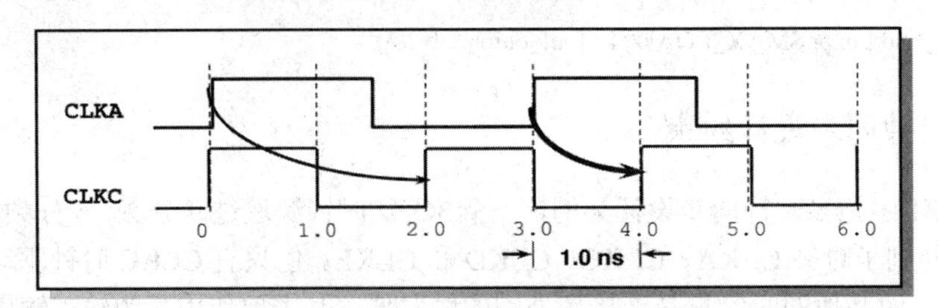

图 6.33　多时钟同步时钟

对于输出电路，我们用同样的方法定义虚拟时钟并施加约束。多时钟同步输出约束如图 6.34 所示，其中，选项 -add_delay 表示输出端口 OUT1 有两个约束。如果不加该选项，第二个“set_output_delay”将覆盖第一个“set_output_delay”命令，如例 6.43 所示。

例 6.43

```
dc_shell > create_clock  -period  [expr 1000/750.0 ]  -name  CLKD
dc_shell > create_clock  -period  1  -name  CLKE
dc_shell > create_clock  -period  2  -name  CLKC  [get_ports CLKC]
dc_shell > set_output_delay  -max 0.15  -clock CLKD [get_ports OUT1]
dc_shel l> set_output_delay  -max 0.52  -clock CLKE  -add_delay \ [get_ports OUT1]
```

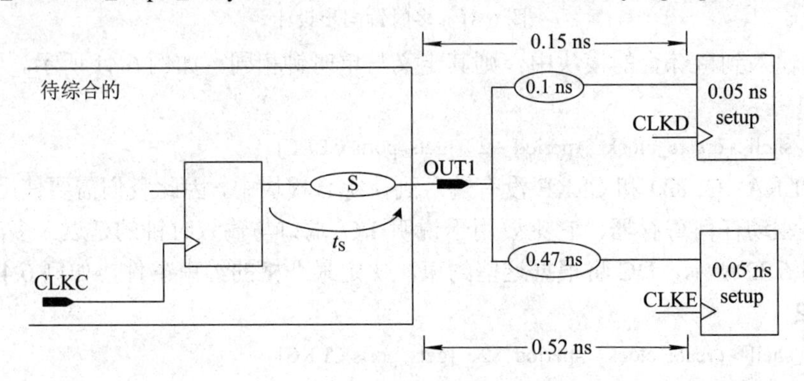

图 6.34　多时钟同步输出约束

DC 会找出波形上升沿间隔的多种情况，然后按照最严格的情况进行综合约束。图 6.35 所示为多时钟同步时钟，逻辑 S 必须满足：$t_S < \min(1 - 0.52，0.67 - 0.15)$，即：$t_S < 0.48$。

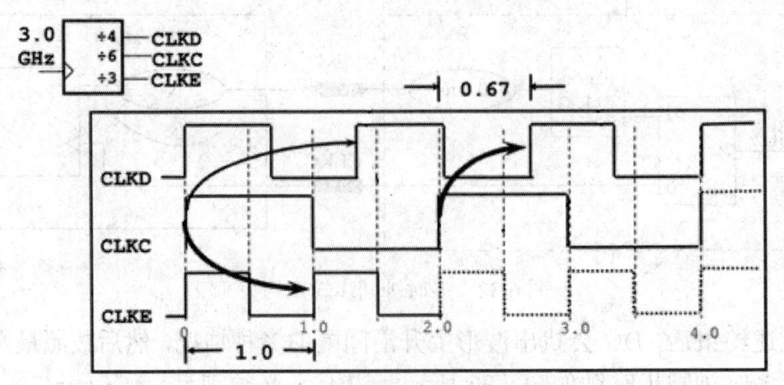

图 6.35　多时钟同步时钟

6.4.9　异步电路设计约束

在之前的小节中，我们讨论的都是同步电路，各时钟都是来源于同一个时钟源。但在实际的数字系统中经常存在由不同时钟源控制的异步电路。在这些不同的时钟之间，频率和相位都没有固定的关系，并且某些时钟在设计中没有对应的端口。在进行异步电路设计时，特别容易出现亚稳态问题，如图 6.36 所示。

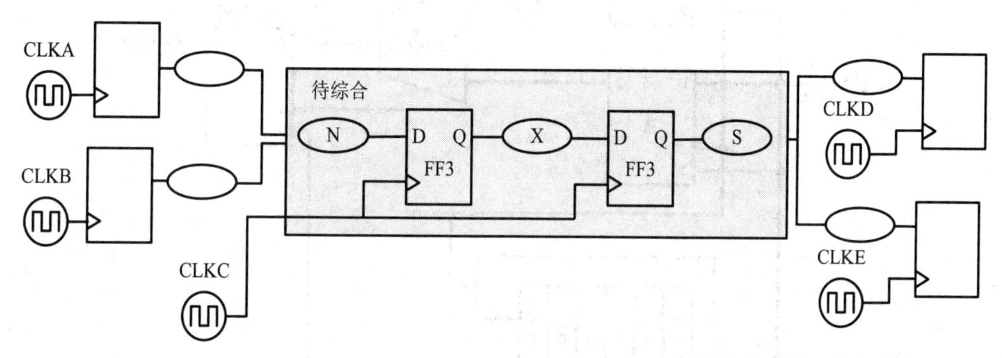

图 6.36　异步电路设计

为了避免亚稳态问题，可以在设计中使用双时钟触发器，或者用异步 FIFO 等电路连接不同时钟域的边界路径等。对于穿越异步边界的任何路径，必须禁止对这些路径做时序综合。由于不同时钟域间的相位关系是不确定的，一直处于变化中，所以对这些路径做时序约束没有意义，需要采用 set_false_path 命令解除异步路径的时序约束，如图 6.37 以及例 6.44 所示。

例 6.44

```
dc_shell > create_clock   -period   2   [get_ports   CLKA]
dc_shell > create_clock   -period   2   [get_ports   CLKB]
dc_shell > set_false_path   -from [get_clocks CLKA]   -to [get_clocks CLKB]
dc_shell > set_false_path   -from [get_clocks CLKB]   -to [get_clocks CLKA]
```

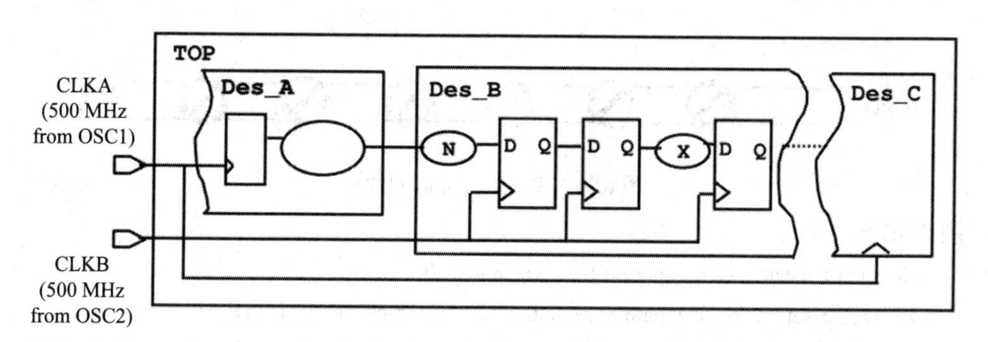

图 6.37　异步电路约束示意图

6.4.10　多时钟系统的时序约束

在之前的设计约束中，默认信号变化在一个时钟周期内完成，并且达到稳定值，以满足寄存器建立时间和保持时间的要求。但是在有些设计中，某些特殊的路径并不能或者不需要一个时钟周期完成。多时钟电路约束示意图如图 6.38 所示，时钟周期定义为 10 ns，按设计规格，如果加法器的延迟为 6 个时钟周期，那么该如何约束电路呢？

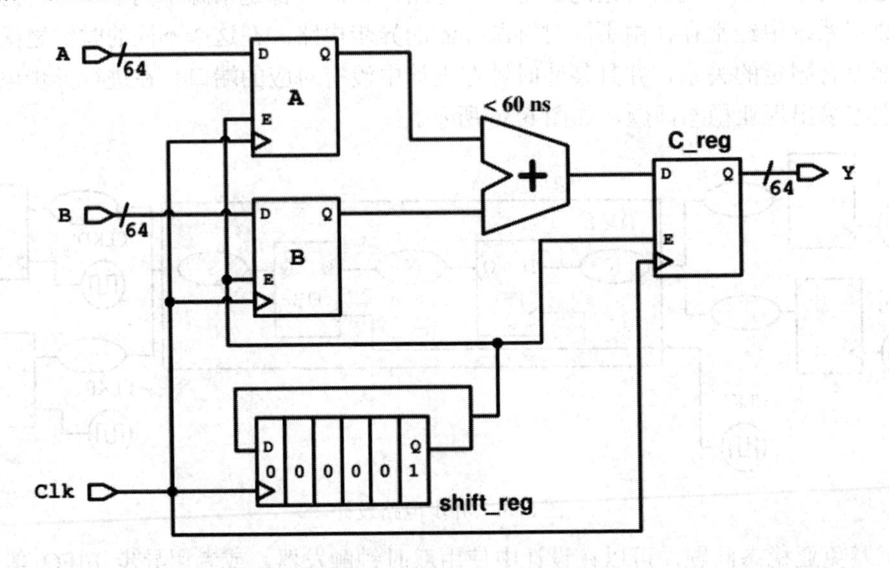

图 6.38　多时钟电路约束示意图

图 6.39 所示为多时钟建立时间约束，DC 将会仅仅在第 6 个时钟上升沿，即 60 ns 处，建立时序分析，假设允许加法器最大延迟是：$60-T_{setup}$，DC 命令如例 6.45 所示。

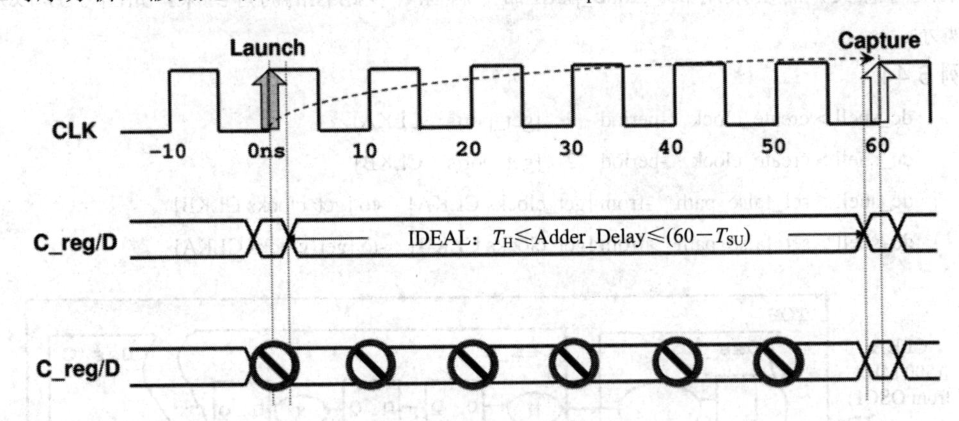

图 6.39　多时钟建立时间约束

例 6.45

```
dc_shell > create_clock   -period 10   [get_ports Clk]
dc_shell > set_multicycle_path   -setup 6   -to   [get_pins   C_reg[*]/D]
```

默认情况下，在建立时间分析的前一周期进行保持时间分析。因此，DC 会在 50 ns 处分析电路有无违反保持要求，即要求加法器的最小延迟为：$50 + T_{hold}$。

如果使用 DC 综合出一条同时满足上述两个约束的路径会极大增加电路的复杂度。在时间为 60 ns 的时刻，引起寄存器 C_reg 的 D 引脚变化是在时钟 Clk 在 0 ns 时刻的触发沿。所以应该在 0 ns 处做保持时间检查，如图 6.40 所示，DC 命令如例 6.46 所示。

例 6.46

```
dc_shell > set_multicycle_path   -hold   5   -to   [get_pins   C_reg[*]/D]
```

由于保持时间将会提早 5 个时钟周期，所以加法器允许延迟为 T_{hold} < 加法器允许的延迟 < 60 – T_{setup}。

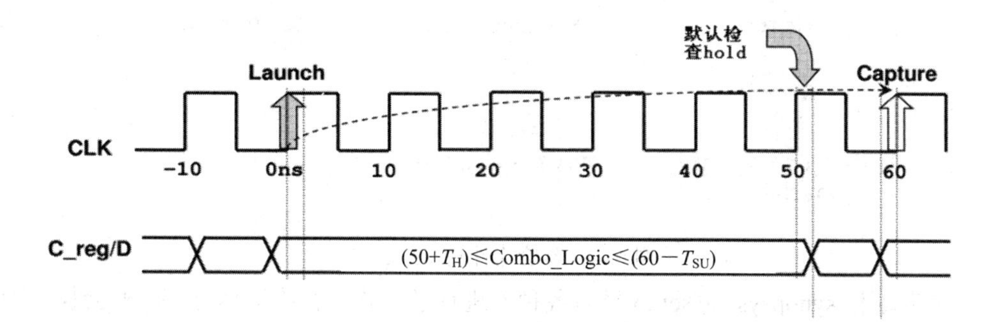

图 6.40　多时钟保持时间约束

图 6.41 是另一个多时钟周期的例子，图中乘法器运算为 2 个时钟周期，加法器运算为 1 个时钟周期，DC 命令如例 6.47。

例 6.47

```
dc_shell> create_clock   -period 10   [get_ports Clk]
dc_shell> set_multicycle_path   -setup 2   -from FFA/CP \   -through Multiply/Out   -to   FFB/D
dc_shell> set_multicycle_path   -hold 1   -from FFA/CP   \   -through Multiply/Out   -to   FFB/D
```

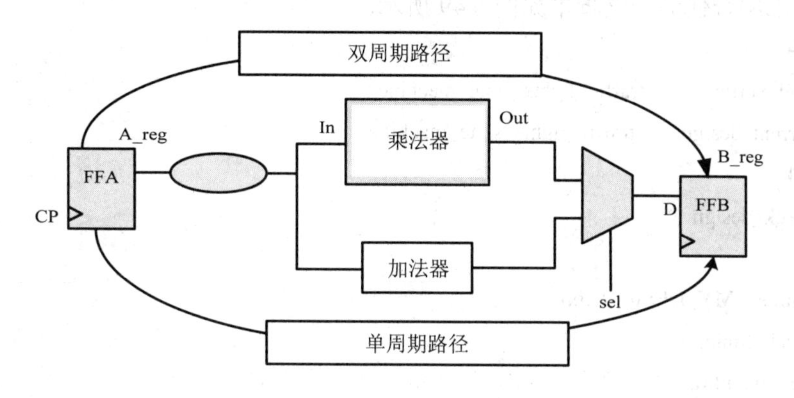

图 6.41　多时钟电路设计

6.5　综合实例分析

状态机是时序逻辑与组合逻辑结合的典型实例，本小节将通过第 5 章中状态机的交通灯实例来介绍 DC 是如何完成一个设计综合的。在进行综合前必须准备好两个设计文件。一个是目标库文件，通常是 .db 格式的二进制文件。另外一个是交通灯的 RTL 源文件，也就是 5.2.1 节中的例 5.12。

首先创建进行综合的文件夹，取名为 lab。在文件夹中添加 RTL 源文件，DC 运行脚本，约束文件和目标库文件，一级 DC 自启动文件 .synopsys_dc.setup。综合文件夹 lab 文件如图 6.42 所示。

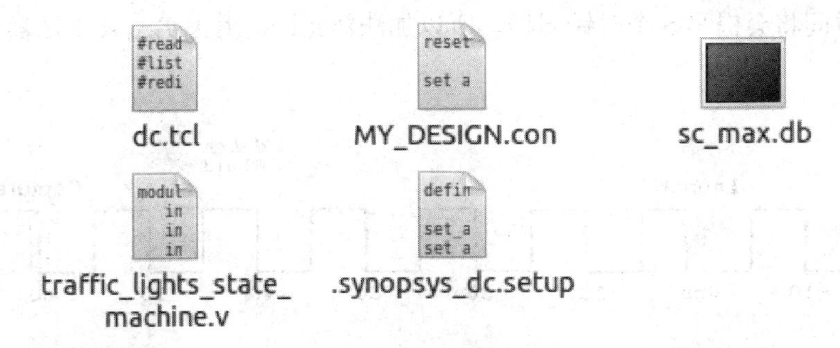

图 6.42　综合文件夹 lab 文件

在启动脚本 .synopsys_dc.setup 里对各种库进行了设置，在终端运行 DC 即会执行脚本中的内容。该脚本设置目标库，链接库和符号库，如例 6.48 所示。

例 6.48

```
set_app_var target_library      sc_max.db
set_app_var link_library        "* $target_library"
set_app_var symbol_library      sc.sdb
```

在操作系统终端启动 DC 后，就可以在 DC 终端用 Tcl 命令对综合器进行操作。在这里将这些命令都集中在 DC 运行脚本 dc.tcl 中，只需在 DC 终端用 source 命令启动这个脚本就可以完成全部综合任务，该脚本如例 6.49 所示。

例 6.49

```
read_verilog     traffic_lights_state_machine.v
current_design    traffic_lights_state_machine
link
check_design

source   MY_DESIGN.con
check_timing
compile_ultra
report_timing > MY_DESIGN.tim
write -format ddc -output MY_DESIGN.ddc
```

从这个脚本可以看出，首先用 read_verilog 读入 RTL 文件，并且设置顶层文件，再进行链接。命令 source MY_DESIGN.con 启动了约束条件文件。然后是 compile_ultra 命令进行综合编译。report_timing > MY_DESIGN.tim 命令是将时序报告新建在一个叫做 MY_DESIGN.tim 的文件里。最后是将编译生成的网表以 DDC 格式的形式保存下来取名为 MY_DESIGN.ddc。其中的约束文件 MY_DESIGN.con 如例 6.50 所示。

例 6.50

```
reset_design
```

```
set all_in_ex_clk [remove_from_collection [all_inputs] [get_ports clk]]

create_clock            -period   8     [get_ports clk]
set_clock_latency       -source   3     [get_clocks clk]
set_clock_latency                 2     [get_clocks clk]
set_clock_uncertainty             0.5   [get_clocks clk]
set_clock_transition              0.25  [get_clocks clk]

set_input_delay    -max   4.8   -clock clk   $all_in_ex_clk
set_output_delay   -max   4.8   -clock clk   [all_outputs]

set_operating_conditions    -max    "cb13fs120_tsmc_max"
set_wire_load_model         -name     8000
set   MAX_LOAD   [expr [ load_of cb13fs120_tsmc_max/bufbd7/I ]*10 ]
set_driving_cell   -lib_cell   bufbd1   $all_in_ex_clk
set_max_capacitance   $MAX_LOAD   $all_in_ex_clk
set_load   [ expr $MAX_LOAD*4 ] [ all_outputs ]
```

首先该脚本用 reset_design 命令重置设计，也就是将 DC memory 中先前的约束清除。接着设置了一个名为 all_in_ex_clk 的变量用来表示除了时钟以外的所有输入端口。后面几条命令是创建时钟及对时钟的约束。接着用 60%的时间预算约束输入输出端口逻辑的延迟。最后是设置模块的驱动部件和所带的负载。

运行完这两个脚本后，得到的时序报告如例 6.51 所示。报告第 1～9 行含有报告类型、默认选项信息、设计名称、工具版本号和时间信息。报告第 11～12 行是工作环境，目标库名和线负载模型。报告第 14～18 行是关键路径起点和终点，路径组和时序路径的类型。报告第 20～47 行是时序报告的主体，分为三个竖栏，第一个竖栏里是时序路径上的各个节点，第二竖栏是前一个节点到本节点的时间差，最后一栏是从起点到本节点的时间累积总和。报告主体又分为上下两张表，上表是信号通过该时序路径到达终点的时间情况，下表是被约束时钟信号情况下，信号要求应该到达终点的时间情况。要求到达时间减去实际到达时间得到的结果为正数，则说明该时序路径没有违例，符合时序要求。否则，则表示该时序路径违例，不符合时序要求。

例 6.51

```
****************************************
Report : timing
        -path full
        -delay max
        -max_paths 1
Design : traffic_lights_state_machine
Version: C-2009.06-SP5
```

```
Date      : Mon Feb 29 20:32:03 2016
****************************************

Operating Conditions: cb13fs120_tsmc_max    Library: cb13fs120_tsmc_max
Wire Load Model Mode: enclosed

  Startpoint: rst (input port clocked by clk)
  Endpoint: count_time_60s_reg[3]
            (rising edge-triggered flip-flop clocked by clk)
  Path Group: clk
  Path Type: max

  Des/Clust/Port              Wire Load Model      Library
  ------------------------------------------------------------------------
  traffic_lights_state_machine      8000           cb13fs120_tsmc_max

  Point                                    Incr       Path
  ------------------------------------------------------------------------
  clock clk (rise edge)                    0.00       0.00
  clock network delay (ideal)              5.00       5.00
  input external delay                     4.80       9.80 r
  rst (in)                                 0.06       9.86 r
  U68/ZN (invbd2)                          0.71      10.57 f
  U75/Z (ora211d1)                         0.76      11.33 f
  U67/ZN (inv0d1)                          0.26      11.59 r
  U123/ZN (aoi211d1)                       0.29      11.88 f
  count_time_60s_reg[3]/D (dfcrq1)         0.00      11.88 f
  data arrival time                                  11.88

  clock clk (rise edge)                    8.00       8.00
  clock network delay (ideal)              5.00      13.00
  clock uncertainty                       -0.50      12.50
  count_time_60s_reg[3]/CP (dfcrq1)        0.00      12.50 r
  library setup time                      -0.03      12.47
  data required time                                 12.47
  ------------------------------------------------------------------------
  data required time                                 12.47
  data arrival time                                 -11.88
  ------------------------------------------------------------------------
```

slack (MET)　　　　　　　　　　　　　　0.59

完成综合后会得到一个 .ddc 格式的门级网表文件，如图 6.43 所示。这就是交通灯的门级网表，可将该文件交付给后端部门进行物理版图设计，综合流程到此结束。

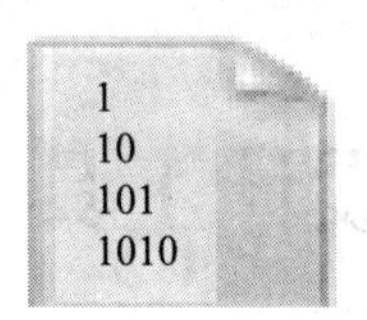

MY_DESIGN.ddc

图 6.43　门级网表文件

6.6 小　结

综合作为 RTL 代码与门级网表的桥梁，是数字集成电路设计中最为重要的环节。本章首先从综合的概念和定义入手，紧接着介绍了目前使用最为广泛的综合工具 Design Complier 和 DC-Tcl 工具语言。其次讨论了 Design Complier 逻辑综合分析的基本方法和设计流程。

静态时序分析和设计约束是综合过程中必须注意的环节，我们也对其中的概念和设计方法进行了讨论。本章最后对交通灯的 RTL 代码作为综合设计的实例加以分析，以便读者加深对概念和利用 Design Complier 进行综合的理解。

第7章 物理层设计工具 IC Compiler

随着工艺尺寸不断降低，大规模数字集成电路设计面临的挑战越来越大。在数字后端物理实现随着设计工具性能不断提高，规模越来越大的同时，先进工艺节点的物理实现对于超大型数字设计的低功耗、高性能、面积等参数的极致追求，对于设计工具的功能要求也越来越高，研发的产品周期也随之越来越短。此外，因为狭小的市场面和成本压力也让情况进一步恶化。所以，目前在业界，能够完成大型数字设计物理实现的工具屈指可数。真正被业界广泛接受并在国内广泛使用的数字后端物理实现工具有 Synopsys 公司的产品 ICC(IC Compiler)以及 Cadence 公司的产品 Encounter(Encounter Digital Implementation System，或简称 EDI)。两者均是面向在先进工艺节点进行物理实现设计的半导体设计工具，具有极高的设计功能，包括可进行1亿或者更多的 instance 实现，可实现极低的功耗设计，可进行层次化设计以及包含大量的混合信号内容。

本章节主要介绍 Synopsys 公司的 IC Compiler 设计工具，首先介绍 IC Compiler 的发展历史，接着介绍 IC Compiler 设计输入文件及设计输出文件格式，之后主要讨论使用 IC Compiler 进行物理设计实现的流程细节及技巧。

7.1 IC Compiler(ICC)工具发展历史

ICC 与 Encounter 是两大 EDA 软件巨头博弈的产物。它们的发展历史，也可以看作微电子 EDA 业界风云变幻的历史。

早在20世纪80年代后期，微电子 EDA 厂商即呈现出两强对峙的局面：Synopsys 基本垄断了前端技术，占有将近六成市场；Cadence 基本垄断了后端技术与验证技术，占有将近八成的市场。其他 EDA 公司虽然生存着，但市场份额与利润都不足称道，公司运转举步维艰。而此时的 Cadence 的后端软件名叫 Silicon Ensemble(SE)，也是最早的 APR(Automatic Place&Route，自动布局布线)类软件。

1991年，4名 Cadence 的中国雇员离职并成立了 Arcsys，推出了 APR 类软件 ArcCell。4年后，Arcsys 与做验证技术的 ISS 合并，加强公司的竞争能力，合并后，公司取名 Avanti。

1996年，Avanti 公司卷入与 Cadence 的商业机密窃取案，为了使工具销售合法化，Avanti 采用“洁净室”手段重写其 Arccell 的源程序，新产品称为 Milkyway Database 与 Apollo。

2001年7月，Avanti 公司败诉，需向 Cadence 赔偿一亿九千五百万美元，创下硅谷知识产权官司中，公司对公司最高赔偿金额的刑事案件。半年后的2002年，Synopsys 8 亿美元收购 Avanti，此时，Synopsys 公司为行业提供的最先进的前端设计工具得到了已经收购的 Avanti 领先的后端工具 MilkywayDatabase 和 Apollo 的支持，Synopsys 公司由此成为了提供前后端完整 IC 设计方案的领先 EDA 工具供应商。

2003 年 Synopsys 公司在收购 Avanti 之后推出了 Astro。Astro 继承 Apollo 的风格，使用了 Milkyway Database。2004 年 Astro 开始支持 Tcl 脚本语言，Astro 工作界面如图 7.1 所示，可看到 Astro 是 Scheme 和 Tcl(Tool Command Language)的混用，但是它对 Tcl 的支持比较差。面对着越来越复杂的设计，Astro 应付起来明显吃力，于是在 2007 年 Synopsys 在 Astro 的基础上，结合 Physical Compiler 推出了新一代完整的布局布线设计系统 IC Compiler。

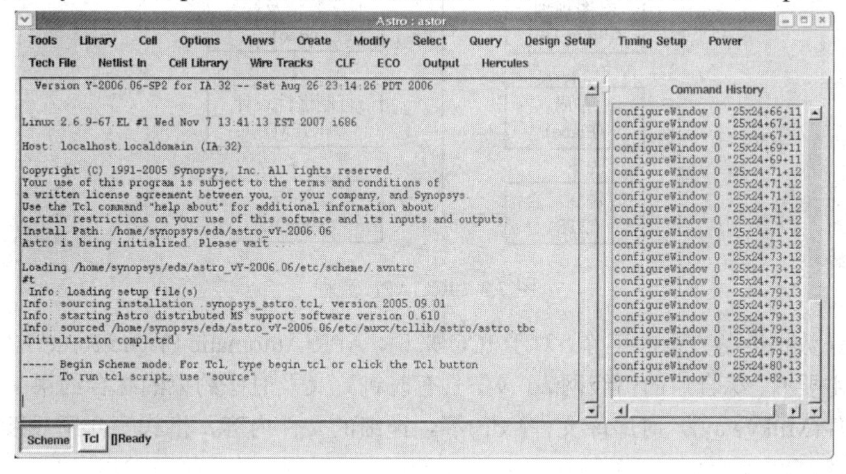

图 7.1　Astro 工具界面

IC Compiler 采用基于 Tcl 的统一架构，利用了 Synopsys 最为优秀的核心技术实现了创新，其工作界面如图 7.2 所示。作为一套完整的布局布线设计系统，ICC 支持芯片的全流程设计，如物理综合、布局、布线、时序、信号完整性(SI)优化、低功耗、可测性设计(DFT)和良率优化等步骤，均可以用其完成。IC Compiler 运行时间快、容量大、支持多工艺角/多模优化(MCMM)等优点能显著地提高设计人员的生产效率，它可以支持 45 nm、32 nm 及其以下技术的物理设计，在业界拥有很强的竞争实力。

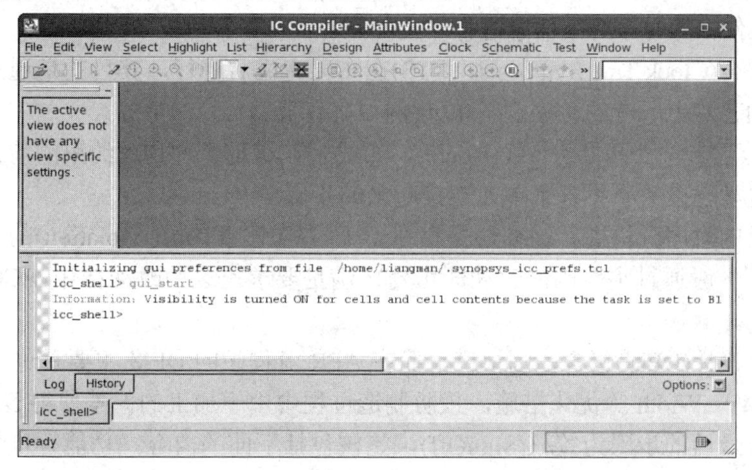

图 7.2　IC Compiler 工具界面

7.2 IC Compiler(ICC)设计流程介绍

使用 ICC 进行后端物理实现的设计流程如图 7.3 所示。

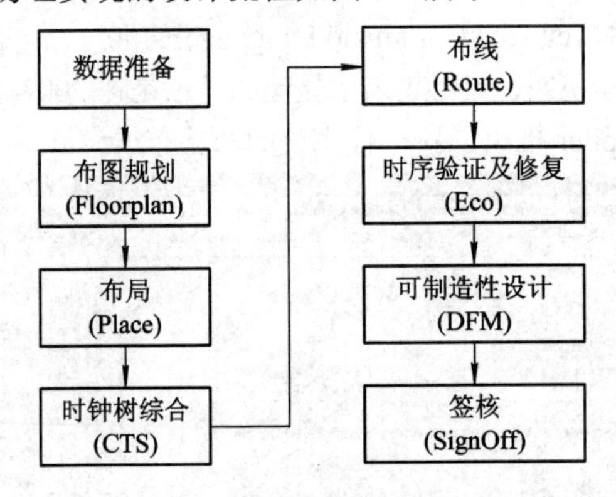

图 7.3　ICC APR 流程

首先是数据准备方面的工作，对于 ICC 来说，APR(Automatic Place&Route)之前需要准备的数据主要有：综合后的门级网表(.v)，具有时钟定义及时序约束的综合约束文件(SDC)，物理库文件(Milkyway)，时序库文件(.db)等。详细的文件内容、格式等介绍后续章节会有涉及。

在完成数据准备，并将数据导入之后，即可开始布局规划(FloorPlan)。布局规划主要包含下面四方面内容：

(1) 完成对电源域及电源网络方面的定义(Powerplan)。

(2) 宏模块(Macro)的摆放及约束。

(3) 标准输入输出单元(IO)的摆放。

(4) 标准单元(standard cell)布局(Place)约束。

待布局规划完成后，工具会依据布局规划中的物理约束信息及 SDC(Synopsys Design Constraints)文件中的时序约束信息进行布局(Place)。

时钟树综合(Clock Tree Synthesis，CTS)在布局完成后进行，其目的是通过构造时钟网络结构来驱动芯片中所有的时序逻辑单元(例如寄存器等)。

CTS 后，下一个步骤即是布线(Route)，布线是在满足各种物理约束的前提下根据设计网表提供的电学连接关系将各个单元连接起来的步骤。

在布线后的时序分析中，往往还是存在若干时序违例(Time Violation)的时序路径。如果数目较少，一般通过小范围的改动即可使之满足要求，这种改动称作 ECO(Engineering Change Order)。

可制造性设计(DFM)包含范围很广，而在 APR 流程中的 DFM 主要是进行诸如 Double Via，Spread Wire Width 等优化措施，预防制造过程中由于加工的偏差使得芯片功能失效。

后端设计最后的步骤为签核(SignOff)，签核包括下面的内容：功能等价性检查，时序检查，物理验证(DRC、LVS、ERC 等)，确保给出的 GDS 文件为正确的版本进行最终的流片(TapeOut)。由于本章节着重点在 ICC 的使用，关于此部分内容并不详细展开。

7.3　数 据 准 备

本节将详述在数据准备方面的工作。数据准备分为三方面的内容，分别是设计数据准备，物理库准备和时序库准备，三者在 APR 流程中缺一不可。

7.3.1　设计数据

设计数据是指前端移交给后端的数据，包括经综合后的门级网表(.v)及具有时钟定义及时序约束的综合约束文件(SDC)。门级网表和 RTL 网表(Register Transfer Level)应具有逻辑上的一致性。由于硬件描述语言的复杂性，在此处并不加以展开，请参照本书 Modelsim 相关内容加以学习完善。图 7.4 是一个简单的门级网表实例，一个简单的一位全加器的门级网表、RTL 网表及电路图，可以比较三者之间的关系。

```
Module FA_behav(A, B, Cin,
Sum, Cout );   input A,B,Cin;
Output Sum,Cout;Reg Sum,
Cout;
Reg T1,T2,T3;
always@ ( A or B or Cin )
begin          Sum = (A ^ B) ^
Cin ;          T1 = A & Cin;
               T2 = B & Cin ;
               T3 = A & B; Cout
= (T1| T2) | T3;
endendmodule //行为级代码
```

```
Module FA_struct (A, B, Cin,
Sum, Cout);
Input A,B,Cin;
Output Sum,Count;
Wire S1, T1, T2, T3;
// -- statements -- //   xor X1
(S1, A, B);
Xor X2 (Sum, S1, Cin);   and
A1 (T3, A, B );
And A2 (T2, B, Cin);
And A3 (T1, A, Cin);
or O1 (Count, T1, T2,
T3);endmodule //门级网表
```

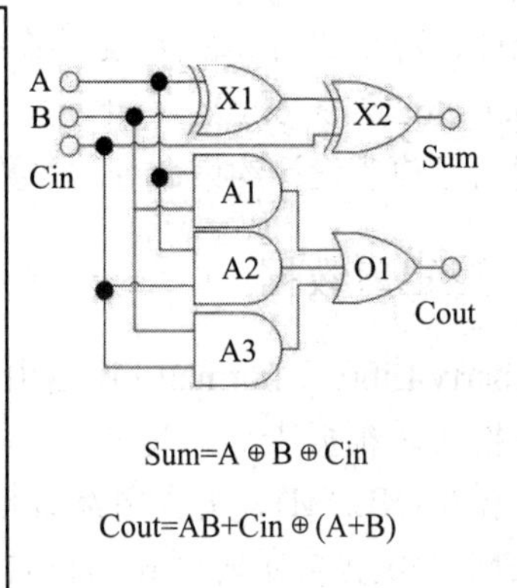

图 7.4　一位全加器的门级网表及 RTL 网表

门级网表只是定义了设计的寄存器结构和数目、拓扑结构，寄存器之间的连接关系以及寄存器与 I/O 之间的连接关系。但是网表中并不包含设计的时序及面积信息。为了使设计能够正常工作，即在特定的工作频率和工作环境下实现预期的功能，就需要对该设计进行约束。SDC 文件就承担着这个功能，它定义了电路的时钟属性(周期 Period，延迟 Latency，不确定偏差 Uncertainty)，输入端口延时，输出端口延时等信息。SDC 文件是基于 Tcl 格式，由 Synopsys 公司开发定义，用于电路逻辑综合的时序约束。1998 年由 Cadence 公司将其移植用于布局布线设计的时序控制。SDC 包含了以下四部分的内容：版本、基本单位、设计约束、注释，其中设计约束是 SDC 文件中最主要的内容。

版本命令 set sdc_version 指明了 SDC 文件所采用的版本。

基本单位命令 set_units 用于指定电阻、电容、电压、电流、功耗和时间的基本单位。

注释语句在每一行以 # 为开头。

作为最主要内容的设计约束相关的命令，按照类别主要分为以下九种类型，SDC 命令见表 7.1。

表 7.1　SDC 命令

工作环境	set_operate_condition
线负载模型	set_wire_load_mode
系统接口	set_drive_cell set_load　set_input_transition
时序约束	create_clock　create_generated_clock　set_clock_gating_check set_clock_uncertainty　set_clock_latency　set_propagated_clock　set_input_delay　set_output_delay　set_timing_derate
时序个例	set_false_path　set_max_delay　set_min_delay　set_multicycle_path
设计约束规则	set_max_capacitance　set_max_transition　set_max_fanout
面积约束	set_max_area
功耗约束	set_max_dynamic_power　set_max_leakage_power
逻辑赋值	set_case_analysis　set_logic_one　set_logic_zero

当然表 7.1 所示的命令并非 SDC 文件的所有命令，本节所列举的只是比较常用的时序约束命令，除此之外，SDC 文件命令中还包括一些用于访问电路端口(get_port/get_ports)、时钟(get_clock/get_clocks)、单元端口(get_pin/get_pins)以及互连线(get_net/get_nets)，这些命令通常是作为设计约束命令的参数用于对某个端口，时钟以及互连线等电路属性施加约束。

7.3.2　逻辑库数据

Liberty Library Format(.lib)是由 Synopsys 公司研发的，用于描述单元的时序和功耗特性的文件格式。根据工艺的复杂度及设计要求，现阶段普遍应用三种模型，它们分别为非线性延时模型(NLDM)、复合电流源模型(CCSM)以及有效电流源模型(ECSM)。其中 CCSM 及 ECSM 不仅包含了时序和功耗属性，还包含了噪声信息，所以与 Spice 模型的误差可以控制在 2%～3% 以内，而 NLDM 则一般与 Spice 模型的误差在 7% 以内。以文件大小而论，在相同工艺条件下描述相同电路结构，采用 CCSM 模型的 Liberty 文件大小一般是采用 NLDM 模型 liberty 文件的 8～10 倍。

Liberty 文件一般包含两部分，第一部分是单元库的基本属性，第二部分是每个单元的具体信息。

单元库的基本属性包括单元库的名称、单元库采用的基本单位、电路传输时间等内容。

单元的具体信息包括单元的延迟时间、漏电流功耗(Leakage power)、内部功耗(Internal power)等内容。它们在 liberty 内部是以二维或者三维查找表(Look-up table)的形式进行描述和表征的，而查找表为 Spice model 仿真得出。

大多数情况下，半导体厂商在提供 .lib 文件的同时，也会提供二进制格式的 .db 文件。.lib 和 .db 文件是一种文件的两种表达。ICC 使用的逻辑库数据类型必须是 .db 格式的库文件。因此，如果只有 .lib 文件，需要用 Synopsys 工具(DC，LC，PT 和 ICC 均可)使用下面命令将其转换为 .db 文件。

```
read_lib xxx.lib
write_lib library_name -format db -output xxx.db
```

通过设置变量 link_library，target_library 和 search_path，ICC 可以读取逻辑库.db 文件。

7.3.3　物理库数据

ICC 使用物理库是 Milkyway 格式。物理库中包含了做布局规划，布局和整体布线所需要的全部信息。值得注意的是，物理库中的物理单元和引脚名字必须和逻辑库中的单元和引脚名字相匹配。

Milkyway 参考库(Reference Libraries)包含以下信息，这些信息以图形(Views)的形式存放，Milkyway 结构图如图 7.5 所示。

(1) CEL：Full layout view。包含了所有图层的全版图视图，在流片写出 GDSII 文件时会用到 CEL View。

(2) FRAM：Abstract view。仅包含 Cells 的框架，只有 Pin 和金属信息的抽象图，是用来布局布线的 View，这样可以大大减少布局布线所需的内存资源。

(3) LM：Logic model view。逻辑模型视图，包含有 db 的逻辑单元库，同时也是可选的 View。

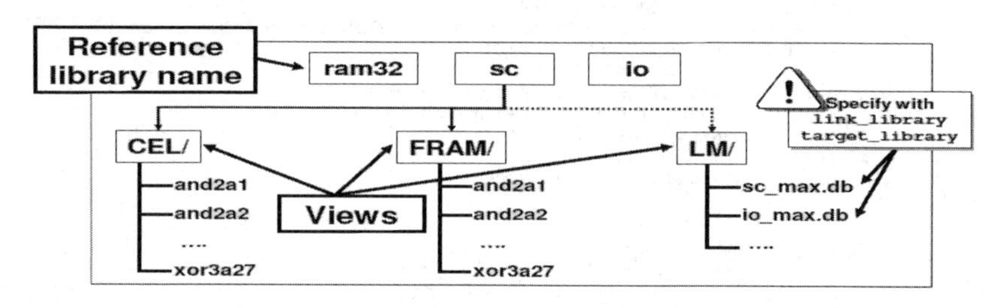

图 7.5　Milkyway 结构图

在芯片设计前需要准备好芯片中所有用到单元的 Milkyway 库，包括宏单元，标准单元和 IO 单元。通常情况下标准单元和 IO 的 Milkyway 库由 IP 提供商提供，而宏单元(Macro)的 Milkyway 需要后端设计人员用 Synopsys 专门的 EDA 工具 Milkyway 根据宏单元的 GDS 文件或 Lef 文件来生成。

对于每一个工艺的参考库，它都有专门的技术文件(Technology File)来说明其工艺参数信息。技术文件简称 .tf 文件。产生 Milkyway 物理库时，需要用到此文件。

技术文件 .tf 文件通常由工艺厂提供，文件中主要包含了每层掩膜层的层号，连接层信息，在 EDA 工具中显示的颜色与线条，最小宽度，最小面积等信息。ICC 就是根据 tf 文件中描述的金属层和通孔层的设计规则进行布线的，图 7.6 为 tf 文件中部分信息。

```
Tile        "unit" {
            width                        = 0.32
            height                       = 2.88
}
Layer      "M1" {
           layerNumber              = 11
           maskName                 = "metal1"
           isDefaultLayer           = 1
           visible                  = 1
           selectable               = 1
           blink                    = 0
           color                    = "blue"
           lineStyle                = "solid"
           pattern                  = "rectangleX"
           pitch                    = 0.32
           defaultWidth             = 0.14
           minWidth                 = 0.14
           minSpacing               = 0.14
           maxWidth                 = 1000
           minArea                  = 0.06
}
```

图 7.6　tf 文件部分信息

Tluplus 文件也是一种二进制文件，无法用编辑器阅读或编辑。它包含了从多晶硅层到顶层金属各层的电阻电容相关参数。ICC 通过 Tluplus 文件计算电路中每个节点的寄生电阻和寄生电容，从而得到连线上的延时。随着工艺节点的不断降低，电路延时中连线延时所占的比例也越来越高。

Tluplus 文件是由工艺厂商提供的，但有些情况下工艺厂商仅提供了 itf 文件，该文件是文本文件，可以通过编辑器打开和编辑。itf 文件描述了跟 Tluplus 文件一样的信息，它提供了每层金属和通孔的层厚，电容介质参数等。图 7.7 是 itf 文件的部分信息。可以通过 EDA 工具 StarRC 将 itf 文件转化为 Tluplus 文件，方法为在 terminal 下运行命令：

```
grdgenxo -itf2TLUPlus -i <itf_file> -o <tlupuls_file>
```

```
TECHNOLOGY=smic018_tech_itf
DIELECTRIC AIR { THICKNESS=20 ER=1 }
CONDUCTOR CU { THICKNESS=10 WMIN=30 SMIN=30 RPSQ=0.0018 }
DIELECTRIC SIN { THICKNESS=0.8 ER=7 }
DIELECTRIC ILD4 { THICKNESS=0.7 ER=4.1 }
CONDUCTOR M3 { THICKNESS=0.8 WMIN=0.44 SMIN=0.46 RPSQ=0.0375 }
DIELECTRIC ILD3 { THICKNESS=0.65 ER=3.1 }
CONDUCTOR M2 { THICKNESS=0.5 WMIN=0.4 SMIN=0.4 RPSQ=0.06 }
DIELECTRIC ILD2 { THICKNESS=0.65 ER=3.1 }
CONDUCTOR M1 { THICKNESS=0.5 WMIN=0.4 SMIN=0.3 RPSQ=0.06 }
DIELECTRIC ILD1 { THICKNESS=0.58 ER=4.1 }
CONDUCTOR POLY { THICKNESS=0.2 WMIN=0.4 SMIN=0.6 RPSQ=12 }
DIELECTRIC FOX { THICKNESS=0.4 ER=4.1 }
DIELECTRIC STI_TOP { THICKNESS=0.4 ER=4.1 }
CONDUCTOR ACTIVE { IS_DIFF THICKNESS = 0.15 WMIN=0.4 SMIN=0.4 RPSQ= 9.5 }
DIELECTRIC STI_BOT { THICKNESS=0.4 ER=4.1 }

VIA POLYCNT { FROM=M1 TO=POLY AREA=0.0484 RPV=18}
VIA ACTCNT  { FROM=ACTIVE TO=M1 AREA=0.0484 RPV=7.5 }
VIA VIA1    { FROM=M2 TO=M1 AREA=0.0784 RPV=3.8}
VIA VIA2    { FROM=M3 TO=M2 AREA=0.1286 RPV=2.3}
VIA VAC     { FROM=CU TO=M3 AREA=9 RPV=1}
```

图 7.7　itf 文件部分信息

7.3.4　创建设计数据

所有的数据准备完成之后，接下来就如何使用 ICC 图形化界面以及脚本进行基本的数据读入，设计的保存等基本操作进行详细讲解。

1. 设置设计变量

编写 Tcl 脚本，设置设计的宏变量，这样做的目的是方便后续文件的编写、替换和调用。

```
set my_mw_lib my_chip.mw
set mw_path "../inputs/milkyway/"
set tech_file "../inputs/tech/tech.tf"
set mw_lib " $mw_path/std $mw_path/io $mw_path/macro"
set tlup_map "../inputs/tlup/layer.map"
set tlup_max "../inputs/tlup/1p6m_max.tluplus"
set tlup_min "../inputs/tlup/1p6m_min.tluplus"
set top_design "my_chip"
set verilog_file "../inputs/netllist/my_chip.v"
set sdc_file "../inputs/sdc/my_chip.sdc"
set derive_pg_file "../scripts/derive_pg.tcl"
```

2．设置逻辑库

ICC 中针对逻辑库的设置主要是 search_path，target_library，link_library 这三个系统变量及命令 set_min_library。其中 search_path 是一个查找目录，需要包含所有逻辑库文件所在的目录，这样在设置 targe_library 和 link_library 中的 db 文件时，只需文件名即可，不需要再加上其存放的路径。其设置脚本为：

```
lappend search_path ../inputs/db ../inputs/tlup
set_app_var target_library "sc_max.db"
set_app_var link_library "*sc_max.db io_max.db macro_max.db"
set_min_library sc_max.db -min_version sc_min.db
set_min_library io_max.db -min_version io_min.db
set_min_library macro_max.db -min_version macro_min.db
```

target_library 是 ICC 在进行时序优化时需要的库文件，因此只需要包含标准单元库在需要进行优化的工艺角下的 db 文件即可。link_library 中包含了设计中所有单元的 db 文件。set_min_library 用于指定逻辑库的 max lib 和 min lib。

3．创建设计数据

设置完设计中所用单元的逻辑库之后，就可以创建设计的 Milkyway 库。Milkyway 设计库是把 Milkyway 物理参考库和技术文件相关联，并存储所有的设计数据。

构建 Milkyway 设计库的图形界面是 File-Create Library，会弹出图 7.8 所示的创建设计数据图形界面。前面步骤 1——设置设计变量，已经定义好的宏变量 $my_mw_lib 指定的是 Milkyway 设计库的名字，一般会定义为 top_module 的名字，$tech_file 是技术文件，Input reference libraries 所列的路径是所用到的单元的物理库(Milkyway)路径。

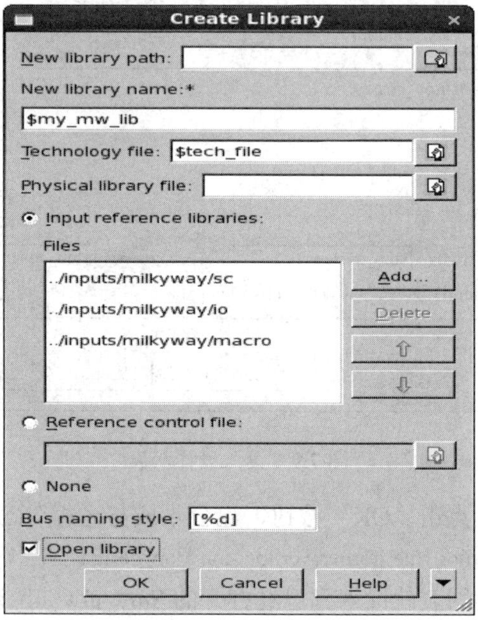

图 7.8　创建设计数据

ICC 在图形界面操作完成之后，点击“OK”按钮，会在 History 框下看到 create_mw_lib 的 Tcl 命令，-open 是创建设计 Milkyway 库之后，直接打开该数据库。

```
create_mw_lib  $my_mw_lib -open       \
               -technology $tech_file  \
               -mw_reference_library  $mw_lib
```

在初学工具或者最初版设计时候，一般会使用很多的图形界面操作，图形界面操作完成之后，可以把相应的命令行保存下来，以备多次迭代进行命令行运行，这样做的目的是方便省时。这里需要注意的是，网表、约束、tf 文件内信息是储存在数据库内的，但逻辑库和物理库以及 Tluplus 文件则只是存储了其路径和名称。这样设置的原因也是因为这两类库文件非常大，如果每个设计都将库文件再存储一遍对硬盘资源的消耗就非常大，所以这就要求保持库文件位置稳定，否则在路径调整后可能就无法打开原来的数据库。

在 link 了逻辑库文件，设置了物理库文件，并创建完设计数据后，就需要检查库文件的完整性与一致性了，具体的操作方法是使用命令行：

```
set_check_library_options -all
check_library
```

该操作可以检查逻辑库与物理库是否符合后端设计需求。对于检查中发现的问题必须予以重视，检查是否有库单元设置的问题，否则很可能会导致无法正确地读入设计文件。

4. 读入设计网表

输入设计的图形界面是 File-Import Design，会弹出图 7.9 的读入设计网表窗口。

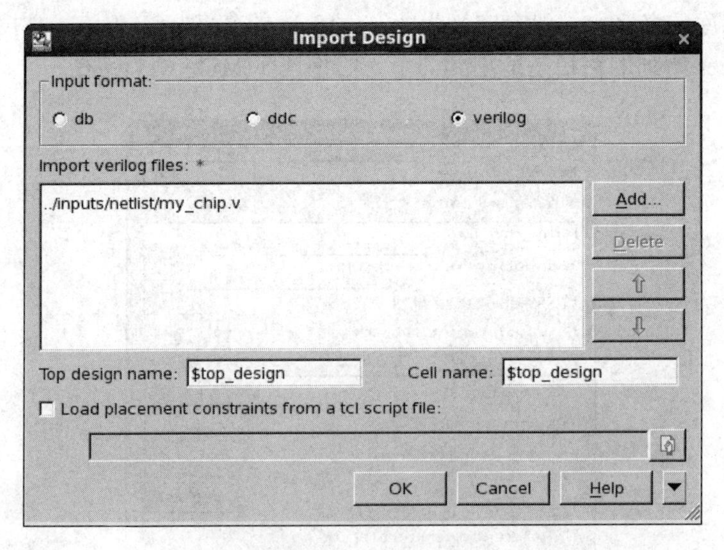

图 7.9　读入设计网表

填入设计网表文件，点击“OK”按钮，也会生成与之相对应的命令行：

```
import_designs $verilog_file -format verilog -top $top_design
```

通过该步骤，设计的网表就读入到已经打开的 $my_mw_lib 设计库中。Layout 窗口就会将设计所要用到的所有单元都堆在坐标原点处。读入设计网表之后的 Layout 窗口如图 7.10 所示。

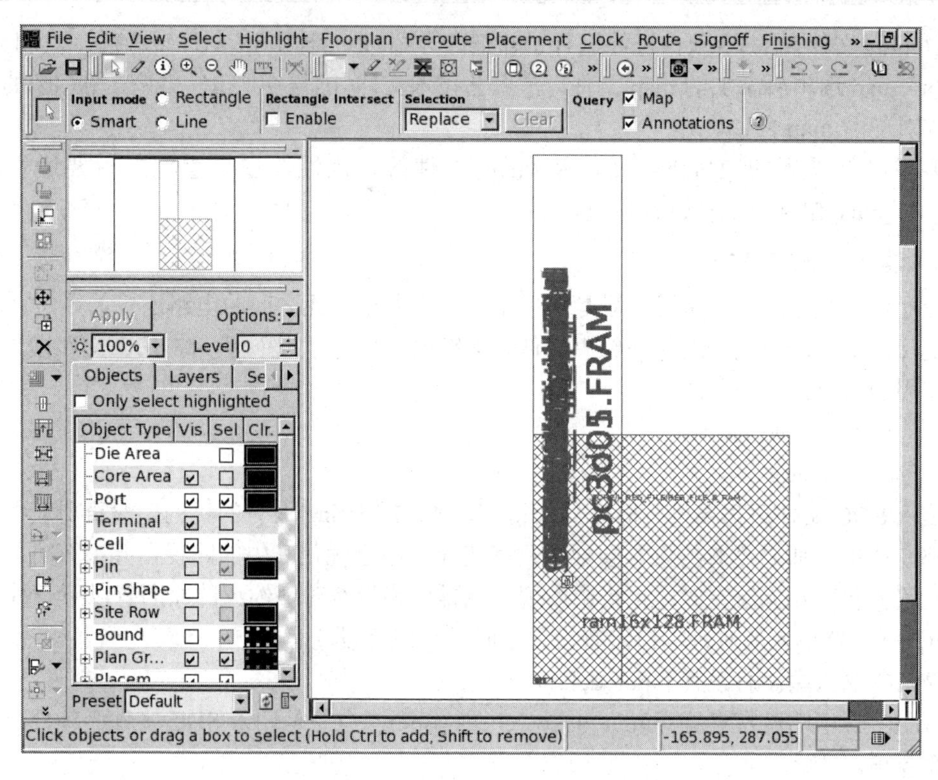

图 7.10　读入设计网表之后的 Layout 窗口

5．设置 Tluplus 文件

设计读入之后，可设置 Tluplus 文件，设置 Tluplus 文件的图形界面是 File-Set Tlu+...，会弹出图 7.11 的设置 Tluplus 文件窗口。

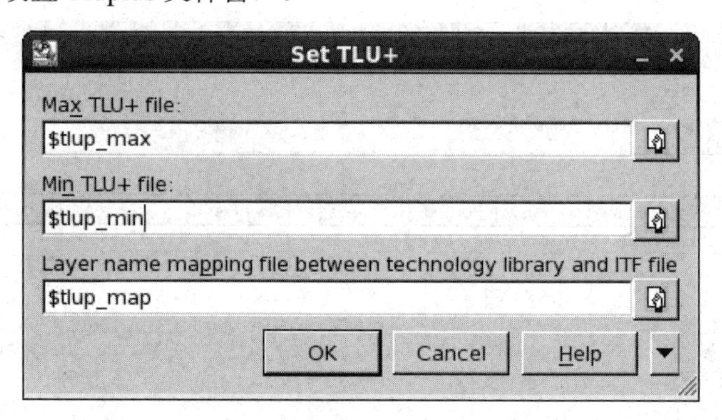

图 7.11　设置 Tluplus 文件

点击“OK”按钮之后，生成与之对应的命令行：

```
set_tlu_plus_files \
        -max_tluplus   $tlup_max \
        -min_tluplus    $tlup_min \
        -tech2itf_map   $tlup_map
```

Tluplus 文件在 7.3.3 节中已经进行了详细的介绍，是一种由 itf 文件转换的二进制文件。-tech2itf_map 选项所添加的 map 文件，是工艺技术文件(.tf)与互连 RC 模型文件(.itf)的各个层名称对应的 map 文件。

为了确保设置的 Tluplus 文件及 map 文件的正确性，在设置完之后要运行命令 check_tlu_plus_files 对文件进行检查。

6．读入 SDC 文件

前面已经介绍过，门级网表只是描述了设计中各个单元之间的电路连接关系，SDC 文件则是保证电路功能正确运行的约束文件。该步骤就是运行命令行，将 SDC 文件读入该设计所使用的命令：

```
read_sdc $sdc_file
check_timing
```

读入 SDC 文件后需要进行时序约束检查，check_timing 命令的目的是检查所有的路径是否都有约束，如果没有约束，会导致后续优化时不会优化其中的路径，并很有可能导致时序不符合要求却无法在时序报告中发现。通常电路没有时序约束的原因有以下三种。

(1) 寄存器单元的时钟端口没有设置上时钟，或者设置有问题。

(2) IO 输入端没有设置 input_delay。

(3) IO 输出端没有设置 output_delay。check_timing 命令是读入 SDC 文件必须要进行的检查命令项。

7．保存设计

设计中所用到的逻辑库和物理库、设计网表和时序约束 SDC 文件都读入设计的 Milkyway 数据库之后，就需要对该设计进行保存。保存的图形界面是 File-Save Design，会弹出如图 7.12 所示的保存设计窗口。

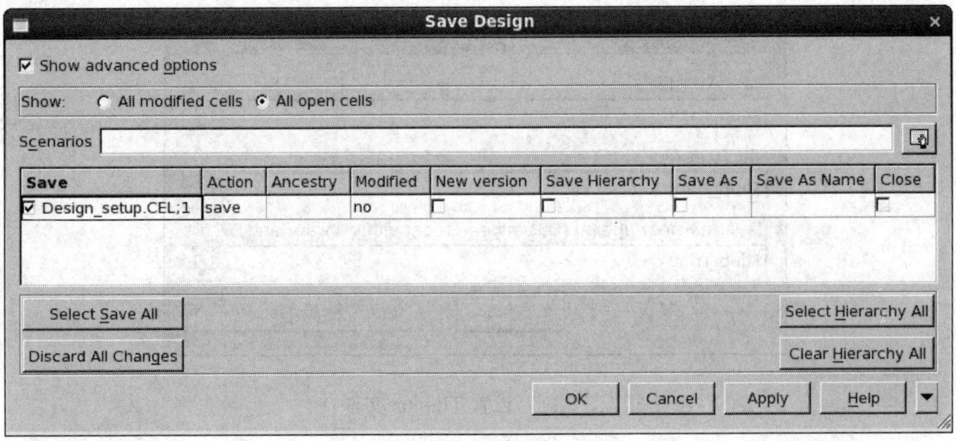

图 7.12　保存设计

对应的命令行：

```
save_mw_cel
```

如果需要在设计过程中保存设计为其他名字，可以使用命令

```
save_mw_cel -as Design_setup
```

在设计过程中，每个阶段完成后都要对设计进行保存。切记要养成随时保存数据的习惯，以防止意外情况发生，避免大规模的重复劳动。

7.4　布局规划

布局规划(Floorplan)在芯片设计中占据着重要的地位，它的合理与否直接关系到芯片的时序收敛、布线通畅、电源的稳定以及最后芯片制造的良品率。

布局规划是物理设计最初的步骤，就像建造高楼的第一步(打地基)一样，布局规划的质量直接关乎着芯片数据的性能与质量，是芯片设计的可靠保证。布局规划主要内容包括芯片大小的规划、芯片输入输出 IO 单元的规划和宏单元模块的位置规划等。对一些不规则形状的芯片设计，还需要对布线通道进行特定的设置，这都是布局规划的组成部分。对较为复杂的超大规模集成电路设计，为尽量减小时钟信号的偏差(skew)，在布局规划阶段还需要对时钟网络进行规划。由此可见，布局规划是对芯片的完整规划和设计。

7.4.1　布局规划的目标

一个好的布局规划需要实现以下 4 个目标。

1. 确定芯片的面积

出于成本的考虑，一般希望芯片的面积越小越好，但是如果布局规划中设定的芯片面积过小，就会导致布线资源的紧张，从而出现长周期的迭代，而延长芯片物理设计的时间。因此需要折中考虑芯片的面积以及布线资源，尽量节约产品成本同时又保证布线可以顺利进行。布局规划的最初目标就是估计芯片面积的大小。而这个步骤一般需要迭代完成。

2. 满足时序的收敛

数字电路所有的工作都是在时钟的控制下完成的。在布局规划阶段，芯片的设计者需要对芯片的延时进行预估，考虑最终芯片能否满足设计约束文件 SDC 的要求，从而实现时序的收敛。

3. 确保布线的要求

布局规划之后，单元的位置也就大致确定，需要使用金属线将所有器件按照网表连接关系进行连接。因此布局规划在保证布线通畅的同时尽量地缩短走线的长度，来减少互连线延时，从而有效地提高芯片的性能。作为设计者，需要对整个逻辑设计及其功能有一定了解，例如数据通路、各模块间的连接关系等信息，从而更好的布局规划和布局来满足布线的要求。

4. 保证芯片的稳定

芯片内部的电源分布均匀、供电充足是保证芯片稳定的必要条件。布局规划阶段需要合理放置输入输出单元和宏单元模块，使得整个芯片能够正常稳定地工作。

一个好的布局规划和一个差的布局规划，区别可能不仅仅是面积、功耗、性能等指标的细微区别，而是在一个设计中是否存在诸多失效风险；不确定的风险，带给产品的则往往是漫长的迭代周期，高昂的 FA(Failure Analysis，失效分析)费用。

7.4.2 芯片结构介绍

一颗完整的数字集成电路芯片，其结构如图 7.13 所示，需要包含以下 3 种应用类型的单元：标准单元(standard cell)；模块宏单元(macro block)；输入输出单元(I/O pad cell)。

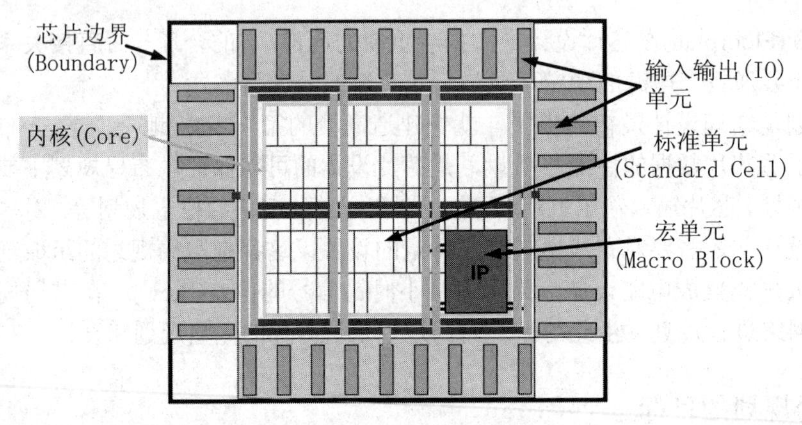

图 7.13　芯片结构示意图

标准单元需要放置于核心区(core)，起着逻辑功能和物理连接作用。宏单元也是放置于核心区，在数字集成电路设计中，宏单元模块主要包括存储单元、模拟电路模块和其他功能黑盒(Black-Box)商业 IP 模块。输入输出单元放置于核区的周围，用于芯片信号的输入、输出和电源供给，它是沟通宏观(芯片外部封装)到微观(芯片内部电路)的桥梁。

布局规划的作用就是通过相应的操作，将以上 3 种类型的单元放置在合理的位置，满足 7.4.1 节的布局规划的目标。下面芯片的布局规划的实现将详细介绍使用 ICC 对这 3 种单元类型放置的具体步骤。

7.4.3 布局规划的实现

前面设计数据导入工具之后会出现图 7.10 的 Layout 窗口，File-Task-Design Planning，选择布局规划的界面。

布局规划一般需要完成下面几个步骤。

1. IO 单元的放置

IO 单元作为连接芯片内部信号与封装管脚的桥梁，文中示例使用的 IO 单元有信号接口单元、电源地单元、拐角单元(Corner)和填充单元(Filler) 4 种类型。信号接口单元要注意选择好驱动的大小；电源地单元需要考虑供电电源的数目和摆放位置；拐角单元放置在 IO 环的拐角处，是 IO 单元能构成一个环状结构的必要条件；填充单元的作用就是填充 IO 单元之间的空隙，使得 IO 单元上的电源和地形成一个环状网络。综合之后的网表一般不存在电源单元和拐角单元，所以在进行 IO 排布之前，需要使用 create_cell 命令生成相应的电源单元和拐角单元。

ICC 使用命令行来摆放 IO 单元，使用的命令行为：

```
set_pad_physical_constraints -pad_name <pad name> -side <number> -order <io order>
set_pad_physical_constraints -pad_name <pad name> -side <number> -offset <coordinate>
```

其中参数 side 指定了 IO 所在边所代表的数字，最左边的边代表数字“1”，然后按照顺时针方向旋转，每个边数字加 1，Side 边数字示意图如图 7.14 所示。-order 参数的定义是从下到上，从左到右的 IO 的排列顺序，IO 单元会根据指明的顺序进行排列。-offset 参数指定的是 IO 排放的具体坐标，该值是 IO 的左下角偏离芯片最下面(竖边)和最左边(横边)的差值，必须是个正的浮点数。

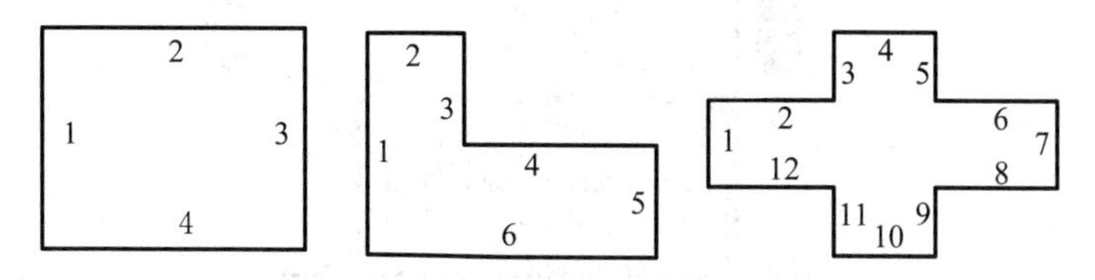

图 7.14　Side 边数字示意图

下例中，ICC 命令行如下：

```
# Create Corners and P/G Pads
create_cell {cornerll   cornerlr   cornerul   cornerur} pfrelr
create_cell {vss1left   vss1right   vss1top   vss1bottom} pv0i
create_cell {vdd1left   vdd1right   vdd1top   vdd1bottom} pvdi
create_cell {vss2left   vss2right   vss2top   vss2bottom} pv0a
create_cell {vdd2left   vdd2right   vdd2top   vdd2bottom} pvda

# Define Corner Pad Locations
set_pad_physical_constraints -pad_name "CornerUL" -side 1
set_pad_physical_constraints -pad_name "CornerUR" -side 2
set_pad_physical_constraints -pad_name "CornerLR" -side 3
set_pad_physical_constraints -pad_name "CornerLL" -side 4
# Define Signal and PG pad locations
# Left side start from bottom(excluding corner cell)
set_pad_physical_constraints -pad_name "pad_data_0" -side 1 -order 1
set_pad_physical_constraints -pad_name "pad_data_1" -side 1 -order 2
set_pad_physical_constraints -pad_name "vdd1left" -side 1 -order 3
set_pad_physical_constraints -pad_name "vss1left" -side 1 -order 4
……
# Bottom/Top side start from bottom(excluding corner cell)
set_pad_physical_constraints -pad_name "Clk" -side 4 -order 1
set_pad_physical_constraints -pad_name "A_0" -side 4 -order 2
set_pad_physical_constraints -pad_name "A_1" -side 4 -order 3
……
```

在 Floorplan 之后，Pad 会根据上面的命令行按照如图 7.15 形式进行排列。

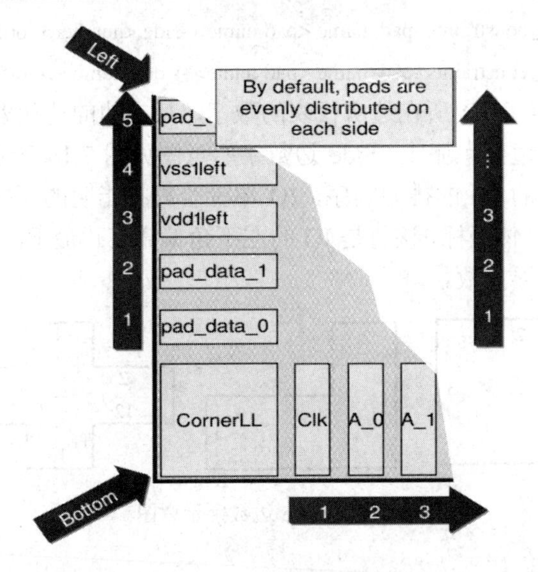

图 7.15　IO 排布示意图

2．芯片大小形状的确定

在读入 IO 排布的脚本之后，就可以通过 GUI 界面或者命令行创建芯片的形状了，ICC Layout 窗口下选择 Floorplan-Create Floorplan，会弹出图 7.16 所示的 Greate Floorplan 窗口。

Create Floorplan
Control type
Aspect ratio　Boundary　Width/Height
Core utilization: 0.7　Core width: 1.0
Aspect ratio (H/W): 1.0　Core height: 1.0
Horizontal row　Double back
Start first row　Flip first row
Space between core area and terminals (pads)
Left: 10　Right: 10
Bottom: 10　Top: 10
Keep macro place　Keep std cell place
Min pad height　Pad limit
Keep I/O placement
OK　Cancel　Apply　Default　Help

图 7.16　Create Floorplan

create_floorplan 有 3 种控制形式：Aspect ratio、Boundary 和 Width/Height。Aspect ratio 是通过指定 Core 利用率和长和宽的比例来确定芯片的形状大小，默认情况下，Core utilization 的值为 0.7，Aspect ratio(H/W)的比例为 1，即是方形。Width/Height 是直接指明宽和高的值得到芯片的形状，默认的大小也是利用率约为 0.7，宽和高相等的形状。以 Boundary 类型进行 Floorplan 的前提条件是运行 create_boundary 命令，首先生成芯片的 Boundary 边界，然后使用鼠标选择使用 Boundary，设置边界到 Core 的距离。

Space between core area and terminals(pads)一栏，对完整的芯片而言，它设置的是 Core

到 Pad 的距离；而对芯片模块，指定的是 Core 到 Pin 的距离。设置这个距离的目的是给电源环线(Power Ring)留出相应的空间。

使用默认值进行该操作，会生成下面的命令行：

```
create_floorplan -left_io2core 10 -bottom_io2core 10 -right_io2core 10 -top_io2core 10
```

运行完该命令之后，可以看到在 Layout 窗口中，宏单元模块位于芯片的正上方，IO 按照脚本设置的边和顺序整齐地摆放在 Core 的四边，如图 7.17 所示。需要注意的是通常情况下 IO 单元之间会有一些空隙，需要插入 IO 填充单元(Filler)，以保证 IO 形成一个完整的电源环状网络，如果 IO 之间的距离较大，推荐使用 IO 供电单元来填充，这样可以提供更好的 ESD 保护；另外，如果有数字 IO 与模拟 IO 的交接处，还需要使用 IO 隔离单元，具体的特殊 IO 使用方法需参考相关的 IO 单元库 Datasheet。

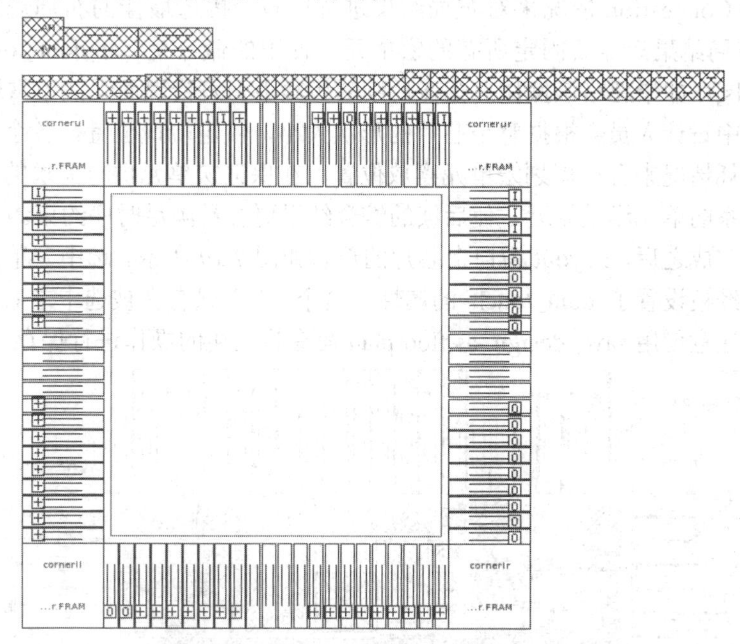

图 7.17　Create Floorplan 之后 Layout 窗口的显示

也可以通过 Floorplan-Initialize Rectilinear Block 的选项来定义芯片模块的多边形形状，相对应的命令是 initialize_rectilinear_block，这里不再详述。

3. 宏单元的布局规划

完成了芯片的初步形状规划之后，芯片中所用的所有宏单元和标准单元都还放置在芯片外面，接下来就是要放置宏单元的位置。

通过命令 set_fp_placement_strategy 来设置宏单元自动摆放的规则。参数 -sliver_size 是指定在宏单元周围禁止摆放标准单元的最小宽度，-min_distance_between_macros 指定宏单元与宏单元之间的最小距离，-macro_on_edge on/off 指定宏单元是否摆放在 Core 边缘等参数选项。设定完这些参数之后，可以用命令 report_fp_placement_strategy 来确认这些参数的设置。然后选择 Placement-Place Macros and Standard Cells，标准单元和宏单元模块根据上面的设定进行快速布局，该布局对网表不做任何优化。如图 7.18 所示，该操作对应的命令行是 create_fp_placement。

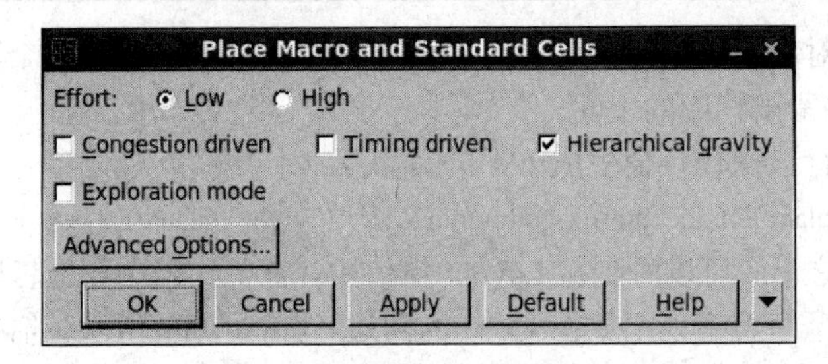

图 7.18　create_fp_placement

初步布局完成之后，通过命令 route_zrt_global -congestion_map_only true -exoloration true 可以看到整个芯片的拥塞(Congestion)的情况，从而判断宏单元的布局是否符合要求。通过布线 Congestion 情况来对布局结果进行比较，挑选最佳的布局规划。需要注意的是挑选完布局结果后需要固定所有的宏单元，使用的命令是 set_dont_touch_placement [all_macro_cells]，如果忽略该操作，会在后续的步骤中引发错误而无法正常运行。

实际应用中设计人员会根据整个芯片的形状大小，供电端口位置，各个宏单元所在模块的大小，功耗情况来合理规划宏单元摆放位置，在保证宏单元供电需求的前提下，让逻辑上有连接关系的单元尽量靠近，使后续的综合结果更容易满足时序约束。

布局规划完成之后，Layout 窗口上芯片的形状如图 7.19 所示。选中宏单元出现的“X”表示该单元已经被设置了 dont_touch 的属性，这个“X”只有在被选中之后才显现。完成该步骤之后，注意使用 save_design -as floorplan 命令将上述的操作进行保存。

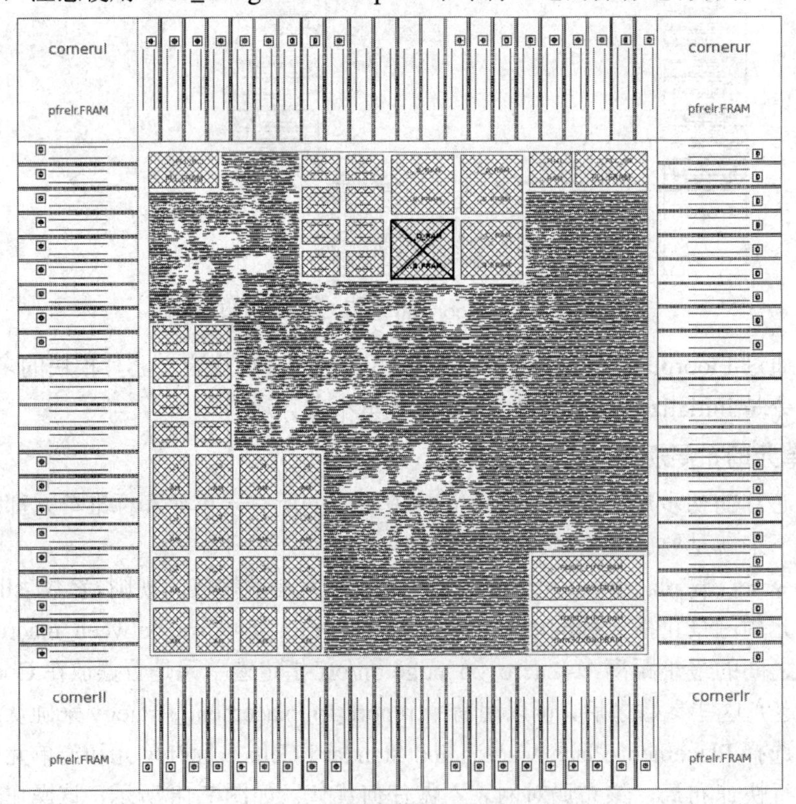

图 7.19　布局规划之后的芯片图示

7.5　电 源 规 划

电源规划的目的是给整个芯片设计一个均匀的供电网络，它是芯片物理实现中非常关键的一步。电源规划一般在芯片布局规划完成后进行，但也有设计者习惯在布局规划过程中完成电源规划。本节就数字芯片的电源网络设计进行详细阐述。

7.5.1　全局电源

输入到 ICC 的设计网表是不包含电源信息的，但是芯片却需要电源进行供电。因此在实现电源网络之前，需要对全局电源名称进行声明，这样工具才能通过电源网络名称识别正确的电源端口并实现电源网络的连接。对电源进行定义，主要包括全局电源的定义以及连接关系的定义。

本文设计实例是一个单电压域数字电路集成电路芯片，由于数字部件电源、地的名称分别为 VDD 和 VSS，因此设置单元的 VDD 和 VSS 端口分别连接电源网络的 VDD 和 VSS。由于设计中存在恒定的高电平 Logic1 或者恒定的低电平 Logic0 的信号端口，这些端口也需要连接到电源网络的 VDD 和 VSS 上。操作为在菜单栏里点击 Preroute-Derive PG Connection，会弹出全局电源网络的设置界面，如图 7.20 所示。

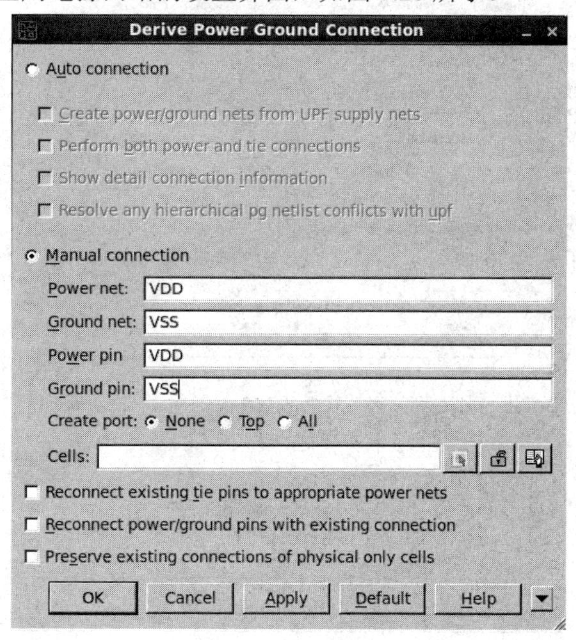

图 7.20　全局电源网络设置

该操作对应的脚本命令是：

```
derive_pg_pg_connection -power_net -VDD -power_pin VDD \
                        -ground_net VSS -ground_pin VSS
derive_pg_pg_connection -tie
```

在全局电源网络设置界面中点击 Apply 按钮，这样就完成了全局电源网络的设置。实现了电源网络的逻辑连接，接下来就要进行电源网络的规划来完成电源网络的物理连接。电源地网络的物理连接主要有电源环线(Power Ring)、电源条线(Power Strap)、电源轨线(Power Rail)和最后的芯片内各个单元与电源的连接组成。

7.5.2 电源环线

电源环线是指为了均匀供电，包围在标准单元和宏单元周围的金属环线。电源环线是连接供电 IO 和标准单元之间的桥梁，供电 IO 单元通过金属连接到电源环上，标准单元通过 Followpin 连接到电源环。

实际的设计中，电源环的宽度主要结合设计参数、经验值以及最后电压降分析的结果来确定。当金属的层数比较多的情况下，可以选择多层金属布置电源环，从而有效地减小电源环的宽度和电源环所占据芯片的面积。在设置电源环金属层数时，由于高层金属比低层金属的方块电阻要小、电流密度要大，因此组成电源环的金属层应该选择高层金属。

选择 Preroute-Create Ring 会弹出电源环的设置界面，如图 7.21 所示。

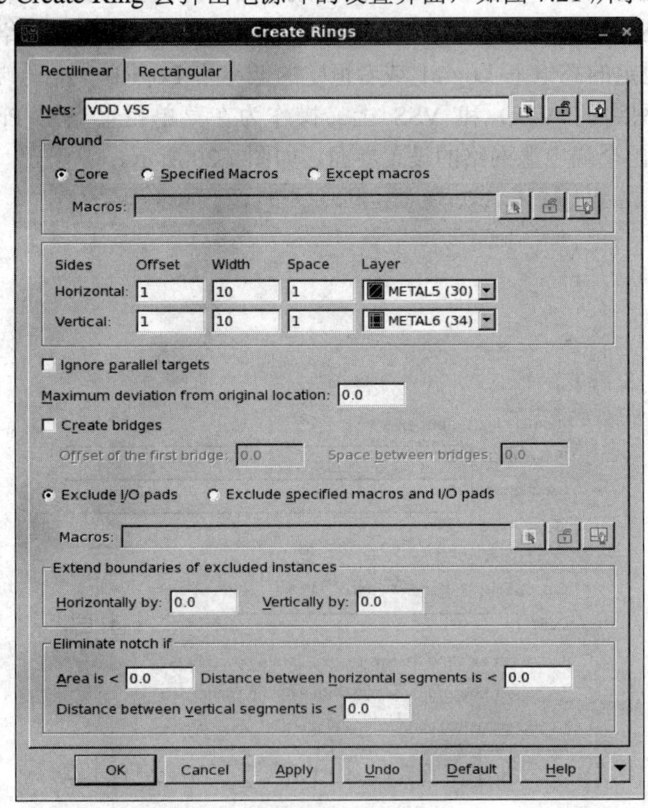

图 7.21 电源环线设置界面

所对应命令行为：create_ring

在设置横纵方向的金属层数时要考虑金属层对应的走线方向，垂直方向上使用金属层 METAL6，水平方向上使用金属层 METAL5，电源环金属宽度、金属线间的间距，电源环与芯片内核间的距离设置等。

除了对芯片内核 Core 添加电源环线之外，还需要对宏单元添加相应的电源环。与 Core 添加电源环不同的是，这里在 Around 一栏选择对应的宏单元，如图 7.22 所示，设置完毕之后点击“OK”键来实现宏单元电源环线的生成。

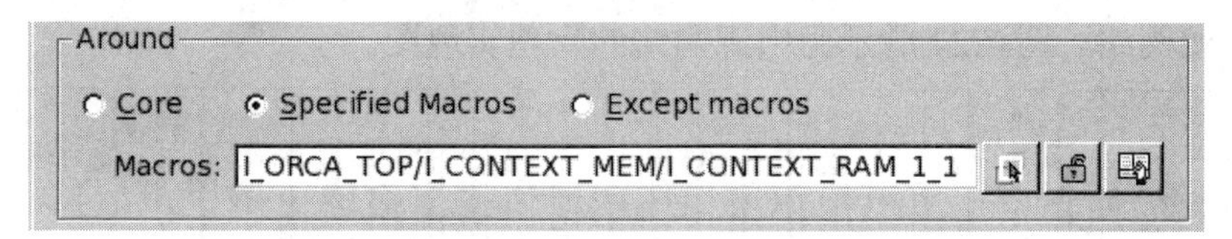

图 7.22　宏单元电源环的设置

7.5.3　电源条线

电源条线和电源环线构成了芯片内部纵横交错的电源网络。设置用于内核供电和与电源环线相连接的内核电源条线，在菜单栏里点击 Preroute-Create Power Straps，设置界面如图 7.23 所示，点击“OK”实现电源条线的设置。

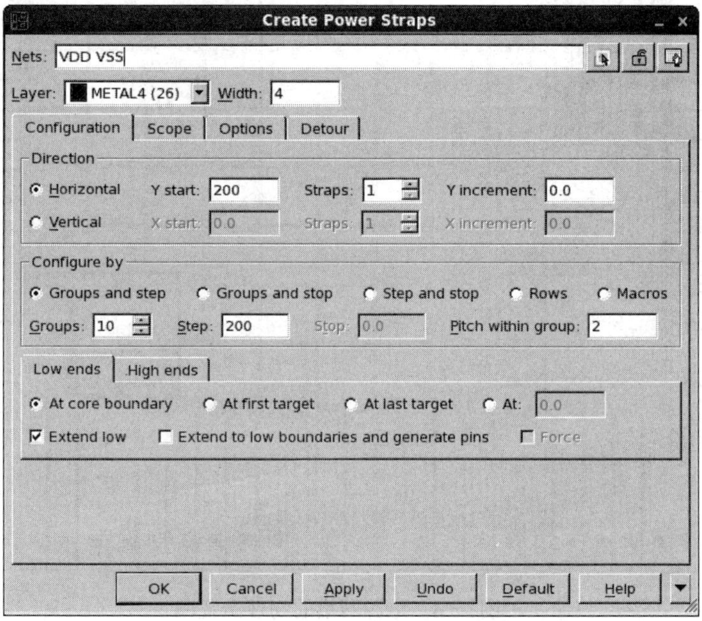

图 7.23　电源条线设置界面

电源条线的走向分垂直方向和水平方向。电源条线的宽度、两条电源条线间距以及电源条线的数目需要根据设计的走线资源和电压降等因素综合来确定，并非电源条线越宽、越密越好。

7.5.4　各个单元的电源连接

电源环线和电源条线构成的电源网络完成之后，需要将设计中的各个单元与电源网络进行连接。设置标准单元的电源连接(Power rail)，宏单元的电源连接和 IO 单元的电源连接。

点击 Preroute-Preroute Instances，设置宏单元和 IO 单元的电源连接。Preroute-Preroute Standard Cell 实现标准单元的电源连接。

经过上述步骤完成了由电源环线、电源条线、电源轨线、宏单元和 IO 单元的电源连接而构成的电源网络。图 7.24 所示为电源网络的物理实现图。

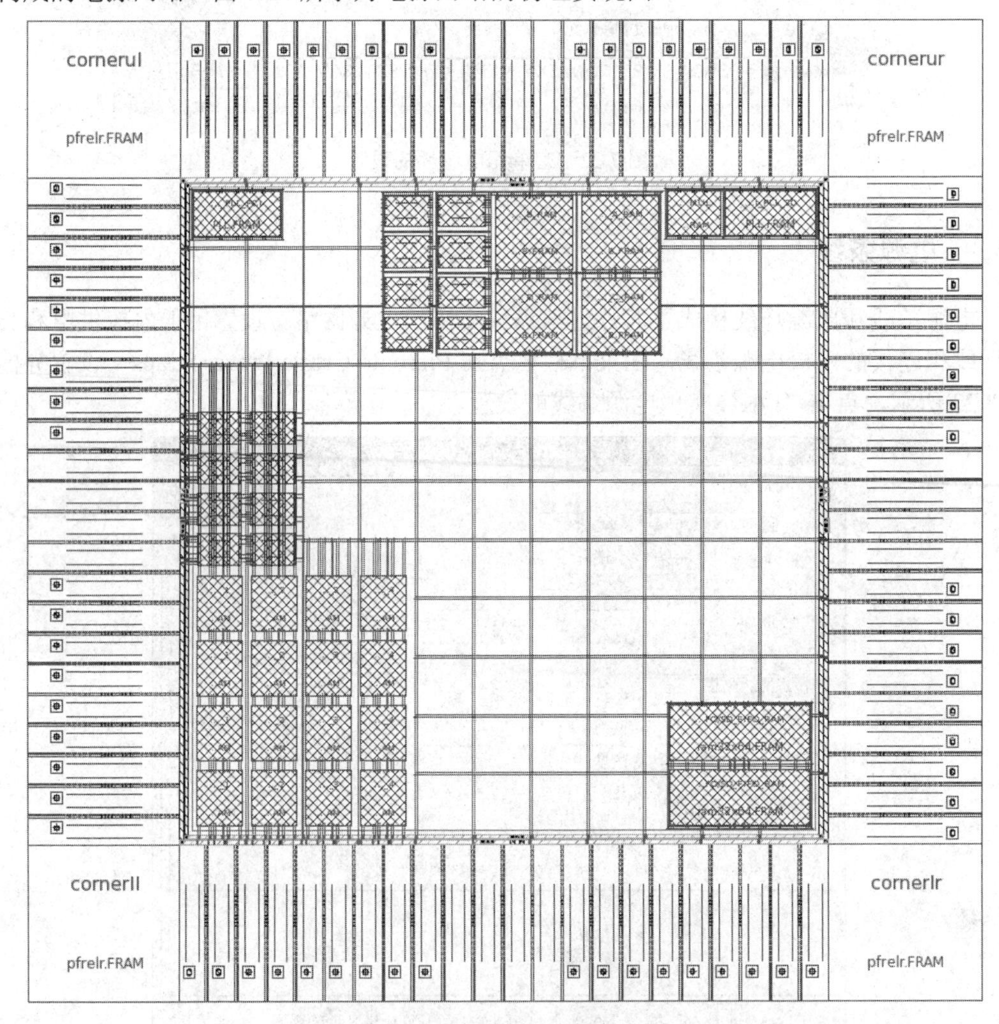

图 7.24　电源网络的物理实现

7.5.5　电压降

电源网络完成之后需要进行电压降(IR Drop)的分析来确定电源网络设置的合理性，电压降需要控制在一定的范围内才能满足设计的要求，这需要根据工艺厂商的要求来确定，一般电压降不能超过 5%。随着半导体工艺的发展，金属互连线的宽度越来越窄，使得它的电阻值也在上升，因此在整个芯片范围内存在一定的电压降。电压降按照范围分为局部电压降和全局电压降。按照形成的原因可以分为静态电压降和动态电压降。

使用 ICC 进行电压降分析，选择 Preroute-Power Network Voltage Drop Map，进行简易的 IR Drop 分析，如果要详细分析还需要有专门的工具。IR Drop 分析的 map 如图 7.25 所示。该 map 图描述了芯片电压降的下降程度。

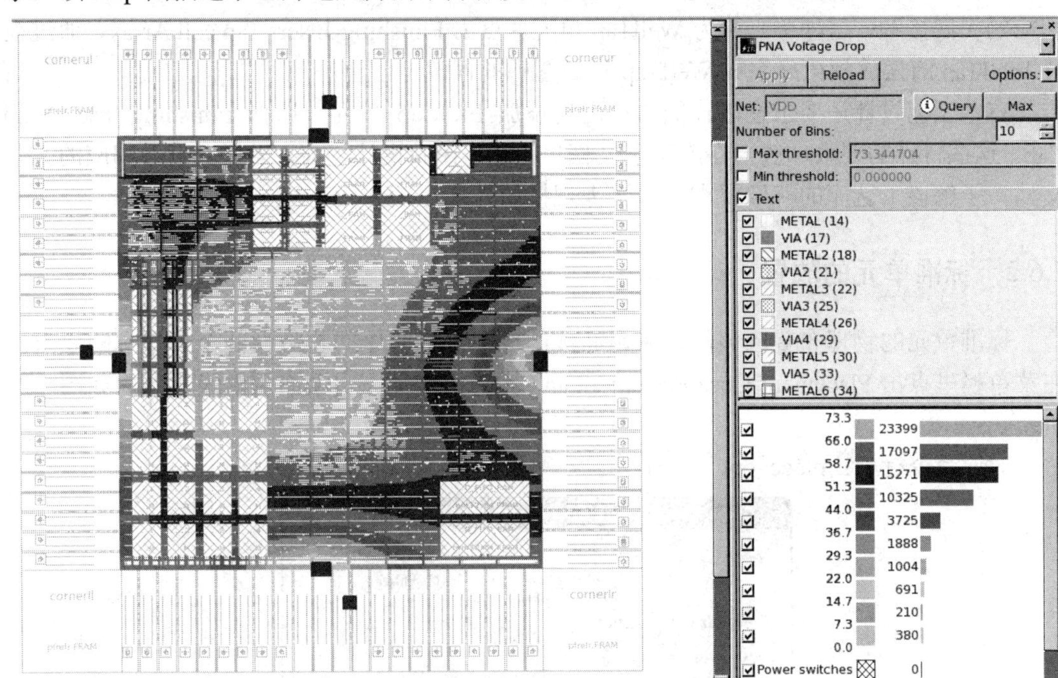

图 7.25　IR Drop map

如果 IR drop 分析不满足设计的要求，需要分析原因并进行调整。主要方法如下：

(1) 调整布局。

(2) 添加供电 IO，这个是电压降的源头。

(3) 增加电源环线和条线的金属层数。

(4) 加宽电源环线和电源条线的宽度。

(5) 加密电源条线，即增加电源条线的数目。

上述这些方法需要具体问题具体分析，不能一概而论。在加宽加密电源环线和电源条线的同时还需要注意不能因此而影响布线资源而导致布线的拥塞(congestion)。

7.6 布　　局

布局规划完成之后，芯片中间所留出的空白区域就是标准单元的布局区域。布局阶段分为特殊单元的布局和标准单元的布局。下面分别对其进行介绍。

7.6.1 特殊单元的放置

特殊单元一般包含阱接触单元(WellTap)、边界单元(EndCap)、填充单元(Filler)和去耦电容单元(Decap Filler)等。填充单元(Filler)和去耦电容单元(Decap Filler)的添加并非在布局阶段进行，在此并不进行展开。

对于标准单元是不含衬底接触的工艺，需要一种特殊的单元在版图中为标准单元提供相应的衬底接触，这种单元称为WellTap单元。点击Finishing-Insert Tap cell Array，通过设置WellTap的摆放规律来完成WellTap在版图中的摆放。

有些工艺设计还要求在芯片的内核两边添加EndCap单元，选择Finishing-Insert End Cap。这些特殊的要求一般会在库工艺文档里详述。在做设计之前，需仔细查看相应的工艺文档，了解该工艺库的特殊要求，防止大规模的迭代返工。

7.6.2　标准单元的放置

标准单元的物理布置应该同时满足布线的通畅性和时序的收敛性两个最基本的要求。在菜单栏里点击Placement-Core Placement and optimization。自动布局的设置界面如图7.26所示。

对应命令行为：place_opt

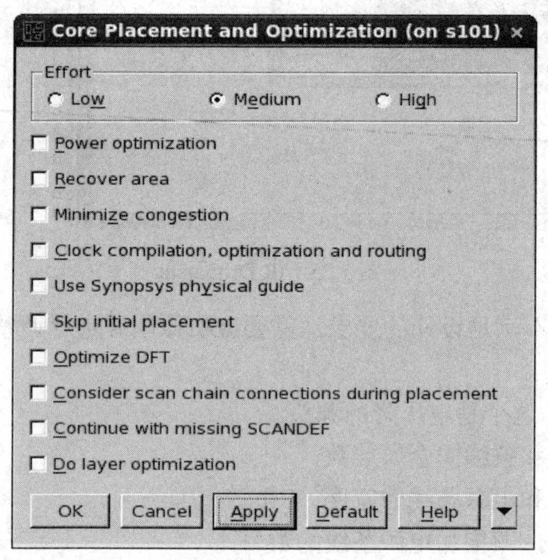

图7.26　自动布局的设置界面

7.6.3　扫描链重组

扫描链(scan chain)是可测性设计(DFT)的重要内容。 它是将芯片中所有的带扫描功能的寄存器首尾连接成串，从而实现附加功能的测试。基于扫描路径法的可测性设计就是将电路中的时序元件触发器替换为相应的可扫描的时序元件扫描触发器(SDFF)；然后将上一级扫描触发器的输出端(Q)连接到下一级的数据输入端(SDI)，从而形成一个从输入到输出的测试串行移位寄存器，即扫描链(ScanChain)；通过CP端时钟的控制，实现对时序元件和组合逻辑的测试。

在对标准单元进行布局时，扫描单元被随机地摆放在版图内，扫描链重组是将连接在扫描链上的、在芯片内随机分布的扫描寄存器单元按照其物理位置，在不影响逻辑功能的前提下，重新进行连接，从而减少扫描链的走线长度。扫描链重组可以有效地减小

Congestion，从而保证布线的通畅。图 7.27 是扫描链重组前后的示意图，从图中可以看出经过重组之后的扫描链绕线减少，有效地节约了布线空间。

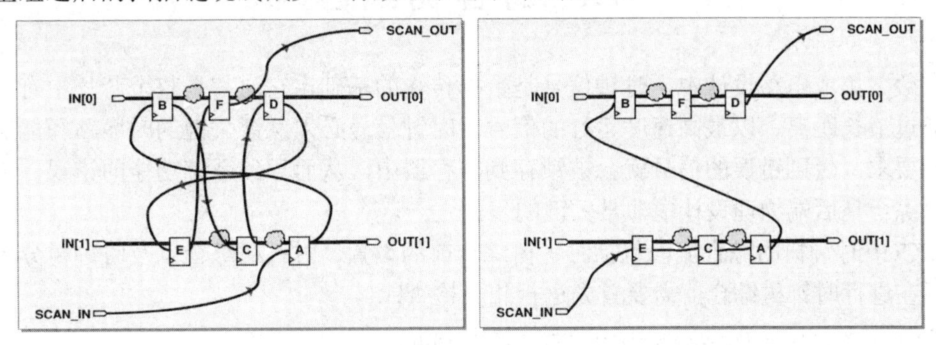

图 7.27　扫描链重组前后示意图

对应扫描链重组的命令是：

```
place_opt -optimize_dft
```

布局完成之后，需要分析设计的 Congestion map 来判断布线的通畅性，分析时序保证建立时间(setup)的时序收敛，还需要进行电压降 IR drop 的分析来确保标准单元放置之后 IR drop 并没有恶化。图 7.28 是布局之后的版图形状，可以看到所有的单元均放置于芯片内部。

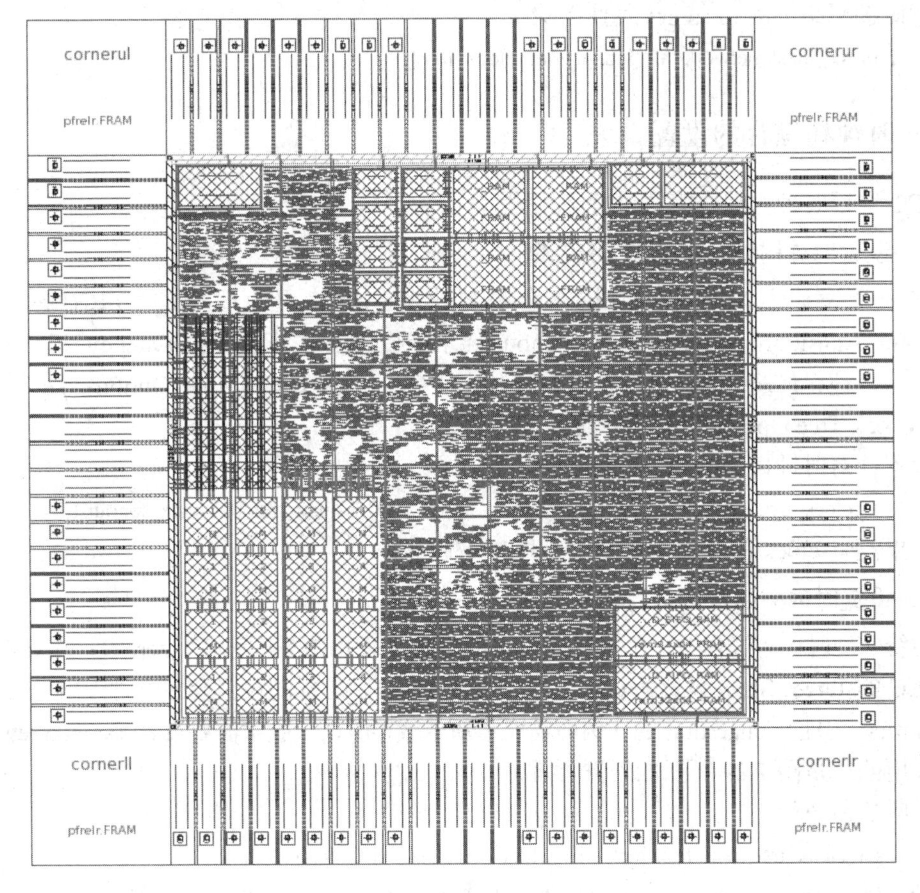

图 7.28　布局完成之后的版图形状

7.7 时钟树综合

在数字集成电路设计中，时钟信号是数据传输的基础，它通常是整个芯片中有最大扇出、通过最长距离、以最高速度运行的信号。时钟信号必须保证关键的时序路径能够满足时序的要求，否则错误的信号就会被锁存到寄存器中，从而导致系统功能的错误。因此，时钟树综合是后端物理设计中非常关键的步骤之一。

ICC 中时钟树的综合流程包括时钟树综合前的设置、时钟树综合以及时钟树分析和优化。而在进行时钟树综合前需要首先进行相关检查：

(1) check_physical_design -stage pre_clock_opt。

检查布局结果是否已经符合时钟树综合的需要，时钟是否被正确地定义。

(2) check_clock_tree。

进一步检查时钟树的设置及相关定义是否符合综合要求。

确认时钟树综合前时序操作已经完成后，可以将时钟网络上的 ideal net 属性去除。在时钟树综合之前的时序分析是在理想时钟的前提下进行分析的，但是时钟树综合之后的时序分析需要在时钟树完成的基础上按照时钟树上实际的延时进行分析，分析的传播延时，需要把时钟网络上的 ideal net 属性去除。

```
remove_ideal_network [all_fanout -flat -clock_tree]
```

7.7.1 时钟树综合的设置

ICC 进行时钟树综合需要进行下列设置：

1．设置时钟树综合相关的 DRC 值

在一个设计中，时钟网络往往会需要比其他电路更为严格的 DRC(Design Rule Constraint-Transition，Capacitance，Fanout)要求，以保证时钟树上的 Latency 和 Transition 相对稳定，使得最终的 Skew 不超过设计预期。Clock-Set Clock Tree Option，图 7.29 所示是 Set Clock Tree Option 的设置界面。

设置针对时钟树 DRC 相应的命令行是：

```
set_clock_tree_options -clock {my_clocks} -max_cap 0.2 -max_tran 0.8 -max_fanout 15
```

如果没有-clock 的选项即针对全部时钟域起作用。

2．设置时钟树综合优化目标

传统实现时钟树综合的一个重要指标就是达到理论上的“零偏差”(zero skew)，在默认条件下 ICC 的 Target Skew 设置为 0 ns。对某些设计而言，这样的设置会导致时钟树上会插入过多的 Buffer，引起 Congestion 的违例而需要重新迭代，所以一般都需要设置 Target Skew 的值。

采用的还是图 7.29 所示的设置界面。

对应的命令行：

```
set_clock_tree_options -clock {my_clocks} -target_early_delay 5
```

set_clock_tree_options -clock {my_clocks} -target_skew 0.2，同样，如果没有-clock 选项，

该设置就会对所有时钟树起作用。

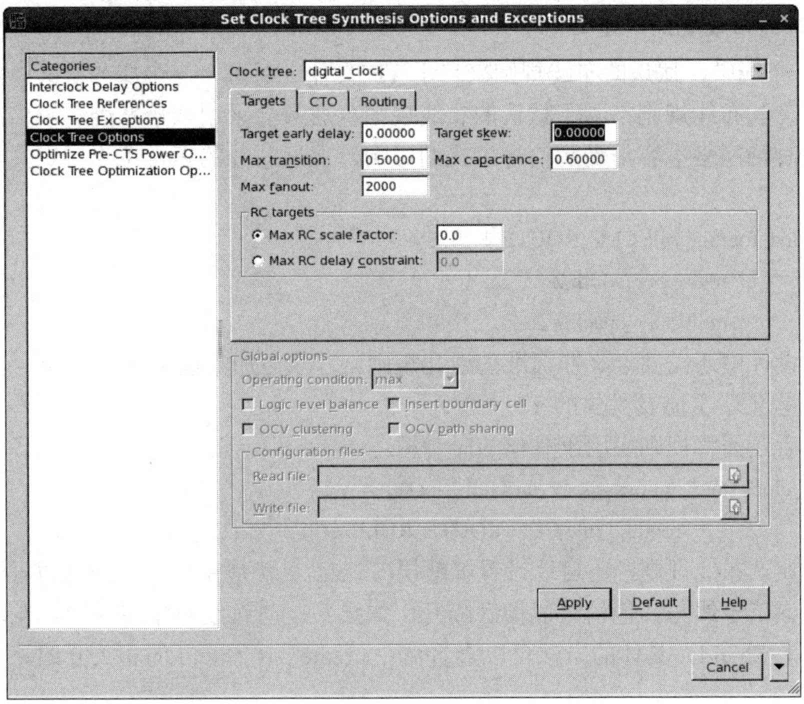

图 7.29　Set Clock Tree Option 的设置界面

3．设置时钟树所用单元

时钟树综合与优化需要缓冲器与反相器单元，默认情况下 ICC 会使用 target_library 中的所有单元进行时钟树综合，通常一个标准单元库中会有专门的上升/下降时间对称的缓冲器和反相器，此时选择 Clock-Set Clock Tree Reference 来设置时钟树综合时需要用到的缓冲器和反相器。

4．时钟树之间的平衡

在默认条件下，ICC 会将同一个 master_clock 下的时钟树作平，进行 skew 的匹配，但如果不同时钟域之间有数据交互的话，需要时钟树之间进行平衡。

```
set_inter_clock_delay_options -balance_group "CLK1 CLK2"
```

然后在 clock_opt 命令中需要添加选项 -inter_clock_balance，这样工具在进行时钟树综合的时候就会去平衡两个时钟域。

5．对已有时钟树的处理

如果在 DC 综合阶段，设计人员已经加入了全部或者部分的时钟树，推荐在后端设计时将其删除，重新进行时钟树的生成，因为综合阶段的时钟树并没有考虑寄存器的物理位置。删除已有时钟树的命令为：

```
remove_clock_tree -clock_tree [all_clocks]
```

但如果需要保留部分的时钟树单元，可以采用

set_clock_tree_exceptions -dont_touch_subtrees {preserving_clk_tree}或者

```
set_clock_tree_exceptions -dont_size_cell {dont_size_clk_cells}
```

6．对时钟布线规则的定义

在 ICC 布线中，默认的布线规则来自于 TF 文件中对每一层金属的定义。由于时钟信号的特殊性，其布线规则不同于默认的布线规则，通常会采用双倍宽度、双倍间距的布线规则，使得时钟网络不容易受到信号串扰的影响，保证芯片的正常工作。定义非默认布线规则的方法为：

```
define_routing_rule CLK_ROUTE_RULE \
        -multiplier_width 2   \
        -multiplier_spacing 2
```

在某些设计中还需要定义非标准的通孔规则，方法为加上选项 -cuts 或者 -via_cuts，详细情况可参考 ICC 手册及具体的 TF 文件。

定义完后还需将规则应用于具体的时钟树：

```
set_clock_tree_options -clock_tees [all_clocks]     \
          -routing_rule CLK_ROUTE_RULE
```

对于非默认布线规则，还可以设置屏蔽层(Shield)，就是在信号线的两边再添加上保护线，用于将该信号线与其他信号线彻底隔开。如果某些时钟线频率较高或者驱动力不强，可能需要加上 Shield，具体的方法可以查看命令 create_zrt_shield 的相关介绍。

7.7.2 时钟树综合

所有设置完成之后，选择 Clock-Core CTS and Optimization。图 7.30 所示为时钟树综合的设置界面。

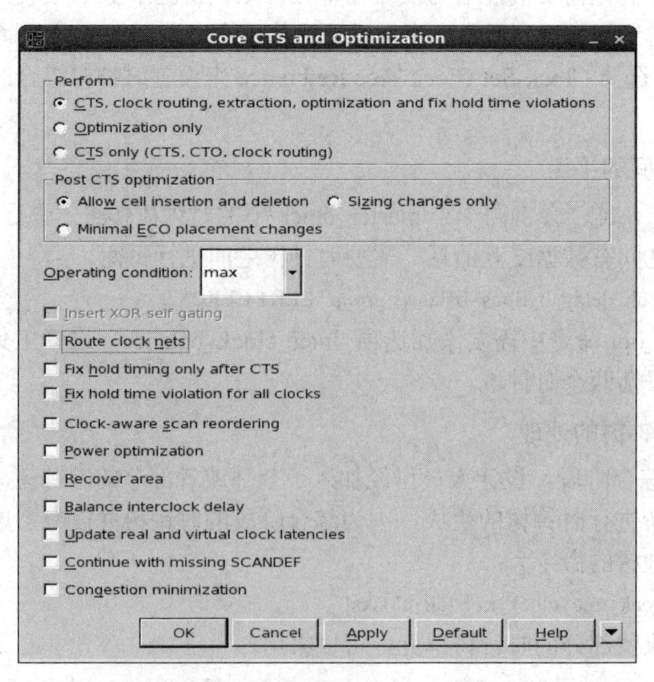

图 7.30　时钟树综合的设置界面

对应的命令行：

```
clock_opt -no_clock_route -only_cts
```

点击“OK”按钮进行时钟树综合，生成完整的时钟树。

7.7.3　时钟树分析与优化

时钟树生成后，需要对时钟结果进行分析和优化，通过命令设置时钟为传播延时的状态：

```
set_propagated_clcok [all_clocks]
```

并运行 update_clock_latency 来更新时钟的延时。report_timing/report_constraint -all 命令是对设计进行静态时序分析，查看设计是否有时序和 DRC 违例。通常，如果时钟树相关的设置没有大的问题，建立时间(Setup)不会有较大的违例，但是由于之前一直将时钟网络视为零延时网络，会在时钟树生成后产生保持时间(Hold)违例，但时钟的 Hold 违例也通常并不会很大。

当然如果存在相关问题，通过分析之后，可以使用下面命令对时钟树进行优化：

```
clock_opt -no_clock_route -only_psyn
```

具体的优化选项可以根据实际情况进行添加，主要的选项有 -area_recovery，-power 等。随后可以再次运行 report_constraint -all 来保证没有数值比较大的 Setup 及 Hold 违例。

7.8　布　线

布线是继布局和时钟树综合之后的重要步骤。在数字集成电路物理中采用的是自动布线的方法。自动布线是将分布在芯片核内标准单元、模块宏单元和输入输出(IO)单元按逻辑关系进行互连，完成单元之间的所有逻辑信号的互连并满足各种约束条件。

ICC(ICC_0809-SP1 以后版本)目前可以采用 Classic route 和 Zroute 两个布线引擎对时钟树综合之后的设计进行自动布线。新版 IC Compiler(如 ICC_0809-SP1)已经嵌入 Zroute 布线引擎。Zroute 布线流程和 Classic route 布线流程没有本质区别。与 Classic route 布线不同的是，Zroute 布线引擎采用了多线程技术，布线用时会更短，并提高了 QoR(Quality of Result)的质量，改善了 DFM(Design for Manufacturing)等问题。但为了工具前后版本更好地兼容，目前 ICC 依然保留着 Classic route 的布线引擎。ICC 当前版本默认使用的是 Zroute 的布线引擎。

7.8.1　布线前的检查

在布线之前需要对设计进行相关检查，来保证布线的顺利进行，检查的步骤依次如下。

1．check_physical_design

用来确认设计已经完成了布局，所有的 PG 端口都已连到了对应的电源地网络上。

2．命令

```
check_physical_design -stage pre_route_opt
```

all_ideal_nets

all_high_fanout -nets -threhold <value>

确保所有的时钟树综合已完成，没有任何 ideal net 和 high fanout net。通过这个命令可以检查是否还有遗漏的时钟网络没有进行时钟树综合。

3. report_timing/report_constraint -all

保证布线前，设计的时序和 DRC(Design Rule Constraint)满足设计约束的要求。

7.8.2 ICC 布线步骤

大部分集成电路的多层布线都是采用基于格点的自动布线的方法。图 7.31 所示为格点布线示意图，横向和纵向的虚线称为 Track，两条 Track 之间间距称为 Pitch，基于格点的布线要求所有的金属走线要走在 Track 之上，而实际走出的金属线称为 Trace。两条 Track 的交点称为格点 Grid Point。不同的金属线走线方向是不同的，奇数层金属默认走水平方向，偶数层默认走竖直方向。标准单元的高宽都被设计成了 Pitch 的整数倍，而在布局时标准单元的 Pin 都被放在了 Grid Point 上，这主要是为了方便规范布局，方便布线。

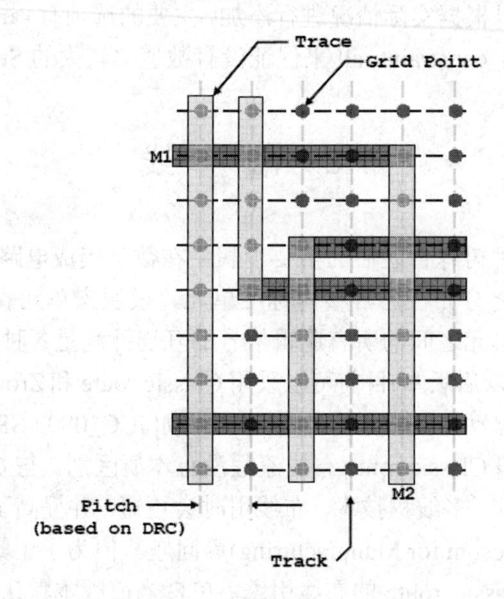

图 7.31 格点布线示意图

在实施过程中，布线被分为全局布线(Global route)、轨道分配(Track Assignment)、详细布线(Detail Route) 3 个步骤。

1. 全局布线

全局布线是对整个芯片的走线做全局规划，为设计中还没有布线的连线规划出布线路径，确定其大体位置及走向，并不做实际的连线，只是把布线路径映射到特定的金属层。全局布线是一种“松散”的布线，它将芯片核区预先划分成若干大方块(Gcell-Global Routing Cell)，每个方块纵横方向可以走多条线。这样布线时，工具能规划出多条走线方案，极大地加快布线速度并尽早报告结果，以便进行调整和修改。全局布线是为详细布线做好准备。

2．轨道分配

轨道分配是将每一条线分配到相应的轨道上，并且确定其实际的金属线。轨道分配的主要内容是为每条线的金属层确定 Prefer 方向，例如，奇数层金属走横向，偶数层金属走纵向，从而减少绕线；使每一条金属线尽可能长且直，这样是为了减少线上的通孔数目，提高成品率。轨道分配不做 DRC(Design Rule Check)规则检查(space，width 等)，因此在轨道分配之后会有很多 DRC 的违规。

3．详细布线

详细布线也叫作最终布线，详细布线使用全局布线和轨道分配过程中产生的路径进行布线和布孔。轨道分配时只考虑尽量走长线，会有很多 DRC 违规产生，详细布线使用固定尺寸的 Sbox(search and repair box)来修复违规。Sbox 是整个版图平均划分的小格子，小格子内部违规会被修复，但是其边界的 DRC 违规修复不了，所以在此步骤中通过尺寸逐渐加大的 Sbox 来寻找和修复 DRC 违规，最终实现一个满足 DRC 规则的布线结果。

全局布线、轨道分配、详细布线 3 个步骤，只需要执行一条命令 route_opt 就可完成。下面将详述如何进行布线。

7.8.3　特殊信号的布线

芯片中通常包含有高频信号、时钟信号等有特殊要求的信号。这里主要详细讲述时钟信号的布线。

时钟树布线是从时钟树的根节点(rootpin)到叶节点(leafpin)按照在 7.7.1 节第 6 条设置的时钟树布线的规则进行布线的过程。由于通常时钟信号具有频率大、翻转快的特点，对于噪声比较敏感，因此在高频时钟应用中，一般采用双倍线宽双倍间距配合电源屏蔽(Shield)的方式进行布线。

选择 Route-Net Group Route，特殊信号布线的设置界面如图 7.32 所示。选择“All clock nets”选项，该界面的默认选项是“Specified nets”。

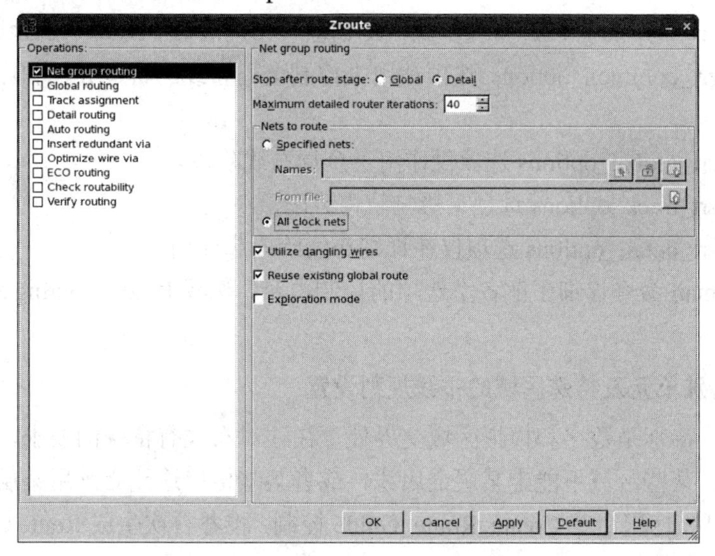

图 7.32　特殊信号布线的设置界面

对应命令行为：

```
route_zrt_group -all_clock_nets -reuse_existing_global_route true
```

完成时钟网络的布线。

7.8.4　一般信号布线

接下来进行一般信号线的布线，ICC 中与布线相关的设置主要包括以下内容。

1．设置优化迭代次数

默认情况下 ICC 的优化迭代次数为 10，如果设计较复杂或者工艺非常先进，默认的优化次数达不到设计人员的预期，可以加大优化迭代次数，代价是会增加运行时间，命令为：

```
set_route_opt_strategy -search_repair_loop <value>
```

2．设置连线 RC 计算模型

与 CTS 时相同，默认的连线 RC 计算模型为 Elmore，如果希望更精确的结果可以采用 Arnoldi 模型，命令为：

```
set_delay_calculation_options -postroute arnoldi
```

3．进行串扰相关设置

通过 set_si_options 和 set_route_opt_zrt_crosstalk_options 可以进行布线时对串扰的相关设置，通常需要将避免串扰的选项打开，并设置串扰优化阈值。

```
set_si_options -route_xtalk_prevention true -route_xtalk_prevention_threshold <value>
```

这里的阈值指的是串扰的电压值相对于电源电压的比值，其他串扰相关的设置可以查看上述两个命令的说明，根据设计的具体需求进行设置。

4．各个步骤的相关设置

在 7.8.2 节详细介绍了 ICC 布线步骤，ICC 也有相关的命令对每个步骤进行控制。

set_route_zrt_common_options 选项被用来控制全局布线、轨道分配和详细布线三个步骤的命令。

set_route_zrt_global_options 选项仅作用于全局布线阶段。

set_route_zrt_track_options 选项只影响轨道分配。

set_route_zrt_detail_options 选项仅在详细布线阶段起作用。

可以通过 man 命令详细了解各个选项的控制内容。选择 Route-Routing Setup 来进行图形界面的设置。

5．进行特殊单元及特殊区域的布线规则设置

在芯片中，特别是数字和模拟区域交界处，往往对布线有特殊的要求，如某些区域不能走数字信号，某些区域不能走某层金属线，或者某些接口连线必须用某层金属线连出等等，这些规则可以使用命令 Create_Route_Guide 控制，推荐首次生成 Route Guide 时采用图形界面，如图 7.33 所示。

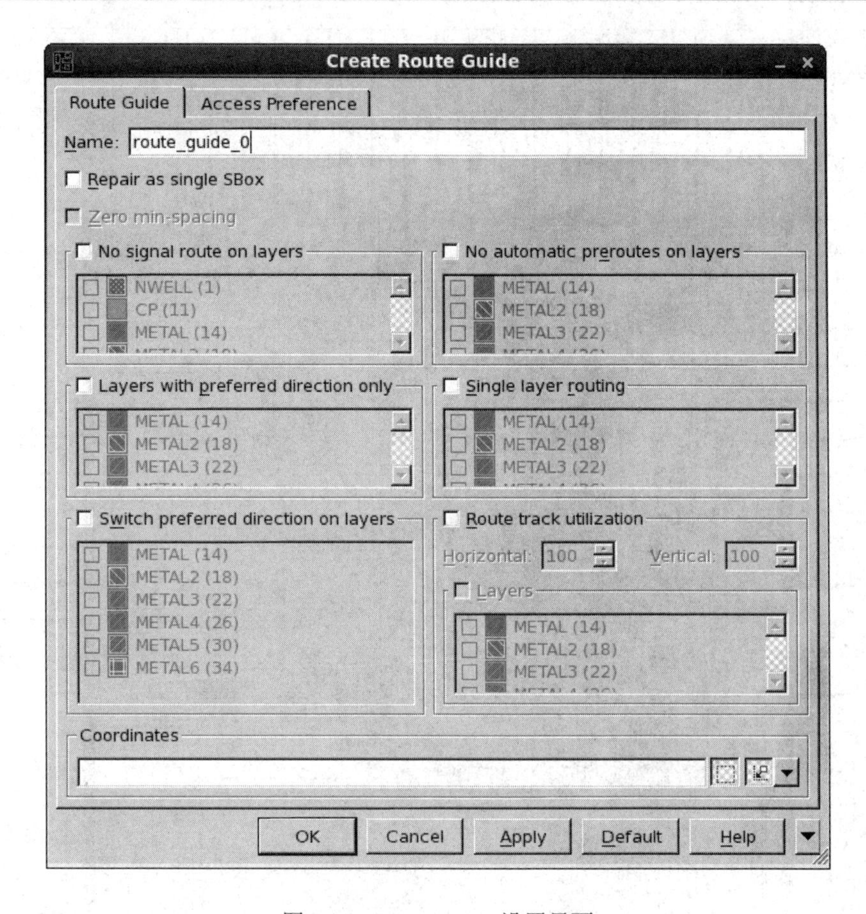

图 7.33　Route Guide 设置界面

以上这些设置都可以通过图形界面进行设置。完成相关设置后 ICC 便会在随后的布线中按照设置的规则进行布线。

进行布线需要执行的命令行为：

```
route_opt -initial_route_only
route_opt -skip_initial_route -xtalk_reduction
route_opt –incremental
verify_zrt_route
```

-initial_route_only 是初步的布线操作，但实际上进行了全局布线、轨道分配和详细布线完整的三个阶段布线，完成了芯片上所有单元之间的连接。但是该设置并不对单元的位置和驱动能力进行任何优化。这种快速的布线目的是让设计者对芯片的布线结果有一个初步的评估。如果该步骤布完线之后很多 Congestion 的违反，就需要查看原因重新迭代。-skip_initial_route -xtalk_reduction 相比与-initial_route_only 的布线命令，该操作考虑到了实际连线上的延时，在布线之后进行时序检查，如果还有一些无法容忍的违例，需要调整布线的相关设置并采用-incremental 的方式继续优化；如果符合设计人员的预期，便可以使用命令 verify_zrt_route 对布线违例情况进行检查，检查设计是否存在布线规则的违反。完成布线之后的版图形状如图 7.34 所示。

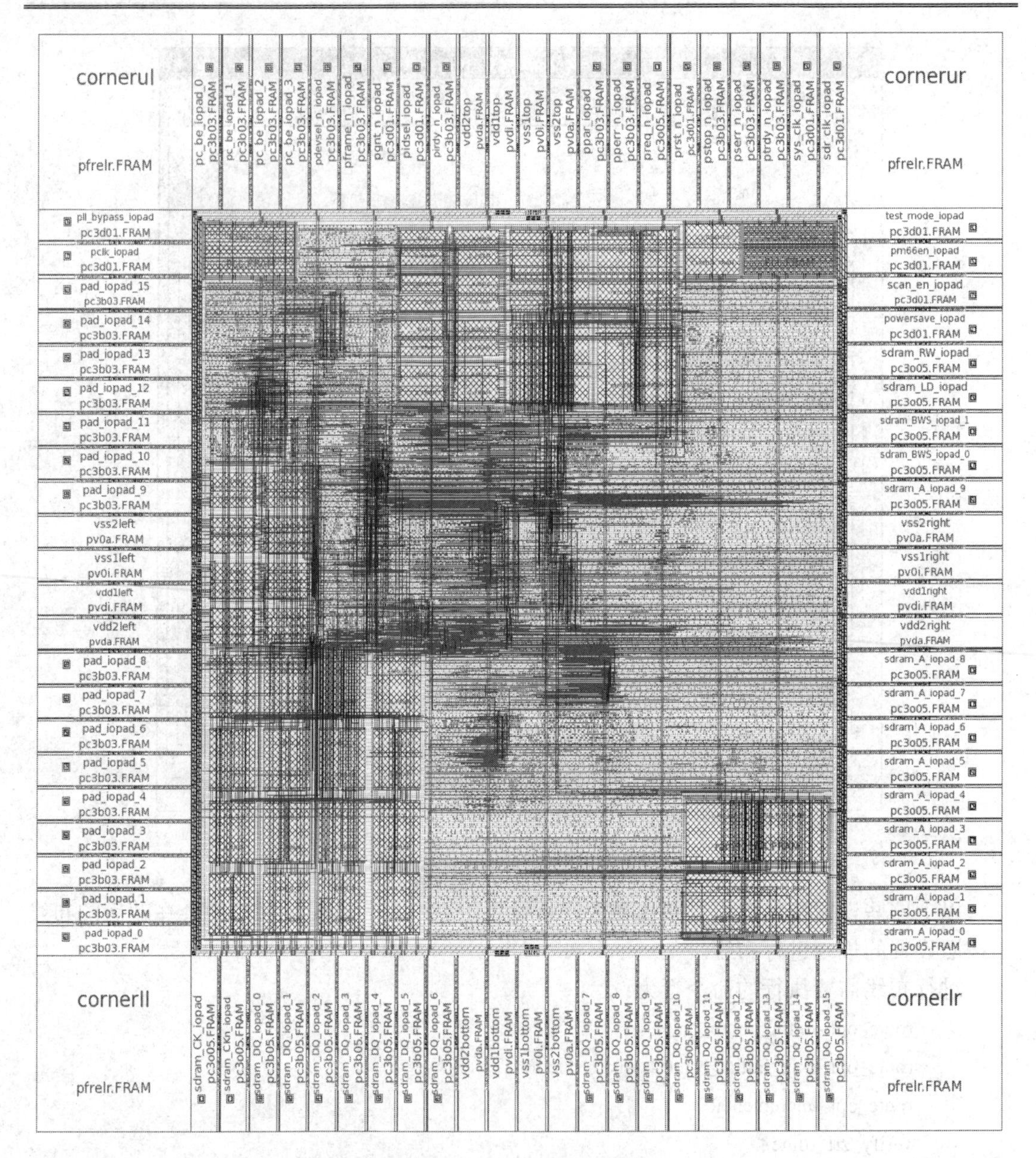

图 7.34　布局布线的版图

7.9　芯片 ECO 与 DFM

ECO 是 Engineering Change Order 的简称，泛指项目在开发过程中的改动。布局布线设计流程中的 ECO 指的是设计后期在保持原设计布局布线结果基本不变的基础上做的小规模改动和优化的过程。布局布线中的 ECO 分为流片前的 ECO 和流片后的 ECO 两个阶段。

7.9.1　流片前 ECO

在流片前，实际布线完成之后，可能由于时序不满足要求，或者需要少量修改设计逻辑功能等问题，需要对布线之后的结果进行少量的改动，此时就需要进行流片前的 ECO，又称为 Pre-mask ECO。通过改变物理单元的驱动大小或者物理位置等方法来修复剩余的少量时序违反，并在修改后保证芯片在物理上满足设计规则(DRC-Design Rule Check 和 LVS-Layout Versus Schematic)，在时序上满足时序约束的要求，验证完全通过后才可流片。

7.9.2　流片后 ECO

在实际功能中，芯片流片之后，需要进行严格的功能测试来保证芯片运行的正确性。如果芯片通过测试查出致命问题，就需要对设计进行少量修复来弥补这个缺陷，这就是流片后的 ECO，又称为 Post-mask ECO。

由于流片制版费用昂贵，不可能重新进行一次全新的流片，所以在布局布线的过程中会事先插入少量的冗余单元(Spare cell)，流片后 ECO 不需要进行重新布局，即不改变晶体管制版信息的前提下利用这些 Spare cell，只改变少量金属层的方法来实现网表逻辑功能的少量改动来达到满足功能要求的目的。

流片前 ECO 和流片后 ECO 的区别就是流片前 ECO 阶段在物理上能够改变所有版图层，而流片后 ECO 考虑到成本问题，只改变少量金属层。

7.9.3　DFM

DFM(Design For Manufacturing)面向制造的设计是指产品设计需要满足产品制造的要求，具有良好的可制造性，使得产品以最低的成本、最短的时间、最高的质量制造出来。DFM 的目的也是要提高芯片的良率。

下面简单介绍 ICC DFM 的主要流程。ICC DFM 主要流程如图 7.35 所示。

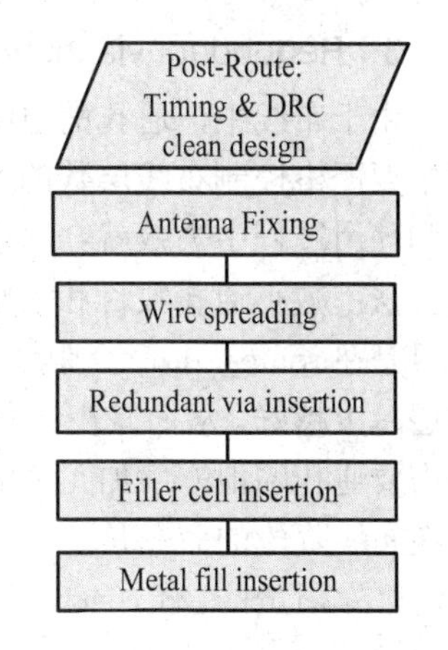

图 7.35　ICC DFM 主要流程

1. Antenna Fixing 天线效应

在深亚微米集成电路加工工艺中，通常使用一种等离子技术的离子刻蚀工艺(Plasma Etching)。金属在刻蚀过程中会收集大量的空间静电荷，当金属积累的静电电荷超过一定数量，形成的电势超过它所连接门电路晶体管栅极所能承受的击穿电压时候，晶体管就会被击穿，导致器件损坏，这种现象被称为工艺天线效应(process antenna effert，PAE)。

天线比率(Antenna Ratio)是指同一层金属受离子影响的面积与该面积下连接的所有晶体管的门栅面积之比。

$$天线比率=\frac{收集电荷的金属面积(天线面积)}{门栅面积}$$

天线比率的定义是为了方便天线效应的检查，判断是否存在天线效应，从而确保金属上的电荷不会损坏栅极。

一般在布局布线数字后端设计中，修复天线效应的方法有“跳层法”和“插入二极管”两种方法。跳层可以断开存在天线效应的金属层，通过通孔连接到其他层，最后再回到当前层，这种方法通过改变金属布线的层来解决天线效应。插入二极管是在存在天线效应的金属线接上二极管，形成电荷的泄放通路，从而消除天线效应。

“跳层法”在 ICC 中只能手动来操作。“插入二极管”ICC 的命令行是 insert_diode 命令来实现。

2. Wire Spreading 线扩展

在芯片制造过程中产生的随机颗粒缺陷(Random Particle Defects)可能导致芯片的短路(short)或开路(open)。线最小间距之间可能产生短路，最小线宽的位置可能对开路敏感。

ICC 通过两条命令 route_spread_wire 来减少短路的可能性，route_widen_wire 减少开路的可能性，如图 7.36 所示。

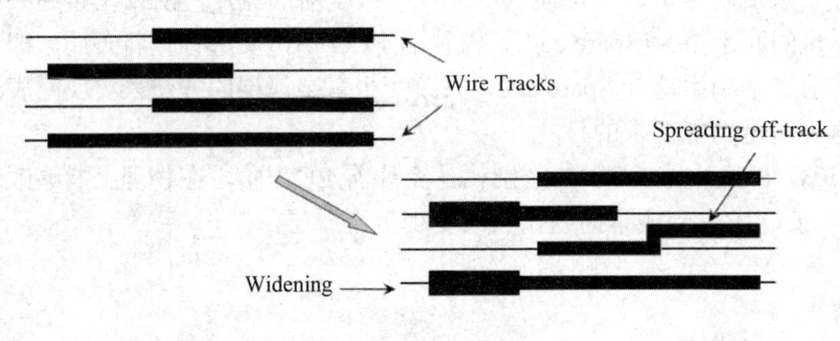

图 7.36　Wire Spreading

3. Redundant via insertion 冗余通孔插入

由于布线中，通孔的电阻会比较大，会影响到芯片的时序和串扰问题，所以在布线过程中要严格控制布线层数的变化和通孔的数量。但是有时，如果通孔数目过少，通孔在制造和使用过程中失效就会出现严重的问题。因此面对上面的情况在布线过程中采用两种解决办法：减小通孔数目和增加备用孔。两者看似矛盾，实际上有不同的用途。减少通孔的数目是在 route_opt 命令中使用通孔优化技术，增加-optimize_wire_via 选项，让一条线上的跳层越少越好，从而减少一条线上通孔的数目。增加备用孔是在减少通孔的基础上实施的，在需要通孔的地方增加冗余的通孔，放置无效通孔的出现而导致开路。用 ICC 插入冗余通孔在布线阶段的命令是：

```
set_route_zrt_common_options -default true
set_route_zrt_common_options -post_detail_route_redundants_via_insertion medium
route_opt ...
```

4. Filler Cell Insertion 单元填充

填充单元是单元库中跟逻辑无关的填充物，它的作用主要是把扩散层连接起来满足 DRC 规则和设计需求，并形成电源线和地线轨道(power rails)。图 7.37 所示为插入填充单元之后的版图，标准单元每一行的空隙都被填充单元填满，N 阱和 P 阱连成了一片。

对应的 ICC 命令是：

insert_stdcell_filler

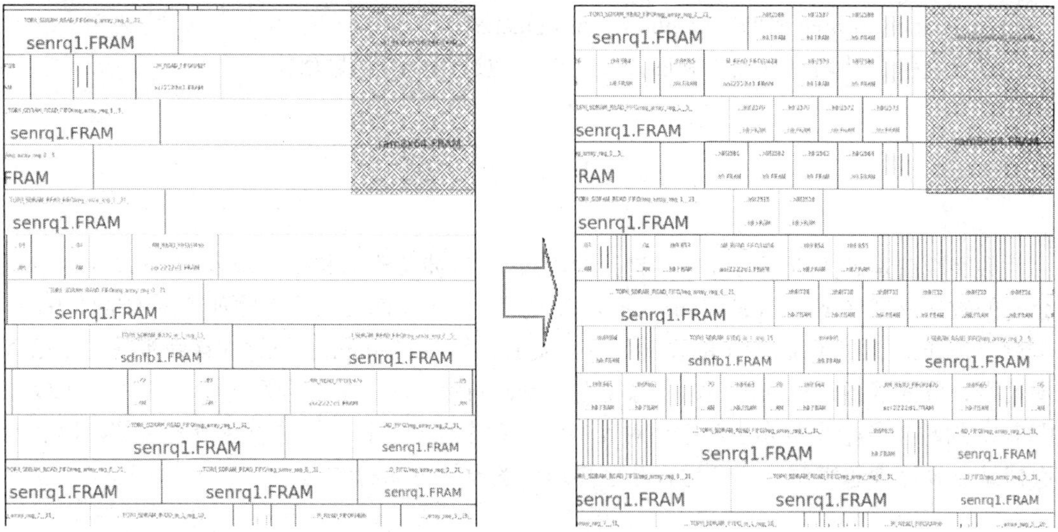

图 7.37　Filler Cell Insertion

5．Metal Fill Insertion 金属填充

在芯片制造金属的刻蚀过程中，由于金属密度的不同，有些区域容易出现过刻蚀的现象，可能会对芯片造成严重的问题，为了避免这种问题，需要进行金属填充，保证每个区域的金属密度是一致的。

对应的 ICC 命令为：

insert_metal_filler

7.9.4　设计结果导出

在完成了芯片布线或者 ECO 之后，需要将最终设计的网表、版图及寄生参数数据导出，以便进行后仿，DRC，LVS 等 SignOff 检查。需要导出以下 3 个文件。

1．网表文件

命令是 write_verilog，但需要注意的是做 LVS 所需的网表往往和做后仿真的网表有区别。前者往往需要包括所有的单元(即使为 physical-only)，而后者只需要有实际功能的单元即可。另外两者对总线的要求也不一样，做 LVS 需要将总线打散成单独的线，而后仿真不需要。

2．版图文件

首先需要有一个 map 文件，将 tf 中的层对应到 GDS 文件中的层次，指定导出 map 的命令为 set_write_stream_options –child_depth <value> -map_layer tf2gds.map，其中，-child_depth 选项用来指定导出的 hierachy 层次，-map_layer 来指定所需要用的 map 文件。

随后便可以用命令 write_stream -format gds –cell <my_cell> ./my_design.gds 来导出指定 CEL 的 GDS 文件。

3. 寄生参数文件导出

后仿时需要各个节点的延时信息，因此需要各个节点的寄生参数。导出的方式为 write_parasitics -format SPEF -output my_design.spef。

以上这些文件均可以点击 File-Export 命令通过图形界面导出。

7.10 小　　结

数字版图是超大规模集成电路设计的最后一步，涉及概念和知识繁多。本章以 Synopsys 公司的数字物理实现工具 IC Compiler 为切入点，以点带面讨论数字物理版图实现的方法。本章首先介绍了 IC Compiler 的发展历程，接着介绍 IC Compiler 设计的详细步骤，包括基本流程、数据准备、布局规划、电源规划、单元布置、时钟树综合及优化、布线、ECO 与 DFM。同时在各个小节和步骤中还对其中的注意事项和设计技巧进行了分析讲解，以实际操作结合设计理念来帮助读者进行数字物理版图设计方面的学习。

第 8 章　物理层设计工具 Encounter

Cadence 公司的 Encounter(EDI)设计工具是一个完整且可调整的 RTL-to-GDSII 的 EDA 辅助设计系统，在低功耗和混合信号设计的设计闭合与签收分析方面，实现了全流程的覆盖。Encounter 具有强大的性能，包括可实现 1 亿或者更多的 Instances，1000 个以上的 Macro 摆放，运算速度超过 1 GHz，超低的功耗预算，以及拥有大量的混合信号内容。工具主要面向从事尖端 40 nm 及以下设计的半导体公司，在业界拥有很强的竞争实力。

本章主要介绍 Encounter 输入文件及设计输出文件格式，以及使用 Encounter 进行物理设计实现的流程细节及技巧。使用 Encounter 进行后端物理实现的设计流程与 ICC 完全相同，都包括数据准备、布图规划、布局、时钟树综合、布线设计、时序验证及修复、可制造性设计以及签核八个步骤。

8.1　设计开始前的数据准备

8.1.1　设计数据准备

在开始数字后端设计时，数字前端需要提交的内容包括经综合后的门级网表(.v)以及具有时钟定义和时序约束的综合约束文件(.sdc)。门级网表和 RTL(Register Transfer Level)网表应具有逻辑功能上的一致性。一个一位全加器的 RTL 网表、门级网表及逻辑电路图如图 8.1 所示，三者之间的关系是等价的，都是对于同一电路的不同描述形式。

```
Module FA_behav(A, B, Cin,
Sum, Cout );   input A,B,Cin;
Output Sum,Cout;Reg Sum,
Cout;
Reg T1,T2,T3;
always@ ( A or B or Cin )
begin          Sum = (A ^ B) ^
Cin ;          T1 = A & Cin;
               T2 = B & Cin ;
               T3 = A & B; Cout
= (T1| T2) | T3;
endendmodule //行为级代码
```

```
Module FA_struct (A, B, Cin,
Sum, Cout);
Input A,B,Cin;
Output Sum,Count;
Wire S1, T1, T2, T3;
// -- statements -- //   xor X1
(S1, A, B);
Xor X2 (Sum, S1, Cin);   and
A1 (T3, A, B );
And A2 (T2, B, Cin);
And A3 (T1, A, Cin);
or O1 (Count, T1, T2,
T3);endmodule //门级网表
```

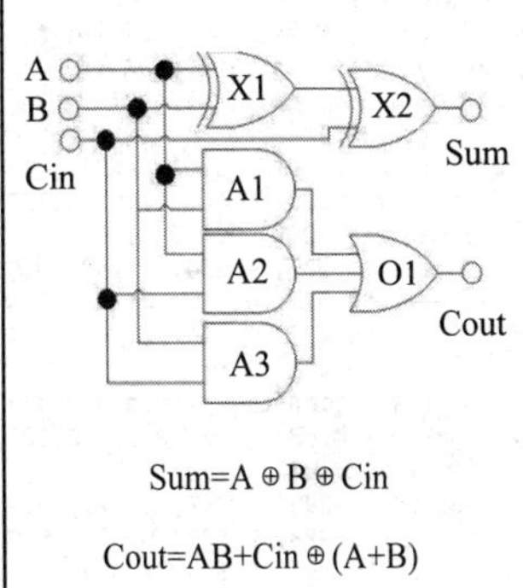

图 8.1　一位全加器的门级网表及 RTL 网表

SDC 文件(Synopsys Design Constraints)基于 TCL 语言，在布局布线流程中用于约束电路的面积、时序、功耗等关键信息。其包含版本、单位、设计约束、注释四方面内容。其中设计约束是 SDC 文件中最重要的部分，它描述了对于时钟的定义及对于时序的约束。

8.1.2　逻辑库数据准备

Liberty library format(.lib)是 Synopsys 公司开发的，用于描述单元的时序和功耗特性的文件格式。针对不同的工艺复杂度和设计要求，.lib 包括有非线性延时模型(NLDM)、复合电流源模型(CCSM)以及有效电流源模型(ECSM) 3 种模型。其中 CCSM 及 ECSM 不仅包含了时序和功耗属性，还包含了噪声信息，所以与 spice 模型的误差可以控制在 2%～3% 以内，而 NLDM 则一般与 Spice 模型的误差在 7% 以内。以文件大小而论，在相同工艺条件下描述相同电路结构，采用 CCSM 模型的 Liberty 文件大小一般是采用 NLDM 模型 Liberty 文件的 8～10 倍。

Liberty 文件通常包含两部分，第一部分是单元库的基本属性，第二部分是每个单元的具体信息。

单元库的基本属性包括如下信息：单元库的名称、单元库采用的基本单位、电路传输时间及信号转换时间的百分比、时序和功耗采用的查找表(Look-up Table)模板等内容。

单元的具体信息包括如下内容：单元的延迟时间、漏电流功耗(Leakage Power)、内部功耗(Internal Power)等内容。它们在 Liberty 内部是以二维或者三维查找表(Look-up Table)的形式进行描述和表征的，而查找表由精准的 Spice Model 仿真得出。

图 8.2 表示在某工艺条件下的 Rise Cell Delay 及 Rise Output Transition 与 Input Transition 及 Output Load Capacitance 的查找表及列表的关系。设计者可以快速地从查找表中通过 Input Transition 以及 Output Load 之间的关系得到 Cell Delay 的值。

```
lu_table_template(tmg_ntin_oload_4x3) {
  variable_1 : input_net_transition ;
  variable_2 : total_output_net_capacitance ;
  index_1("1, 2, 3, 4");
  index_2("1, 2, 3");
}
    timing() {
      related_pin : "A" ;
      sdf_cond : "B===1'b0 && CI===1'b1" ;
      timing_sense : positive_unate ;
      timing_type : combinational ;
      when : "!B&CI" ;
      cell_rise(tmg_ntin_oload_4x3) {
        index_1("0.03, 0.06, 0.09, 0.12");
        index_2("0.098, 0.587, 1.077");
        values("0.227, 0.234, 0.258, 0.271",\
               "0.322, 0.329, 0.341, 0.359",\
               "0.431, 0.440, 0.463, 0.476");
      }
      rise_transition(tmg_ntin_oload_4x3) {
        index_1("0.03, 0.06, 0.09, 0.12");
        index_2("0.098, 0.587, 1.077");
        values("0.095, 0.203, 0.325, 0.454",\
               "0.498, 0.579, 0.756, 0.837",\
               "0.827, 0.934, 1.026, 1.059");
      }
```

Cell Delay(ns)		Output Load(pF)			
		0.03	0.06	0.09	0.12
Input Trans (ns)	0.098	0.227	0.234	0.258	0.271
	0.587	0.322	0.329	0.341	0.359
	1.077	0.431	0.440	0.463	0.476

Output Transition(ns)		Output Load(pF)			
		0.03	0.06	0.09	0.12
Input Trans (ns)	0.098	0.095	0.203	0.325	0.454
	0.587	0.498	0.579	0.756	0.837
	1.077	0.827	0.934	1.026	1.059

图 8.2　某工艺条件下查找表及列表关系

Encounter 读入的逻辑库数据是 .lib 文件。

8.1.3　物理库数据准备

Library Exchange Format(.lef)是最早由 Cadence 研发的针对布局布线流程的物理设计库文件格式。根据内容及作用的不同，它可以分为 Tech Lef 及 Cell Lef 两大类。

其中，Tech Lef 中定义了设计的工艺信息，包括各层金属及通孔的详细设计规则。如果按照文件内容进行分类，可以将其分为 4 类。

(1) 单位：定义了 lef 中的单位与国际单位制单位的转换因子。

(2) 金属层信息：定义了金属层的物理属性等内容。

(3) 通孔信息：定义了通孔的物理属性等内容。

(4) 通孔阵列：定义了大金属上的通孔阵列的布局方式和物理属性。

Cell Lef 包含的是单元库中所有单元的物理信息。它会对于 Cell 内部的 Pin 属性及物理属性进行文本化的描述，同时它也通过 OBS 语句来描述单元的不可布线区域。

图 8.3 即为某工艺条件下的一个示例 Cell Lef 文件，可以看到其中对于 Pin 属性及 Cell Class 等方面的定义。

```
MACRO sram_s512x8
        CLASS RING ;
        FOREIGN sram_s512x8 0.0 0.0 ;
        ORIGIN 0.0 0.0 ;
        SIZE 109.920 BY 67.385 ;
        SYMMETRY X Y R90 ;

        PIN A[0]
                DIRECTION INPUT ;
                USE SIGNAL ;
                PORT
                        LAYER M3 ;
                        RECT 55.550 0.000 56.070 0.520 ;
                        LAYER M2 ;
                        RECT 55.550 0.000 56.070 0.520 ;
                        LAYER M1 ;
                        RECT 55.550 0.000 56.070 0.520 ;
                END
        END A[0]

        PIN A[1]
                DIRECTION INPUT ;
                USE SIGNAL ;
```

图 8.3　某工艺条件下实例 Lef 文件

8.1.4　数据准备的流程与基本指令

本节首先讲述 EDI 界面下菜单栏的内容，其次讲解如何使用 EDI 图形化界面及脚本进行基本的数据读入，设计存储与读入等基本的操作。

图 8.4 为 EDI 的运行主界面，可以看到主界面的最上方为菜单栏，提供软件所有的功能菜单。菜单栏下方为工具栏，提供 EDI 在运行过程中常见工具。屏幕右侧为 Layer 控制，与 Virtuoso 的 LSW 窗口比较类似，可以控制 EDI 的显示属性。

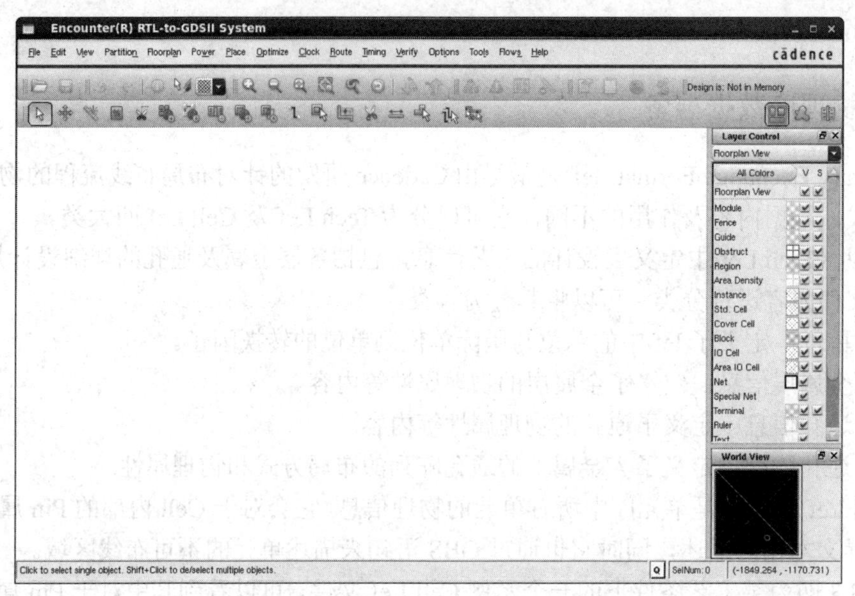

图 8.4　EDI 主运行窗口

EDI 菜单栏如图 8.5 所示，它是 EDI 图形化界面(GUI)的核心，基本上 EDI 所有的常见功能都可以通过图形化界面加以实现。其中 File 栏是 EDI 的数据读入等文件读入或存储类操作，Edit 栏是 EDI 的常见操作如编辑、撤销等，View 是 EDI 的视图显示类操作如 Zoom In、Zoom Out 等，而 Partition、Floorplan、Power、Place、Optimize、Clock、Route 等分别为 EDI 的物理设计流程步骤的详细操作。Timing 菜单内是与时序相关的选项。包括 MMMC(Multi Mode Multi Corner)的配置，时序分析的设置等。Verify 菜单是 EDI 的物理验证菜单，在其中可对于设计的基本的 DRV(Design Rule Violation)，连接关系等进行分析。Tools 是 EDI 的常见工具栏，比如 EDI 经常使用的 Design Browser(查找 Instance、Nets 等相关内容)和 Violation Browser(查看 Violation 相关内容)等功能可以在这里找到。

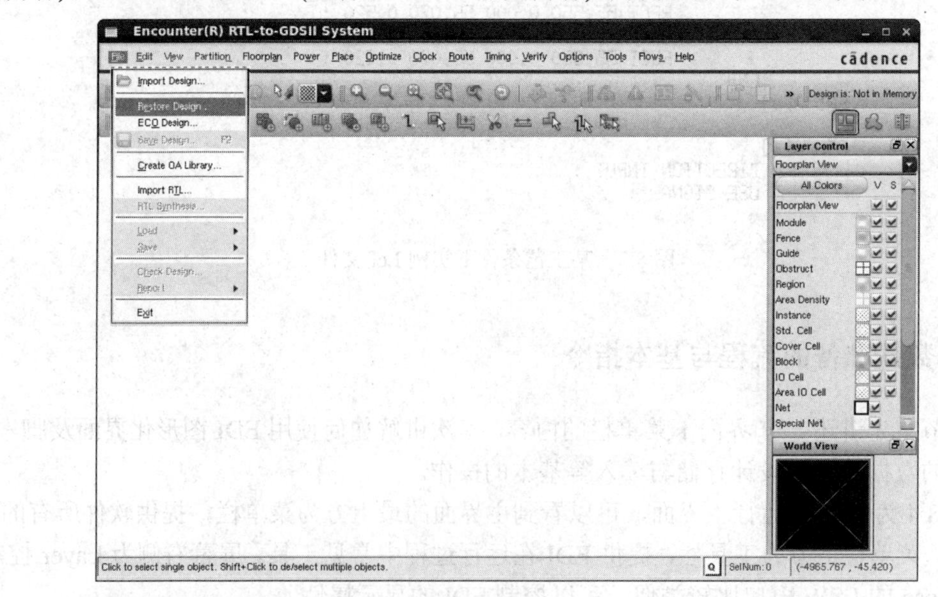

图 8.5　EDI 菜单栏

图 8.6 为 EDI 基本工具栏的内容，第一行为基本操作，图标按照从左到右顺序依次为 Import Design，Save Design，Undo，Redo，Attribute Editor，Highlight，Color Editor，Zoom In，Zoom Out，Fit，Zoom Selected，Zoom Previous，Redraw，Ungroup，Group，Design Browser，Violation Browser 和 Summary RePort。可见，其基本分类按照菜单栏顺序进行，涵盖了菜单栏中除物理设计流程步骤的详细操作外的所有基本操作。

图 8.6　EDI 工具栏(Floorplan View)

EDI 工具栏如图 8.6 所示，第二行最右侧三个按钮是设计的 View 选项，从左到右三个 View 依次为 Floorplan View，Omoeba View 以及 Physical View。其中 Floorplan View 主要应用于 Floorplan 规划，Omoeba View 主要是为了观察设计层次以及模块位置，Physical View 为了观察芯片最终状态与布线信息。

基本工具栏的第二行是对于版图的操作工具栏。注意 View 选项的状态将会影响到基本工具栏第二行的可使用工具，比如在 Physical View 下，Create Place Blockage 工具就是无法使用的，而在 Omoeba View 下，可使用的工具只有 Select、Move、Create Ruler 以及 Query Area Density。

下面讲述使用 EDI 进行设计的读入方法。

首先启动 EDI 设计环境，在菜单栏中依次选择 File-Import Design，或者在基本工具栏第一行选中 Import Design 操作，打开 Import Design 窗口，如图 8.7 所示。在窗口中依次填写：Verilog 网表位置(综合后网表，可手动制定 Top Cell)，Lef 文件(有顺序区分，Tech Lef 需要放置在首位)，Max Timing Lib 及 Min Timing Lib 以及 Timing Constraint File。点击“确定(OK)”即可完成设计的读入。

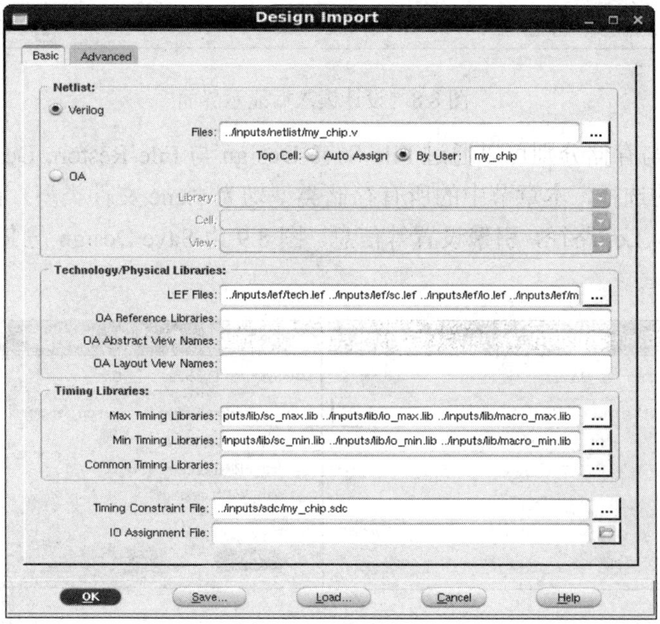

图 8.7　EDI Import Design 界面

当然，上述步骤可通过命令行完成，也可以将上述所有设置通过 Import Design 窗口的 Save 选项存储为一个 *.conf 环境配置文件，通过命令行加载该文件即可完成设计的导入。

数据读入后的界面如图 8.8 所示，其中左侧深色方块显示的是设计中的模块大小信息及其 Util(Utilization，利用率)信息，中间带横向条纹的正方形是芯片尺寸信息，通过调节芯片(Die 及 Core)的形状可以实现物理设计工程师的物理设计预期。芯片右侧深色方块为设计中的 Hard Macro。

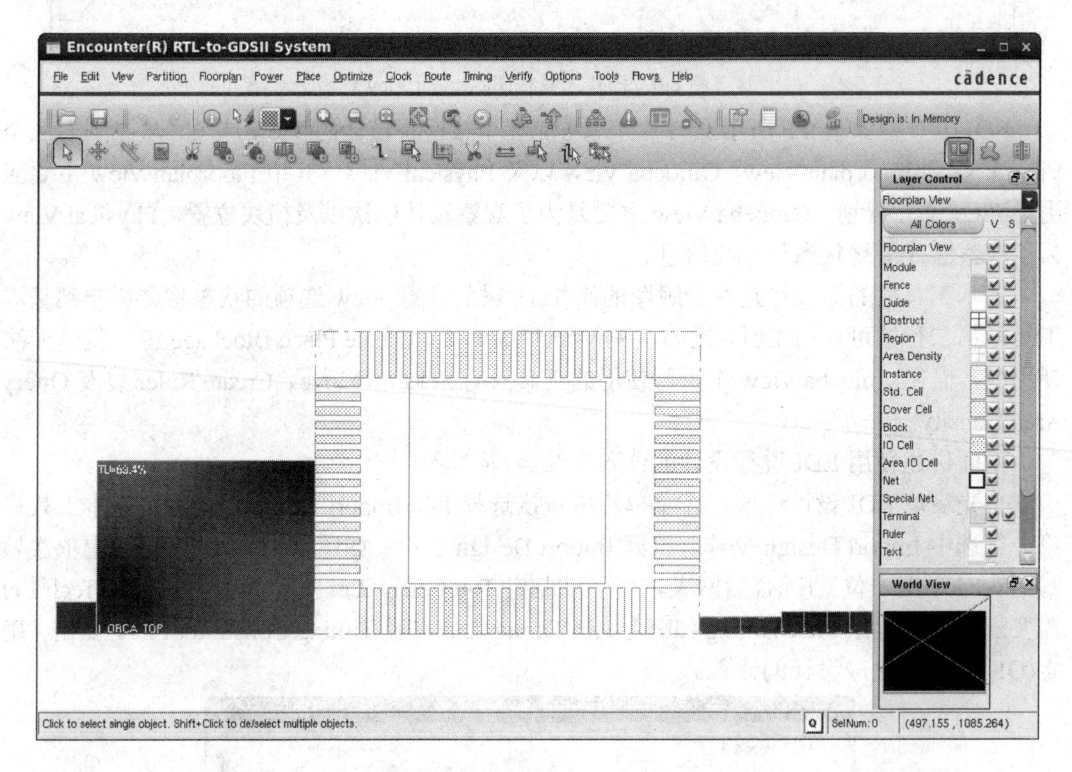

图 8.8　设计读入后显示界面

设计的读入与存储分别可以通过 File-Save Design 与 File-Restore Design 来加以实现。注意 Data Type 的选择，本章节中的所有存储类型均为 *.enc 文件类型，在其目录下方存储有数据引用路径，Lef 路径，引擎设置等信息。图 8.9 为 Save Design 与 Restore Design 的窗口信息。

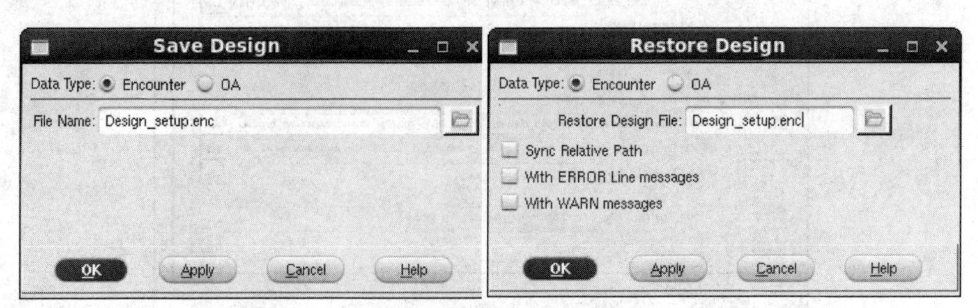

图 8.9　设计读入后显示界面

8.2　布图规划与布局

APR(Automatic Place&Route)流程中，布图规划(Floorplan)和布局(Place)是极为重要的步骤之一。

本节将详述 Floorplan 和 Place 的主要概念及常用操作。

8.2.1　输入/输出单元排布与布图规划

数字芯片结构如图 8.10 所示，包含内核功能电路与外围 IO(输入输出)电路。布图规划，首先需要确定设计的类型。由于设计复杂度不同，芯片一般分为 Pad limited 和 Core limited 两类。所谓 Pad limited，就是相对的设计较小而输入、输出端口较多，造成输入、输出单元成为限制芯片最终面积的瓶颈。而所谓 Core limited，就是相对输入、输出端口较少，而设计复杂度较高，造成设计的面积成为限制芯片最终面积的瓶颈。

针对于 Pad limited 的设计，如何正确排布输入输出端口顺序使其与产品封装一致，如何复用端口尽量减小输入输出端口数目，是否采用交错型结构(Stagger)代替线性型(Liner)结构来在单位宽度放入更多的 IO 数目等等往往在实际设计中，是工程师较为关注的重点。而线性型和交错型的比较如图 8.11 所示。

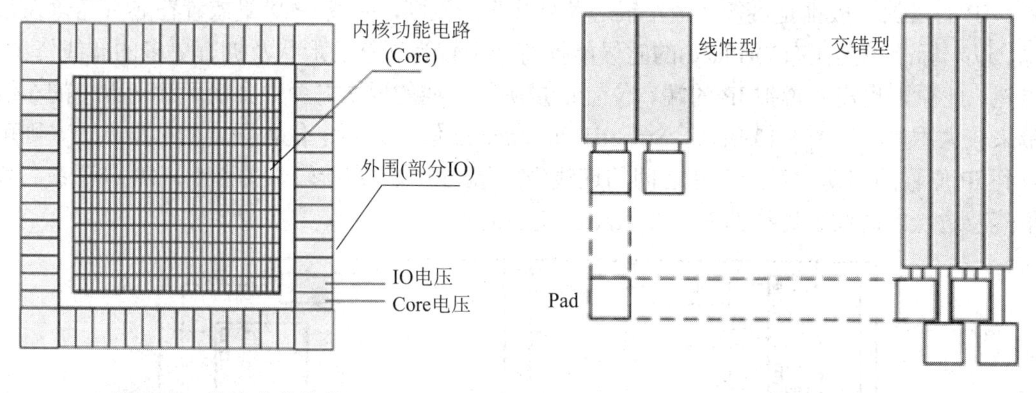

图 8.10　数字芯片结构　　　　图 8.11　两种 IO 的比较

Core limited 的设计，按照模拟 IP 形状因素，以及数字设计规模为制约芯片设计的关键因素两种情况进行区分。针对模拟 IP 形状限制了芯片面积的情况，实际设计中，一般是数字物理设计工程师与模拟版图设计工程师进行沟通和协作优化，将模拟 IP 形状优化成为数字 APR 流程中较为容易进行 Floorplan 的形状；而数字设计规模限制芯片面积的情况，则需要逻辑综合工程师与数字前端工程师进行充分的沟通，进行设计的充分优化。

Encounter 使用图 8.12 的形式进行 IO 的约束。该文档描述了每个 IO 具体的位置，offset 指定的是 IO 排放的具体坐标，该值是 IO 的左下角偏离芯片最下面(竖边)和最左边(横边)的差值，必须是个正的浮点数；Place_status 指明目前 IO 的具体状态，有 Placed、covered 和 fixed 三种状态。图 8.12 仅是一个示例，该文档可以在初步 Floorplan 之后，通过 File-Save-I/O File 得到，并修改相应的坐标位置，在通过 File-Load-I/O File 读入设计，得到所需要的 IO 排布。

```
(globals
    version = 3
    io_order = default
)
(iopad
    (top
        (inst  name="pclk_iopad"        offset=345.5650 place_status=fixed )
        (inst  name="sys_clk_iopad"     offset=455.5500 place_status=fixed )
        (inst  name="sdr_clk_iopad"     offset=565.5350 place_status=fixed )
        (inst  name="test_mode_iopad"   offset=675.5200 place_status=fixed )
        ... ...
    )
    (left
        (inst  name="pad_iopad_3"       offset=345.5650 place_status=fixed )
        (inst  name="pad_iopad_2"       offset=453.1350 place_status=fixed )
        (inst  name="pad_iopad_1"       offset=560.7050 place_status=fixed )
        (inst  name="pad_iopad_0"       offset=668.2700 place_status=fixed )
        ... ...
    )
    (bottom
        (inst  name="pperr_n_iopad"     offset=345.5650 place_status=fixed )
        (inst  name="pserr_n_iopad"     offset=455.5500 place_status=fixed )
        (inst  name="preq_n_iopad"      offset=565.5350 place_status=fixed )
        (inst  name="pm66en_iopad"      offset=675.5200 place_status=fixed )
        ... ...
    )
    (right
        (inst  name="sdram_DQ_iopad_3"  offset=345.5650 place_status=fixed )
        (inst  name="sdram_DQ_iopad_2"  offset=453.1350 place_status=fixed )
        (inst  name="sdram_DQ_iopad_1"  offset=560.7050 place_status=fixed )
        (inst  name="sdram_DQ_iopad_0"  offset=668.2700 place_status=fixed )
        ... ...
    )
)
```

图 8.12　IO 排布示例

IP 的摆放一般都是遵循“金角银边草肚皮”的原则，模拟 IP 尽量放置在芯片角落及边缘，以求标准单元在布局(Place)的时候能拥有一个较为规整的形状及拥有更多的布线资源。当然，此原则也需要模拟 IP 的端口位置尽量满足布线的要求，否则会给后续步骤中的布线带来较大困难。如图 8.13 所示，Stdcell1 和 Stdcell2 假定为两个位置固定的标准单元，则可看到 IP 位置的移动，对于三者之间的连线(图中虚线所示)有着较大的影响。IP 放置在芯片角落及边缘的时候，连线的总布线长度会减小很多。

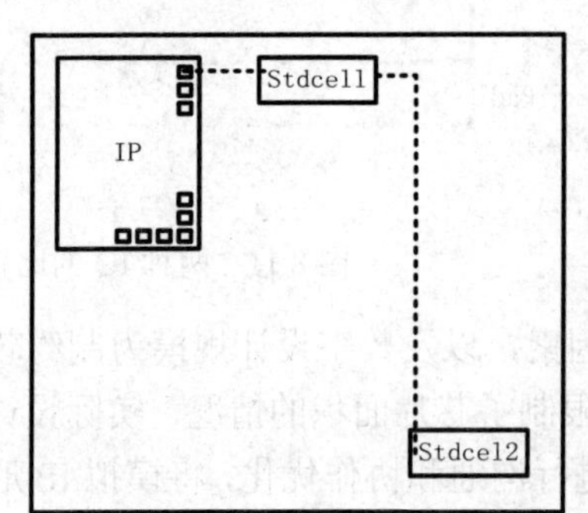

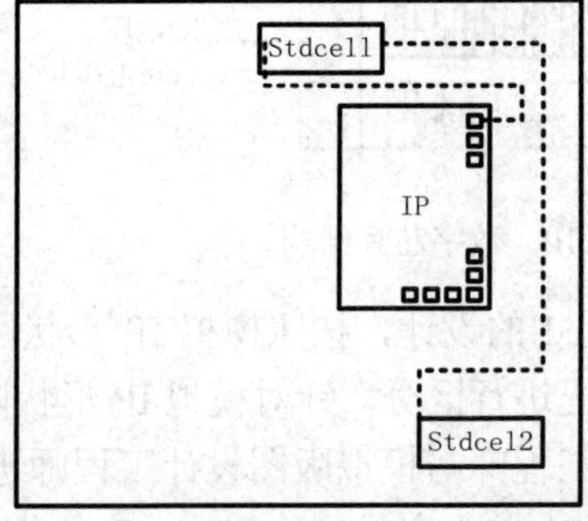

图 8.13　IP 放置位置对于布线的影响

8.2.2　规划电源网络

电源规划是给整个芯片的用电设计一个均匀的供电网络，它是芯片物理实现中非常关键的一步。电源规划一般在芯片布局规划完成之后进行，也有些设计者习惯在布局规划过程中完成电源规划。电源网络的设计在芯片设计中的重要性毋庸置疑，稍微有所差池就会因为电源与地的问题导致芯片的最终失效。

涉及电源网络方面的概念主要有下面 4 项。

(1) Global net connect，全局电源连接，即将 Verilog 网表中声明的电源与地网络，TIEhi、TIElo 单元，与各模块的电源、地端口在顶层进行电学连接的定义。

(2) Power ring，电源环线，即 Core 部分的电源线，其与供电 IO 相连接，主要承担向 Core 供电的任务，一般为环状结构，也可是多边形(polygon)结构。

(3) Power stripe，电源条线，一般为纵向按照一定距离连接 Power ring 的金属线，起着降低电源、地 IR drop 的作用。

(4) Follow pins，一般为两重含义，即可指单一标准单元的电源与地，也可以理解为标准单元拼接后形成的 Power rail。

图 8.14 为一个设计实例，表征上述几个概念在实际设计中所处的位置。

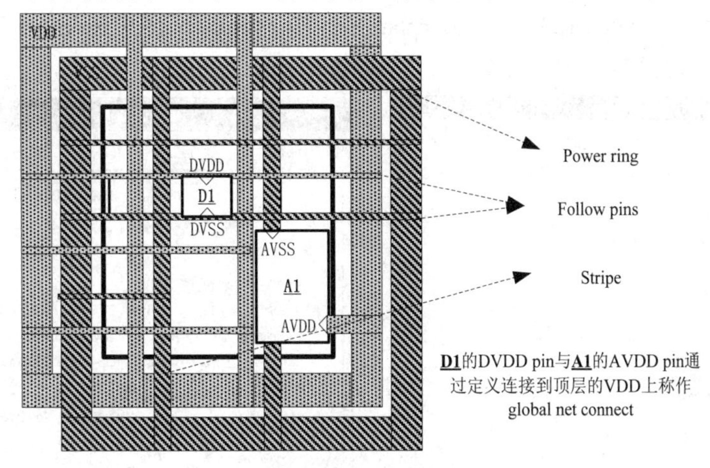

图 8.14　电源网络涉及的基本概念

8.2.3　标准单元的布局与优化

标准单元的布局与优化是在 Floorplan 之后进行的一个步骤。Floorplan 规划了标准单元的摆放区域。Place 的作用就是利用工具通过识别不同单元之间的连接关系，优化连线，将标准单元放置在 Floorplan 规划的区域内的操作。需要注意的是，尽管本步骤可以通过工具自动完成，但是操作者设定的标准单元区域形状对于实际的布线难易度会有较大程度的影响。比如在实际芯片设计中，长方形的区域在同等面积情况下会比 L 型或者 T 型更容易进行优化。再比如在一个 4 层布线资源可利用，底层标准单元只使用 M1 进行走线的设计中，“瘦高型”比“矮胖型”更容易进行优化。这是因为 M1 占用了底层布线资源，所以纵向布线资源有 M2 和 M4，而横向布线资源只有 M3 和 M1 局部，根据平衡纵向及横向布线资源的原则，要求芯片设计形状要“瘦高”而非“矮胖”。

8.2.4　布图规划与布局流程及基本指令

布图规划与布局流程主要使用菜单栏 Floorplan、Power、Place 三个菜单指令下的操作内容。基本操作包括：任意形状 Floorplan 的编辑，相关 Block 的放置；特殊单元的放置；

Global Net Connect 的制定；Power Ring 和 Power Stripe 的编辑，Follow Pins 的连接；布局；布局后优化。下面将详述如何利用 EDI 进行上述基本操作。

(1) Floorplan 编辑：Floorplan 编辑常用操作主要有 3 个选项：Floorplan-Specify Floorplan、Floorplan-Relative Floorplan-Edit Constraint、Floorplan-Clear Floorplan。其中，第一个选项可设定 Floorplan 的形状和大小。第二个选项可设定几个不同模块间的尺寸约束。第三个选项可全部或者部分清除 Floorplan 中内容。下面分别加以讲述。

首先，选择 Floorplan-Specify Floorplan 选项，打开 Specify Floorplan 窗口如图 8.15 所示，选择使用 size 的方式来进行设计：Specify-Size。选择使用 Core 的 Size 来定义设计：Core Size By-Aspect Ratio，设置 Ratio 为 0.9991，设置 Core Utilization 为 0.8010。选择适当的 Core 到 Boundary 距离为 Power Ring 留出空余。设置 Core Margins By-Core to Boundary 到 Left Right Top Bottom 为 30 μm(可根据设计实际情况进行微调)。

其次，选择 Floorplan-Relative Floorplan-Edit Constraint，打开 Relative Floorplan 窗口，如图 8.16 所示，设置两个 Macro 之间的间距为 10 μm。

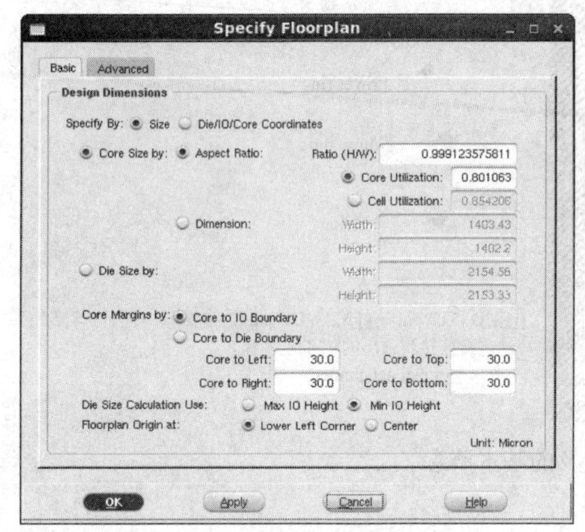

图 8.15　Specify Floorplan 窗口

图 8.16　Relative Floorplan 窗口

如果需要清除 Floorplan 局部，例如 Power Special Routes，可选择 Floorplan-Clear Floorplan 进行修改，弹出的 Clear Floorplan 窗口，如图 8.17 所示。

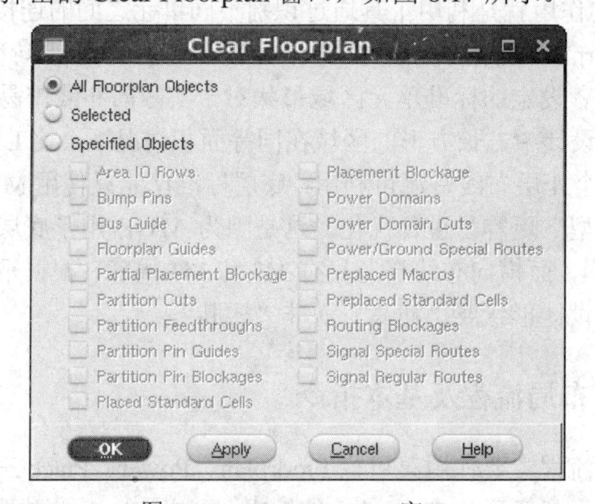

图 8.17　Clear Floorplan 窗口

(2) 特殊单元的放置：在 Floorplan 阶段，会有部分特殊单元需要首先放置在芯片的 Core 区域内部。其中，最普遍的两类为 Tie-high/Tie-low 单元和 Welltap 单元，前者的作用是作为网表中 1'b0 和 1'b1 的输入，使得输入 Pin 不直接与电源、地连接。后者是标准单元区域的衬底接触，通过多个单元共用一个衬底接触来节约设计区域的面积。Tie-high/tie-low 单元的添加可使用操作 Place-Tie hi/lo Cell-Add 来进行添加，Welltap 可利用操作 Place-Physical Cell-Add Well Tap 打开 Add Well Tap Instances 窗口来增加。Add Well Tap Instances 窗口如图 8.18 所示。

(3) Global Net Connect 的制定：Global Net Connect 是对电源与地连接关系的定义。该定义可以通过 Power-Connect Global Nets 打开 Global Net Connections 窗口加以定义。Global Net Connections 窗口如图 8.19 所示。

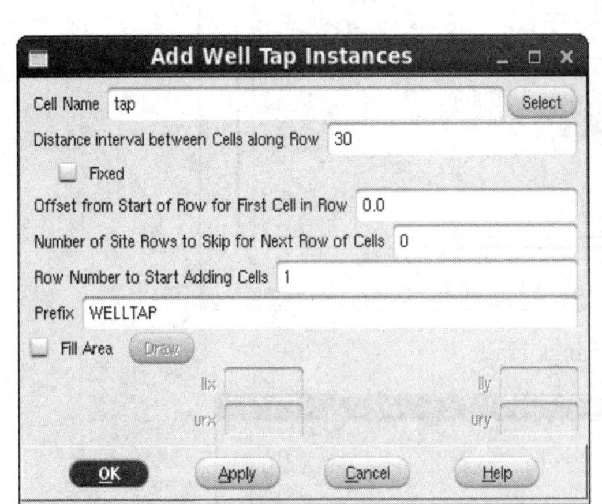

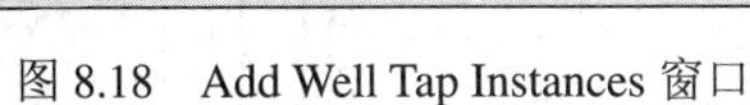

图 8.18　Add Well Tap Instances 窗口

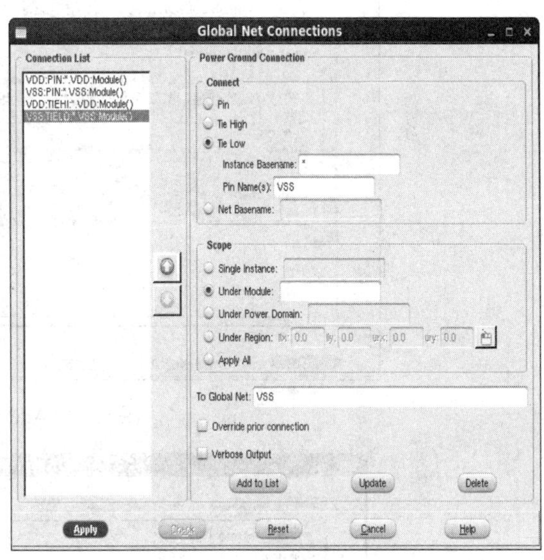

图 8.19　Global Net Connections 窗口

(4) Power Ring 和 Stripe 的编辑：此步骤主要使用的操作为 Power-Power Planning-Add Ring、Power-Power Planning-Add Stripe 与 Route-Special Route。它们的作用分别为：增加设计需求尺寸的 Power Ring 到芯片设计区域，增加设计需求尺寸的 Stripe 到芯片设计区域，使用 Special Route 进行 FollowPins 与电源环线与电源条线的连接。

首先是 Power Ring 的形成，选择 Power-Power Planning-Add Ring，弹出 Add Rings 窗口如图 8.20 所示。在 Net(s)中填入 VSS VDD，即需要生成 Power Ring 的电源与地的 Global Net 名称。由于本章设计均不包含 IO Cell，所以 Power Ring 选择紧贴 Core 区域即可，因此在 Ring Type 区域选择 Around core boundary。在 Ring Configuration 区域，由于本设计选择工艺顶层金属为 M5，所以选择 Top 与 Bottom 使用 METAL5 横向走线，Left 与 Right 使用 METAL6 纵向走线，Width 与 Spacing 分别设置为 10 μm 与 1 μm。以上数值在实际设计中可以根据实际电压降(IR Drop)的分析结果进行调整。

其次是 Stripe 的生成，使用操作 Power-Power Planning-Add Stripe，弹出 Add Stripes 窗口如图 8.21 所示。与 Power Ring 的添加类似，Net(s)选择 VSS VDD，并使用 METAL4 生成纵向电源条线。Layer 选择 METAL4，Direction 选择 Vertical。Set to Set Distance 为两组 Stripe

之间的间距，本设计将此值设定为 200 μm。其余选项均使用 Default 值即可。点击“OK”按钮完成纵向 Stripe 的生成。Direction 选择 Horizontal，使用 METAL5 完成横向 Stripe 的生成。

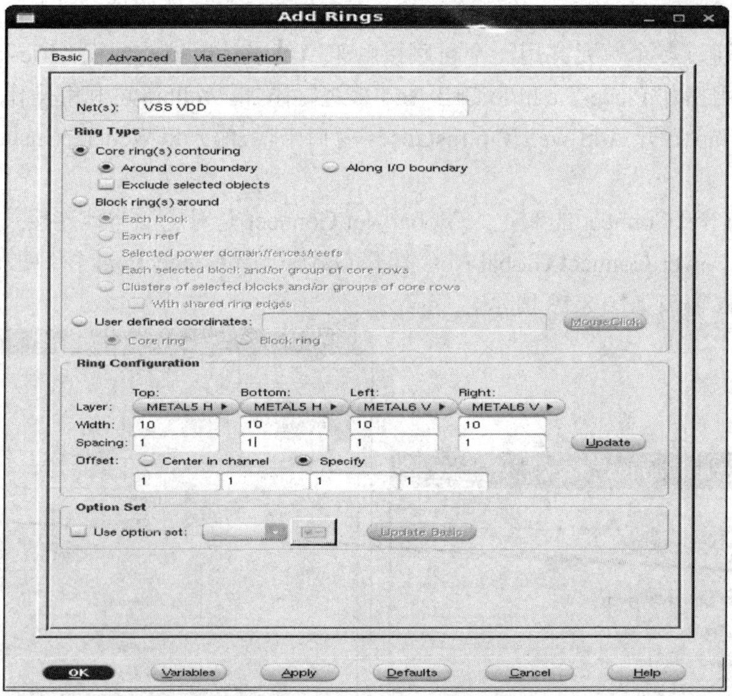

图 8.20　Add Rings 窗口

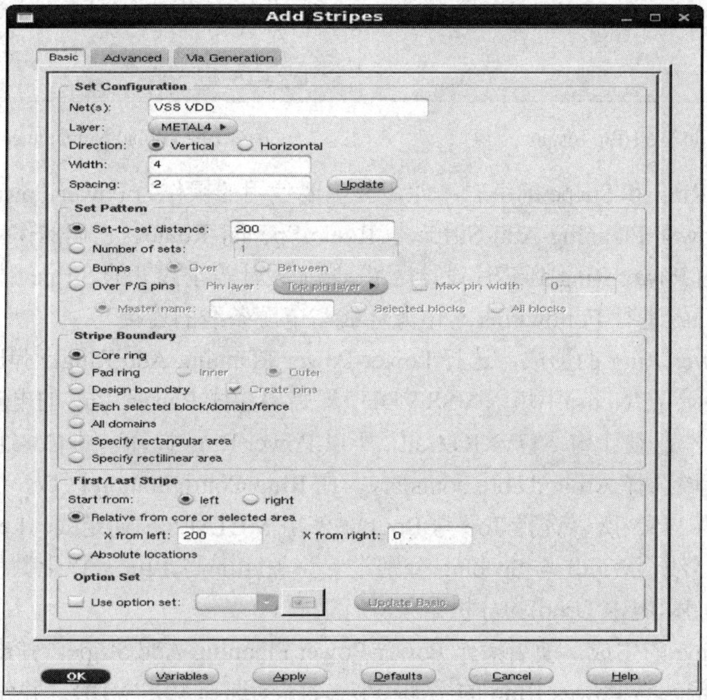

图 8.21　Add Stripes 窗口

最后进行 Follow pins 的生成：使用操作 Route-Special Route，弹出 SRoute 窗口如图 8.22 所示。在 Net 处选择 VDD 和 VSS。其余使用 Default 值即可。

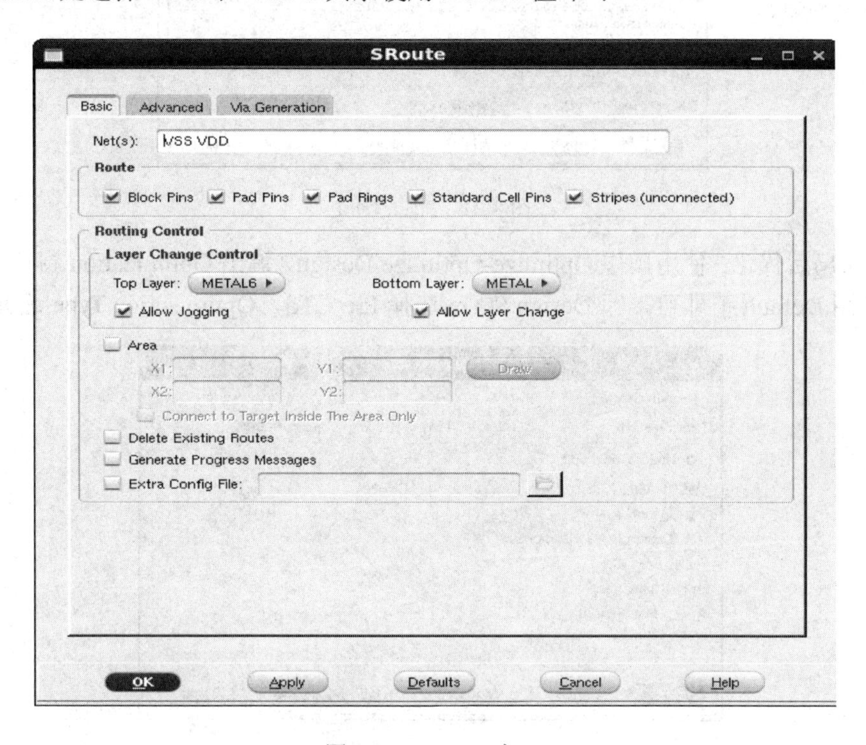

图 8.22　SRoute 窗口

在完成本步骤之后的芯片设计版图局部如图 8.23 所示(已使用 Zoom In 功能进行放大)。

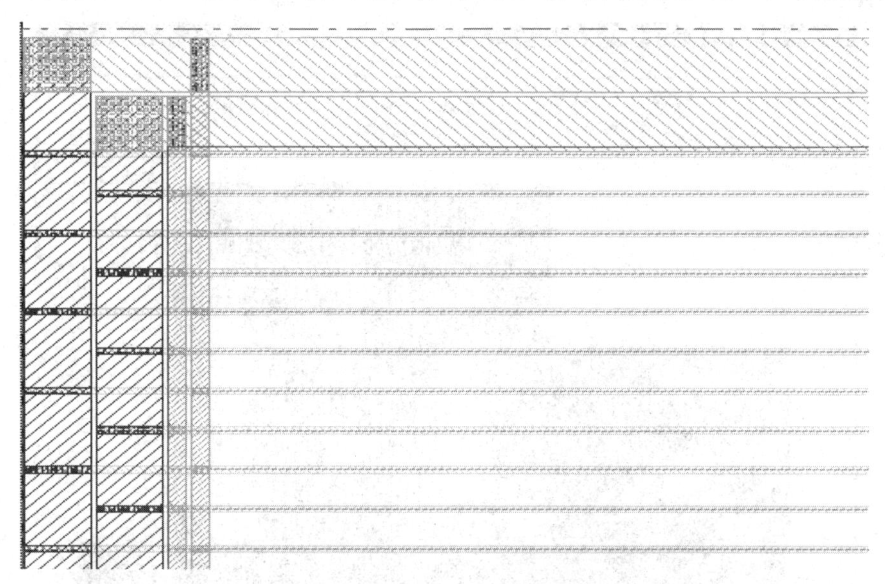

图 8.23　完成 Power plan 后芯片局部

(5) 布局：使用操作 Place-Place Standard Cell，调出 Place 窗口如图 8.24 所示。使用 Default 值即可。

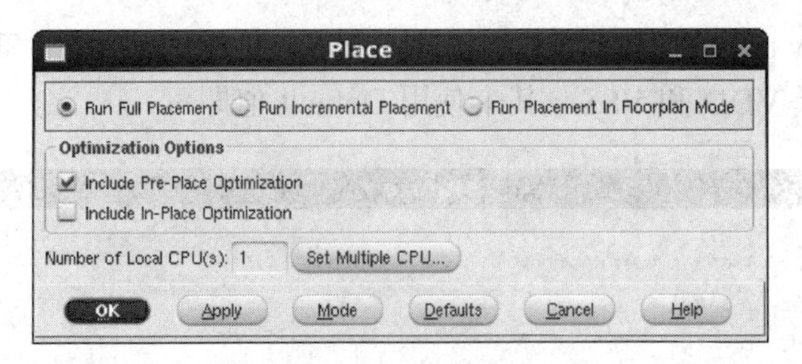

图 8.24　Place 窗口

(6) 布局后优化：使用操作 Optimize-Optimize Design，调出 Optimization 窗口如图 8.25 所示。使用 Default 值即可，即 Design Stage 选择 Pre-CTS，Optimization Type 选择 Setup。

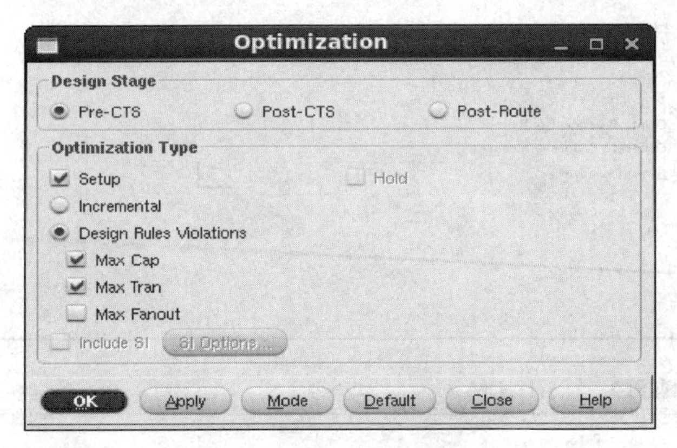

图 8.25　Optimization 窗口

到此步骤完成后的芯片版图如图 8.26 所示。

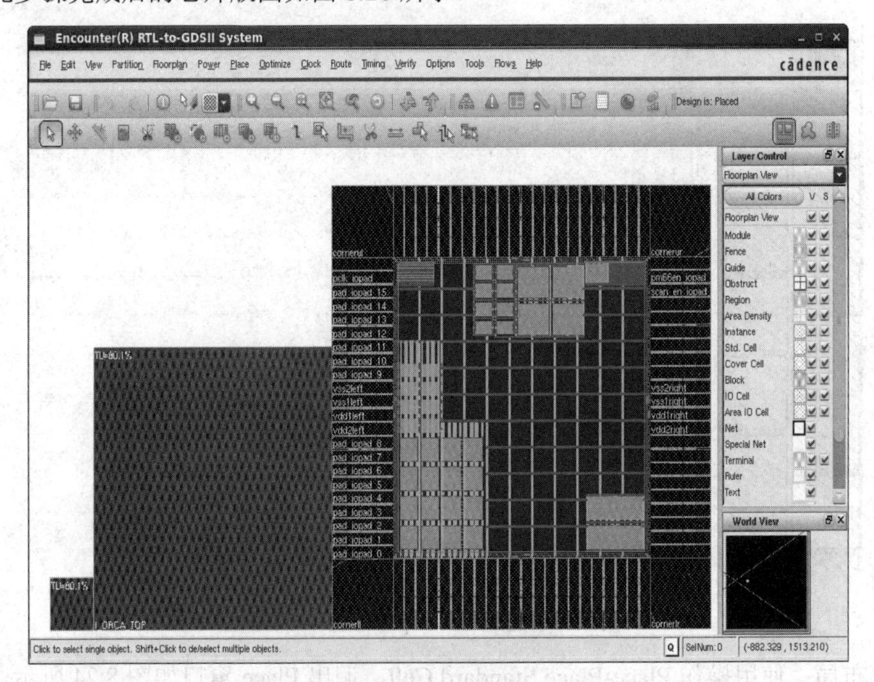

图 8.26　Optimization 后芯片局部

8.3 时钟树综合

时钟树综合(Clock Tree Synthesis)是数字物理设计中的重要步骤，其目的在于平衡到所有寄存器 CLK 端的延时，使得设计的时序更容易满足。

本章节将详述关于时钟树综合的主要概念及常用操作。

8.3.1 概述

时钟树综合前的时钟网络如图 8.27 所示，呈发射状。为了平衡寄存器到时钟端口的延时，时钟树综合(Clock Tree Synthesis)通过许多专用的时钟缓冲单元(Clock Buffer Cell) 来搭建平衡的网状结构。时钟树有一个源点，一般是时钟输入端(Clock Input Port)，也有可能是 design 内部某一个单元输出脚(Cell Output Pin)，目的就是使所用终点的 Clock 时序满足设计要求。

时钟树综合之所以在数字物理设计流程中进行而非在综合时进行的原因：在综合时，所有寄存器位置未知，所以时钟根节点到寄存器 CLK 端延时并不确定，也就无法控制时钟树综合后最终的时钟偏移(skew)值。也就是基于如上原因，时钟树综合这一步骤在数字物理设计流程中，一般在 Place 完成后进行。

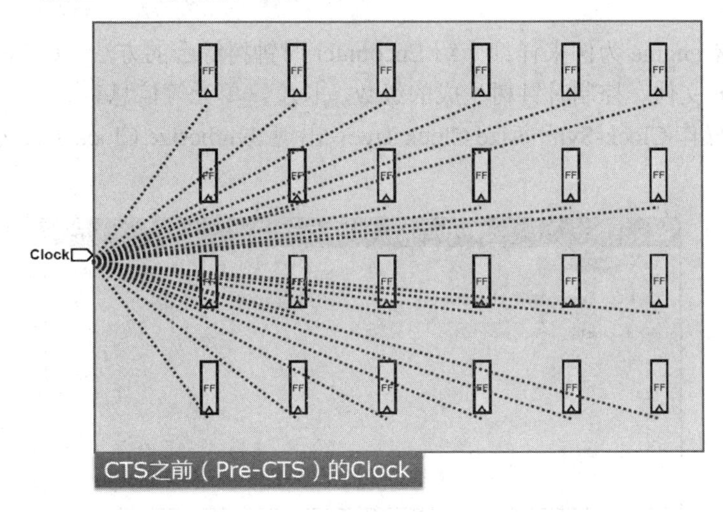

图 8.27　时钟树综合前的 Clock

具体到 Encounter 工具，Encounter 的时钟树工具现在版本使用的有两个时钟树综合引擎(CK 及 CCopt)，两者均有读入 SDC 约束的能力。也就是说如果 SDC 约束到位，那么在 Encounter 进行时钟树综合的时候可以无需进行其他设置，直接进行时钟树生成。但是在工程中，一般进行逻辑综合的工程师与进行物理设计的工程师往往并不是同一个人，前端在进行时序约束的时候很难考虑到寄存器位置等物理信息，造成 SDC 的时钟约束与实际设计需求有所偏差。所以需要物理设计工程师在此步骤根据前端设计的需求，进行时钟约束的一些修改，并完成时钟树的生成。

CK Engine 是现阶段 Encounter 的默认 CTS 引擎(目前最新版本为 13.X，而在 14.X 之后的版本默认引擎会更新为 CCopt)。使用 CK engine 进行时钟树综合，与使用 ICC 进行 CTS 的方法大同小异，都是将 CTS 划分为两个阶段：时钟树生成与时序优化。时钟树生成是在 ideal clock 的基础上，通过 ctstch 文件的控制，生成符合约束条件的时钟树(如果约束条件太强使得综合无法达到，则返回迭代后的最优值)。时钟树生成后的时序优化是根据时钟树生成的结果进行设计的时序优化。

CCopt 是 2011 年 Cadence 并购 Azuro 公司后嵌入到 Encounter 流程的一个点工具，它可以为设计提供功耗(时钟树功耗降低达 30%，芯片总功耗改进程度达 10%)、性能(对于 GHz 的设计而言时钟树频率可提升 100 MHz 之多)、面积(时钟树面积减少达 30%)方面的改进。之所以有如此的性能，与它的工具构建思路与 CK engine 不同有很大关系，它并不区分时钟树生成与时钟树生成后端时序优化，而是将两者合并到一起进行，通过时序优化驱动时钟树的生成，这就使得时钟树生成时的常规约束条件(例如 skew)在使用 CCopt 的条件下变得并不十分重要(当然，也可以将 skew 作为 CCopt 的一个约束量)，从而得到更好的设计质量。更好的时钟树设计质量带来的 tradeoff 是工具运行时间的增加，在现有版本下，运行 CCopt 的时间相比较 CK engine 会增加很多。但是时间的增加主要是由于两个公司工具的融合造成数据格式的相互转换时间过长，相信随着 CCopt 完全嵌入 Encounter 流程，该问题会被迅速解决。

8.3.2　时钟树设计

本节以 CK engine 为例来详细介绍 Encounter 时钟树综合的方法。CK engine 需要的输入文件为 ctstch 文件，控制时钟树生成的级数，长度，单元等信息。

首先使用操作 Clock-Synthesize Clock Tree，出现 Synthesize Clock Tree 窗口，如图 8.28 所示。

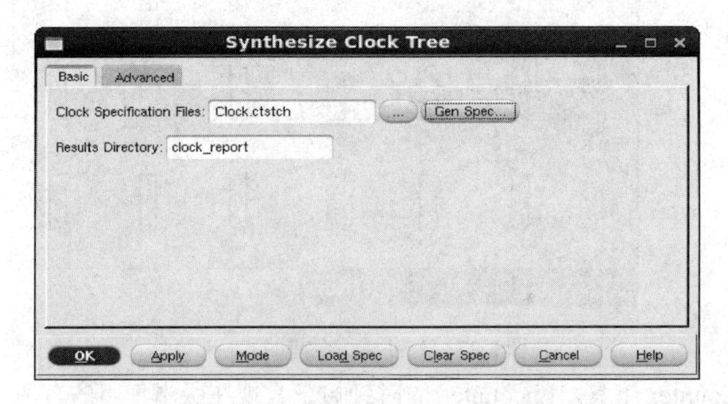

图 8.28　Synthesize Clock Tree 窗口

可点击“...”按钮选择 ctstch 文件路径，也可选择 “Gen Spec...”按钮生成一份新的 ctstch 文件模板，在此基础上进行简单修改即可成为一份可行的 ctstch 文件。

图 8.29 即为 Generate Clock Spec 窗口。首先在 Output Specification File 中选择 ctstch 文件的存储位置，其次在 Cells List 中选择时钟树的 cell，一般选择中等驱动能力的时钟树专用 Buffer 和 Inverter 作为时钟树单元。本节选择 CLKBUF4M、CLKBUF6M、CLKBUF8M、

CLKBUF12M、CLKBUF16M 等单元，点击“Add”按钮将 Cells List 中的单元加入 Selected Cells 中。请注意 CLKBUF 由于单元延时较小，应用于设计中会使得面积增大，所以一般使用 setDontUse 在非时钟树生成阶段加以禁用。最后，点击“OK”按钮，保存 ctstch 文件，并返回到 Synthesize Clock Tree 窗口。此时可使用 Vi 等文本编辑工具编辑 ctstch 文件的内容，使得时钟树的约束结果最优化。

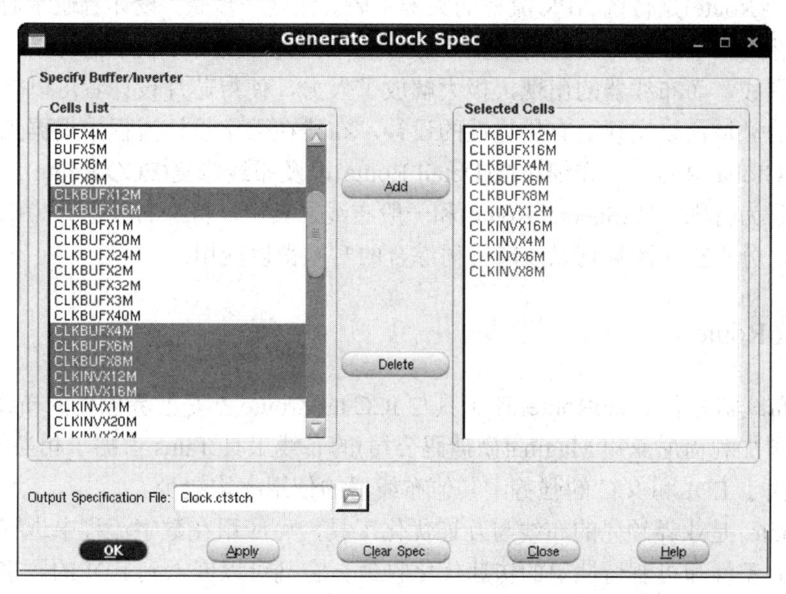

图 8.29　Generate Clock Spec 窗口

在返回到 Synthesize Clock Tree 窗口之后，点击“OK”按钮开始时钟树综合(CTS)并完成时钟树相关布线。

时钟树综合完成后，进行 CTS 后时序优化。使用操作选择 Optimize-Optimize Design，调出 Optimization 窗口如图 8.30 所示。将 Design Stage 选择为 Post-CTS，Optimization Type 选择 Setup 和 Hold，其他选项使用 Default 值即可。

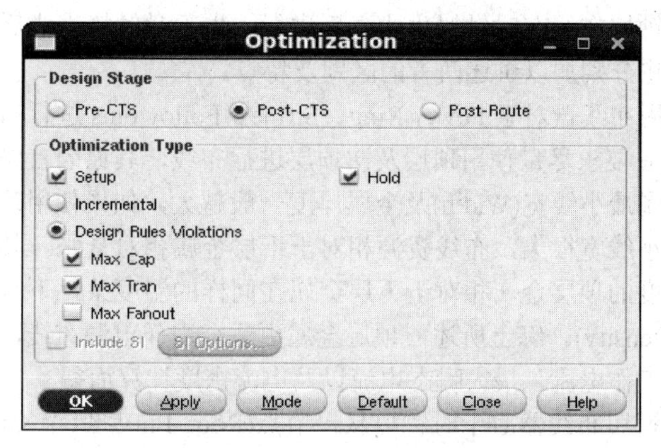

图 8.30　Post-CTS 优化窗口

进行完此步骤后可使用 Browser Clock Tree 等工具观察时钟树结构并进行优化。至此时钟树综合相关内容告一段落。

8.4 布线设计

布线设计(Route)是传统APR流程的关键步骤。在这一步骤，设计者通常通过控制布线器的各种属性约束来进行布线器对于整个芯片的布线。在没有布线器的时候，这一流程通常由人手工完成，而布线器的出现，极大解放了人力，使得芯片设计者可以将精力专注于更有创造性的领域，以实现更有挑战性的设计。布线在数字设计流程中根据先后步骤可分为全局布线(Global Route)，详细布线(Detail Route)以及布线修复(ECO Route)。而根据它的布线目的可分为特殊布线(Special Route)和一般布线，其中，特殊布线又分为电源布线以及时钟树布线，分别在布图规划以及时钟树综合的时候得以应用。

8.4.1 NanoRoute

EDI的布线器称作NanoRoute，该工具与ICC的Zroute都是业界领先的布线器。在2010年左右，美国加利福尼亚州Magma(微捷码公司)的布线工具Talus占据了相当的市场份额，但在国内，由于EDI和ICC的强势，其他布线器的使用率均较少。

NanoRoute 是业界领先的布线与互连优化工具，可应用在数字流程中进行关于时序、面积、信号完整性和可制造性等的快速优化收敛。它既可以嵌入到EDI的数字流程中，也可单独作为布线器使用。由于兼容了传统基于grid的布线器的优点，并具有一定的off-grid自由度，NanoRoute可以很自由的处理28 nm以下工艺节点中存在的3D效应对于时序、面积、功耗以及可制造性等的影响。

8.4.2 特殊布线设计

特殊布线分为电源布线以及时钟树布线。根据EDI的数字流程，电源布线在布图规划的时候进行；而时钟树布线在时钟树生成之后进行，先于时钟树生成后的时序优化以及信号线的布线。下面将分别加以讲述两者的区别及特点。

电源布线是使用布线器对于Power Ring、Stripe、Followpins进行布线的步骤，其中，Power Ring及Stripe要求尽量使用顶层及次顶层进行布线，其原因首先在于现在主流工艺中越接近顶层，金属最小线宽(Width)及金属厚度一般越大，如果使用顶层金属进行一般信号的布线，由于最小线宽很大，布线资源相对于下层金属相对紧张。其次由于金属厚度较大，则使得单位宽度的顶层金属相对于下层金属在同样的温度条件下具有更大的单位宽度电流密度(Current Density)。综上所述，顶层金属更适合用作电源布线，电源线的宽度需要通过设计评估最大工作电流、最大瞬态电流以及电流密度计算而得。

时钟树布线是使用布线器对于时钟树从根节点(Root Pin)到叶节点(Leaf Pin)根据时钟树综合的时序约束进行布线的过程，由于通常时钟树具有频率大，翻转快的特点，对于噪声比较敏感，因此在高频时钟应用中，一般采用双倍线宽双倍间距配合电源屏蔽(Shielding)的方式进行布线，同时在时钟树周围会添加一定量的Decap单元以减小噪声的影响。

8.4.3 常规布线设计

常规布线分为全局布线，详细布线及布线修复。

全局布线(Global Route)的意义在于规划布线的目标。从而利用其速度快可快速收敛的特性为耗时较长的详细布线(Detail Route)做规划。全局布线的目标主要有下面 3 条。

(1) 时序(Timing)：使得关键路径延时尽量小，避免时序短板出现。

(2) 拥塞(Congestion)：调整关键区域走线数目，避免局部拥塞出现。

(3) 信号完整性(Signal Integrity)：避免串扰的出现。

详细布线(Detail Route)相对于全局布线，可以看做一种局部布线。它的目的是将同一条线网与所有终端相连，并在连接过程中避免出现诸如短路、开路以及设计规则违反等情况的出现。

布线修复(ECO Route)往往伴随 ECO 操作，是对于详细布线的局部修改。

8.4.4 布线的基本流程与优化设计

在进行时钟树综合及时钟树综合时序优化之后，后端流程进行到布线与布线后时序优化。本小节详细介绍以 NanoRoute 布线的方法及布线后进行时序优化的方法。

首先，使用操作 Route-NanoRoute-Route，出现 NanoRoute 窗口，如图 8.31 所示。按照 Default 设置即可，点击“OK”按钮运行 NanoRoute。

NanoRoute 之后进行时序优化，如图 8.32 所示，使用操作 Optimize-Optimize Design，Design Stage 选择 Post Route，Optimization Type 选择 Setup 和 Hold。点击“OK”按钮进行时序优化。完成布线之后的版图形状如图 8.33 所示。

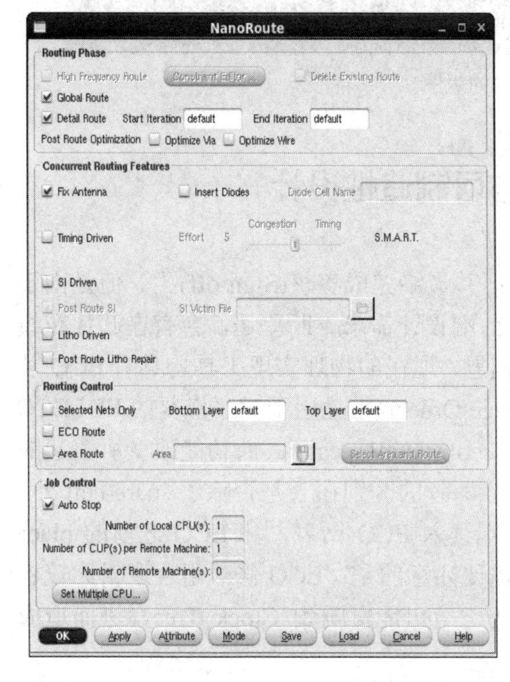

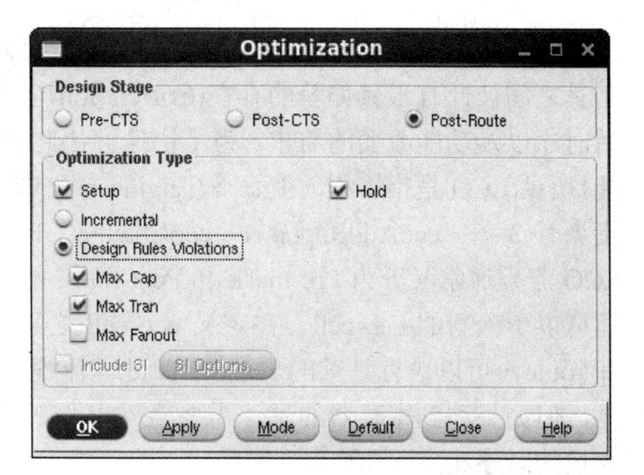

图 8.31 NanoRoute 窗口

图 8.32 NanoRoute 优化窗口

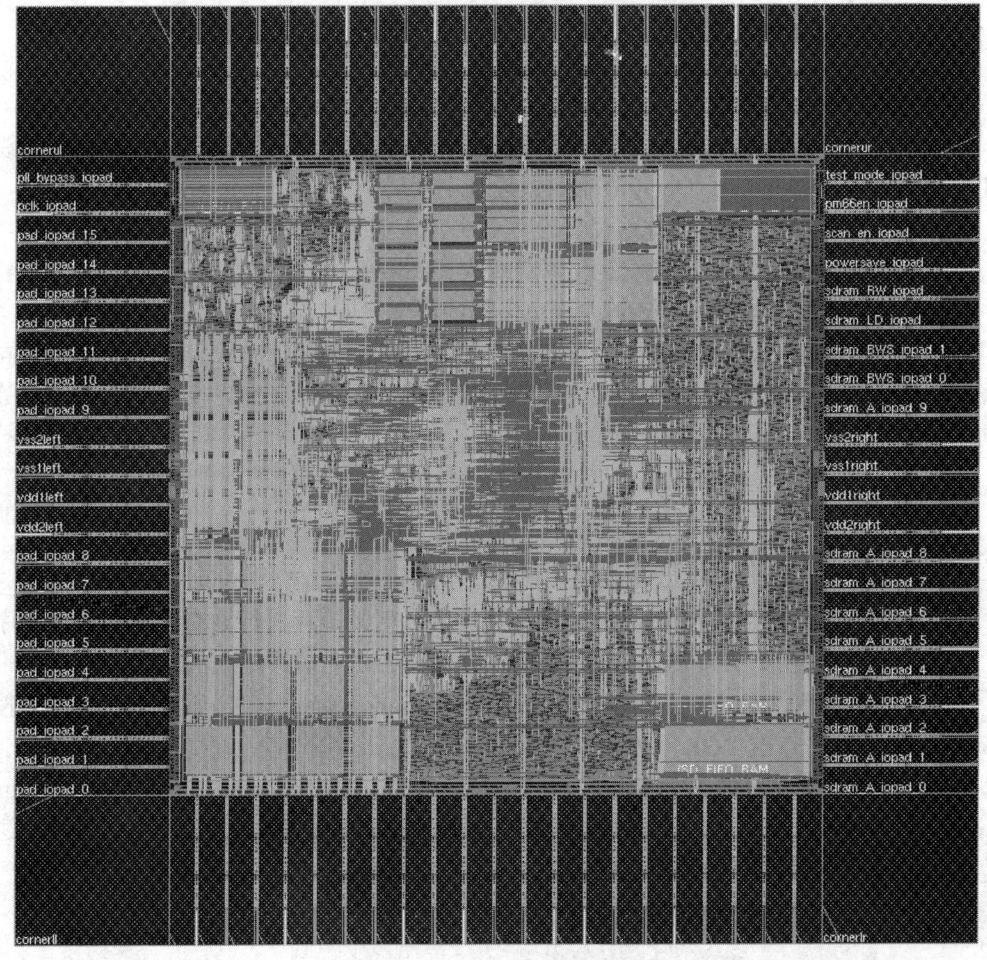

图 8.33　布局布线的版图

8.5　工程改变命令与可制造性设计

在布线的时序优化之后，芯片就可以进行验证并最终完成签核(Sign-off)了。但是由于工具之间彼此有工具偏差的存在(Correlation)以及前端设计需求不断更迭，会有在芯片布线后时序以及功能改变的需求。为了快速解决此类问题，现在的物理实现工具均具有 ECO 功能，所谓 ECO 是指工程改变命令(Engineering Change Order)，常见用于时序修复的 EDI ECO 指令有 3 条：ecoAddRepeater，ecoChangeCell 和 ecoDeleteRepeater。而功能改变所引起的 ECO 流程通常又分为 Pre-mask 和 Post-mask 两种，两者的区别在于是否除了 spare-cell 外，还可以引入新的 eco-cell。在定义 eco-cell 之后后端读入 ECO 网表，和 ECO 之前的 place 和 route，可以进行正常的后端 ECO 处理流程。需要注意的是：ECO 修改组合逻辑比较容易，但如果动到寄存器的话，需要格外小心，因为它有可能影响到 Clock Tree，进而造成大量的时序违反。

可制造性设计(DFM，Design for Manufacture)是指为了提升制造过程中的良率在芯片物理实现过程中的优化步骤，具体到数字物理实现流程，主要包括下述步骤：Wire Spreading、Redundant VIA、CMP Metal Fill。

8.5.1　ECO 指令设计

常见用于时序修复的 EDI ECO 指令有 ecoAddRepeater，ecoChangeCell 和 ecoDelete-Repeater，它们的作用分别为插入指定单元，改变指定单元以及删除指定单元。本小节以 ecoAddRepeater 为例，介绍如何使用 ECO 指令进行时序方面的 ECO 修正。

首先，使用 report_timing 报告最差路径的时序(Hold 检查)。设计 Hold 违例报告如图 8.34 所示。

```
###############################################################
Path 1: VIOLATED Hold Check with Pin signal_path/u_time2digital/sig_a1_reg/CK
Endpoint:   signal_path/u_time2digital/sig_a1_reg/D (v) checked with  leading
edge of 'clk128m'
Beginpoint: sig_a                            (v) triggered by  leading
edge of '@'
Other End Arrival Time          0.443
+ Hold                         -0.160
+ Phase Shift                   0.000
= Required Time                 0.283
  Arrival Time                  0.221
  Slack Time                   -0.062
     Clock Rise Edge                      0.000
     + Input Delay                        0.000
     = Beginpoint Arrival Time            0.000
     Timing Path:
     +-----------------------------------------------------------------------------------------+
     |              Instance                 |     Arc      |     Cell     | Delay | Arrival | Required |
     |                                       |              |              |       |  Time   |   Time   |
     |---------------------------------------+--------------+--------------+-------+---------+----------|
     |                                       | sig_a v      |              |       |  0.000  |   0.062  |
     | scan_mux/g1322                        | A2 v -> ZN v | IOA21V2_V33  | 0.218 |  0.218  |   0.280  |
     | signal_path/u_time2digital/sig_a1_reg | D v          | SDRNQV2_V33  | 0.003 |  0.221  |   0.283  |
     +-----------------------------------------------------------------------------------------+
     Clock Rise Edge                      0.000
     = Beginpoint Arrival Time            0.000
     Other End Path:
     +------------------------------------------------------------------------------------------------------------+
     |                    Instance                          |    Arc     |     Cell       | Delay | Arrival | Required |
     |                                                      |            |                |       |  Time   |   Time   |
     |------------------------------------------------------+------------+----------------+-------+---------+----------|
     | clkgen                                               | clk128M ^  | clkgen         |       |  0.000  |  -0.062  |
     | clk128M__L1_I1                                       | I ^ -> Z ^ | CLKBUFV24_V33  | 0.154 |  0.154  |   0.092  |
     | signal_path/u_time2digital/FE_ECOC163_clk128M__L1_   | I ^ -> Z ^ | CLKBUFV24_V33  | 0.179 |  0.333  |   0.271  |
     | N1                                                   |            |                |       |         |          |
     | signal_path/u_time2digital/FE_ECOC164_clk128M__L1_   | I ^ -> Z ^ | CLKBUFV24_V33  | 0.110 |  0.443  |   0.381  |
     | N1                                                   |            |                |       |         |          |
     | signal_path/u_time2digital/sig_a1_reg                | CK ^       | SDRNQV2_V33    | 0.000 |  0.443  |   0.381  |
     +------------------------------------------------------------------------------------------------------------+
```

图 8.34　设计 Hold 违例报告窗口

可以看到，Hold 有约 0.062　ns 的违反，违反并不大，因此考虑使用 ECO 指令进行修复。由于 Hold 的修复方式为增加数据路径的延时，所以考虑在数据路径使用 ecoAddRepeater 增加一个 buffer，从而使之满足时序要求。

使用操作 Optimize-interactiveECO，调出 InteractiveECO 窗口，如图 8.35 所示。可以使用 Net 或者 Terminal 的方式来制定插入 buffer 的位置。由于在时序报告中可以清楚知道违例 Hold 路径上最后一级寄存器的端口名称，所以使用 Terminal 的方式插入 buffer。选择 Terminal 中的 Listed Terminals 选项，在后面的空格中填入 instance 的 pin(D 端)。在 New Cell 中选择插入的单元，本节选用 BUFV1_V33。其余选项使用 Default 选项，点击“Apply”插入 buffer。

Interactive ECO

Add Repeater | Change Cell | Del Repeater | Display Buffer Tree

Net: net101　get selected

Terminals:

All Terminals

Listed Terminals　Draw Terminals

New Cell: BUFX3M

Place Mode

Default

Don't Place Cells

Location:　First Buf/Inv　X 260.324　Y 1356.031　get coord

Second Inv　X　Y　get coord

Relative distance wire cut to the sink (%): 0.5

Offload:

By Slack (ns):

By Location:　X　Y　get coord

Radius (um):

Apply　Eval　Eval All

Do Refine Placement

Close　Help

图 8.35　InteractiveECO 窗口

进行 ECO 修复后的时序报告如图 8.36 所示，注意加入的 instance 为 FE_ECO165_scn_sig_a，由于其 cell delay 为 0.28，使得 Slack 为 0.136，最终满足时序要求。请注意，在 ECO 指令后很可能会给设计带来 route 方面的局部违反问题(Violation)，所以一般会在 ECO 操作后增加 ECO Route 进行修正。

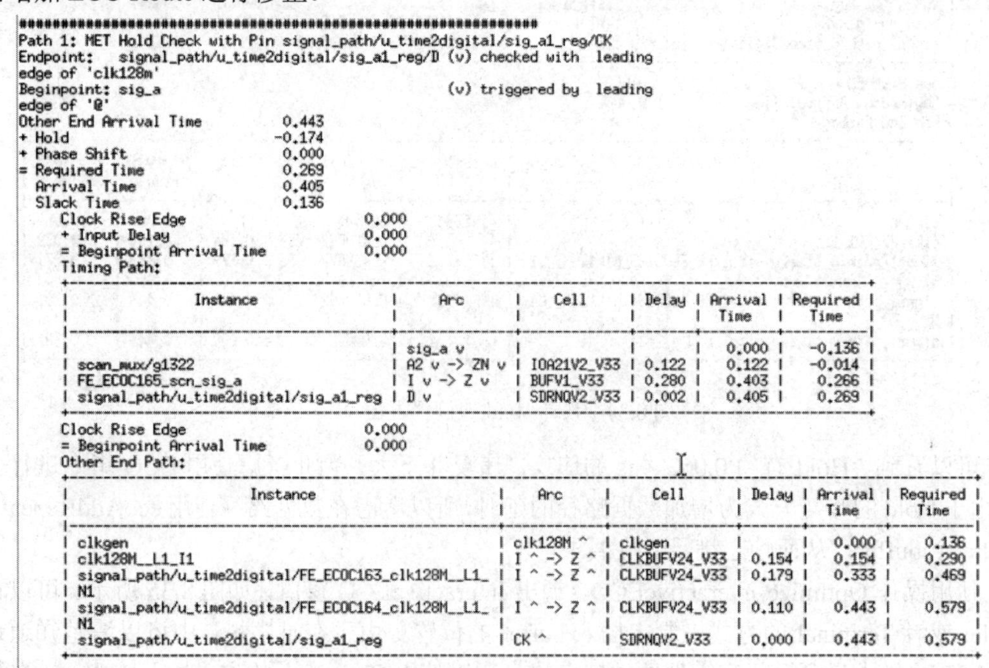

```
###############################################################
Path 1: MET Hold Check with Pin signal_path/u_time2digital/sig_a1_reg/CK
Endpoint:   signal_path/u_time2digital/sig_a1_reg/D (v) checked with  leading
edge of 'clk128m'
Beginpoint: sig_a                                   (v) triggered by  leading
edge of '@'
Other End Arrival Time          0.443
+ Hold                         -0.174
+ Phase Shift                   0.000
= Required Time                 0.269
  Arrival Time                  0.405
  Slack Time                    0.136
     Clock Rise Edge                      0.000
     + Input Delay                        0.000
     = Beginpoint Arrival Time            0.000
     Timing Path:
     +--------------------------------------------------------------------------------------------+
     |               Instance                |      Arc       |    Cell     | Delay | Arrival | Required |
     |                                       |                |             |       |  Time   |   Time   |
     |---------------------------------------+----------------+-------------+-------+---------+----------|
     |                                       | sig_a v        |             |       |  0.000  |  -0.136  |
     | scan_mux/g1322                        | A2 v -> ZN v   | IOA21V2_V33 | 0.122 |  0.122  |  -0.014  |
     | FE_ECOC165_scn_sig_a                  | I v -> Z v     | BUFV1_V33   | 0.280 |  0.403  |   0.266  |
     | signal_path/u_time2digital/sig_a1_reg | D v            | SDRNQV2_V33 | 0.002 |  0.405  |   0.269  |
     +--------------------------------------------------------------------------------------------+
     Clock Rise Edge                      0.000
     = Beginpoint Arrival Time            0.000
     Other End Path:
     +----------------------------------------------------------------------------------------------------------------+
     |                    Instance                       |     Arc     |     Cell      | Delay | Arrival | Required |
     |                                                   |             |               |       |  Time   |   Time   |
     |---------------------------------------------------+-------------+---------------+-------+---------+----------|
     | clkgen                                            | clk128M ^   | clkgen        |       |  0.000  |   0.136  |
     | clk128M__L1_I1                                    | I ^ -> Z ^  | CLKBUFV24_V33 | 0.154 |  0.154  |   0.290  |
     | signal_path/u_time2digital/FE_ECOC163_clk128M__L1_ | I ^ -> Z ^ | CLKBUFV24_V33 | 0.179 |  0.333  |   0.469  |
     | N1                                                |             |               |       |         |          |
     | signal_path/u_time2digital/FE_ECOC164_clk128M__L1_ | I ^ -> Z ^ | CLKBUFV24_V33 | 0.110 |  0.443  |   0.579  |
     | N1                                                |             |               |       |         |          |
     | signal_path/u_time2digital/sig_a1_reg             | CK ^        | SDRNQV2_V33   | 0.000 |  0.443  |   0.579  |
     +----------------------------------------------------------------------------------------------------------------+
```

图 8.36　插入 buffer 后的时序报告窗口

设计全部完成之后的时序分析及整体版图如图 8.37 所示，可见时序并无问题。进行到此步骤即可以进行验证方面的工作，EDI 设计流程至此就可以划上句号。

optDesign Final Summary

Setup mode	all	reg2reg	in2reg	reg2out	in2out	clkgate
WNS (ns):	0.006	0.006	2.476	N/A	N/A	N/A
TNS (ns):	0.000	0.000	0.000	N/A	N/A	N/A
Violating Paths:	0	0	0	N/A	N/A	N/A
All Paths:	2222	1093	1147	N/A	N/A	N/A

Hold mode	all	reg2reg	in2reg	reg2out	in2out	clkgate
WNS (ns):	0.099	0.384	0.099	N/A	N/A	N/A
TNS (ns):	0.000	0.000	0.000	N/A	N/A	N/A
Violating Paths:	0	0	0	N/A	N/A	N/A
All Paths:	2222	1093	1147	N/A	N/A	N/A

DRVs	Real		Total
	Nr nets(terms)	Worst Vio	Nr nets(terms)
max_cap	0 (0)	0.000	0 (0)
max_tran	0 (0)	0.000	0 (0)
max_fanout	16 (16)	-25	22 (22)

图 8.37　设计完成后时序报告窗口

8.5.2　DFM 的基本操作

DFM 常见操作有 Wire Spreading、Redundant VIA、CMP Metal Fill 等，本小节以 Redundant VIA 的添加为例，介绍 DFM 常见操作。

首先使用操作 Route-NanoRoute-Mode，出现 Mode Setup 菜单，如图 8.38 所示。将 Effort 设置为 High(由于设计 density 不高)，点选 Number Of Cuts，将 Use Via Of Cut 设置为 2，将 Swap Via 设置为 multiple cut。点击“OK”按钮返回 NanoRoute 界面，继续点击“OK”按钮可以进行通孔的优化，可以在 Encounter 运行的 Log 文件中得到插入 Multiple Cut 的信息。注意该步骤需要 Tech lef 中有 multiple cut 的定义，如果缺乏该定义则无法添加 Redundant VIA。

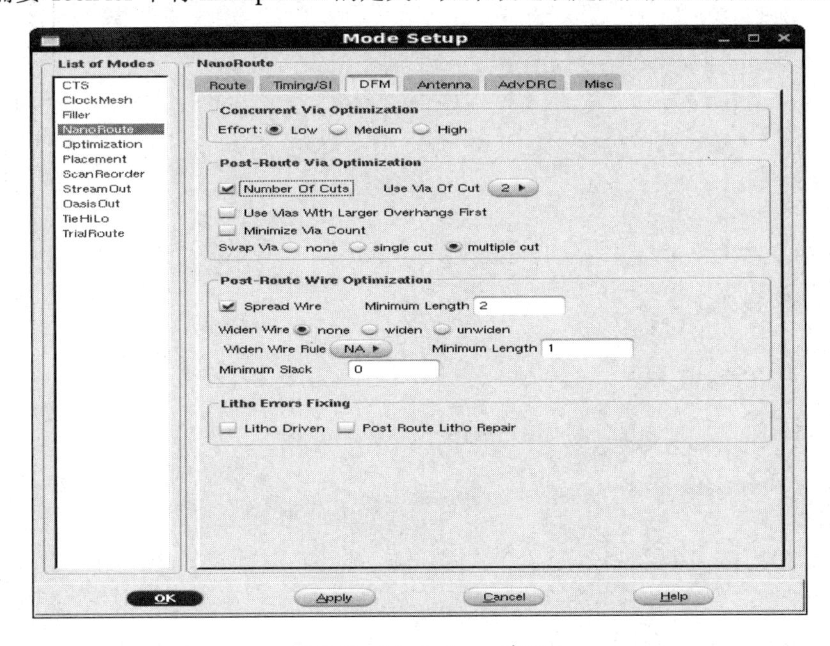

图 8.38　Mode Setup 窗口

8.6 小　结

与 Synopsys 公司的数字物理实现工具 IC Compiler 相类似，Cadence 公司也推出了自己的数字物理实现工具 Encounter。本章结合 Encounter 工具的具体设计方法，对数字物理版图实现中的数据准备、布局规划、电源规划、单元布置、时钟树综合及优化、布线、ECO 与 DFM 的指令和操作进行了详细分析。读者可以与 IC Compiler 进行对比学习，从而掌握数字版图设计的方法和理念，在学习和工作中选择适合自己的 EDA 设计工具。